Grundzüge der Starkstromtechnik

Für Unterricht und Praxis

von

Dr.-Ing. **K. Hoerner**

Zweite
durchgesehene und erweiterte Auflage

Mit 347 Textabbildungen und
zahlreichen Beispielen

Berlin
Verlag von Julius Springer
1928

ISBN-13: 978-3-642-89859-4   e-ISBN-13: 978-3-642-91716-5
DOI: 10.1007/978-3-642-91716-5

Vorwort zur ersten Auflage.

Das vorliegende Buch will allen denen ein Führer sein, die sich von einem praktischen Standpunkt aus mit den Erscheinungen der Starkstromtechnik und ihrem inneren Zusammenhang vertraut machen wollen. Es wendet sich daher in erster Linie an die jungen Fachgenossen, die sich auf den technischen Beruf vorbereiten, sowie an diejenigen Ingenieure und Techniker, welche der ihre Berufstätigkeit streifenden Starkstromtechnik nicht fremd bleiben wollen.

Der Verfasser war bestrebt, dem Leser mit einem möglichst geringen Aufwand theoretischer Ableitungen einen Einblick in die verschiedenen Gebiete zu geben und aus der Mannigfaltigkeit die Einheit im Wesen der Erscheinungen herauszuarbeiten.

Köln-Lindenthal, im Februar 1923.

K. Hoerner.

Vorwort zur zweiten Auflage.

Die Aufnahme, welche das Buch in den verschiedensten Kreisen gefunden hat, beweist, daß es einem Bedürfnis entsprach, in möglichst einfacher Weise die für die Technik wichtigsten Gesetze und Erscheinungen aus den physikalischen Grundlagen heraus zu entwickeln, das grundsätzliche Verhalten der Teile einer elektrischen Anlage eingehend zu erläutern und durch Zahlenbeispiele zu belegen. Um den Inhalt abzurunden und der jüngsten Entwicklung der Elektrotechnik zu folgen, war die Aufnahme einiger neuer Abschnitte nicht zu umgehen. So wurde auch das Gebiet der elektrischen Beleuchtung kurz behandelt, ferner die Bestimmung des Wirkungsgrades von Motoren, endlich die Frequenzwandler und Erregermaschinen für Wechselstrom. Der Abschnitt über Wechselstrom-Kommutatormaschinen wurde erweitert; hingegen wurde überall minder Wichtiges gekürzt oder gestrichen, um den Preis des Buches trotz der erheblichen Steigerung der Herstellungskosten möglichst wenig wachsen zu lassen. Die Zahlenbeispiele wurden besonders unter Berücksichtigung der wirtschaftlichen Seite etwas vermehrt.

Den Herren und Firmen, die mir die Verwendung von Druckstöcken gestattet haben, sei bestens gedankt.

Köln-Lindenthal, im Juli 1928.

K. Hoerner.

Inhaltsverzeichnis.

Berichtigung.

Die Kurvenbilder Abb. 97 und Abb. 108 sind miteinander zu vertauschen.

Hoerner, Grundzüge, 2. Aufl.

Elektrische Beleuchtung.

Allgemeines über elektrische Maschinen und Transformatoren.

Gleichstrommaschinen.

Transformatoren.

Wechselstrom-Synchronmaschinen.

Asynchronmaschinen.

Einleitung.

Trotz der beispiellosen Entwicklung, welche die Elektrotechnik in Forschung und Anwendung in den letzten Jahrzehnten durchlaufen hat, nimmt sie unter den angewandten Naturwissenschaften immer noch eine Sonderstellung ein und wird von der Allgemeinheit mehr bewundert als gekannt; dem Wesen der elektrischen Erscheinungen steht sowohl die Mehrzahl der Laien als auch der technisch Gebildeten und sogar ein Teil der eigentlichen Fachleute fremd gegenüber.

Tatsächlich stellen sich auch dem Erfassen der elektrischen Vorgänge besondere Schwierigkeiten in den Weg. Zunächst ist es die Fülle neuer Begriffe und Bezeichnungen, an denen sich der Anfänger stößt, dann die Unmöglichkeit, die Elektrizität sinnlich so wahrzunehmen wie andere Energieträger und Körper. Ein weiteres Hindernis ist der falsche oder ungenaue Sprachgebrauch, der gerade auf diesem Gebiet sehr verbreitet ist; nicht nur die Laienwelt ergeht sich in falschen oder unpassenden Ausdrücken, auch der Fachmann drückt sich vielfach ungenau oder verkehrt aus. Wenn er z. B. vom Strom spricht, meint er bald die Stromstärke, bald die Spannung, bald die Energie. Auch die geschichtliche Entwicklung der Elektrizitätslehre ist ein Hemmschuh für das Verständnis desjenigen Zweiges, der die größte praktische Bedeutung gewonnen hat, nämlich der Strömungserscheinungen. Daß deren Entdeckung und Erforschung derjenigen der ruhenden Elektrizität folgte, offenbart sich immer wieder in der Vorstellung von einer gewissen Menge elektrischen „Stromes", die in der Stromquelle aufgespeichert ist, sich wie ein Wasserschwall aus ihr ergießt und irgendwo verschwindet.

Die geistige Eroberung der elektrischen Erscheinungen erfordert daher ein besonderes Maß von Anschauungsvermögen, ein Nachdenken über Erscheinungen aus anderen Gebieten der Physik, die man täglich sieht, aber gerade deshalb nicht zum Gegenstand genauer Beobachtung und Gedankenarbeit macht. Das Verständnis dürfte dem Lernenden wie dem Praktiker durch eine Betrachtungsweise erleichtert werden, welche die einzelnen Erscheinungen nicht mosaikartig nebeneinander setzt, sondern einheitlich auf wenigen Grundgesetzen aufbaut und durch Hilfsvorstellungen aus der Mechanik erläutert. Die Ionentheorie ist dabei ebenso entbehrlich wie weitgehende mathematische Ableitungen. Hat man sich, unter Benutzung der in reichem Maße zur Verfügung stehenden Vergleiche aus anderen Zweigen der Physik und Technik, erst eine klare Vorstellung der Grundlagen errungen, so wird man auch den verwickelteren der elektrischen Erscheinungen nachgehen und sie erfassen können, ohne dabei unübersichtlicher Vergleichsmodelle oder weitgehender Analogien, die dem Gedankengang neue Schwierigkeiten bereiten, zu bedürfen.

Allgemeines.

1. Der elektrische Stromkreis.

Nach Maxwells Vorstellung denken wir uns jeden Körper aus zwei Arten von Teilen zusammengesetzt, nämlich den Teilen seines Stoffes und den elektrischen Teilchen, ferner nehmen wir an, daß letztere in den Elektrizitätsleitern frei beweglich sind, also zwischen den Stoffteilen durchfließen können, bei den sogenannten Nichtleitern dagegen elastisch mit den einzelnen Stoffteilen verbunden sind, also nur kleine Pendelbewegungen auszuführen vermögen. Unter den Leitern sind vor allem die Metalle und Kohle, ferner Flüssigkeiten, welche Säuren, Basen oder Salze enthalten, zu erwähnen. Unter den Nichtleitern oder Isolatoren sind Porzellan, Glas, Marmor, Gummi, Faserstoffe, Harze, Öle, Gase u. a. zu nennen.

Unter einem elektrischen Strom stellen wir uns, das sei schon hier betont, eine Bewegung der elektrischen Teilchen vor, erzeugt durch einen elektrischen Druck. Letzterer kann z. B. durch Reibung eines Nichtleiters (Hartgummistab, Glas) oder durch den Einfluß der atmosphärischen Elektrizität auf einen von der Erde isolierten Leiter entstehen, man spricht dann von ruhender oder statischer Elektrizität, da sich die elektrischen Teilchen im allgemeinen in Ruhe befinden. Übersteigt aber der elektrische Druck diejenige Kraft, mit der die elektrischen Teile an den Stoffteilen festgehalten sind, so tritt in Form eines Funkens oder Blitzes eine kurzzeitige Entladung, ein Durchschlag oder ein Überschlag auf; der elektrische Druck gleicht sich dabei plötzlich aus, wie etwa der Luftdruck bei dem Platzen eines Fahrradschlauches. Ganz anders liegen die Verhältnisse bei der strömenden Elektrizität, die für die Starkstromtechnik vor allem in Frage kommt. Das hierbei häufig — aber nicht immer ganz zutreffend — gebrauchte Wort „Stromkreis“ weist schon darauf hin, daß es sich hier um einen Kreislauf handelt. Wie das Wasser in der Natur einen Kreislauf von der Quelle zum Meer, von da zur Wolke und von dieser wieder zur Erde ausführt, wie es bei einer Druckwasseranlage nicht nur von der Pumpe zu derjenigen Maschine, in der es Arbeit verrichten soll, hinfließt, sondern von dieser wieder zur Pumpe zurückkehren muß, so führt die Elektrizität im Stromkreis einen Kreislauf aus. Sie wird nicht erzeugt und verbraucht, sondern in eine Bewegung gesetzt, die beliebig lange aufrechterhalten werden kann. Auch eine Warmwasserheizung bietet einen anschaulichen Vergleich für den elektrischen Stromkreis. Bei einer solchen wird ja im Heizkessel durch die Erwärmung des Wassers ein Auftrieb erzeugt, das Wasser fließt dadurch dem Heizkörper zu, verliert hier durch die Wärmeabgabe den Auftrieb und strömt wieder zum Kessel zurück.

Ein Unterschied in der Ausdrucksweise ist von vornherein hervorzuheben. Bei dem Durchfluß einer Flüssigkeit durch eine Leitung ist das Rohr der Körper, der vor allem in Erscheinung tritt, man bezeichnet daher die Leitung als geschlossen, wenn das Rohr abgesperrt, die Strömung unterbrochen ist. Bei der elektrischen Leitung denkt man zunächst weniger an den Nichtleiter, der das Entweichen des Stromes auf unerwünschte Wege verhindert, vielmehr fällt vor allem der Leiter ins Auge; daher nennt man eine Leitung oder einen Schalter offen, wenn der Stromkreis unterbrochen ist, ein Strom also nicht fließen kann.

Um die Hauptteile eines Stromkreises zu bestimmen, stellen wir uns eine Druckwasseranlage, die aus Zentrifugalpumpe, Druckleitung, Turbine und Saugleitung bestehen mag, im Betriebe vor (Abb. 1). Die von einer beliebigen Kraftmaschine angetriebene Pumpe setzt das Wasser unter Druck, erzeugt also die Pressung oder Spannung; in der Turbine wird diese Spannung verbraucht durch Überwindung des Widerstandes oder Gegendruckes, der sich der Bewegung der Turbinenwelle widersetzt. Es ist klar, daß die in der Sekunde durch den Stromkreis fließende Wassermenge, d. h. die Stromstärke, an jeder Stelle des Kreises die gleiche Größe haben muß, wenn nirgends ein Leck vorhanden ist.

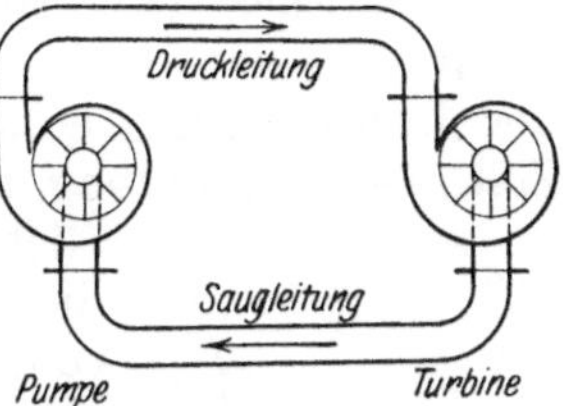

Abb. 1. Druckwasseranlage.

Dieselben Hauptteile finden wir in dem einfachsten elektrischen Stromkreis, wie wir ihn etwa als Klingelanlage brauchen (Abb. 2). An die Stelle der Pumpe tritt das galvanische Element, das bekanntlich meistens aus einer Kohlen- und einer Zinkplatte in einer leitenden Flüssigkeit besteht, an die Stelle der Turbine tritt die Klingel; beide müssen durch Hin- und Rückleitung miteinander verbunden sein. Dem Vergleichsbild entsprechender aber nicht so allbekannt ist ein Stromkreis, der aus zwei elektrischen Maschinen und zwar einem Generator an Stelle der Pumpe und einem Motor an Stelle der Turbine besteht (Abb. 3). Element oder Generator werden

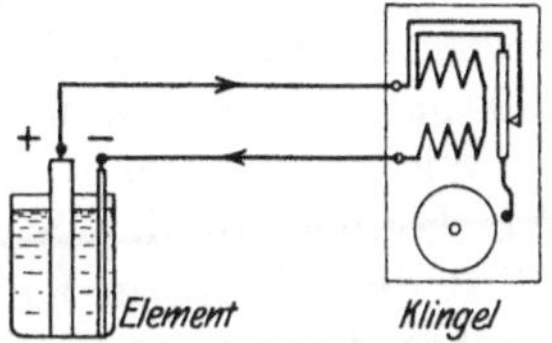

Abb. 2. Klingelanlage.

allgemein Stromquelle genannt, besser wäre die Bezeichnung Spannungsquelle, weil ja die Bewegung der elektrischen Teile, ebenso wie jede andere Bewegung, durch die in der „Pumpe" erzeugte Spannung verursacht wird. Irreführend ist der entsprechende Ausdruck „Stromverbraucher" für Klingel, Lampe, Motor oder ähnliche Körper; in diesen wird ja wie in der Turbine nur die Spannung verbraucht; der Strom dagegen, den wir im Schaltbild durch einen in die Leitung gezeichneten Pfeil andeuten, fließt wie das Wasser in gleicher Stärke durch die Rückleitung zur Stromquelle zurück. Wir bezeichnen daher die genannten Teile des Stromkreises als Verbrauchskörper und sagen, daß ein solcher einen bestimmten Strom durchläßt

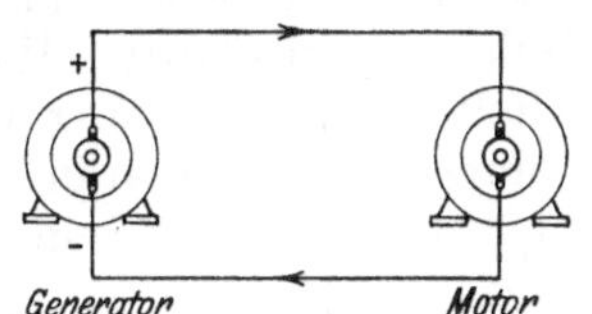

Abb. 3. Elektrische Kraftanlage.

oder aufnimmt und dabei eine gewisse Spannung verbraucht. Dieser Verbrauch erfolgt bei einer Klingel, Lampe oder dergleichen durch den Widerstand dieser Körper, wie etwa der Druck einer Wasserleitung durch den Widerstand eines Filters aufgezehrt werden kann; bei einem Elektromotor oder einem zu ladenden Akkumulator wird die Spannung wie bei der Turbine durch Gegendruck verbraucht.

Auch über die Richtung des Stromes können wir uns ein Bild machen, welches der heute noch üblichen Ausdrucksweise Rechnung trägt, wenn wir unsere Druckwasseranlage als Vergleich heranziehen. Wie die Zentrifugalpumpe, dauernd in gleichem Sinn angetrieben, einen Wasserstrom gleicher Richtung liefert, der an dem Druckstutzen aus der Pumpe austritt und an dem Saugstutzen in sie wieder eintritt, so liefert das Element elektrischen Gleichstrom. Wir stellen uns also vor, daß die elektrischen Teile dabei dauernd in gleichem Sinne fließen. Aus Gründen, die im Abschnitt 5 erläutert sind, betrachtet man die Kohle eines galvanischen Elementes als die Stelle des Überdruckes, an ihr liegt die positive Klemme (+), das Zink als Stelle des Unterdruckes, an ihm liegt die negative Klemme (—). Für Klemme wird auch das Wort Pol gebraucht, das aber noch einen andern Sinn hat. Wie wir bei dem Wasserstromkreis einerseits eine Druckleitung, anderseits eine Saugleitung haben, so betrachten wir die mit der positiven Klemme des Elementes oder des Generators verbundene Leitung als Überdruck- oder Hinleitung, die andere als Unterdruck- oder Rückleitung.

Wechselstrom nennt man eine Stromart, die durch periodischen Wechsel der Druckrichtung entsteht. Die elektrischen Teile bewegen sich dabei kurze Zeit in einer Richtung, kommen zum Stillstand, bewegen sich dann in der andern Richtung usw. Zum Vergleich kann man sich vorstellen, daß die Drehrichtung der Pumpe (Abb. 1) wie diejenige der Unruhe einer Taschenuhr periodisch wechselt, an jedem Stutzen also abwechselnd Druck- und Saugwirkung auftritt. Einfacher ist es, an die Wasserströmung in einer Kolbenpumpe ohne Ventile und einem ebenso gebauten Verbrauchskörper zu denken (Abb. 4). Dieser Vergleich trifft jedoch insofern nicht genau die elektrischen Verhältnisse, als der Wasserlauf durch den Kolben unterbrochen ist. Es sei schon hier darauf hingewiesen, daß der in den Starkstromanlagen verwendete Wechselstrom meistens 100-mal in der Sekunde seine Richtung wechselt.

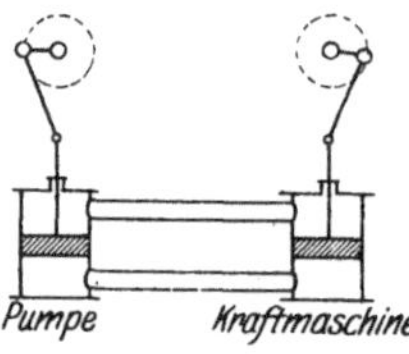

Abb. 4. Wasserdruckanlage mit wechselnder Stromrichtung.

Wie steht es nun mit der Geschwindigkeit des elektrischen Stromes? Wir können an den Stromkreisen der erwähnten Art leicht beobachten, daß selbst die schärfsten Knicke in der Leitung bei Gleichstrom oder dem üblichen Wechselstrom ohne merklichen Einfluß auf die Strömung bleiben und schließen daraus, daß die Fortbewegung der elektrischen Teile mit sehr geringer Geschwindigkeit erfolgt. Die Forschung berechnet diese bei den üblichen Stromdichten zu Bruchteilen von Zentimetern in der Sekunde. Wohl zu unterscheiden von dieser Geschwindigkeit der Fortbewegung ist diejenige Geschwindigkeit, mit der sich eine Störung, eine Änderung des Bewegungszustandes, längs der elektrischen Teilchen fortpflanzt. Wir wissen ja, daß im allgemeinen das Ein- oder Ausschalten einer Leitung und die Wirkung desselben, z. B. das Aufleuchten von Lampen, unmittelbar in kaum meßbarer Zeit aufeinanderfolgen, mag die Leitung auch noch so lang sein.

2. Die Schaltungen im Stromkreis.

Sämtliche in der Elektrotechnik vorkommenden Schaltungen lassen sich auf zwei Hauptarten zurückführen, nämlich auf die Reihenschaltung und die Parallelschaltung.

Da es dem Lernenden erfahrungsgemäß nicht leicht fällt, sich restlos in das Wesen dieser Schaltungen hineinzudenken, sei auch hier der Vergleich mit dem Wasserstromkreis durchgeführt. Verbinden wir (Abb. 5) mit dem Druckstutzen einer Pumpe den Saugstutzen einer zweiten, so fließt das geförderte Wasser der Reihe nach durch die Pumpen, und zwar addiert sich offenbar der von der folgenden Pumpe gelieferte Druck zu dem der ersten, so daß zwischen Druck- und Saugleitung die Summe der von den einzelnen Pumpen erzeugten Spannungen auftritt; diese sind hintereinander geschaltet. Die einzelnen Spannungen können dabei verschieden sein, ebenso ist die Reihenfolge der Pumpen für das Ergebnis, d. h. für Druck und Geschwindigkeit innerhalb der Rohrleitung und für den Zustand innerhalb jeder Pumpe, gleichgültig, sobald sich der Kreislauf im stationären Strömungszustand befindet. Entsprechendes gilt von der Reihenschaltung der Turbinen oder sonstiger Verbrauchskörper; als solche können wir uns Filter, z. B Rohre, die mit Kies oder ähnlichen Hindernissen gefüllt sind, denken. Das Wasser

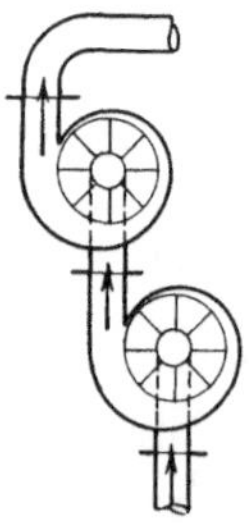

Abb. 5. Reihenschaltung zweier Pumpen.

fließt der Reihe nach durch diese Verbrauchskörper und verliert in jedem derselben, entsprechend dessen Widerstand, einen Teil seiner Spannung. Die Reihenfolge kann auch hier wieder beliebig geändert werden, ohne daß dadurch eine Änderung in dem Zustand innerhalb des Wasserkreislaufes eintritt. Sind z. B. die beiden Turbinen gleich gebaut und gleich belastet, so verbraucht jede die Hälfte der gesamten Spannung; die zuerst vom Wasser durchströmte Turbine hat nicht etwa einen höheren Druck zwischen ihrem Druck- und Saugstutzen auszuhalten, wenn auch der Druck zwischen dem Rohr und der Umgebung größer ist als bei der zweiten Turbine.

Wie liegen dagegen die Verhältnisse, wenn wir (Abb. 6) zwei oder mehrere Pumpen einerseits mit ihren Saugstutzen, anderseits mit ihren Druckstutzen an eine gemeinsame Saug- bzw. Druckleitung anschließen, sie also parallel schalten?

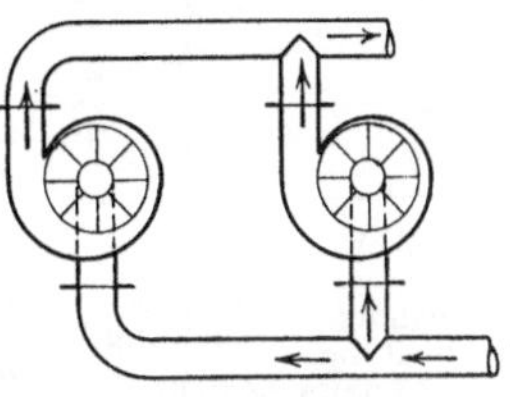

Abb. 6. Parallelschaltung zweier Pumpen.

Damit nicht einer Pumpe das von einer andern herausgepreßte Wasser durch die Drucköffnung zufließt, sondern alle Pumpen Wasser fördern, muß offenbar die Spannung aller Pumpen gleich sein. Das durch die Druckleitung abfließende Wasser ist dann die Summe der Fördermenge aller Pumpen, wobei diese verschieden groß sein können. Eine kleine Pumpe kann mit einer großen parallel arbeiten, wenn ihre Pressungen gleich groß sind. Entsprechende Verhältnisse liegen bei der Parallelschaltung von Turbinen oder anderen Verbrauchskörpern vor. Diese müssen für den gleichen Druck gebaut sein, die gesamte zufließende Wassermenge verteilt sich auf die einzelnen Verbrauchskörper nach der Größe derselben.

Die Schaltung einer elektrischen Anlage mit mehreren Stromquellen, Verbrauchskörpern und den sonstigen, für einen sicheren Betrieb noch erforderlichen Einrichtungen kann nun bildlich nicht so dargestellt werden wie die einfachsten Stromkreise in Abb. 2 und 3. Man verwendet vielmehr vereinfachte Schaltzeichen, deren Form vom Verband Deutscher Elektrotechniker (VDE) festgesetzt ist.

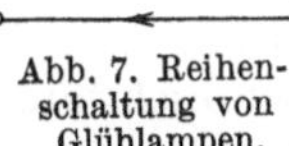

Abb. 7. Reihenschaltung von Glühlampen.

Betrachten wir, mit dem einfachsten beginnend, die Reihenschaltung von Glühlampen (Abb. 7). Eine Klemme der ersten Lampe ist mit der einen Leitung, die andere Klemme mit einer Klemme der zweiten Lampe usw. verbunden. Schließen wir diese Lampenreihe an eine Stromquelle an, so fließt der Strom der Reihe nach in gleicher Stärke durch die Lampen, jede verbraucht dabei einen Teil der insgesamt zwischen den Leitungen vorhandenen Spannung. Als Vergleich kann man an die einzelnen Schichten eines Filters denken.

Bei der Parallel- oder Nebenschaltung (Abb. 8) wird jede Lampe mit ihren Klemmen einerseits an die Hinleitung, anderseits an die Rückleitung angeschlossen, hier ist also die Spannung für alle gemeinsam, während sich der gesamte Strom der elektrischen Teilchen genau so auf die einzelnen Lampen verteilt wie der Wasserstrom eines Rohres auf mehrere Zapfstellen. Die Parallelschaltung wird in den elektrischen Anlagen, die ebenso wie Gas- oder Wassernetze mit möglichst gleichbleibendem Druck arbeiten, am häufigsten angewendet, weil dabei jeder Verbrauchskörper, sofern er

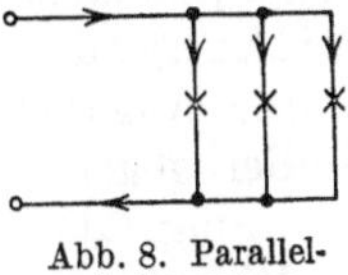

Abb. 8. Parallelschaltung von Glühlampen.

für die volle Spannung gebaut ist, unabhängig von den anderen ein- und ausgeschaltet werden kann.

Durch Vereinigung von Reihen- und Parallelschaltung entsteht die Gruppenschaltung. Hierbei werden zunächst mehrere Lampen in Reihe und eine Anzahl von so gebildeten Gruppen parallel geschaltet (Abb. 9); aus praktischen Gründen verwendet man auch häufig Parallelschaltung der einzelnen Körper und Reihenschaltung der Gruppen (Abb. 10).

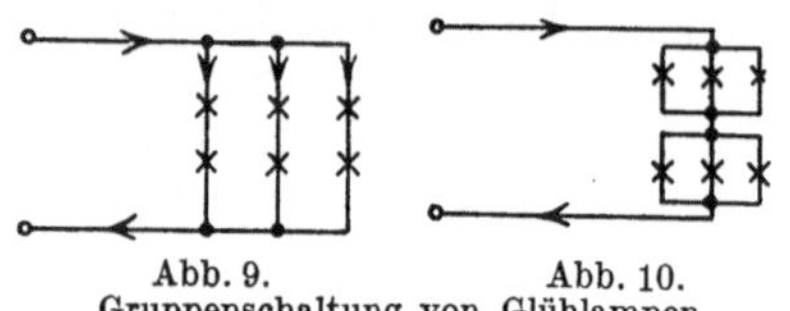

Abb. 9.   Abb. 10.
Gruppenschaltung von Glühlampen

Bei Stromquellen und manchen Verbrauchskörpern sind die Klemmen nicht gleichwertig, sondern nach $+$ (Druckseite) und $-$ (Saugseite) zu unterscheiden. Dementsprechend muß die Reihenschaltung unterteilt werden in Hintereinander- und in Gegenschaltung. Als Beispiel sei die Schaltung von Elementen erläutert. Hintereinanderschaltung (Abb. 11) entsteht durch Verbindung der $+$-Klemme des ersten Elementes mit der $-$-Klemme eines zweiten usw. Es ist klar, daß bei geschlossenem Stromkreis der Strom in jedem Element der gleiche sein muß, und daß jedes Element auf die elektrischen Teile einen Druck in gleicher Richtung, z. B. in der Abb. 11 von unten nach oben, ausübt. Die Gesamtspannung aller Elemente ist also gleich der Summe der Einzelspannungen, die untereinander verschieden sein können. Die Gegenschaltung von Elementen oder Maschinen entsteht, wenn mit der einen Klemme des ersten Elementes die gleichnamige Klemme des zweiten verbunden wird. Diese Spannungen arbeiten dann gegeneinander, die Gesamtspannung ist gleich ihrer Differenz (Abb. 12).

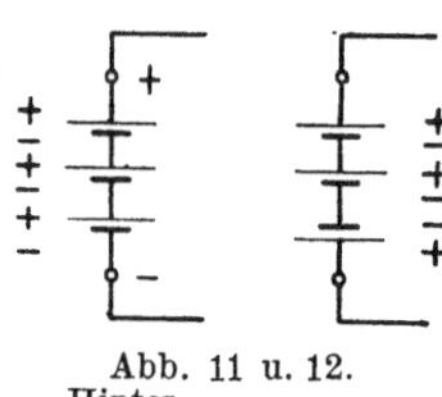

Abb. 11 u. 12.
Hintereinander-   Gegenschaltung   schaltung
von Elementen.

Für die Parallelschaltung elektrischer Stromquellen ist, wie bei den Pumpen, gleiche Spannung die Vorbedingung. Diese Schaltung wird dadurch hergestellt (Abb. 13), daß man alle gleichnamigen Klemmen untereinander und mit je einer Leitung verbindet. Der Leitungsstrom ist dann gleich der Summe der Teilströme in den Elementen.

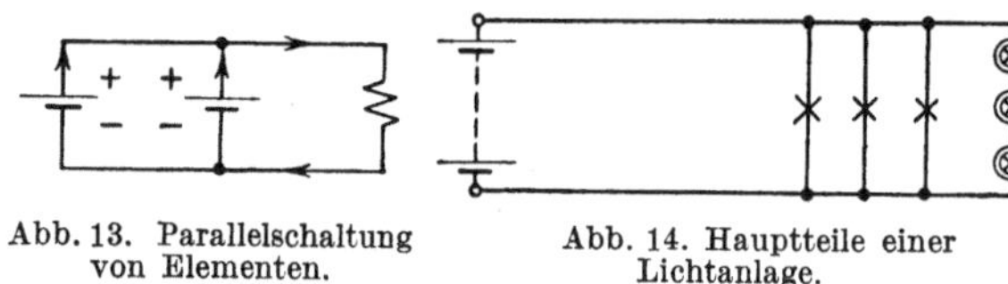

Abb. 13. Parallelschaltung   Abb. 14. Hauptteile einer
von Elementen.   Lichtanlage.

Natürlich kann auch bei Stromquellen die Gruppenschaltung ausgeführt werden. Die Anwendung dieser Schaltungen zeigt das Schaltbild der Hauptteile einer Lichtanlage (Abb. 14); als Stromquelle dienen Elemente in Hintereinanderschaltung (es sind nur die äußersten Elemente der Reihe gezeichnet), als Verbrauchskörper sind in Parallelschaltung Glühlampen und Bogenlampen, letztere zu dreien in Reihe, dargestellt.

3. Die Wirkungen des Stromes.

Da die Elektrizität an sich unserer Wahrnehmung entzogen ist, ist es vorzuziehen, zunächst nicht weiter nach ihrer Entstehung zu fragen, sondern erst die Wirkungen des Gleich- und Wechselstromes durch Versuche kennenzulernen. Kurze Angaben über solche Versuche werden in der Folge an verschiedenen Stellen gegeben, sowohl als Anleitung zur Durchführung wie als Stütze der Anschauung, als „Gedankenexperiment".

Wir tauchen in ein mit Kupfervitriollösung gefülltes Gefäß zwei Kohlenplatten ein und verbinden sie mit den Klemmen von zwei hintereinander geschalteten Elementen (Abb. 15). Nach einiger Zeit des Stromdurchganges zeigt sich auf der mit der negativen Klemme der Stromquelle verbundenen Platte ein Überzug von Kupfer. Vertauscht man die Anschlüsse, so ist nach einiger Zeit dieser Niederschlag verschwunden, dagegen wird jetzt die andere, also wieder die mit dem negativen Pol der Stromquelle verbundene Kohlenplatte mit

Kupfer überzogen. Wir können aus diesen beiden Versuchen zunächst zweierlei
schließen: wir erkennen, daß der Gleichstrom die Bestandteile der Lösung
trennt, also eine chemische Wirkung ausübt; der zweite Versuch lehrt, daß
das Metall von der einen Platte gelöst, in die Lösung
übergeführt und aus dieser auf die andere Platte niedergeschlagen wird. Man bezeichnet diesen Vorgang als
Elektrolyse, die Lösung als Elektrolyt, die Stromzu-
und -ableitungen in der Flüssigkeit als Elektroden.
Schicken wir Wechselstrom durch die Lösung, so zeigt
sich keine chemische Wirkung, da ja beide Elektroden

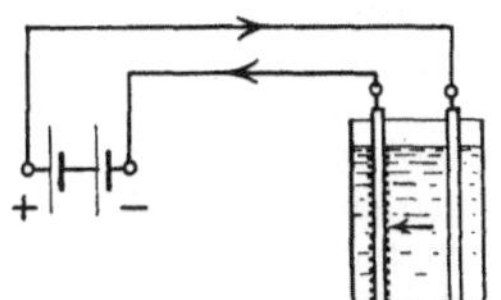

Abb. 15. Chemische Wirkung.

untereinander gleich sind und nach jedem Wechsel der Überzug einer Elektrode
wieder von dieser gelöst wird.

Alle Lösungen — man nennt sie Leiter zweiter Klasse — können durch
Gleichstrom „zersetzt" werden; dabei wandert das Metall bzw. der Wasserstoff
des Elektrolyten nach der einen, der Rest der Lösung nach der andern Elektrode.
Man hat nun vereinbart, als Richtung des Stromes diejenige anzusehen, in
der bei der Elektrolyse die Atome des Metalls bzw. des Wasserstoffes wandern.
Nach dieser Vereinbarung stellen wir uns daher die Kohlenplatte des Elementes
bzw. die positive Klemme irgendeiner andern Stromquelle als Stromaustritts-
stelle oder Anode, die Zinkplatte bzw. negative Klemme der Stromquelle als
Stromeintrittsstelle oder Kathode vor. Bei Verbrauchskörpern wird, um Ver-
wechslungen zu verhindern, stets die mit + der Stromquelle verbundene Klemme
als +-Klemme oder Anode, die andere als —-Klemme oder Kathode bezeichnet.
Der Strom tritt also bei Verbrauchskörpern an der Anode ein und an der Kathode aus.

Versuche zeigen, daß die Menge der Zersetzungsprodukte in gleichem Maße
wie die Zeitdauer des Stromdurchflusses wächst, wenn die Eigenschaften der
Stromquelle und der Zersetzungszelle unverändert bleiben. Vergrößert man
dagegen den Abstand der Platten oder verkleinert die Spannung der Stromquelle,
so wird die in bestimmter Zeit zersetzte Menge kleiner. Der Vergleich mit dem
Wasserkreislauf läßt vermuten, daß in letzterem Fall die Stärke der Strömung,
d. h. die in der Zeiteinheit durch einen Querschnitt des Stromkreises fließende
Anzahl elektrischer Teilchen kleiner geworden ist.

Man hat die chemische Wirkung dazu benutzt, die Einheit der Strom-
stärke gesetzlich festzulegen und zwar durch das Gewicht an Silber, das in der
Sekunde aus einer bestimmten Lösung ausgeschieden wird. Die Einheit der
Stromstärke hat den Namen Ampere erhalten. Stromstärke ist also die
Elektrizitätsmenge, die in der Sekunde durch den in Frage stehenden Teil
des Stromkreises fließt und entspricht der Wassermenge, die in der Sekunde
durch einen Querschnitt des Wasserlaufs strömt. Ist die Stromstärke und die
Zeitdauer der Einschaltung gegeben, so erhält man umgekehrt als Produkt dieser
beiden die Strommenge oder Elektrizitätsmenge, deren Einheit die Ampere-
sekunde (As) oder das Coulomb ist; häufiger wird die größere Einheit
Amperestunde (Ah) gebraucht. Unter Stromdichte versteht man die
Stromstärke je Quadratmillimeter des Leiterquerschnittes. Die Stromdichte
hat daher die Bedeutung einer Geschwindigkeit, da ja die sekundliche Menge,
z. B. einer Wasserströmung, als Produkt aus dem Druchflußquerschnitt und der
Geschwindigkeit berechnet wird. Die Größe der Stromstärkeneinheit ist dadurch
bestimmt, daß man die später zu besprechenden magnetischen Kraftwirkungen
des elektrischen Stromes auf das absolute Maßsystem, in welchem die Länge,
Masse und Zeit die Einheiten bilden, bezogen hat. Um eine Vorstellung von der
Größe der Einheit „Ampere" zu gewinnen, sei erwähnt, daß der Strom einer
Glühlampe der gebräuchlichsten Größe etwa 0,5 Ampere beträgt. Zur Abkürzung

und zur Verwendung in Formeln bezeichnet man die Stromstärke mit J, ihre
Einheit mit A. Ein Tausendstel Ampere heißt ein Milliampere, das Zeichen
hierfür ist mA.

Beispiel: Welche Kupfermenge wird niedergeschlagen, wenn durch die Zelle der Abb. 5
ein Strom von 50 A während 3 Stunden, sodann ein Strom von 20 A noch 5 Stunden fließt?
Die gesamte Strommenge ist $50 \cdot 3 + 20 \cdot 5 = 250$ Ah, oder $900 \cdot 10^3$ As. Da eine Ampere-
sekunde einen Niederschlag von 0,328 mg Kupfer (elektrochemisches Äquivalent) liefert,
so werden $0,328 \cdot 900 \cdot 10^3$ mg oder rund 300 g Kupfer niedergeschlagen. Erfahrungsgemäß
ist es nicht überflüssig zu betonen, daß die Stromstärken nicht addiert werden dürfen,
da sie zu verschiedenen Zeiten auftreten.

Die chemische Wirkung wird zu der elektrolytischen Gewinnung von Metallen
und Gasen, sowie in verschiedenen Zweigen der Galvanotechnik benutzt. Elek-
trolytische Anfressungen können in Rohrleitungsnetzen durch vagabundierende
Ströme aus dem Straßenbahnnetz entstehen, ferner in Dampfkesseln oder an
Leitungen u. dgl. durch das Auftreten elektrischer Spannung zwischen verschiedenen Metallen der Bauteile.

Eine zweite Wirkung des elektrischen Stromes zeigt folgender Versuch. Ein
dünner Draht AB, z. B. ein einzelner Faden einer Kupferschnur von einigen
Metern Länge, wird ausgespannt und mit den Klemmen eines Elementes ver-

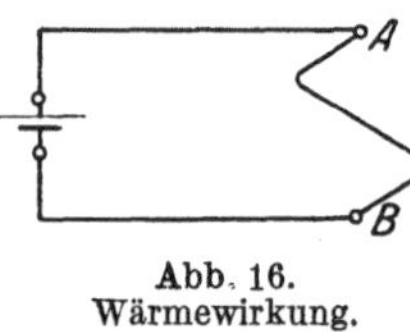

Abb. 16.
Wärmewirkung.

bunden (Abb. 16); man beobachtet, daß bei Stromdurchfluß in dem Draht Wärme entwickelt wird. Die Wirkung
ist die gleiche, wenn man die Anschlüsse vertauscht oder
Wechselstrom verwendet. Verringern wir bei unveränderter
Spannung der Stromquelle die Länge des stromdurchflossenen Drahtes, oder erhöhen wir die Spannung durch Hintereinanderschaltung mehrerer Elemente, so läßt der Vergleich mit unserem Pumpenkreislauf vermuten, daß dadurch die Stromstärke
vergrößert wird. Man beobachtet tatsächlich eine stärkere Erwärmung, kann
also aus der größeren Wirkung auf eine größere Stromstärke schließen. Allgemein kann man sagen, daß jeder Strom Wärme erzeugt; wir können sie
uns durch Reibung zwischen den bewegten elektrischen Teilchen und den
Stoffteilen entstanden denken.

Sehen wir uns nach den Anwendungen dieser Stromwirkung um, so finden
wir sie vor allem bei dem elektrischen Licht, das ja immer noch auf die durch
Wärme erzeugte Strahlung angewiesen ist, ferner bei dem elektrischen Heizen,
Schweißen und Schmelzen, bei den Schmelzsicherungen und ähnlichen Schutz-
vorrichtungen. Als unvermeidliche Beigabe müssen wir diejenige Wärme hin-
nehmen, die der Strom in Leitungen und in den Wicklungen von Maschinen,
Apparaten und anderen Teilen der elektrischen Anlagen verursacht. Es sei hier
schon betont, daß die Bemessung elektrischer Einrichtungen sehr wesentlich
durch die Wärmewirkung bedingt ist. Diese hängt unter sonst gleichen Umständen von der Stromdichte ab. Verwendet man Kupfer als Stromleiter, so
läßt man z. B. für Spulen in ruhender Luft je nach deren Größe eine Stromdichte
von 2 bis 4 A/mm^2 zu. In isolierten Leitungen, die zur Verbindung der Stromquellen mit den Verbrauchskörpern dienen, muß die Stromdichte mit wachsendem
Durchmesser der Leitung abnehmen, damit die Erwärmung das für die Gummi-
isolierung zulässige Maß nicht überschreitet. Nach den Vorschriften des VDE
ist für Dauerbetrieb z. B.

	1,5	4	10	25 mm²
bei einem Querschnitt von	1,5	4	10	25 mm²
der Nennstrom der Sicherung . . .	10	20	35	80 A
der Höchststrom	14	25	43	100 A.

Die Sicherungen können nur die Leitungen gegen Überlastung schützen,
dagegen nicht die Motoren, Heizkissen u. dgl. Für den Schutz solcher Verbrauchs-

körper sind besondere Geräte zu verwenden, in denen durch die Verlängerung
eines Metallstreifens oder durch Schmelzen einer Lötstelle der Überstrom unterbrochen wird.

Als dritte Wirkung des elektrischen Stromes wollen wir die magnetische
betrachten. Einen Magneten nennt man bekanntlich ein Stück Stahl, das
Eisen sowie einige andere Metalle anzieht und auf einen zweiten Magneten
einerseits eine Anziehung, anderseits eine Abstoßung ausübt. Weiteres über den
Magnetismus wird in den Abschnitten 14 und 15 besprochen.

Einige einfache Versuche geben darüber Aufschluß, ob und in welcher Weise
auch ein elektrischer Strom solche Wirkungen hat. Bringt man ein
Stück Eisen, an einer Feder aufgehängt, über eine stromdurchflossene Spule (Abb. 17) — die Stromquelle ist hier und in der
Folge der Kürze halber nicht eingezeichnet, sofern ihre Darstellung
entbehrt werden kann —, so wird das Eisen wie von einem
Magneten angezogen und zwar bei Gleichstrom und Wechselstrom,
einerlei wie die Stromrichtung ist. Die Wirkung wächst, wenn die
Stromstärke erhöht wird, mit dem Ausschalten des Stromes hört
sie auf.

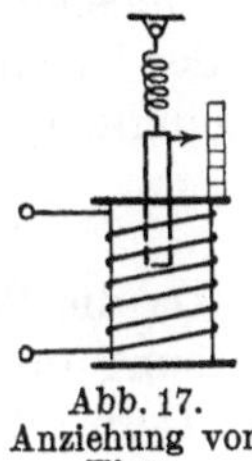

Abb. 17.
Anziehung von
Eisen.

Sodann halten wir einen von Gleichstrom durchflossenen Leiter (Abb. 18)
über eine Magnetnadel und zwar in der Richtung, welche die Nadel unter dem
Einfluß des Erdmagnetismus einnimmt. Die Nadel wird abgelenkt und nähert
sich der zum Stromleiter senkrechten Lage desto mehr, je stärker der Strom
gemacht wird. Kehrt man die Stromrichtung um oder hält den
Stromleiter unter die Nadel, so kehrt sich auch der Drehsinn der
Ablenkung um; bei sehr raschem Stromwechsel oder bei Verwendung von Wechselstrom wird man nur bei einer sehr kleinen
Nadel eine Ablenkung und zwar in wechselnder Richtung beobachten, da eine größere Nadel infolge ihrer Trägheit dem
raschen Wechsel des Antriebs nicht folgen kann. Eine Wirkung
ist bei beiden Stromarten zu beobachten, wenn man eine Glühlampe, am besten eine Kohlenfadenlampe, zwischen die Pole

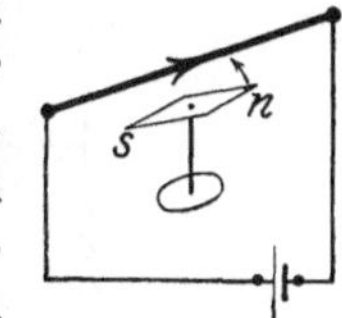

Abb. 18.
Ablenkung einer
Magnetnadel.

eines Stahlmagneten bringt. Fließt Gleichstrom durch die Lampe, so wird der
Faden nach einer Seite abgebogen, bei Verwendung von Wechselstrom schwingt
er lebhaft hin und her.

Schließlich bringen wir eine um eine senkrechte Achse drehbare Spule in
die Nähe einer festaufgestellten Spule und zwar so, daß die drehbare sich
im stromlosen Zustand durch die Torsionskraft der Aufhängung
oder die Spannung einer Feder mit ihrer Ebene senkrecht zu
derjenigen der festen Spule stellt. Wir schicken durch beide, am
besten in Reihenschaltung, einen Strom (Abb. 19) und beobachten, daß die drehbare Spule, ähnlich wie vorher die Nadel, abgelenkt wird. Der Drehsinn ändert sich, wenn wir die Stromrichtung nur in einer der beiden Spulen vertauschen, dagegen
bleibt er derselbe, wenn wir in beiden Spulen die Stromrichtung wechseln. Daraus folgt, wie auch ein Versuch zeigt,
daß die Wirkung bei Wechselstrom ebenso wie bei Gleichstrom

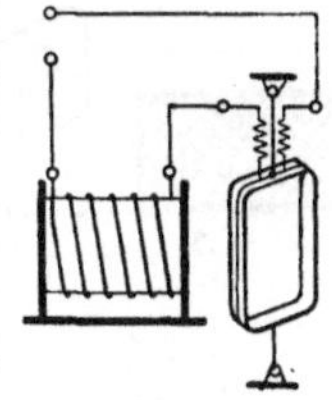

Abb. 19.
Ablenkung einer
Spule.

eintritt. Auch bei diesen Versuchen wächst die Wirkung mit der Stromstärke.

Anwendungen dieser magnetischen Wirkungen — auf diese selbst soll später
näher eingegangen werden —, finden wir bei den mannigfaltigsten elektrischen
Apparaten; besonders bemerkenswert ist, daß die letzte Versuchsanordnung die
Grundform der in der Starkstromtechnik verwendeten elektrischen Maschinen
bildet.

Ein bekannter Grundsatz der Physik ist die Umkehrbarkeit von Vorgängen; er gilt auch für elektrische Erscheinungen. Wie durch einen Strom bestimmter Richtung chemische, magnetische und gewisse Wärme-Wirkungen entstehen, so wird umgekehrt durch chemische oder magnetische Vorgänge oder durch Wärme ein elektrischer Strom entstehen können. Während die beiden ersteren Erscheinungen später eingehender zu behandeln sind, sei hier kurz erwähnt, daß man durch Verlöten der Enden zweier verschiedenartiger Drähte, z. B. eines Eisen- und eines Konstantandrahtes, ein Thermoelement erhält, das bei Erwärmung der Lötstelle eine wenn auch sehr geringe elektrische Spannung gibt. Solche Thermoelemente werden zur Messung der Temperatur in Heizanlagen u. dgl. in der Technik verwendet. Sie sind auch zur Messung der Erwärmung schwer zugänglicher Stellen von elektrischen Maschinen und Geräten geeignet.

4. Messung des Stromes.

Da die Wirkungen des Stromes von seiner Stärke abhängen, können sie zur Messung der Stromstärke verwendet werden. Bei den hierfür gebauten Meßgeräten setzt sich einer durch den Strom hervorgerufenen Bewegung die Gegenkraft einer Feder oder eines Gewichtes derart entgegen, daß sie wie bei einer Federwage mit wachsendem Ausschlag größer wird. In einer je nach der Stärke des Stromes verschiedenen Lage des beweglichen Systems tritt Gleichgewicht ein, die Stellung eines Zeigers über einer Skala ist dann ein Maß für die in dem betreffenden Zeitpunkt durch das Meßgerät fließende Stromstärke. Ist die Skala nicht fest angebracht, sondern wird sie als Papierstreifen unter dem mit einer Schreibvorrichtung versehenen Zeiger fortlaufend bewegt, so wird der Verlauf der Meßgröße aufgezeichnet. Wir haben dann ein

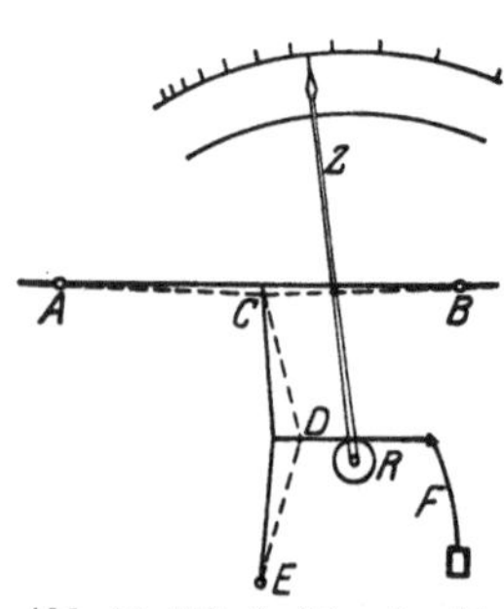

Abb. 20. Hitzdrahtmeßgerät (nach Dubbel).

schreibendes Meßgerät. Um bei Änderung der Stromstärke ein längeres Hin- und Herpendeln des Zeigers zu verhindern, bringt man eine Dämpfung an, die entweder elektrisch (vgl. Abschnitt 28) oder durch Luftbewegung (siehe D in Abb. 21) wirkt. Die häufig für elektrische Meßgeräte gebrauchte Bezeichnung „aperiodisch" bedeutet, daß der Zeiger die Gleichgewichtslage einnimmt, ohne lange zu pendeln oder zu kriechen.

Die Wärmewirkung wird in den Hitzdrahtmeßgeräten (Abb. 20) benutzt. Der horizontal liegende Hitzdraht AB, ein dünner Draht aus Platiniridium, wird mittels zweier Spannfäden CE und DF durch eine Blattfeder gespannt gehalten; bei Stromdurchfluß verlängert er sich entsprechend seiner Erwärmung, so daß die Feder sich aufrichten und die Rolle mit dem Zeiger drehen kann, wobei der Weg des Federendes infolge des doppelten Knie„hebels" erheblich größer ist als die Verlängerung des Hitzdrahtes. Der Haupt-

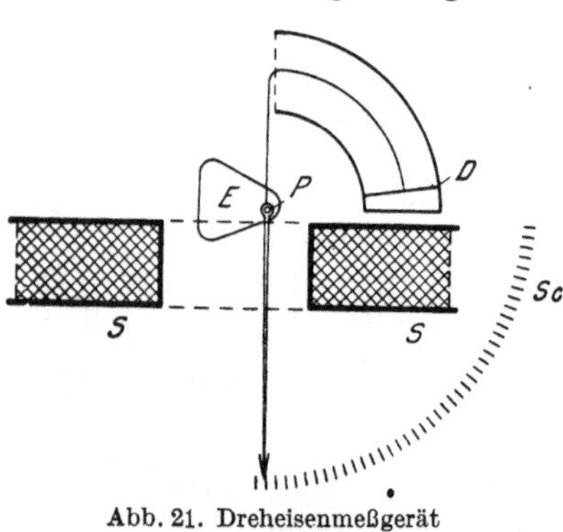

Abb. 21. Dreheisenmeßgerät (nach Gruhn).

vorteil dieses Meßgerätes ist, daß seine Angaben für Gleich- und Wechselstrom genau dieselben sind, und daß es unempfindlich gegen irgendwelche magnetischen Einflüsse ist. Durch eine Ausgleichsvorrichtung kann das Meßgerät auch unempfindlich gegen äußere Temperatureinflüsse gemacht werden.

Das elektromagnetische oder Dreheisen — Meßgerät (Abb. 21) hat eine drehbare Scheibe E aus Weicheisen, die, vor einer Spule S liegend, von dieser angezogen wird und mit dem Zeiger eine Linksdrehung ausführt. Dabei wächst die Wirkung des Gegengewichtes des beweglichen Systems. Die Angaben dieses Meßgerätes sind je nach der Stromrichtung und der Wechselzahl etwas verschieden, die Genauigkeit ist geringer als bei den anderen Arten.

Das Drehspulmeßgerät (Abb. 22) besteht aus einem Stahlmagneten mit zylindrisch ausgedrehten Polen, zwischen denen über einem Eisenzylinder eine feine Spule mit dem Zeiger drehbar gelagert ist, seine Teile entsprechen also dem im Abschnitt 3 erwähnten Versuch mit Glühlampe und Magnet. Als Stromführung für die Drehspule und als Gegenkraft dienen zwei Spiralfedern. Das Meßgerät ist nur für Gleichstrom verwendbar, die Teilung ist über den ganzen Anzeigebereich gleichmäßig.

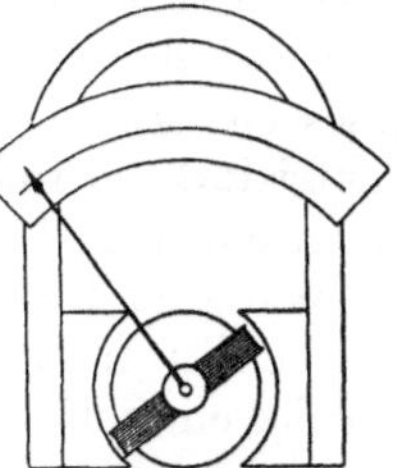

Abb. 22. Drehspulmeßgerät (nach Dubbel).

Das elektrodynamische Meßgerät (Abb. 23) beruht auf der Anordnung der Abb. 19. Es besitzt wie das Drehspulgerät eine drehbare Spule; sie ist innerhalb einer fest angebrachten Spule gelagert und mit ihr in Reihe geschaltet. Das Meßgerät wird meistens ohne Eisenschluß ausgeführt, der Ausschlag ist für Gleich- und Wechselstrom derselbe, wird jedoch durch äußere magnetische Einwirkungen stark beeinflußt; es wird in der Regel für Wechselstrom verwendet.

Soll nun mit einem dieser Meßgeräte die Stromstärke gemessen werden, so muß der zu messende Strom oder ein bestimmter Teil desselben das Gerät durchfließen; dieses ist daher in eine Leitung zu schalten (Abb. 24) und wird dann Strommesser oder Amperemeter genannt. Als Galvanometer werden Meßgeräte bezeichnet, die zur Messung geringer Ströme dienen und an deren Teilung kein bestimmter Einheitswert der Stromstärke angeschrieben ist.

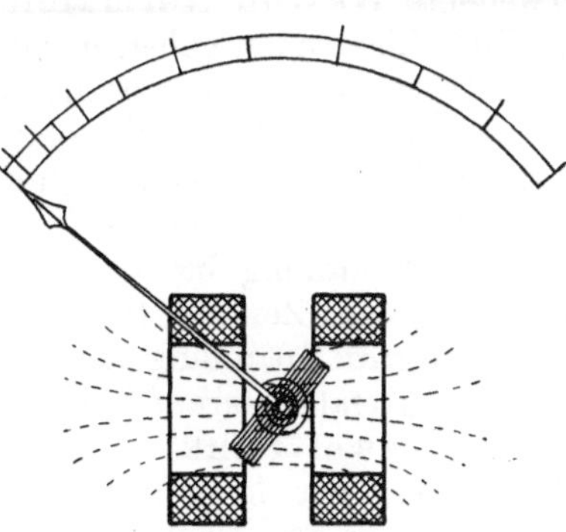

Abb. 23. Elektrodynamisches Meßgerät (nach Lehmann).

Um einen Strommesser zu eichen, d. h. den genauen Wert des Zeigerausschlags zu bestimmen, schaltet man ihn mit einem Normal-Strommesser in Reihe. Man verändert dann die Stromstärke so, daß man eine Anzahl von Zeigerstellungen über den ganzen Anzeigebereich erhält, liest jedesmal beide Geräte ab und berechnet die „Korrektion", d. h. den Betrag, welcher als positiver oder negativer Wert zu der Ablesung des zu prüfenden Meßgerätes zu zählen ist, um den genauen aus der Ablesung des Normalgerätes ermittelten Wert zu erhalten.

5. Die Spannung und ihre Entstehung in galvanischen Elementen.

Der elektrische Gleichstrom hat, wie in Abschnitt 3 untersucht wurde, eine chemische Wirkung. Die Umkehrung läßt erwarten, daß durch einen chemischen Vorgang Gleichstrom erzeugt werden kann, daß also nach unserer Vorstellung die elektrischen Teilchen durch das Auftreten eines elektrischen Druckes in Bewegung gesetzt werden können. Taucht man einen festen Leiter in einen flüssigen Leiter ein, so tritt zwischen diesen beiden durch chemische Einwirkung ein Druck auf, der auf die Stoffteile und die elektrischen Teile wirkt und einen elektrischen Spannungszustand, ein Potential, zwischen Elektrode und Elektrolyt verursacht. Je nach dem Stoff des Leiters ist das Potential verschieden groß, es ist z. B. in verdünnter Schwefelsäure bei Zink am größten, bei Kupfer und noch mehr bei Kohle sehr gering. Durch Eintauchen zweier verschiedener Elektroden in einen Elektrolyten erhält man eine Potentialdifferenz oder Spannung zwischen den Elektroden, die so lange vorhanden ist, als eine Wirkung zwischen Elektrode und Elektrolyt auftreten kann. Prüft man die Art dieses elektrischen Zustands im Vergleich zu der durch Reibung auftretenden Elektrizität, so findet man, daß das Zink wie geriebenes Hartgummi negativ elektrisch, Kupfer oder Kohle wie geriebenes Glas positiv elektrisch ist.

Da die im Innern einer Stromquelle auftretende Potentialdifferenz (die „erzeugte Spannung") — wie etwa die Muskelkraft eines Lebewesens — die Ursache einer Bewegung und zwar des Kreislaufs der elektrischen Teilchen ist, so nennt man sie elektromotorische Kraft, abgekürzt EMK. Dieser Begriff elektromotorisch hat mit dem Begriff Elektromotor, d. h. der durch Elektrizität getriebenen Kraftmaschine, nichts zu tun. Als Zeichen für die EMK dient der Buchstabe E, die Einheit heißt Volt, das Zeichen für letztere ist V. Auch diese Einheit ist, wie diejenige der Stromstärke, durch Beziehung zum absoluten Maßsystem bestimmt. Der tausendste Teil des Volt ist 1 Millivolt, Zeichen mV. Zu Meßzwecken ist die Größe der Spannungseinheit durch Normalelemente von genau bestimmter Zusammensetzung festgelegt, und zwar hat das allgemein verwendete Weston-Normalelement eine EMK von $E = 1{,}019\ V$. Kupfer- und Zink-Elektroden geben in verdünnter Schwefelsäure ein Element von rund 1 V EMK, während die gebräuchlichen Klingel- und Trockenelemente eine EMK von etwa 1,5 V haben. Wie man sich durch Versuche leicht überzeugen kann, ist die EMK eines Elementes nur durch die Art der Bestandteile, nicht durch die Größe der eingetauchten Elektroden bestimmt. Zum Unterschied von der erzeugten Spannung benutzen wir für die in dem Stromkreis verbrauchte Spannung das Zeichen U oder u; die Einheit ist ebenfalls das Volt.

Der Begriff Spannung deutet schon, ebenso wie Druckunterschied, Spannweite oder Gefälle, darauf hin, daß die Spannung sich stets auf den Unterschied zwischen zwei Punkten des Stromkreises beziehen muß. In den Schaltskizzen geben wir dementsprechend den Wert der Spannung auf einer Maßlinie wie eine Länge an. Weiter folgt aus dem Vergleich mit der Pumpe oder einem Dampfkessel, daß die elektrische Spannung nicht dem Druck im ganzen, sondern dem Druck auf die Flächeneinheit, der Pressung, die in Atmosphären oder in Metern Wassersäule gemessen wird, entspricht.

Zur Messung der Spannung verwendet man in der Regel Geräte von einer der im Abschnitt 4 besprochenen Bauarten, sorgt jedoch durch Einbau von großem Widerstand dafür, daß nur ein geringer Strom durch den Spannungsmesser

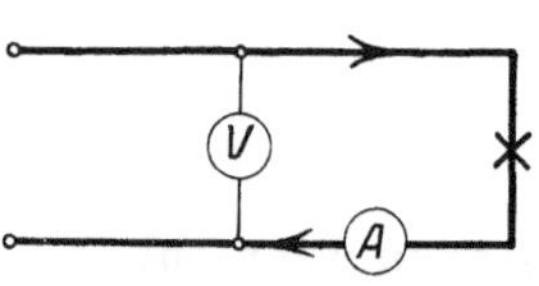

Abb. 24. Einschaltung eines Strommessers und eines Spannungsmessers.

(Voltmeter) fließen kann. Der Ausschlag entspricht sowohl diesem Strom als auch der an den Klemmen des Gerätes herrschenden Spannung, wie aus Abschnitt 6 folgt. Man schaltet daher einen Spannungsmesser zwischen die beiden Punkte, deren Spannung gemessen werden soll, also z. B. zwischen Hin- und Rückleitung (Abb. 24). Zwecks Eichung eines Spannungsmessers schaltet man ihn parallel mit einem Normalgerät. Die EMK einer Stromquelle kann im unbelasteten Zustand derselben durch einen Spannungsmesser gemessen werden.

Die in der Starkstromtechnik üblichsten Verbrauchsspannungen sind 110, 220, 380, 440 und 500 V. Als Hochspannungsanlagen, die besonderen Sicherheitsvorschriften unterliegen, bezeichnet man solche, in denen die Spannung gegen Erde mehr als 250 V betragen kann. Man hat die Spannung gegen Erde zur Festsetzung der Grenze genommen, da die gegen eine Gefährdung zu schützenden Menschen häufiger nur einen Pol der elektrischen Anlage berühren, während sie gleichzeitig mehr oder weniger geerdet, d. h. in leitender Verbindung mit der großen Masse unserer Erde sind, als daß sie beide Pole, zwischen denen die volle Spannung herrscht, berühren. Diesem Umstand ist besonders bei den Anlagen mit Nulleiter Rechnung zu tragen; eine solche für Gleichstrom ist als Schaltbild in Abb. 25 dargestellt. Zwei Stromquellen und zwei Gruppen von Verbrauchskörpern sind in Reihe geschaltet und mit den äußeren Klemmen an die beiden Außenleiter P und N gelegt. Die inneren Klemmen

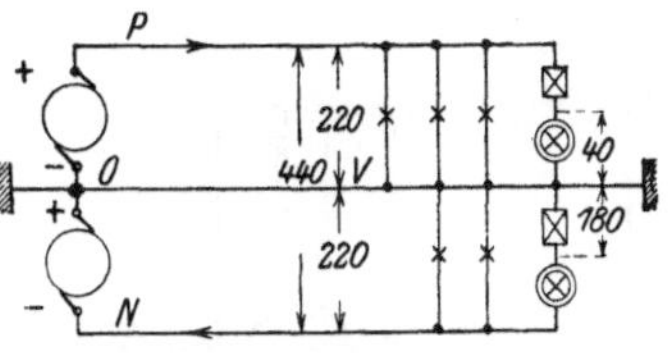

Abb. 25. Dreileiteranlage.

der Stromquellen und Verbrauchskörper sind untereinander durch eine dritte Leitung, den Mittel- oder Nulleiter O, verbunden. Wird dieser geerdet, so kann die Spannung gegen Erde in der Anlage nicht größer werden, als die Spannung einer Netzhälfte beträgt; nehmen wir letztere zu rund 220 V an, so liegt also eine Niederspannungsanlage vor. Ist dagegen der Mittelleiter nicht in leitende Verbindung mit der Erde gebracht, so hat ein Außenleiter die volle Außenleiterspannung, also in unserem Fall 440 V gegen Erde, sobald der andere Außenleiter durch einen Isolationsfehler oder sonstwie gut geerdet wird. Bei isoliertem Mittelleiter würde also eine solche Dreileiteranlage von 2 · 220 Volt unter den Begriff „Hochspannung" fallen. In Anlagen, die einen Nulleiter haben oder Hochspannung führen, ist es besonders wichtig, daß Erdungen dem Übertritt des Stromes nach bzw. von der Erde möglichst geringen Widerstand bieten; das kann durch große Berührungsfläche und gute Ausbreitungsmöglichkeit für die von der Erdungsleitung in die Erde bzw. umgekehrt übertretenden Stromfäden, also z. B. durch Auslegen langer Metallbänder unter dem Erdboden und durch Verlegung in feuchten Erdschichten, erreicht werden.

Wie nach einem Grundgesetz der Physik der Druck in einer ruhenden Flüssigkeit sich nach allen Seiten hin in gleicher Stärke fortpflanzt, so herrscht auch in einem offenen Stromkreise bis an die Unterbrechungsstelle überall die gleiche Spannung von der Höhe der EMK der Stromquelle, mag auch der eingeschaltete Widerstand noch so groß sein. Diese manchmal übersehene Tatsache hat besondere praktische Bedeutung für das Aufsuchen von Unterbrechungsstellen im Stromkreise. Man tastet mit einem Spannungsmesser oder einer Glühlampe von ver-

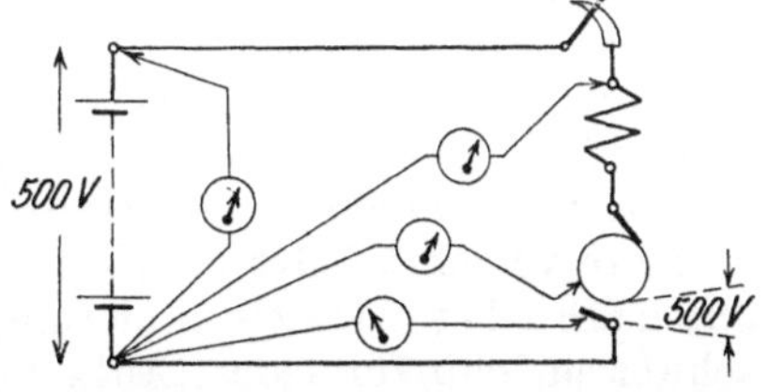

Abb. 26. Aufsuchen einer Unterbrechungsstelle.

hältnismäßig geringer Stromstärke und entsprechender Spannung von der Stromquelle aus den Stromkreis ab und findet zunächst überall gleiche Spannung; sobald die Unterbrechungsstelle überschritten ist, zeigt der Spannungsmesser bzw. die Prüflampe plötzlich keine Spannung mehr (Abb. 26).

Grundgesetze des Gleichstromkreises.

6. Das Ohmsche Gesetz.

Zur Erleichterung der Anschauung benutzen wir zunächst wieder den Wasserkreislauf als Vergleich. Eine Zentrifugalpumpe (Abb. 27) soll durch ein weites Rohr Wasser in das horizontal gezeichnete Rohr BD drücken, das mit Schrotkörnern oder ähnlichen Hindernissen gefüllt sei. Vom Ende dieses Rohres wird das Wasser mittels eines weiten Rohres wieder der Pumpe zugeführt. An irgendeiner Stelle sei ein Wassermesser W eingeschaltet, der die durchfließende Wassermenge zählt. Ferner sind an der Druck- und Saugmündung der Pumpe sowie an verschiedenen Stellen des Schrotrohres Hähne zum Anschluß eines Flüssigkeits-Manometers angebracht. Einfacher auszuführen, aber weniger als Vergleich zutreffend ist der Versuch, wenn man das Schrotrohr nicht durch eine Pumpe speist, sondern ihm aus einem Gefäß das Wasser zufließen läßt (Abb. 28). Die Wasserhöhe im Gefäß wird durch Zulauf und Überlauf in bestimmter Höhe gehalten. Man kann dann den Wasserdruck durch die Höhe des

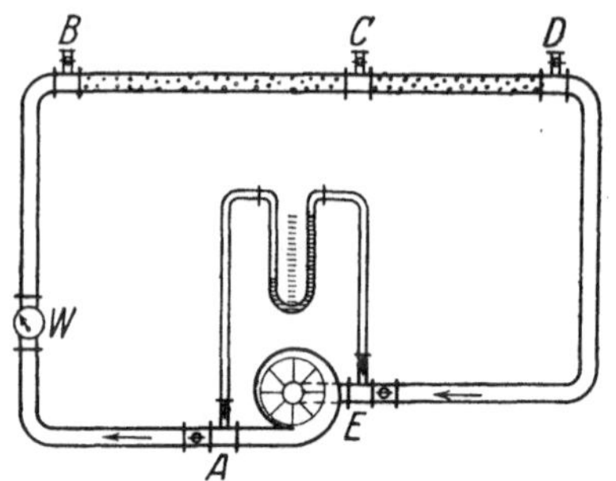
Abb. 27. Wasserstromkreis.

Flüssigkeitsspiegels über dem Schrotrohr sowie durch Standrohre längs des letzteren, ferner die aus dem Rohr fließende Wassermenge durch ein Meßglas bestimmen. Ist das Rohr bei E abgesperrt, der Strom also unterbrochen, so ist der Wasserdruck an jeder Stelle von der Pumpe bzw. dem Gefäß bis zur Unterbrechungsstelle überall derselbe.

Wir lassen nun durch eines der beiden Geräte Wasser fließen, ändern den Druck und messen jedesmal die während einer bestimmten Zeit durchfließende Wassermenge. Man findet dann, daß sich die Wassermenge im gleichen Verhältnis wie der Druck ändert.

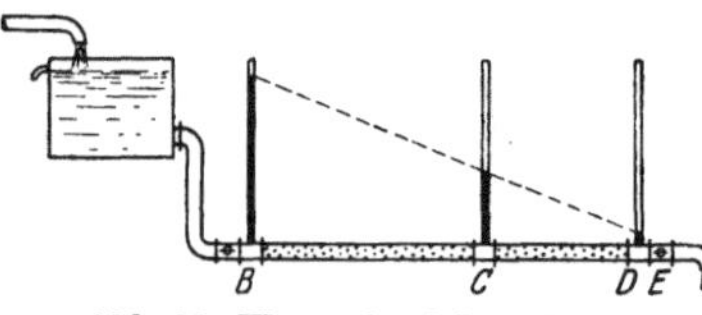
Abb. 28. Wasserdurchfluß durch ein Rohr.

Das Verhältnis dieser beiden Größen ist also konstant; man kann diesen Festwert als den Widerstand der ganzen Leitung bezeichnen. Des weiteren legen wir das Manometer (Abb. 27) einerseits an das Ende D des Schrotrohres, anderseits erst an den Hahn am Anfang B, sodann an den längs des Schrotrohres angebrachten Hahn C und messen jedesmal den Druck zwischen diesen Punkten und dem Ende des Rohres. Wir finden, daß der Druck zwischen Anfang und Ende des Schrotrohres fast ebenso groß ist wie zwischen Druck- und Saugstutzen der Pumpe, dagegen desto mehr abnimmt, je weiter wir längs des Schrotrohres gehen, je kleiner also das Stück desselben ist, an dem wir messen. Der von der Pumpe erzeugte Druck wird also in dem Schrotrohr verbraucht, und zwar verzehrt jedes Stück einen seiner Länge entsprechenden Teil des gesamten Druckes. Durch Änderung der erzeugten Pressung kann man leicht nachweisen, daß für jedes Stück das Verhältnis „Pressung : Wassermenge" ein Festwert ist, und daß dieser für die verschiedenen Rohrlängen diesen Längen proportional ist.

Ganz entsprechend stellen wir einen elektrischen Stromkreis her (Abb. 29). Als Stromquelle verwenden wir galvanische Elemente, als Verbrauchskörper einen ausgespannten dünnen Draht BD, ferner legen wir einen Spannungsmesser an die Klemmen der Stromquelle und schalten einen Strommesser ein. Bei dieser Gelegenheit überzeugen wir uns, daß es gleichgültig ist, an welcher Stelle des ein-

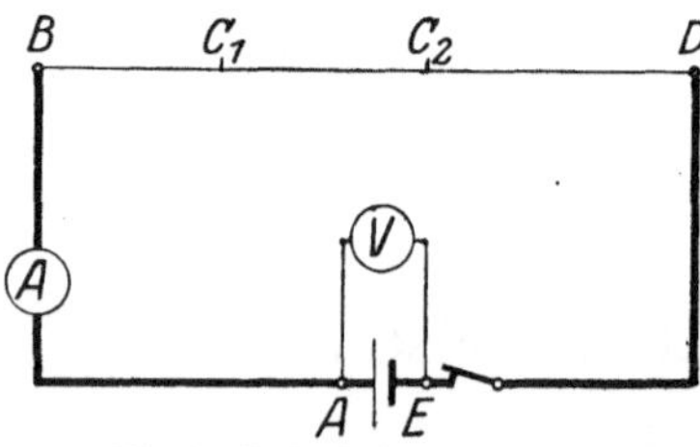
Abb. 29. Elektrischer Stromkreis.

fachen Stromkreises der Strommesser liegt.

Verändern wir nun durch Hintereinanderschaltung mehrerer Elemente die EMK der Stromquelle, so können wir zu verschiedenen Werten der Spannung U, die an den Klemmen der Stromquelle auftritt, die zugehörige Stromstärke J des Kreises messen.

Beispielsweise lesen wir ab

$$\text{bei} \quad U = 2, \quad 4, \quad 6 \ \text{V}$$
$$J = 0{,}5, \quad 1, \quad 1{,}5 \ \text{A}.$$

Das Verhältnis $\dfrac{U}{J} = \dfrac{2}{0{,}5} = \dfrac{4}{1} = \dfrac{6}{1{,}5} = 4$ bleibt also unverändert, solange der äußere Stromweg $ABDE$ keine Änderung erfährt.

Wir finden demnach, daß der Strom in gleichem Maße wie die Spannung wächst, daß also das Verhältnis U/J konstant ist. Diese Beziehung, das wichtigste Gesetz des elektrischen Stromkreises, wurde von Ohm entdeckt.

Man nennt das Verhältnis U/J den Widerstand des äußeren Stromweges und bezeichnet ihn mit R.

Das Ohmsche Gesetz für jeden Leiter, der nicht der Sitz einer EMK ist, lautet: Der Widerstand ist gleich dem Verhältnis der Spannung zu der Stromstärke.

Es wird ausgedrückt durch die Gleichungen

$$\frac{U}{J} = R, \quad \text{daher} \quad U = J \cdot R, \quad \text{oder} \quad J = \frac{U}{R} \tag{1}$$

$$\text{(I. Grundgleichung)}.$$

Die mittlere Gleichung bedeutet:

Soll ein Widerstand, der den Wert R hat, von einer Stromstärke J durchflossen werden, so muß zwischen seinen Enden eine Spannung U wirken, deren Größe durch das Produkt $J \cdot R$ bestimmt ist.

Schließlich kann man die dritte Form des Gesetzes ausdrücken durch den Satz: Liegt an einem Widerstand R die Spannung U, so kommt ein Strom zustande, dessen Stärke durch das Verhältnis $\dfrac{U}{R}$ bestimmt ist.

Die Einheit des Widerstandes heißt Ohm, das Zeichen dafür ist Ω (Omega). Die Größe der Widerstandseinheit ist bestimmt durch die Beziehung

$$\frac{1 \ \text{Volt}}{1 \ \text{Ampere}} = 1 \ \text{Ohm}.$$

Beispiele: 1. Der Widerstand einer Lampe, die bei 110 V Spannung mit einem Strom von 0,5 A brennt, berechnet sich zu

$$R = \frac{U}{J} = \frac{110}{0{,}5} = 220 \ \Omega.$$

2. Um durch eine Spule von 25 Ω einen Strom von 4 A zu treiben, ist eine Spannung $U = J \cdot R = 4 \cdot 25 = 100$ V aufzuwenden.

3. Ein Spannungsmesser von 150 V Anzeigebereich, dessen Widerstand 1000 Ω beträgt, braucht zu vollem Ausschlag des Zeigers einen Strom

$$J = \frac{U}{R} = \frac{150}{1000} = 0{,}15 \ \text{A}.$$

Legt man den Spannungsmesser einerseits an das Ende D, anderseits vom Anfang B beginnend an verschiedene Stellen C_1, C_2 usw. des Drahtes BD, so findet man, daß bei gleichbleibender Stromstärke die Spannung immer mehr abnimmt, sie wird also in dem Draht, dem Verbrauchskörper, aufgezehrt. Es entsteht in jedem Stück des Stromkreises ein Spannungsverlust oder Spannungsabfall, der seinem Widerstand und dem durchfließenden Strom entspricht.

Durchlaufen wir den Stromkreis der Abb. 29 von der Klemme E über A, B und D zum Punkt E zurück, so haben wir den gesamten Widerstand des Stromkreises durchschritten, in dem die EMK der Stromquelle wirkt. Daher lautet das Ohmsche Gesetz für den ganzen Stromkreis:

$$\frac{E}{J} = R, \quad \text{oder} \quad E = J \cdot R, \quad \text{oder} \quad J = \frac{E}{R}. \tag{2}$$

Beispiel: In einem Stromkreis von 120 V EMK fließt ein Strom von 4 A. Auf welche Stärke stellt sich der Strom ein, wenn der Widerstand um 10 Ω verkleinert bzw. vergrößert wird? Der ursprüngliche Widerstand des Stromkreises ist $R = \dfrac{E}{J} = \dfrac{120}{4} = 30\ \Omega$. Bei einem Widerstand von $30 - 10 = 20\ \Omega$ wird der Strom $J = \dfrac{120}{20} = 6$ A; bei einem Widerstand von $30 + 10 = 40\ \Omega$ wird $J = 3$ A.

7. Der Widerstand.

Hat uns das Ohmsche Gesetz aus den schon bekannten Begriffen „Spannung" und „Stromstärke" den neuen Begriff „Widerstand" geliefert, so entsteht sofort die Frage: Wovon hängt die Größe des Widerstandes ab? Auch hier kann ein Wassermodell die Vorstellung erleichtern. Wir stellen mehrere der besprochenen Schrotrohre her, von denen das zweite gleiche Länge wie das erste, aber den doppelten Querschnitt, das dritte denselben Querschnitt wie das zweite, aber die doppelte Länge hat (Abb. 30) und verbinden die Rohre derart mit der Wasserleitung, daß allen drei Rohren Wasser von demselben Druck zufließt, die Rohre also parallel geschaltet sind. Dann bestimmen wir durch Meßgläser die Wassermenge, die in irgendeiner Zeit durch jedes der Rohre fließt; diese steht, wie wir aus Abschnitt 6 wissen, im umgekehrten Verhältnis zum Widerstand, den das betreffende Rohr dem Wasserdurchfluß bietet. Man findet, daß durch das zweite Rohr doppelt soviel Wasser fließt, wie durch das erste, durch das dritte halb so viel wie durch das zweite. Wir schließen daraus, daß der Widerstand des zweiten Rohres halb so groß wie der des ersten, und daß der Widerstand des dritten doppelt so groß wie der des zweiten, also ebenso groß wie der des ersten ist.

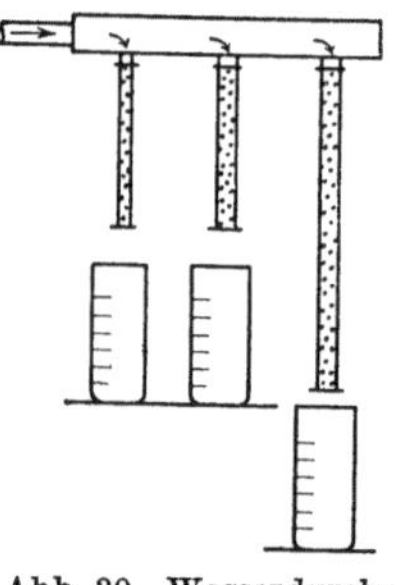

Abb. 30. Wasserdurchfluß durch verschiedene Rohre.

Den entsprechenden Versuch stellen wir im elektrischen Stromkreis (Abb. 29) an, indem wir Drähte aus gleichem Stoff aber von verschiedenem Querschnitt q bzw. verschiedener Länge l mit derselben Stromquelle verbinden, jedesmal die Spannung zwischen Anfang und Ende des Drahtes sowie die Stromstärke messen und den Widerstand berechnen. Der Strom soll dabei nur so groß sein, daß keine nennenswerte Erwärmung des Drahtes auftritt. Wir finden nun, daß bei dem doppelten Querschnitt der Widerstand nur halb so groß, dagegen bei der doppelten Länge der Widerstand doppelt so groß ist. Es ist also

$$R \text{ proportional } \frac{l}{q}.$$

Nehmen wir nun Drähte von verschiedenem Stoff, z. B. Kupfer, Aluminium, Eisen usw. und bestimmen für jeden durch Messung von Spannung und Strom den Widerstand von 1 m Länge und 1 mm² Querschnitt, so erhalten wir für jeden Stoff einen demselben eigentümlichen Widerstandswert, den spezifischen Widerstand, der mit ϱ bezeichnet wird. Der mathematische Ausdruck für obige Versuchsergebnisse, welche die Veränderung des Widerstandes mit Länge, Querschnitt und Stoff nachweisen, lautet dann:

$$\boldsymbol{R = \varrho\, \frac{l}{q}.} \tag{3}$$

Da der spezifische Widerstand für alle Metalle kleiner als 1 ist, so ist es vorteilhaft, seinen Wert als echten Bruch anzugeben oder statt des spezifischen Widerstandes dessen umgekehrten (reziproken) Wert, die Leitfähigkeit k, zu verwenden. Dann ist

$$R = \frac{l}{k \cdot q} \tag{4}$$

(II. Grundgleichung).

Die Größe von ϱ bzw. k schwankt bei demselben Stoff je nach seiner Reinheit; Durchschnittswerte für die wichtigsten Leiter sind im Anhang für eine Temperatur von 20⁰ angegeben. Vergleicht man die Zahlen für die elektrische Leitfähigkeit mit denen der Wärmeleitfähigkeit, so findet man, daß die guten Wärmeleiter auch gute Elektrizitätsleiter sind.

Die Vereinigung der Gleichungen 1 und 4 liefert die Beziehung

$$\frac{U}{l} = \frac{J}{q} \cdot \frac{1}{k}, \tag{5}$$

das heißt: Das Spannungsgefälle längs eines Leiters ist gleich der Stromdichte dividiert durch die Leitfähigkeit. Eine ähnliche Gleichung finden wir in den Abschnitten 15 und 31.

Beispiel: Wie groß ist die Leitfähigkeit eines Drahtes, der bei 2,5 mm² Querschnitt auf 5,00 m Länge einen Widerstand von 0,060 Ω hat?

$$k = \frac{l}{R \cdot q} = \frac{5,00}{0,060 \cdot 2,5} = 33,3.$$

Um zu ermitteln, welchen Einfluß die Temperatur auf den Widerstand hat, bringen wir einen Leiter durch die umgebende Luft oder durch Eintauchen in eine nicht leitende Flüssigkeit auf verschiedene Temperaturen und messen jeweils diese sowie den Widerstand. Wir erhalten dann beispielsweise für einen Kupferdraht

bei   15⁰ Celsius Temperatur: $R = 1,00\ \Omega$,
,,   65⁰   ,,   ,, $R = 1,20\ \Omega$,
,,   115⁰   ,,   ,, $R = 1,40\ \Omega$,
,, — 10⁰   ,,   ,, $R = 0,90\ \Omega$.

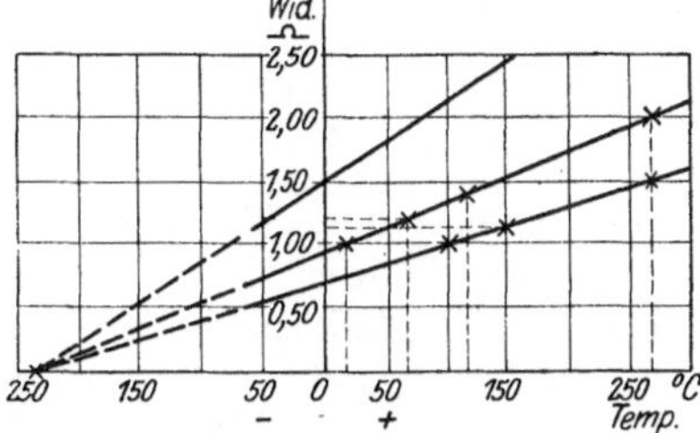

Abb. 31. Widerstandsänderung.

Tragen wir diese Ohmwerte abhängig von den Temperaturen auf und verlängern die dadurch entstehende Gerade (Abb. 31), so schneidet diese die Abszisse in dem Punkt —235⁰. In Anlehnung an die Lehre von den Gasen nennt man diesen Punkt den absoluten Nullpunkt und die von hier aus gezählte Temperatur die ,,absolute Temperatur" T. Unsere Beobachtungen liefern dann z. B. die Beziehung

$$\frac{235 + 15}{235 + 65} = \frac{250⁰}{300⁰} = \frac{1,00\ \Omega}{1,20\ \Omega}$$

oder allgemein

$$\frac{R_1}{R_2} = \frac{T_1}{T_2}. \tag{6}$$

Die Widerstände verhalten sich also wie die ,,absoluten Temperaturen".

Diese einfache Beziehung genügt, um für Kupfer oder Aluminium die Änderung des Widerstandes in dem Temperaturbereich, der für die Elektrotechnik in Frage kommt, zu berechnen. Versuche haben gezeigt, daß der Widerstand der Leiter bei Temperaturen, die nahe am absoluten Nullpunkt der Gase (—273⁰) liegen, tatsächlich Null ist. Der genaue Zusammenhang zwischen Temperatur und Widerstand ist jedoch nicht so einfach, wie ihn die Gleichung 6 darstellt.

Der angenäherte Zusammenhang kann noch auf andere Art ausgedrückt werden. Unser Beispiel zeigt, daß die Widerstandszunahme für dieselbe Erwärmung jeweils die gleiche ist. Berechnen wir die Widerstandsänderung für 1^0 C und beziehen sie auf einen Ausgangswert des Widerstandes von 1,00 Ω, so erhalten wir den Wert des Temperaturkoeffizienten α.

Nach unserem Beispiel ist die Widerstandszunahme, bezogen auf die Einheit der Erwärmung und des Widerstandes,

bei 15^0 Ausgangstemperatur

$$\alpha = \frac{1,20 - 1,00}{50 \cdot 1,00} = \frac{1}{250} = 0,0040,$$

bei 65^0 Ausgangstemperatur

$$\alpha = \frac{1,40 - 1,20}{50 \cdot 1,20} = \frac{1}{300} = 0,0033.$$

Man sieht also, was häufig nicht beachtet wird, daß der Temperaturkoeffizient α kein konstanter Wert ist, sondern in erheblichem Maß von der Temperatur abhängt. In großer Annäherung kann man setzen

$$\alpha = \frac{1}{235 + t_1} = \frac{1}{T_1}, \tag{7}$$

wobei t_1 die Ausgangstemperatur, T_1 der „absolute" Wert derselben in Grad Celsius ist.

Überlegen wir uns, von welchen Größen die Widerstandsänderung im Ganzen abhängt, so ist klar, daß sie dem ursprünglichen Widerstand R_1, dem Temperaturkoeffizienten α und der Temperaturänderung $t_2 - t_1$ proportional ist. Man kann daher den nach der Temperaturänderung vorhandenen Widerstand R_2 berechnen zu:

$$\boldsymbol{R_2 = R_1 + R_1 \cdot \alpha \cdot (t_2 - t_1) = R_1 [1 + \alpha (t_2 - t_1)] = R_1 \cdot \frac{235 + t_2}{235 + t_1}} \tag{8}$$
$$\text{(III. Grundgleichung).}$$

Bei abnehmender Temperatur ist der Wert $t_2 - t_1$ negativ, der Endwiderstand R_2 also kleiner als R_1, wenn α positiv ist.

Die Leitfähigkeit nach der Temperaturänderung ist

$$k_2 = \frac{k_1}{1 + \alpha (t_2 - t_1)} = k_1 \cdot \frac{235 + t_1}{235 + t_2}.$$

Beispiel: Hat ein Kupferdraht bei 20^0 die Leitfähigkeit $k_1 = 56$, so wird diese bei 70^0 betragen:

$$k_2 = 56 \cdot \frac{235 + 20}{235 + 70} \approx 47.$$

Letzterer Wert ist also zu verwenden, wenn der Widerstand für Elektrolytkupfer von 70^0 Temperatur aus Länge und Querschnitt berechnet werden soll.

Ein besonderes Verhalten zeigt Eisendraht. Der Widerstand nimmt zunächst gleichförmig zu, wobei $\alpha = 0,0050$ ist. Bei Rotglut steigt er jedoch plötzlich auf ein vielfaches, um dann wieder stetig zuzunehmen. Die „Widerstandslegierungen", z. B. Konstantan, Nickelin, werden so hergestellt, daß ihr spezifischer Widerstand nicht nur groß, sondern auch von der Temperatur nahezu unabhängig ist. Der Einfluß der Temperatur braucht daher für solche Legierungen nur bei genauesten Messungen oder sehr großem Temperaturunterschied berücksichtigt zu werden. Bei Kohle und den Nichtleitern wird der Widerstand mit steigender Temperatur kleiner, sie haben einen negativen Temperaturkoeffizienten. Erwähnenswert sind noch zwei besondere Widerstandsänderungen, nämlich die von Wismut unter dem Einfluß eines magnetischen Feldes und die des Selens unter dem Einfluß des Lichtes.

Die für Starkstromtechnik wichtigste Anwendung des Zusammenhangs von Temperatur und Widerstand ist die Bestimmung der Erwärmung oder Übertemperatur, die in Wicklungen von Maschinen oder Geräten im Betrieb auftritt. Da die Übertemperatur je nach der Form der Wicklung und je nach den Abkühlungsverhältnissen an den verschiedenen Stellen verschiedene Werte hat und die Stellen höchster Temperatur nicht leicht zu erfassen sind, so benutzt man als Maßstab für die Belastbarkeit den aus der Widerstandszunahme berechneten Durchschnittswert der Erwärmung. (Siehe Regeln des VDE für Bewertung und Prüfung elektrischer Maschinen.)

Beispiel: An einer Spule sei gemessen: Bei 20° Raumtemperatur und 120 V Spannung sofort nach dem Einschalten ein Strom von 3,0 A, nach längerem Stromdurchgang bei derselben Spannung und Raumtemperatur ein Strom von 2,5 A. Dann ist der Widerstand im kalten Zustand $R_1 = \dfrac{120}{3,0} = 40,0\ \Omega$, im warmen Zustand $R_2 = \dfrac{120}{2,5} = 48,0\ \Omega$; daher ist die Erwärmung

$$T_2 - T_1 = T_1 \cdot \frac{R_2}{R_1} - T_1 = 255 \left(\frac{48,0}{40,0} - 1 \right) = 51^0.$$

Ist bei der Messung im warmen Zustand die Raumtemperatur eine andere als sie bei der Messung im kalten Zustand war, so muß die Änderung der Raumtemperatur zu der wie vorstehend berechneten Erwärmung zugerechnet bzw. von ihr abgezogen werden.

Ist in obigem Beispiel bei der Messung im warmen Zustand die Raumtemperatur nicht 20°, sondern 30°, so ist die durch den Strom bewirkte Erwärmung der Spule

$$51 - (30 - 20) = 41^0.$$

Wie man im sonstigen Sprachgebrauch Gegenständen oder Wesen den Namen ihrer Haupteigenschaft gibt, so bezeichnet man in der Elektrotechnik diejenigen Teile des Stromkreises, deren wesentlichste Eigenschaft der Widerstand ist, selbst als Widerstände. Um eine Wiederholung desselben Wortes für den Körper und für den Begriff zu vermeiden, gebraucht man dann für letzteren das Wort „Ohmwert".

8. Reihenschaltung von Widerständen und Spannungen.

Aus dem Vergleich des elektrischen Stromkreises mit einem Kreislauf von Wasser oder Dampf hatten wir schon im Abschnitt 1 geschlossen, daß bei Reihenschaltung von Verbrauchskörpern jeder einen Teil der Gesamtspannung verbrauchen muß; die Versuche von Abschnitt 5 bestätigen dies, da wir ja das Schrotrohr oder den Draht als eine Reihenschaltung einzelner Stücke auffassen können. Drücken wir diese Beziehungen mathematisch aus, wobei wir mit den Fußzeichen 1, 2 usw. die Teile, ohne Fußzeichen den Gesamtwert der verschiedenen Größen bezeichnen, so erhalten wir für Reihenschaltung von z. B. drei Widerständen (Abb. 32):

$$U = U_1 + U_2 + U_3 \qquad (9)$$

(IV. Grundgleichung).

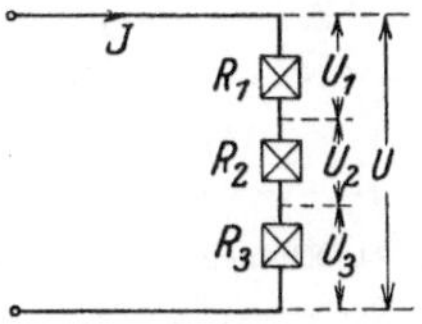

Abb. 32. Reihenschaltung von Widerständen.

Durch Division mit dem die Reihe durchfließenden Strom J erhalten wir aus

$$\frac{U}{J} = \frac{U_1}{J} + \frac{U_2}{J} + \frac{U_3}{J}$$

nach dem Ohmschen Gesetz:

$$\boldsymbol{R = R_1 + R_2 + R_3} \qquad (10)$$

oder in Worten: „Bei Reihenschaltung von Widerständen ist der Gesamtwiderstand gleich der Summe der Teilwiderstände". Durch Reihenschaltung („Vor"schaltung) von Widerständen wird also bei gegebener Spannung der Strom vermindert bzw. die für einen bestimmten Strom nötige Spannung erhöht. Schaltet man m Widerstände von gleichem Ohmwert r in Reihe, so ist offenbar der Gesamtohmwert $R = r \cdot m$.

Da das Ohmsche Gesetz für jeden Teil des Stromkreises gilt, so folgt ferner aus

$$J = \frac{U}{R} = \frac{U_1}{R_1} = \frac{U_2}{R_2} \quad \text{usw.}$$

die Beziehung

$$\frac{U_1}{U_2} = \frac{R_1}{R_2} \quad \text{usw.,} \tag{11}$$

d. h. in Worten: „Bei Reihenschaltung verhalten sich die Spannungen wie die Widerstände."

Als Vergleich denken wir uns in dem Modell Abb. 27 oder 28 ein enges und ein weites Rohr gleicher Länge aneinandergefügt; bei Durchfluß von Wasser wird das engere Rohr einen größeren Druckverlust verursachen als das andere.

Beispiele: 1. An eine konstante Spannung von $U = 120$ V schalten wir vier Widerstände, deren Ohmwert 2, 4, 6 und 12 Ω beträgt, in Reihe. Wie groß sind dann der Strom und die einzelnen Spannungen? Der Gesamtwiderstand ist $R = R_1 + R_2 + R_3 + R_4 = 24\ \Omega$, der Strom also $J = \dfrac{U}{R} = \dfrac{120}{24} = 5$ A. Die Einzelspannungen daher $U_1 = J \cdot R_1 = 10$ V,

$U_2 = J \cdot R_2 = 20$ V, $\quad U_3 = J \cdot R_3 = 30$ V, $\quad U_4 = J \cdot R_4 = 60$ V.

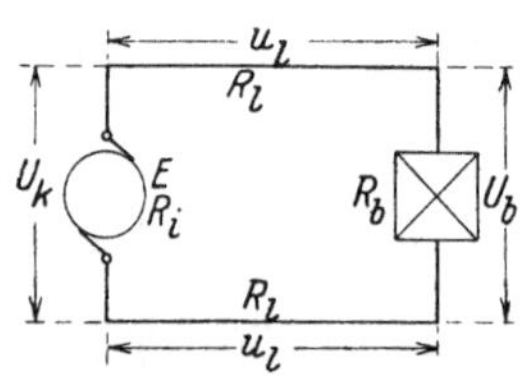

Abb. 33.
Magnetregler.

2. Eine Erregerwicklung von 20 Ω Widerstand liegt in Reihe mit einem Regelwiderstand, dessen Stufen die Ohmwerte 40, 30, 20 bzw. 10 Ω haben, an einer Spannung von 120 V (Abb. 33). Der stromdurchflossene Gesamtwiderstand R und der betreffende Erregerstrom J_E berechnen sich dann bei den Stellungen des Regulierhebels auf

Kontakt	1	2	3	4	5
zu $R =$	120	80	50	30	20 Ω
und $J_E =$	1,0	1,5	2,4	4,0	6,0 A.

Durchlaufen wir einen Stromkreis vollständig, so finden wir in jedem Teil desselben einen gewissen Widerstand. Denjenigen der Stromquelle, den man inneren Widerstand nennt, und denjenigen der Leitung wird man möglichst klein halten, um einen möglichst großen Betrag der Spannung im Verbrauchskörper zur Wirkung kommen zu lassen. Mit Rücksicht auf die Leitungsberechnung (Abschnitt 35) führen wir den Widerstand für die einfache Leitungslänge R_l ein. In den Formeln deuten wir die geringe Größe dieser Spannungsverluste durch Verwendung des kleinen Buchstabens u an. Für einen einfachen Stromkreis mit der EMK E, dessen Widerstände aus dem (inneren) Widerstand R_i der Stromquelle, dem Widerstand der Hin- und Rückleitung $2 \cdot R_l$ und dem Gesamtwiderstand der Verbrauchskörper (Belastungswiderstand) R_b bestehen (Abb. 34), berechnet man zunächst den Gesamtwiderstand R des ganzen Stromkreises und daraus nach Abschnitt 6 den Strom J, also

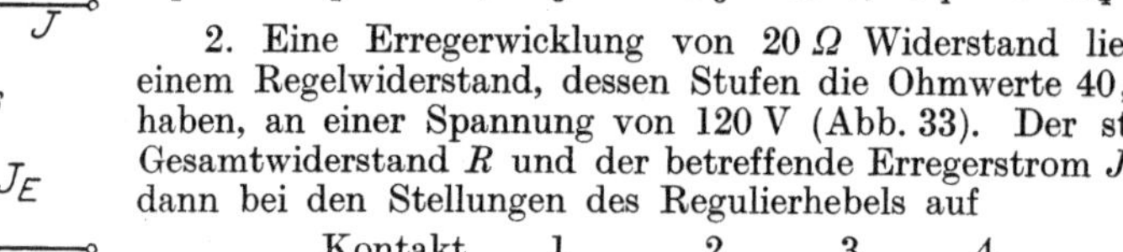

Abb. 34. Einfacher Stromkreis.

$$R = R_i + 2 \cdot R_l + R_b \quad \text{und} \quad J = \frac{E}{R}.$$

Daraus kann der Betrag der Spannung zwischen verschiedenen Punkten des Stromkreises berechnet werden. Die Klemmenspannung U_k der belasteten Stromquelle wird infolge des inneren Widerstandes um den Spannungsverlust u_i

geringer sein als die EMK E, daher ist

$$U_k = E - u_i = E - J \cdot R_i. \tag{12}$$

In der Hinleitung und ebenso in der Rückleitung entsteht ein Spannungsverlust von je $u_l = J \cdot R_l$, daher ist schließlich die Spannung an dem Belastungswiderstand $U_b = E - u_i - 2 \cdot u_l$; anderseits ist $U_b = J \cdot R_b$.

Erfahrungsgemäß ist es nicht überflüssig zu betonen, daß der Quotient $\dfrac{E}{R_i}$ den bei Kurzschluß der Stromquelle entstehenden Strom ergibt.

Den Verlauf der Spannung in einem solchen Stromkreis kann man graphisch darstellen (Abb. 35), indem man auf der Ordinatenachse die Spannungen und auf der Abszissenachse die verschiedenen Widerstände in Reihe aufträgt und den Endpunkt von E und R durch eine Gerade verbindet. Die Neigung

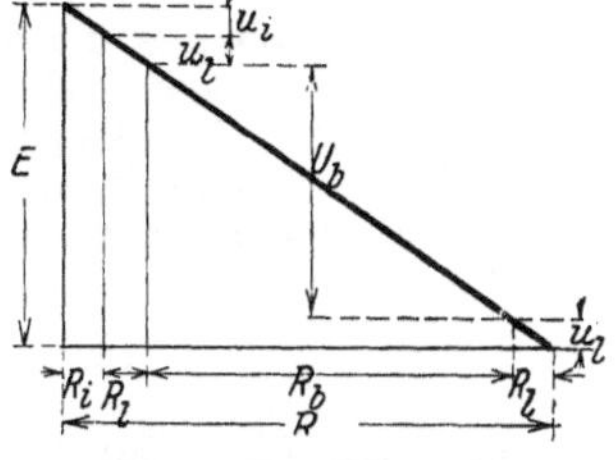
Abb. 35. Darstellung des Spannungsabfalles.

der letzteren gibt dann ein Maß für die Stärke des Stromes, der Höhenunterschied zwischen irgend welchen Punkten ein Maß für die Spannung zwischen denselben.

Beispiel: 2 Elemente, deren jedes eine EMK von 1,5 V und einen inneren Widerstand von 0,2 Ω hat, werden hintereinander geschaltet und durch eine Hin- und Rückleitung von je $R_l = 0,3\ \Omega$ mit einem Verbrauchskörper von $R_b = 5,0\ \Omega$ verbunden. Der Strom, die Spannung am Anfang und am Ende der Leitung ist zu berechnen. Die gesamte EMK ist $E = 2 \cdot 1,5 = 3,0$ V, der Gesamtwiderstand $R = 2 \cdot 0,2 + 2 \cdot 0,3 + 5,0 = 6,0\ \Omega$, daher der Strom $J = \dfrac{E}{R} = \dfrac{3,0}{6,0} = 0,5$ A. Die Spannung am Anfang der Leitung ist gleich der Klemmenspannung U_k der Batterie. In dieser geht eine Spannung $u_i = 2 \cdot 0,5 \cdot 0,2 = 0,2$ V verloren, also ist $U_k = 3,0 - 0,2 = 2,8$ V. Die Spannung am Ende der Leitung ist gleich derjenigen am Verbrauchskörper, also $U_b = J \cdot R_b = 0,5 \cdot 5,0 = 2,5$ V. Der Spannungsverlust in Hin- und Rückleitung ist $2 \cdot u_l = 2,8 - 2,5$ oder $= 2 \cdot J \cdot R_l = 2 \cdot 0,5 \cdot 0,3 = 0,3$ V.

Enthält der Stromkreis Akkumulatoren, Motoren oder Bogenlampen als Verbrauchskörper, so entsteht in diesen eine EMK E_2, die der EMK der Stromquelle E_1 bzw. der als konstant zu betrachtenden Netzspannung U entgegenwirkt. Die wirksame (resultierende) Spannung ist also gleich der Differenz dieser Spannungen. Der Strom berechnet sich dann aus der wirksamen Spannung und dem Gesamtwiderstand zu

$$J = \frac{E_1 - E_2}{R} \quad \text{bzw.} \quad J = \frac{U - E_2}{R}. \tag{13}$$

Bei unseren Betrachtungen waren wir von Anfang an von der Vorstellung ausgegangen, daß die elektrischen Teilchen in den Leitern durch eine Spannung in Bewegung gesetzt werden und einen Kreislauf ausführen, wobei überall ein Verbrauch von Spannung stattfindet. Kehren wir, den ganzen Stromkreis durchlaufend, wieder zum Ausgangspunkt zurück, so muß auf diesem Wege, wie ja auch die Anwendung des Ohmschen Gesetzes zeigt, der Betrag der insgesamt verbrauchten Spannung gerade so groß sein, wie die Summe aller elektromotorischen Kräfte; entsprechendes ist ja bei jeder gleichförmigen Bewegung der Fall. Damit sind wir zu einem Ergebnis gekommen, das zuerst von Kirchhoff ausgesprochen wurde und meistens in Beschränkung auf den Sonderfall der Stromverzweigung als „zweite Kirchhoffsche Regel" angeführt wird. Diese bezieht sich jedoch allgemein auf jeden Stromkreis und lautet: „In jedem in sich geschlossenen Teil eines Stromkreises — also auch in dem ganzen Stromkreis —, ist unter Berücksichtigung des Vorzeichens die Summe aller elektromotorischen Kräfte gleich der Summe aller Spannungsverluste". Folglich ist, wenn wir Σ als Summenzeichen einführen,

$$\Sigma(E) = \Sigma(J \cdot R). \qquad (14)$$

Beispiele: 1. Im vorhergehenden Beispiel war die Summe der erzeugten Spannungen gleich $3{,}0\,\mathrm{V}$, die Summe aller Spannungsverluste $= 0{,}2 + 0{,}3 + 2{,}5\,\mathrm{V}$, also ebenfalls $= 3{,}0\,\mathrm{V}$.

2. Eine Bogenlampe, die sich unabhängig von der Stromstärke stets auf eine Spannung $U_1 = 40\,\mathrm{V}$ einstellt, soll an ein Netz von $U = 220\,\mathrm{V}$ angeschlossen werden und mit $J = 10\,\mathrm{A}$ brennen (vgl. Abb. 25). Wieviel Widerstand muß mit der Lampe in Reihe geschaltet werden?

Der Überschuß an Spannung beträgt $U - U_1 = 220 - 40 = 180\,\mathrm{V}$, dieser muß in dem Vorwiderstand bei einem Strom von $10\,\mathrm{A}$ verbraucht werden. Der Ohmwert des Widerstandes berechnet sich daher zu

$$R = \frac{U - U_1}{J} = \frac{220 - 40}{10} = 18{,}0\,\Omega.$$

Wird der in Reihe mit der Lampe liegende Widerstand auf $20\,\Omega$ erhöht, während diese mit derselben Spannung von $40\,\mathrm{V}$ weiterbrennt, so verändert sich der Strom auf einen Wert

$$J = \frac{U - U_1}{R} = \frac{180}{20} = 9\,\mathrm{A}.$$

3. Mit Rücksicht auf die Anwendung bei den Maschinen, Akkumulatoren u. dgl. ist der Fall von Interesse, daß von zwei gegeneinander geschalteten Spannungen eine derselben ihren Wert ändert.

Schalten wir eine Batterie von $E_2 = 100\,\mathrm{V}$ in Reihe mit einem Widerstand von $1\,\Omega$ gegen eine Stromquelle, deren EMK E_1 a) $110\,\mathrm{V}$, b) $115\,\mathrm{V}$ beträgt, so ist der Strom

$$\text{im Fall a)} \quad J = \frac{110 - 100}{1} = 10\,\mathrm{A}, \quad \text{im Fall b)} \quad J = \frac{115 - 100}{1} = 15\,\mathrm{A}.$$

Schalten wir dagegen einen unveränderlichen Widerstand von $11\,\Omega$ allein an die Stromquelle E_1, so wird

$$\text{im Fall a)} \quad J = \frac{110}{11} = 10\,\mathrm{A}, \quad \text{im Fall b)} \quad J = \frac{115}{11} = 10{,}45\,\mathrm{A}.$$

Soll eine gegebene Spannung derart herabgesetzt werden, daß die hohe Spannung auch bei starker Verminderung des Stromes an dem Verbrauchskörper nicht auftritt, so ist Spannungsteilung zu verwenden. Im Abschnitt 6 hatten wir gesehen, daß bei Stromdurchfluß durch einen Widerstand die Spannung längs desselben abfällt (vgl. Abb. 29). Man kann daher einen beliebigen Teil der Gesamtspannung an einem entsprechenden Stück des Widerstandes abgreifen und damit einen zweiten Stromkreis speisen, in welchem dann auch bei Unterbrechung desselben nur die Teilspannung herrscht. Diese Spannungsteilung wird z. B. in der Meßtechnik als Kompensationsschaltung zu Eichzwecken benutzt. Wie aus Abb. 36 hervorgeht, wird dabei gegen die genau bekannte EMK e eines Normalelementes eine Teilspannung u geschaltet, die an einem veränderlichen Teil r eines genau bekannten Meßwiderstandes R abgegriffen wird. Die Span-

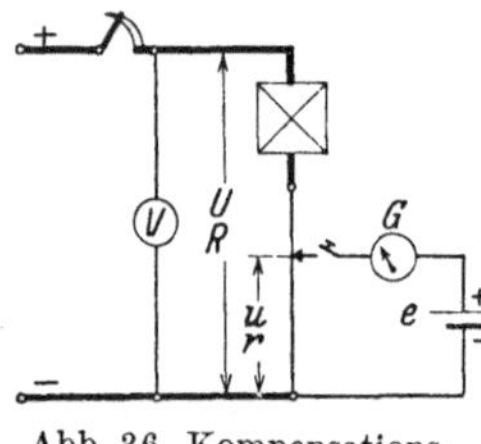

Abb. 36. Kompensationsschaltung.

nungen e und u sind gleich, wenn ein zwischengeschaltetes Galvanometer G keinen Ausschlag zeigt. Dann stehen die Gesamtspannung U und die EMK e des Normalelementes zueinander im Verhältnis der Widerstände R und r, erstere kann also in ihrem genauen Wert berechnet werden. Nach diesem Verfahren werden Präzisionsmeßgeräte und -Widerstände geeicht.

9. Parallelschaltung von Widerständen und Spannungen.

Bei dem in Abb. 30 dargestellten Vergleichsgerät hatten wir, um den Einfluß der Länge und des Querschnittes auf die durchfließende Wassermenge festzustellen, zunächst das eine, dann das andere Rohr als Leitung betrachtet. Fassen wir nun diese Rohre gleichzeitig ins Auge, so sehen wir, daß sie alle unter dem gleichen Wasserdruck stehen und gleichzeitig von Wasser durchflossen werden. Wie wir schon in Abschnitt 2 feststellten, verteilt sich bei einer solchen Parallelschaltung das Wasser auf die einzelnen Rohre, daher ist es klar, daß die gesamte durchfließende Wassermenge gleich der Summe der die einzelnen Rohre durchströmenden Wassermengen ist. Die in Abschnitt 7 bestimmte Beziehung des Widerstandes zu Länge und Querschnitt schließt ferner in sich, daß die Wassermengen, welche die einzelnen Rohre in der gleichen Zeit durchfließen, sich umgekehrt verhalten wie die Widerstände. Dieselben Gesetze gelten nun für die elektrische Strömung, wenn mehrere Stromwege, also Widerstände, parallel geschaltet sind, so daß eine Stromverzweigung entsteht. Als „Erste Kirchhoffsche Regel" wird der Satz bezeichnet: „In jedem Verzweigungspunkt ist die Summe der abfließenden gleich der Summe der zufließenden Ströme." Bei einer Schaltung nach Abb. 37 ist daher

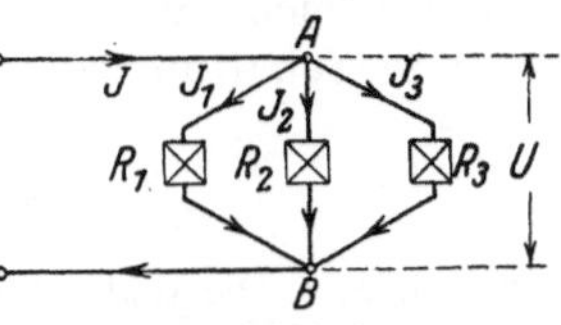

Abb. 37. Parallelschaltung von Widerständen.

$$J = J_1 + J_2 + J_3 \tag{15}$$
(V. Grundgleichung).

Da die einzelnen Zweige nur Widerstände enthalten und zwischen gemeinsamen Punkten A und B liegen, haben sie alle dieselbe Spannung U. Wendet man für jeden Zweig, mit den Widerständen R_1, R_2 bzw. R_3 das Ohmsche Gesetz an, so folgt aus $U = J_1 \cdot R_1 = J_2 \cdot R_2 = J_3 \cdot R_3$ die Beziehung

$$\frac{J_1}{J_2} = \frac{R_2}{R_1}, \quad \text{ebenso} \quad \frac{J_2}{J_3} = \frac{R_3}{R_2} \quad \text{und} \quad \frac{J_1}{J_3} = \frac{R_3}{R_1} \tag{16}$$

d. h.: „Die Ströme in den Zweigen verhalten sich umgekehrt wie deren Widerstände."

Denken wir uns die aus den Widerständen R_1, R_2, R_3 bestehende Stromverzweigung durch einen Widerstand R ersetzt, der bei derselben Spannung U denselben Gesamtstrom J durchläßt — wir nennen diesen Widerstand den „Gesamtwiderstand" der Schaltung —, so können wir mit dem Ohmschen Gesetz die Gleichung 15 umformen in

$$\frac{U}{R} = \frac{U}{R_1} + \frac{U}{R_2} + \frac{U}{R_3}$$

und daraus berechnen

$$\frac{1}{R} = \frac{1}{R_1} + \frac{1}{R_2} + \frac{1}{R_3}. \tag{17}$$

Bezeichnen wir den reziproken Wert $\frac{1}{R}$ irgendeines Widerstandes R als Leitwert, so heißt die letzte Gleichung in Worten: „Der Gesamtleitwert der Stromverzweigung ist gleich der Summe der einzelnen Leitwerte."

Berechnet man R aus der letzten Gleichung, so wird bei Parallelschaltung von 2 Widerständen

$$R = \frac{R_1 \cdot R_2}{R_1 + R_2}; \tag{18}$$

für 3 Widerstände folgt

$$R = \frac{R_1 \cdot R_2 \cdot R_3}{R_1 \cdot R_2 + R_2 \cdot R_3 + R_1 \cdot R_3}. \tag{19}$$

Schaltet man n gleiche Widerstände vom Ohmwert r parallel, so ist der Gesamtwiderstand $R = \frac{r}{n}$.

Für die **Gruppenschaltung** (vgl. Abschnitt 2 und 8) von gleichen Widerständen folgt dann, wenn n Widerstände bzw. Gruppen parallel und m Gruppen bzw. Widerstände in Reihe geschaltet sind, ein Gesamtwiderstand

$$R = r \cdot \frac{m}{n}. \tag{20}$$

Häufig ist die Gesamtzahl z der erforderlichen Widerstände vom Ohmwert r und der zu erzielende Gesamtwiderstand R gegeben. Aus obiger Gleichung und der Gleichung $z = m \cdot n$ ist dann der Wert von m und n, also die anzuwendende Schaltung zu berechnen, und zwar erhält man

$$m = \sqrt{z \cdot \frac{R}{r}} \quad \text{und} \quad n = \sqrt{z \cdot \frac{r}{R}}. \tag{21}$$

Beispiele: 1. Die Widerstände des Beispiels S. 20 sollen parallel an dieselbe Netzspannung gelegt werden. Wie groß sind dann die Ströme und der Gesamtwiderstand?

Es wird $J_1 = \dfrac{U}{R_1} = \dfrac{120}{2} = 60$ A, $\qquad J_2 = \dfrac{U}{R_2} = \dfrac{120}{4} = 30$ A, $\qquad J_3 = \dfrac{120}{6} = 20$ A,

$J_4 = \dfrac{120}{12} = 10$ A, $\quad J = J_1 + J_2 + J_3 + J_4 = 120$ A.

Der Gesamtwiderstand der Parallelschaltung ist daher

$$R = \frac{U}{J} = 1\,\Omega.$$

Derselbe Wert folgt aus

$$\frac{1}{R} = \frac{1}{R_1} + \frac{1}{R_2} + \frac{1}{R_3} + \frac{1}{R_4} = \frac{1}{2} + \frac{1}{4} + \frac{1}{6} + \frac{1}{12} = 1\,\Omega.$$

2. Zu genauester Einstellung des Ohmwertes eines Normalwiderstandes muß häufig zu diesem ein zweiter Widerstand von verhältnismäßig hohem Ohmwert parallel geschaltet werden. Der Normalwiderstand soll z. B. genau $1,000\,\Omega$ haben, nach der Herstellung desselben wird jedoch ein Wert von $1,005\,\Omega$ gemessen. Der parallel zu schaltende zweite Widerstand R_2 berechnet sich dann aus

$$\frac{1}{R} = \frac{1}{R_1} + \frac{1}{R_2}, \quad \text{also} \quad \frac{1}{R_2} = \frac{1}{R} - \frac{1}{R_1},$$

$$\text{zu} \qquad R_2 = \frac{R_1 \cdot R}{R_1 - R} = \frac{1,005 \cdot 1,000}{1,005 - 1,000} = \frac{1005}{5} = 201\,\Omega.$$

3. Welche Ohmwerte lassen sich mit 6 Widerständen von je $12\,\Omega$ durch verschiedene Schaltung erreichen? (Abb. 38a bis d.)

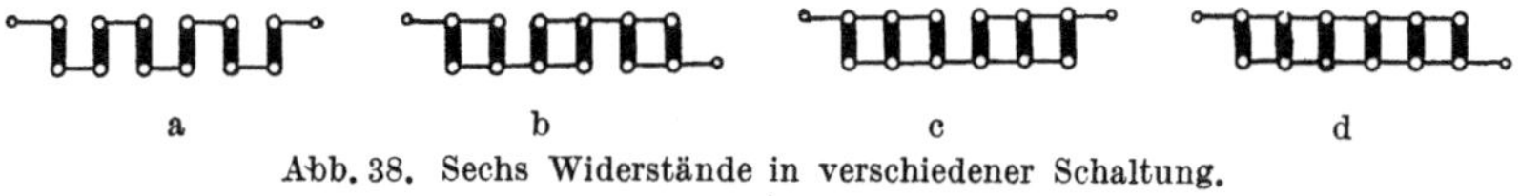

a   b   c   d

Abb. 38. Sechs Widerstände in verschiedener Schaltung.

a) Reihenschaltung aller Widerstände: $R = 12 \cdot 6 = 72\,\Omega$.

b) Je 2 Widerstände parallel, 3 solche Gruppen in Reihe: Der Widerstand jeder Gruppe ist $R' = \dfrac{r}{n} = \dfrac{12}{2} = 6\,\Omega$. Der Gesamtwiderstand $R = R' \cdot m = 6 \cdot 3 = 18\,\Omega$.

c) Je 3 Widerstände parallel, 2 solche Gruppen in Reihe: Der Widerstand jeder Gruppe ist $R' = \dfrac{r}{n} = \dfrac{12}{3} = 4\,\Omega$. Der Gesamtwiderstand $R = R' \cdot m = 4 \cdot 2 = 8\,\Omega$.

d) Parallelschaltung aller Widerstände: $R = \dfrac{r}{n} = \dfrac{12}{6} = 2\,\Omega$.

Welche Spannung bzw. Stromstärke ist jeweils insgesamt zulässig, wenn jeder Widerstand eine Stromstärke von 5 A, demnach eine Spannung von 60 V verträgt?

Die zulässige Spannung ist a) 360 V   b) 180 V   c) 120 V   d) 60 V,
die Stromstärke   5 A   10 A   15 A   30 A.

Es ist anschaulicher und daher besonders für den Anfänger empfehlenswert, von den Grundgleichungen auszugehen, wie das folgende Beispiel zeigt.

4. Eine Bogenlampe soll in Reihe mit einem Widerstand an eine Netzspannung von 110 V so angeschlossen werden, daß bei einer Lampenspannung von 35 V ein Strom von 20 A auftritt. Zur Verfügung stehen Widerstandsspiralen von je 2,5 Ω, die höchstens mit je 15 A belastet werden können. Wie sind die Widerstände zu schalten?

Der im „Vorwiderstand" zu vernichtende Spannungsüberschuß ist 110 — 35 = 75 V. Da die Lampe mit 20 A brennen soll, müssen je 2 Widerstände untereinander parallel geschaltet sein, dann wird jeder Zweig von 10 A durchflossen; jeder einzelne Widerstand verbraucht bei 10 A eine Spannung von 10 · 2,5 = 25 V, daher müssen je 3 Widerstände in Reihe liegen. Der Vorwiderstand ist folglich aus 6 Spiralen in Gruppenschaltung derart zusammenzustellen, daß 2 parallele Stromwege mit Reihenschaltung von je 3 Widerständen entstehen (Abb. 39).

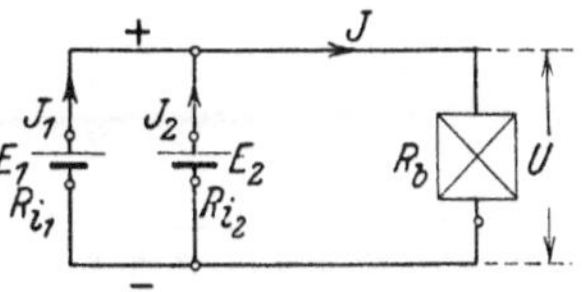

Abb. 39.
Bogenlampe mit Vorwiderständen.

Werden Stromquellen, z. B. Elemente, in verschiedener Weise geschaltet, so ist ihre EMK und ihr innerer Widerstand zu berücksichtigen. Handelt es sich um Elemente von derselben Spannung e und demselben inneren Widerstand r_i, so wird bei Hintereinanderschaltung von m Elementen die gesamte EMK $E = e \cdot m$, der gesamte innere Widerstand $R_i = r_i \cdot m$. Bei Parallelschaltung von n Elementen bleibt die EMK unverändert, also $E = e$, der gesamte innere Widerstand wird

$R_i = \dfrac{r_i}{n}$. Bei Gruppenschaltung wird $E = e \cdot m$ und

$R_i = \dfrac{r_i \cdot m}{n}$.

Sind die Spannungen und die inneren Widerstände der einzelnen Elemente verschieden, so ergeben sich für einen Stromkreis, der aus zwei parallel geschalteten Elementen und einem Belastungswiderstand R_b besteht (Abb. 40), aus den früheren Ableitungen die Gleichungen:

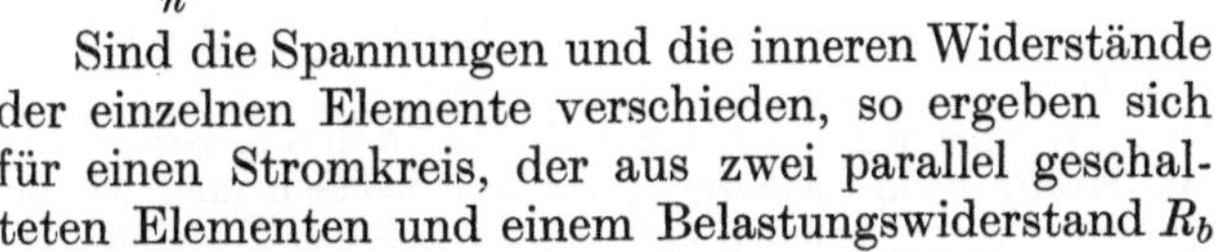

Abb. 40. Stromkreis mit parallel geschalteten Elementen.

$$U = E_1 - J_1 \cdot R_{i_1} = E_2 - J_2 \cdot R_{i_2} = J \cdot R_b \quad \text{und} \quad J = J_1 + J_2.$$

Von den neun Größen müssen deren fünf gegeben sein, um die übrigen vier aus diesen Gleichungen zu berechnen.

Beispiel: 2 Elemente, deren EMK E_1 bzw. E_2 je 1,50 V und deren innerer Widerstand $R_{i_1} = 0,30\ \Omega$ bzw. $R_{i_2} = 0,15\ \Omega$ ist, werden untereinander parallel geschaltet und mit einem Belastungswiderstand $R_b = 0,40\ \Omega$ verbunden. Der Widerstand der Leitungen soll vernachlässigt werden. Die Stromstärke in den Elementen und in dem äußeren Stromkreis kann auf verschiedene Weise berechnet werden:

I. Da die EMK der beiden Elemente gleich ist, kann man diese als ein einziges Element betrachten, dessen Widerstand sich aus der Parallelschaltung von R_{i_1} und R_{i_2} zu

$$R_{i_{1/2}} = \frac{0,30 \cdot 0,15}{0,30 + 0,15} = 0,10\ \Omega$$

ergibt. Der ganze Stromkreis hat dann den Gesamtwiderstand

$$R = R_b + R_{i_{1/2}} = 0,50\ \Omega,$$

der Gesamtstrom ist also

$$J = \frac{E}{R} = \frac{1,50}{0,50} = 3,0\ \text{A}.$$

Weiter ist die Klemmenspannung

$$U = J \cdot R_b = 3,0 \cdot 0,4 = 1,20\ \text{V}.$$

Daher wird für das erste Element

$$J_1 = \frac{E - U}{R_{i_1}} = \frac{1,50 - 1,20}{0,30} = 1,0\ \text{A}$$

und für das zweite Element $J_2 = J - J_1 = 2,0$ A.

II. Mit Rücksicht auf spätere Anwendungen soll das Verfahren des Ausgleichsstromes benutzt werden. Wir nehmen zunächst an, daß der nach I berechnete Gesamtstrom J sich gleichmäßig auf die beiden Elemente verteilt, daß also jedes derselben einen

Strom $\dfrac{J}{2} = 1{,}50$ A liefert. In diesem Falle wäre in dem von den beiden Elementen gebildeten Kreis die Summe aller erzeugten Spannungen und aller Spannungsverluste nicht gleich Null, wie die zweite Kirchhoffsche Regel es fordert; es muß daher ein Ausgleichsstrom J' zwischen den Elementen fließen (Abb. 41). Nehmen wir nun an, daß J' auf der positiven Seite von dem zweiten Element zum ersten, also in letzterem entgegengesetzt wie $\dfrac{J}{2}$ fließt, so ist

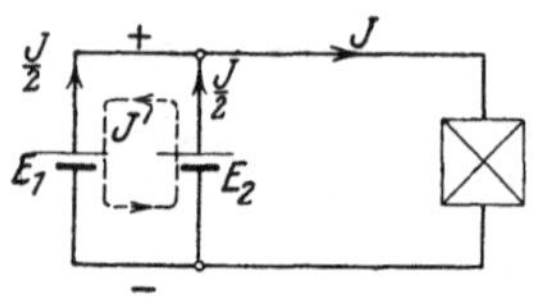

Abb. 41. Ausgleichsstrom bei parallel geschalteten Elementen.

$$J_1 = \frac{J}{2} - J' \quad \text{und} \quad J_2 = \frac{J}{2} + J',$$

ferner ist die gemeinsame Klemmenspannung

$$U = E_1 - J_1 R_{i_1} = E_2 - J_2 R_{i_2}.$$

Daraus folgt, da in unserem Fall $E_1 = E_2$ ist:

$$\left(\frac{J}{2} - J'\right) \cdot R_{i_1} = \left(\frac{J}{2} + J'\right) \cdot R_{i_2};$$

daher

$$J' = \frac{J}{2} \cdot \frac{R_{i_1} - R_{i_2}}{R_{i_1} + R_{i_2}} = 1{,}50 \cdot \frac{0{,}15}{0{,}45} = 0{,}50 \text{ A},$$

sowie

$$J_1 = \frac{J}{2} - J' = 1{,}0 \text{ A} \quad \text{und} \quad J_2 = \frac{J}{2} + J' = 2{,}0 \text{ A}.$$

Falls sich für J' ein negativer Wert ergibt, so bedeutet das, daß die Richtung des Ausgleichsstromes verkehrt angenommen wurde.

III. Schließlich sei noch das Verfahren der Übereinanderlagerung verwendet· Dieses besteht darin, daß man die Kräfte nicht gleichzeitig, sondern nacheinander wirken läßt und dann die einzelnen Wirkungen, im vorliegenden Fall also die Ströme, übereinanderlagert (Abb. 42). Ist die EMK des zweiten Elementes $E_2 = 0$, so liefert die EMK E_1 einen Gesamtstrom

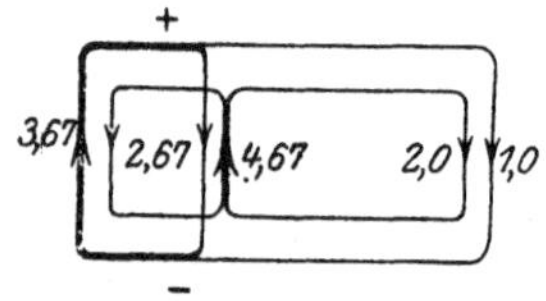

$$J_{A_1} = \frac{1{,}5}{0{,}3 + \dfrac{0{,}15 \cdot 0{,}4}{0{,}15 + 0{,}4}} = 3{,}67 \text{ A},$$

Abb. 42. Übereinanderlagerung der Ströme bei Parallelschaltung.

Dieser verteilt sich auf die Widerstände, die durch das zweite Element und den Belastungswiderstand gegeben sind, im umgekehrten Verhältnis der Ohmwerte, d. h. in die Ströme 2,67 A und 1,0 A; dabei ist die Klemmenspannung $U_A = 0{,}4$ V. Für $E_1 = 0$ berechnet sich der von dem zweiten Element gelieferte Gesamtstrom $J_{B_2} = 4{,}67$ A, der sich in 2,67 A und 2,0 A teilt; die Klemmenspannung ist dann $U_B = 0{,}8$ V. Sind beide Elemente wirksam, so ist unter Berücksichtigung der Stromrichtungen

$$J = 1{,}0 + 2{,}0 = 3{,}0 \text{ A}, \quad J_1 = 3{,}67 - 2{,}67 = 1{,}0 \text{ A},$$
$$J_2 = 4{,}67 - 2{,}67 = 2{,}0 \text{ A}, \quad \text{ferner} \quad U = U_A + U_B = 1{,}2 \text{ V},$$

wie vorher gefunden.

Im Abschnitt 8 wurde die Spannungsteilung erläutert; wird nun die Teilspannung zur Lieferung eines im Verhältnis zu dem Hauptstrom erheblichen Stromes verwendet, so entspricht die Schaltung einer unsymmetrischen Gruppenschaltung und ist als solche zu berechnen.

Beispiele: 1. Schließt man in der Anordnung, die in der Abb. 33 dargestellt ist, die Klemmen 1 und q kurz, so liegt die Erregerwicklung parallel zu einem veränderlichen Teil des Regulierwiderstandes, in Reihe mit diesen beiden der übrige Teil des Reglers. Diese Schaltung wird benutzt, um ohne große Ohmwerte einen Strom bis auf kleine Werte herabregeln zu können, z. B. bei Zusatzmaschinen. Wird die erwähnte Verbindung vorgenommen, so ist ohne weiteres zu übersehen, daß der Erregerstrom bei Einstellung des Hebels auf Kontakt 1 gleich Null ist, da die Erregerwicklung kurzgeschlossen ist. Auf Kontakt 5 ist wie im Beispiel Abb. 33 der Erregerstrom 6 A. Für die übrigen Stellungen berechnet man an Hand von Gl. 18 den Gesamtwiderstand der Schaltung und daraus den Gesamtstrom J. Aus der Spannung U_E, die jeweils hinter dem vom Strom J durchflossenen Teil des Reglers für die Erregerwicklung übrig bleibt, berechnet man schließlich den Erregerstrom J_E. Man erhält:

Kontakt	Gesamtwiderstand	J	U_E	J_E
	Ω	A	V	A
2	$60 + \dfrac{20 \cdot 40}{20 + 40}$	1,64	120—98	1,1
3	$30 + \dfrac{20 \cdot 70}{20 + 70}$	2,63	120—79	2,05
4	$10 + \dfrac{20 \cdot 90}{20 + 90}$	4,55	120—45,5	3,72

2. Die Stromkreise zur Betätigung von Relais und ähnlichen Geräten müssen oft an geringer Spannung liegen, um mit möglichst kleinem Schaltweg eine Unterbrechung zu erzielen. Als Ersatz für eine besondere Stromquelle von geringer Spannung wird gelegentlich eine Teilung der Netzspannung angewendet. Letztere betrage 120 V, an ihr liegen in Reihe geschaltet (Abb. 43) die Widerstände $R_1 = 18\,\Omega$ und $R_a = 6\,\Omega$, parallel zu R_a liegt der Nutzstromkreis mit den Belastungswiderständen vom Gesamtohmwert R_b. Es soll nun berechnet werden, in welchem Maße sich die Teilspannung mit dem Belastungswiderstand ändert. Die Rechnung vereinfacht sich hier, wie auch in anderen Fällen, wenn man nicht von bestimmten Ohmwerten, sondern von bestimmten Stromstärken J im Hauptstromkreis ausgeht und die Widerstände berechnet, welche diesen Stromstärken entsprechen.

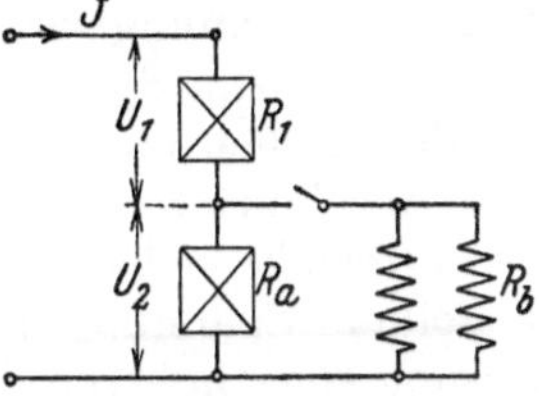

Abb. 43. Stromverzweigung mit Spannungsteilung.

Beträgt der Hauptstrom $J = 5\,\text{A}$, so ist $U_1 = J \cdot R_1 = 90\,\text{V}$,

$$U_2 = U - U_1 = 30\,\text{V} \quad \text{und} \quad J_a = \frac{U_2}{R_a} = \frac{30}{6} = 5\,\text{A}.$$

Da der angenommene Hauptstrom J ebenso groß ist, so ist in diesem Fall der Belastungsstrom $J_b = 0$, der Belastungswiderstand $R_b = \infty$.

Beträgt der Hauptstrom $J = 5,25\,\text{A}$, so ist $U_1 = 94,5\,\text{V}$, es bleibt $U_2 = 25,5\,\text{V}$ übrig, und dieses liefert

$$J_a = \frac{25,5}{6} = 4,25\,\text{A};$$

also muß

$$J_b = J - J_a = 1\,\text{A} \quad \text{und} \quad R_b = \frac{25,5}{1} = 25,5\,\Omega$$

sein.

Für $J = 5,5\,\text{A}$ berechnet sich entsprechend $U_2 = 21\,\text{V}$, $J_b = 2\,\text{A}$ und $R_b = 10,5\,\Omega$.

Beträgt $J = 6,0\,\text{A}$, so wird $U_2 = 12\,\text{V}$, $J_b = 4\,\text{A}$ und $R_b = \dfrac{12}{4} = 3\,\Omega$.

Für $R_b = 0$ wird $U_2 = 0$ und $J_b = J = \dfrac{120}{18} = 6,67\,\text{A}$.

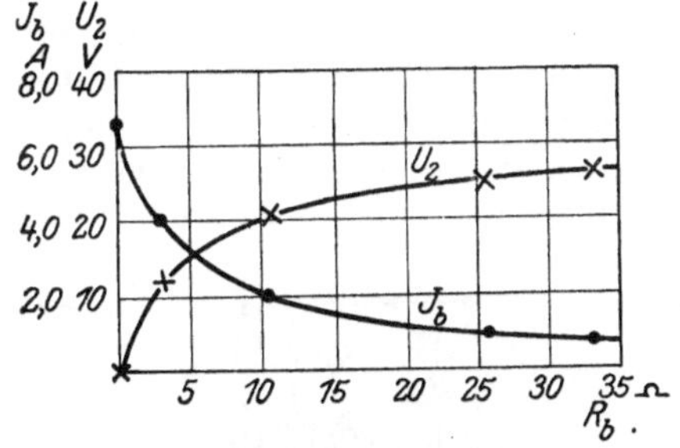

Abb. 44. Spannung und Strom zu Beispiel 2 (vgl. Abb. 43).

Trägt man die Werte der Spannung U_2 und des Stromes J_b abhängig von den Werten R_b in ein Koordinatensystem auf (Abb. 44), so kann man die Punkte durch eine Kurve verbinden und daraus für einen beliebigen Wert von R_b die zugehörigen Werte U_2 und J_b entnehmen.

10. Vorwiderstand und Nebenschluß für Meßgeräte.

Ein Widerstand, der in Reihe mit einem anderen Verbrauchskörper diesen vor übermäßigem Strom schützt, wird Vorwiderstand genannt. Dieser Name ist nicht einwandfrei; wir haben es ja in unseren Stromkreisen mit einer geschlossenen Strömung zu tun, im einfachen Stromkreis ist die Stromstärke in einem bestimmten Augenblick an jeder Stelle dieselbe, es muß also für diesen dauernden Ausgleichsvorgang einerlei sein, an welcher Stelle ein Widerstand eingeschaltet ist. Nur in dem später bei den Überspannungserscheinungen zu betrachtenden Fall, daß in dem Augenblick einer Stromänderung, beispielsweise bei Einschaltung des Stromkreises, der Strom sich in die Leitung ergießt wie eine Wasserwelle in ein leeres Rohr, ist der zunächst der Stromeintrittsstelle gelegene Teil dem vollen Anprall des Druckes ausgesetzt, während die dahinter liegenden Teile einen mehr oder weniger verminderten Druck auszuhalten haben. Ferner ist die Reihenfolge der Einschaltung in gewissen Fällen insofern von Bedeutung, als die Spannung der einzelnen Teile zueinander sowie gegen Erde je nach der Anordnung der Widerstände verschieden sein kann. Wird z. B. in der Dreileiteranlage (vgl. Abb. 25) eine Bogenlampe in Reihe mit einem Widerstand zwischen je einen Außenleiter und den geerdeten Mittelleiter gelegt, so hat die Lampe während des Stromdurchgangs geringere Spannung gegen Erde, wenn sie unmittelbar an den Mittelleiter gelegt und von dem Außenleiter durch den Vorwiderstand „getrennt" ist.

Die Berechnung des Ohmwertes eines Vorwiderstandes, wie man ihn in Reihe mit einem Spannungsmesser, mit Bogenlampen, mit Maschinenwicklungen und dergleichen benutzt, ergibt sich durch Anwendung des Ohmschen Gesetzes nach Abschnitt 8. Besonderes Interesse bieten die Schaltungen zur Erhöhung des Anzeigebereiches von Meßgeräten.

Soll ein Spannungsmesser vom Anzeigebereich U_1 und dem Ohmwert R_1 zur Messung einer höheren Spannung U dienen, so muß der Überschuß U_2 in einem „Vor"widerstand R_2 bei dem Strom J, der im Spannungsmesser zur Wirkung kommen soll, verbraucht werden (Abb. 45). Aus

$$J = \frac{U_1}{R_1} = \frac{U_2}{R_2} \quad \text{und} \quad U_2 = U - U_1$$

folgt

$$R_2 = R_1 \cdot \frac{U - U_1}{U_1} = R_1 \cdot \left(\frac{U}{U_1} - 1\right) = R_1 \cdot (C - 1). \tag{22}$$

Das Verhältnis der Gesamtspannung U zu der am Spannungsmesser liegenden Spannung U_1 wird Meßkonstante C genannt.

Schaltet man z. B. mit einem Spannungsmesser für 150 Volt einen Vorwiderstand von doppeltem Ohmwert in Reihe, so ist damit der Gesamt-Ohmwert und daher auch die insgesamt zulässige Spannung verdreifacht. Der Spannungs-

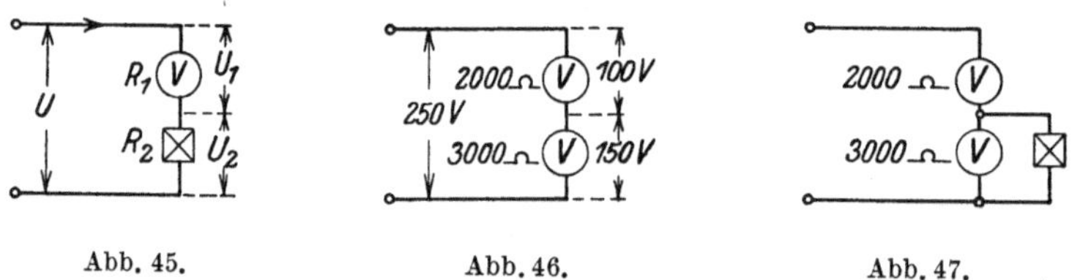

Abb. 45.   Abb. 46.   Abb. 47.
Verwendung von Spannungsmessern zur Messung höherer Spannung.

messer zeigt dann den vollen Ausschlag von 150 Teilstrichen bei einer Gesamtspannung von 450 Volt, die Ablesung ist demnach mit der Meßkonstante 3 zu multiplizieren, um die Gesamtspannung zu erhalten.

Häufig kann man sich in Ermangelung eines passenden und geeichten Vorwiderstandes dadurch helfen, daß man zwei oder mehr Spannungsmesser in Reihe schaltet. Dabei ist jedoch zu beachten, daß die höchste meßbare Spannung nicht ohne weiteres gleich der Summe der einzelnen Anzeigebereiche, sondern kleiner als diese ist, sobald die Empfindlichkeit der Spannungsmesser, d. h. die einem bestimmten Ausschlag entsprechende Stromstärke oder der Widerstand der Meßgeräte für die Einheit der Spannung, verschieden ist.

Beispiel: Es sei der Anzeigebereich zweier Spannungsmesser je 150 V, der Widerstand des einen Spannungsmessers 2000 Ω, der des andern 3000 Ω. Legen wir beide in Reihe an 250 V Spannung (Abb. 46), so ist entsprechend dem Gesamtwiderstand von 5000 Ω der Strom, der durch beide der Reihe nach fließt, $J = \dfrac{U}{R} = \dfrac{250}{5000} = 0{,}05$ A, daher der Spannungsverbrauch und dementsprechend der Ausschlag

$$\text{des ersten Meßgerätes} \quad U_1 = J \cdot R_1 = 0{,}05 \cdot 2000 = 100 \text{ V},$$
$$\text{des zweiten Meßgerätes} \quad U_2 = J \cdot R_2 = 0{,}05 \cdot 3000 = 150 \text{ V}.$$

Mit diesen beiden Spannungsmessern zusammen kann also höchstens eine Spannung von 250 V, nicht etwa von 300 V, gemessen werden, da das zweite Meßgerät bei 250 V Gesamtspannung bereits vollen Ausschlag zeigt.

Legt man jedoch einen Widerstand parallel zu demjenigen der beiden Spannungsmesser, der im Verhältnis zum Anzeigebereich den höheren Ohmwert hat (Abb. 47), so wird dadurch der Gesamtwiderstand verkleinert, der Strom in dem andern Spannungsmesser vergrößert; bei passender Einstellung des Ohmwertes dieses Parallel-Widerstandes kann dann bei beiden Meßgeräten voller Ausschlag erreicht werden.

Hat dagegen in einem Stromweg nicht die Spannung, sondern die Stromstärke einen bestimmten Wert, so kann der Strom eines in diesem Weg liegenden Körpers, z. B. einer Hauptstromspule, nicht durch Vorschalten, sondern nur durch Parallelschalten eines Widerstandes, also durch einen „Nebenschluß", verringert werden. Entsprechend ist zur Messung eines Stromes, der den höchstzulässigen Strom eines gegebenen Strommessers übersteigt, ein Widerstand parallel zu demselben zu legen, der den überschüssigen Strom durchläßt (Abb. 48). In der Regel wird dieser Nebenschluß den größten Teil des gesamten Stromes führen müssen, der Strommesser liegt dann gewissermaßen als Spannungsmesser an der von dem Nebenschluß verbrauchten Spannung.

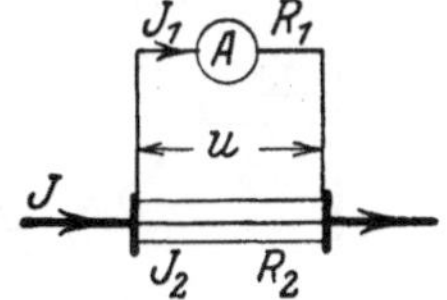
Abb. 48. Strommesser mit Nebenschluß.

Nach Abschnitt 9 folgt dann aus $J = J_1 + J_2$ und $u = J_1 \cdot R_1 = J_2 \cdot R_2$ der insgesamt meßbare Strom

$$J = J_1 \cdot \left(1 + \frac{R_1}{R_2}\right) = J_1 \cdot C. \tag{23}$$

Umgekehrt berechnet sich der Ohmwert des Nebenschlusses, der erforderlich ist, um einen Strom J mit einem Strommesser vom Anzeigebereich J_1 messen zu können, zu

$$R_2 = R_1 \cdot \frac{J_1}{J - J_1} = R_1 \cdot \frac{1}{\dfrac{J}{J_1} - 1} = R_1 \cdot \frac{1}{C - 1}. \tag{24}$$

C ist wieder die **Meßkonstante**, welche die Vervielfachung des Anzeigebereiches angibt. Da sie meistens ein Vielfaches von 10 ist, ist es genauer und kürzer, den Faktor $\dfrac{1}{C - 1}$ nicht als Dezimalbruch, sondern als **echten Bruch** anzugeben.

Beispiel: Ein Strommesser für 0,15 A von 1 Ω Widerstand soll zur Messung von 75 A einen Nebenschluß erhalten. Die Meßkonstante soll demnach 500 sein, der Ohmwert des Nebenschlusses berechnet sich nach Gl. 24 zu

$$R_2 = 1 \cdot \frac{1}{500 - 1} = 1/499 \ \Omega.$$

Hat der Strommesser 150 Skalenteile, so ist die Ablesekonstante, d. h. der Wert eines Skalenteiles in Ampere für den Strommesser allein $\dfrac{0{,}15}{150} = 1/1000$, ferner mit obigem Nebenschluß $\dfrac{75}{150}$ oder $\dfrac{500}{1000} = 1/2$.

Bei der Ausführung von Schaltungen mit einem Strommessernebenschluß ist besonders zu beachten, daß die Widerstände R_1 und R_2 dauernd genau in dem Verhältnis zueinander stehen müssen, das sie bei der Bestimmung der Meßkonstanten hatten. Die Kontakte am Nebenschluß und am Strommesser müssen daher besonders gut sein, die zwischen diesen beiden Teilen verwendeten Verbindungsschnüre müssen genauen Ohmwert behalten.

In ähnlicher Weise wie bei der Spannungsmessung kann man sich auch bei der Strommessung mit zwei Meßgeräten behelfen, wenn der Wert der Meßgröße

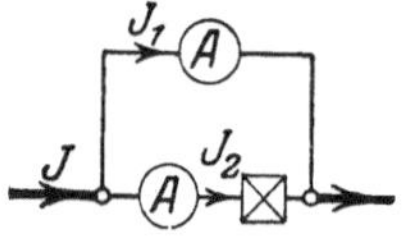

Abb. 49. Parallelschaltung von Strommessern.

den Anzeigebereich eines Meßgerätes überschreitet. Es ist leicht einzusehen, daß man hier die Strommesser nebeneinander schalten muß und daß sich der Strom dann im umgekehrten Verhältnis der Widerstände auf die beiden Meßgeräte verteilt. Will man den Anzeigebereich zweier Strommesser von verschiedenem Ohmwert voll ausnutzen, so schaltet man in Reihe mit dem zu stark ausschlagenden Strommesser einen geeigneten Widerstand ein (Abb. 49).

Soll ein Strommesser durch Umschaltung mit verschiedenen Nebenschlüssen benutzt werden, so entstehen leicht Fehler durch schlechten Kontakt im Stromweg des Meßgerätes. Dieser Fehler wird vermieden, wenn man z. B. drei Nebenschlüsse mit dem Strommesser nach Abb. 50 fest verbindet und nur den Hauptstromweg umschaltet. Steht der Umschalter auf Kontakt II, so ist

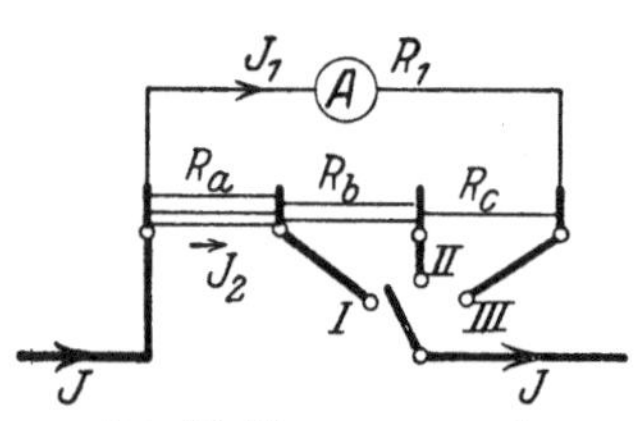

Abb. 50. Strommesser mit umschaltbaren Nebenschlüssen.

$$u = J_1 \cdot (R_1 + R_c) = J_2 \cdot (R_a + R_b),$$

ferner $\qquad J_2 = J_{II} - J_1.$

Für die anderen Stellungen des Umschalters lassen sich entsprechende Gleichungen für den Spannungsverlust u und die zu messenden Ströme J_I bzw. J_{III} aufstellen, so daß der Ohmwert der Nebenschlüsse R_a, R_b und R_c berechnet werden kann.

11. Messung von Widerständen.

Die wichtigsten Verfahren, die hier besprochen werden sollen, können wir in zwei Gruppen einteilen und zwar in solche, bei denen der Widerstand nach dem Ohmschen Gesetz berechnet wird und in solche, bei denen er nach einem

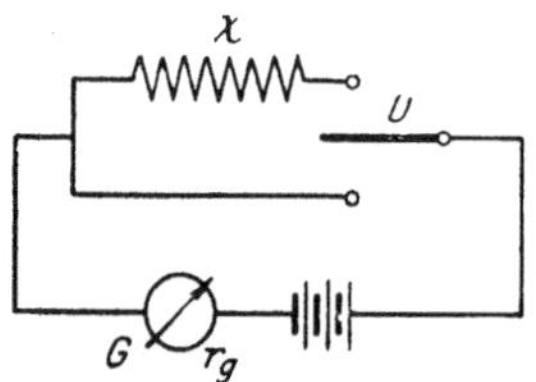

Abb. 51. Messung von Widerständen durch Vergleich (nach Jahn).

Verfahren gefunden wird, das mit der Bestimmung eines Gewichtes durch Wägung zu vergleichen ist.

Steht eine konstante Spannung und ein passendes Meßgerät von bekanntem Ohmwert zur Verfügung, so können Ohmwerte derselben Größenordnung nach Gl. 22 gemessen werden. Da in dieser Gleichung nur das Verhältnis der Spannungen vorkommt, so genügt die Ablesung der Ausschläge wie an einem Galvanometer. Zeigt das Meßgerät (Abb. 51), in Reihe mit dem zu messenden Widerstand x an die Spannung gelegt, den Ausschlag α_x und bei unmittelbarer Einschaltung (untere Lage des Umschalters U) den Ausschlag α_g, so folgt

$$\alpha_x (x + r_g) = \alpha_g \cdot r_g \quad \text{und} \quad x = r_g\left(\frac{\alpha_g}{\alpha_x} - 1\right). \tag{25}$$

Stehen ein Spannungsmesser und ein Strommesser zur Verfügung, so mißt man den Strom und die Spannung an dem zu bestimmenden Widerstand, woraus sich dieser in einfacher Weise angenähert zu $R = \dfrac{U}{J}$ berechnen läßt. Hierbei sind zweierlei Schaltungen möglich. Legt man (Abb. 52) den Spannungsmesser unmittelbar an die Klemmen des Widerstandes, so zeigt dieser genau die gesuchte Spannung, der vom Strommesser angezeigte Strom J ist aber die Summe aus dem Strom in dem unbekannten Widerstand R_x und dem Strom J_V des Spannungsmessers. Je geringer J_V im Verhältnis zu J ist, desto genauer wird offenbar die Messung; man wird also diese Schaltung anwenden, wenn mit großer Stromstärke bzw. mit einem Spannungsmesser von verhältnismäßig hohem Ohmwert gemessen werden kann. Den Einfluß des Spannungs-messers kann man durch Abschalten desselben prüfen. Die andere Schaltung (Abb. 53), bei welcher der Strommesser zwar genau denselben Strom wie der gesuchte Widerstand führt, der Spannungsmesser aber den Spannungsverlust in dem Strommesser vom Widerstand R_A mitmißt, verwendet man zweck-mäßig bei der Messung von Widerständen von so großem Ohmwert, daß der geringe Widerstand des Strommessers nicht in Betracht kommt. Soll der ge-suchte Widerstand genau bestimmt werden, so berechnet sich, wie aus diesen Erläuterungen leicht einzusehen ist: bei Schaltung nach Abb. 52

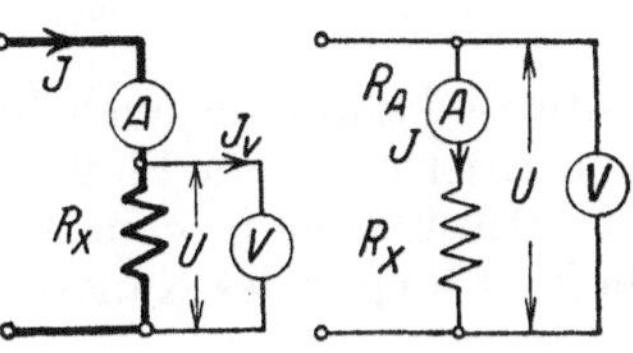

Abb. 52. Abb. 53.
Schaltungen für Widerstands-messung.

$$R_x = \frac{U}{J - J_V} \tag{26}$$

bei Schaltung nach Abb. 53

$$R_x = \frac{U}{J} - R_A. \tag{27}$$

Das Meßverfahren der andern Gruppe hat den Vorteil, daß zu seiner Durch-führung nicht eine Stromquelle von erheblicher Spannung und Stromstärke nötig ist, sondern nur eine solche von ganz geringen Abmessungen, z. B. einige kleine Trockenelemente, ferner Meßwiderstände und ein Galvanometer. Mit einer solchen Einrichtung, nach ihrem Erfinder die Wheatstonesche Brücke genannt, können Widerstände von geringem und auch von großem Ohmwert gemessen werden. Sie beruht auf der Spannungs- und Stromteilung und besteht aus zwei durch Widerstände gebildeten Stromwegen, die nebeneinander an dieselbe Stromquelle angeschlossen werden. Da einerseits die Anfänge, anderseits die Enden der beiden Stromwege, die in Abb. 54 als einfache Drähte angedeutet sind, an gemeinsame Punkte A bzw. B angeschlossen sind, so muß es auch längs der Drähte eine beliebige Zahl von Punkten, z. B. C und D geben, die den gleichen elek-trischen Zustand, also gegeneinander keine Spannung haben; ein zwischen

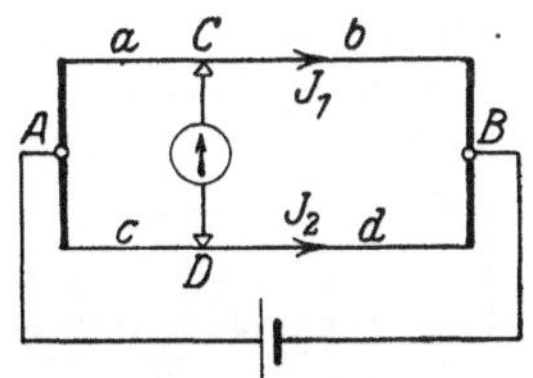

Abb. 54. Brückenschaltung.

solche Punkte geschaltetes Galvanometer zeigt daher keinen Ausschlag. Dann ist der Spannungsabfall bis zu den Anschlußpunkten des Galvanometers auf beiden Wegen derselbe, also von A nach C gleich dem von A nach D, und ebenso von C nach B gleich dem von D nach B. Bei stromlosem Galvanometer ist ferner der Strom in $A \ldots C$ gleich dem in $C \ldots B$, er sei gleich J_1, und der Strom in $A \ldots D$ gleich dem in $D \ldots B$, er sei gleich J_2. Dann ist der Ausdruck dieser Beziehungen, wenn mit a, b, c und d die Ohmwerte obiger vier Strecken bezeichnet werden:

$$J_1 \cdot a = J_2 \cdot c \quad \text{und} \quad J_1 \cdot b = J_2 \cdot d;$$

daraus folgt

$$\frac{a}{b} = \frac{c}{d} \quad \text{oder} \quad a = b \frac{c}{d}. \tag{28}$$

Wird also die Brückenschaltung nach Abb. 55 mit einem unbekannten Widerstand a und drei Widerständen ausgeführt, von denen der eine, b, dem Ohmwert nach bekannt ist, während von den anderen das Verhältnis der Ohmwerte $\frac{c}{d}$ bekannt ist, so kann der unbekannte Widerstand dadurch bestimmt werden, daß der Widerstand b oder das Verhältnis $\frac{c}{d}$ so lange verändert wird, bis das Galvanometer keinen Ausschlag mehr zeigt.

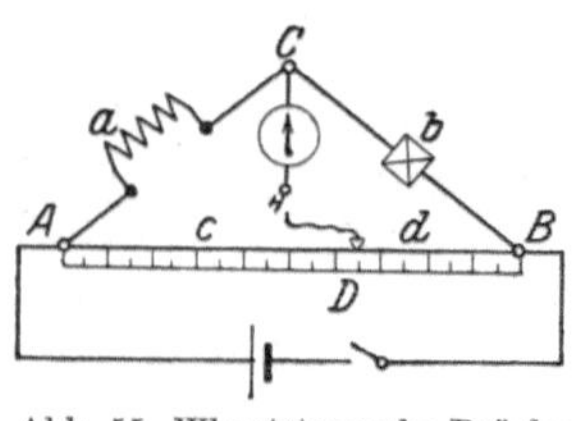

Abb. 55. Wheatstonesche Brücke.

Zur Erläuterung der Spannungs- und Stromverhältnisse kann man auch hier eine Wasserströmung heranziehen und sich etwa eine Insel in einem Fluß vorstellen, die von einem Kanal quer durchschnitten ist. Das Wasser in dem Kanal wird nicht fließen, sondern ruhig stehen, sobald die Mündungen des Kanals an beiden Flußarmen auf gleicher Wasserhöhe liegen.

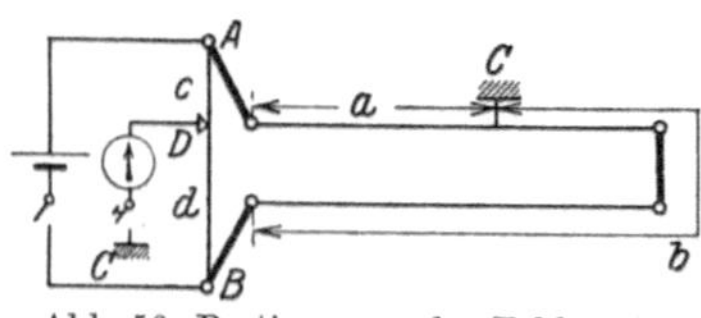

Abb. 56. Bestimmung des Fehlerortes.

Gute Dienste kann die Meßbrücke zur Feststellung des Ortes eines Isolationsfehlers, z. B. in Kabelleitungen, leisten. Man verbindet das Ende der fehlerhaften Leitung möglichst widerstandslos mit einer fehlerfreien Rückleitung und die anderen Enden der beiden mit dem Schleifdraht, ferner schaltet man das Galvanometer und die Stromquelle nach Abb. 56 ein. Ist a der Widerstand der Leitung vom Anfang bis zur Fehlerstelle, b derjenige des übrigen Stückes und der Rückleitung, so liefert die Messung $\frac{a}{b} = \frac{c}{d}$; aus Länge und Querschnitt der verwendeten Leitungen folgt der Wert $a + b$, so daß a und damit der Abstand der Fehlerstelle vom Anfang der Leitung berechnet werden kann.

Unter Umständen ist es zweckmäßig, das Galvanometer an AB, die Stromquelle an CD anzuschließen, um mittels höherer Spannung den vorhandenen Isolationsfehler zu verstärken.

Sollen feuchte Widerstände gemessen werden, so darf Gleichstrom wegen der chemischen Wirkung nicht als Meßstrom verwendet werden. Man verwandelt dann den Gleichstrom durch ein Induktorium in Strom wechselnder Richtung und ersetzt das Galvanometer durch ein Telephon (Abb. 57). In der Starkstromtechnik wird dieses Verfahren am häufigsten zur Untersuchung von Erdungen (vgl. S. 13) benutzt. Durch die Meßschaltung wird die Erde als Leiter in einen Stromkreis eingeschaltet, der Widerstand der Erdung besteht also, ähnlich wie der innere Widerstand eines Elementes, aus demjenigen der beiden Elektroden, dem Übergangswiderstand der beiden gegen Erde und dem Widerstand der Erde; letzterer hängt auch von dem Verlauf der Stromfäden ab, ist also je nach Lage und Größe der Elektroden verschieden. Da bei den üblichen Erdungen der Übergangswiderstand und der Erdwiderstand dicht um die Elektrode den größten Einfluß haben und in gewissen Fällen nur mit einer einzigen Elektrode geerdet wird, so legt man in der Praxis einer Elektrode einen bestimmten Widerstand zu, ohne Rücksicht auf den weiteren Weg, den der Strom in der Erde nimmt. Zur Prüfung von Erdungen mißt man den Gesamtwiderstand zwischen der zu untersuchenden Erdleitung und einer zweiten bzw. dritten Erdung, die man nötigen-

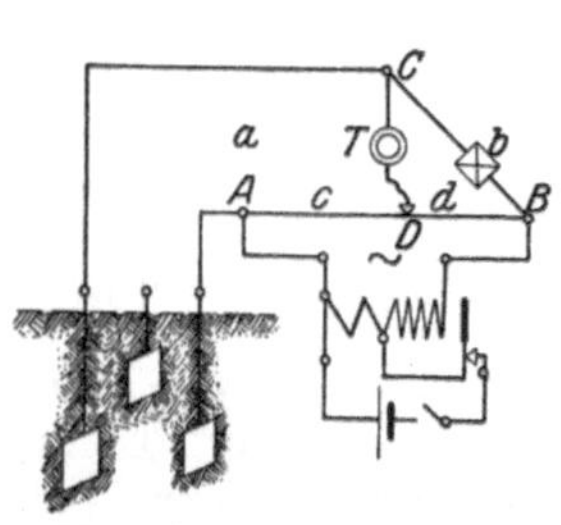

Abb. 57. Messung von Erdungswiderständen mit Telephon-Meßbrücke.

falls behelfsmäßig herstellt. Unter obiger Voraussetzung kann dann, mittels dreier Messungen zwischen je zweien der Erdleitungen, aus

$$a_1 = x + y, \qquad a_2 = x + z \quad \text{und} \quad a_3 = y + z$$

der „Erdungswiderstand" der einzelnen Elektroden x, y und z berechnet werden.

12. Isolationswiderstand.

Bei der ersten Besprechung des einfachen Stromkreises hatten wir diesen mit einem Wasserkreislauf verglichen und gesagt, daß die durchfließende Wassermenge an jeder Stelle dieselbe ist, solange nirgends ein Leck, d. h. eine Undichtigkeit auftritt. Der Dichtigkeit einer solchen Leitung entspricht der Begriff des Isolationswiderstandes in einem Stromkreis. Unter Isolationswiderstand versteht man im allgemeinen den Widerstand, den ein Nichtleiter, z. B. die isolierende Umhüllung eines Drahtes, dem mehr oder weniger lang dauernden Durchfluß des Stromes entgegensetzt. Der Ohmwert eines solchen Widerstandes ist in der Regel sehr hoch und wird daher häufig in Megohm, d. i. Millionen Ohm, angegeben. Der Isolationswiderstand hat also eine andere Bedeutung als die Durchschlagsfestigkeit, d. i. diejenige Spannung, die ein Nichtleiter aushalten kann, ehe plötzlich ein Durchschlag durch ihn stattfindet.

Ein wesentlicher Unterschied zwischen dem elektrischen Stromkreis und dem Wasserkreislauf sei sofort betont. In letzterem genügt eine einzige undichte Stelle, um ein Entweichen des Wassers herbeizuführen. Wird dagegen der elektrische Stromkreis an einer einzigen Stelle undicht, hat nur ein Punkt eine schlechte Isolation gegen Erde, d. h. einen Erdschluß, während alle anderen Teile des Stromkreises vollkommen isoliert sind, so entweicht kein Strom. Der Stromkreis nimmt nur an dieser Stelle den elektrischen Zustand — das Potential — der Erde an, er wird geerdet. Nur wenn mehrere Punkte von verschiedenem Potential, die also Spannung gegeneinander haben, undicht werden oder geerdet sind, kann zwischen diesen Punkten ein Stromübergang außerhalb der gewollten Strombahn stattfinden, den wir als Leckstrom bezeichnen. Je nachdem zwei solche Punkte nur unmittelbar gegeneinander oder jeder derselben gegen Erde ein Leck haben, kann der Leckstrom entweder ohne Berührung der Erde oder über diese fließen, man muß daher zwischen dem Isolationswiderstand eines Leiters gegen einen anderen und dem Isolationswiderstand gegen Erde unterscheiden.

Kein sogenannter Nichtleiter oder Isolator besitzt die in diesem Namen ausgedrückte Eigenschaft in vollkommenem Maße, vielmehr hat der Isolationswiderstand jedes Körpers stets einen endlichen, wenn auch manchmal außerordentlich hohen Wert. Praktisch ist zu beachten, daß die Isolation, mag sie nun durch die Isolierhülle eines Leiters, durch das Porzellan der Isolatoren oder sonst einen Körper gegeben sein, durch Feuchtigkeit, Staub und dergleichen vermindert wird.

Überlegen wir uns, durch welche Faktoren der Isolationswert z. B. einer isolierten Leitung bedingt ist. Es gilt zunächst ein ähnliches Gesetz wie für die Zusammensetzung des Leitungswiderstandes, nämlich $R = \varrho \cdot \dfrac{l}{q}$. Da der Weg des Leckstromes von einer Leitung quer durch die isolierende Hülle führt, so ist hier l durch die Dicke der letzteren gegeben. Der Durchgangsquerschnitt für den Leckstrom ist die gesamte Oberfläche des Leiters. Je länger also die Leitung ist, desto größer wird im allgemeinen die Zahl der Leckstellen sein, desto geringer daher der Isolationswiderstand; ebenso verringert sich dieser, wenn mehrere Leitungsstrecken parallel zueinander geschaltet sind. Von erheblichem

Einfluß auf die Größe des Isolationswiderstandes ist nun die Spannung, unter welcher er steht. Auch hier liegen Vergleiche nahe. Bei einem Kessel, bei einem Luftschlauch oder dergleichen werden die Stellen geringer Dichtigkeit bei Anwendung hohen Druckes eher zum Vorschein kommen als bei geringem Druck. Daher geschieht auch bekanntlich die Prüfung solcher Teile auf Dichtigkeit möglichst mit einem Druck, welcher dem Betriebsdruck mindestens gleich ist. Ebenso soll man zur Prüfung des elektrischen Isolationswiderstandes eine Spannung verwenden, deren Wert mindetens der Betriebsspannung gleich ist, da bei geringerer Spannung die Zahl der Leckstellen kleiner und damit die Güte der Isolation größer erscheint, als sie im Betriebszustand tatsächlich ist. Bei isolierten Leitungen, die nicht frei von jeglicher Feuchtigkeit sind, ist wegen der chemischen Wirkung auch die Richtung des Stromes von Einfluß auf den Wert des Isolationswiderstandes. Liegt eine Gleichstromquelle an der Leitung, so findet an feuchten Fehlerstellen eine Zersetzung statt. Die Austrittsstelle des Stromes wird oxydiert, an der Stromeintrittsstelle dagegen wird der sich bildende Wasserstoff die Leitung blank machen und ihre Isolation vermindern. Da die Austrittsstelle des Leckstromes meistens die Plusleitung, die Eintrittsstelle meistens die Minusleitung ist, so ist dadurch die Tatsache erklärt, daß in den Gleichstromanlagen nach einiger Betriebszeit in der Regel die Minusseite des Netzes geringeren Isolationswiderstand aufweist als die Plusseite.

Zur Messung des Isolationswiderstandes brauchen wir eine möglichst hohe Spannung, ferner ein Meßgerät, das einerseits sehr empfindlich sein muß, um den oft sehr geringen Leckstrom anzeigen zu können, anderseits einen so hohen Widerstand haben muß, daß es im Falle vollkommenen Erd- oder Kurzschlusses die volle Meßspannung aushalten kann. Da Drehspulmeßgeräte die größte Empfindlichkeit haben, verwendet man solche. Damit ist Gleichstrom als Meßstrom bedingt, den wir der Anlage selbst oder einem kleinen, durch Handkurbel zu betätigenden Generator, Kurbelinduktor genannt, entnehmen. Man schaltet Stromquelle, Meßgerät und den gesuchten Widerstand in Reihe (Abb. 58); wird der letztere durch einen Schalter kurzgeschlossen, so zeigt das Meßgerät einen der vollen Spannung entsprechenden Ausschlag; bei eingeschaltetem Isolationswiderstand ist der Ausschlag desto kleiner, je größer

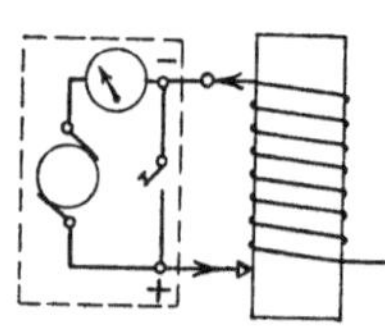

Abb. 58. Isolationsmessung an einer Spule.

der Widerstand ist. Die Berechnung geschieht nach Gleichung 25, S. 30, falls das Meßgerät nicht bereits eine Skala mit dem Ohmwert der Meßgröße besitzt.

Besondere Überlegung ist vor allem bei der Untersuchung von Leitungsanlagen erforderlich, damit man sich ganz klar darüber ist, was für einen Isolationswiderstand man tatsächlich mißt. Sind, wie es bei Glühlampen aus praktischen Gründen meistens der Fall ist, die Verbrauchskörper an dem zu untersuchenden vom übrigen Netz getrennten Leitungsabschnitt nicht abgeschaltet, so ist der Isolationswiderstand der Leitungen gegeneinander, der mit $R_{1/2}$ bezeichnet sei, durch die Verbrauchskörper überbrückt. Legt man nach Abb. 59 das Meßgerät zwischen eine der Leitungen und Erde, und zwar wegen der oben

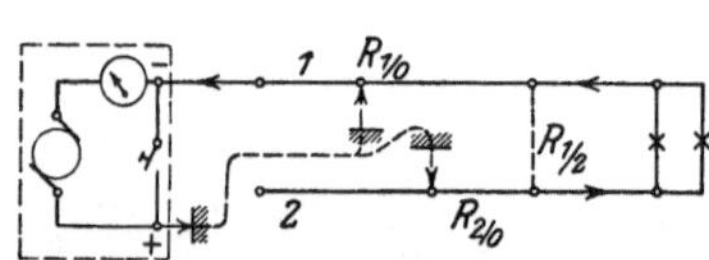

Abb. 59. Isolationsmessung bei eingeschalteten Lampen.

erwähnten chemischen Wirkung die Plusklemme an Erde, so kann der Leckstrom von der Erde in beide Leitungen eintreten. Die Summe der Ströme fließt durch das Meßgerät, die Isolationswiderstände der Leitungen gegen Erde $R_{1/0}$ und $R_{2/0}$ sind also parallel geschaltet, so daß nur der Gesamtwiderstand dieser Parallelschaltung, nicht der Einzelwert der Isolationswiderstände gemessen wird. Schaltet man dagegen (Abb. 60) alle Verbrauchskörper beiderseits ab, trennt den Leitungsabschnitt vom Netz und legt den gut isolierten Isolationsprüfer an die Leitung, so liegen die Isolationswiderstände der Hin- und Rückleitung gegen Erde, $R_{1/0}$ und $R_{2/0}$, untereinander in Reihe und beide zusammen mit dem Isolationswiderstand der einen Leitung gegen die andere, $R_{1/2}$, parallel an der vollen Spannung. Sind schließlich (Abb. 61) die Verbrauchskörper abgeschaltet, die Leitungen des Abschnittes aber mit dem Netz verbunden, so

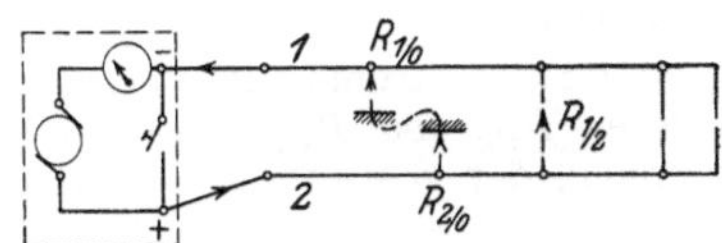

Abb. 60. Isolationsmessung bei ausgeschraubten Lampen.

hat die Hin- und Rückleitung des Abschnittes diejenige Spannung gegen Erde, die durch den Isolationswiderstand des ganzen Netzes gegeben ist. Die Isolationswiderstände der Leitungen gegen Erde liegen dann an diesen Teilspannungen, während der Isolationswiderstand $R_{1/2}$ an der vollen Netzspannung liegt. Die Errichtungsvorschriften des VDE für Starkstromanlagen verlangen nun für jede Anlage im Interesse der Sicherheit, vor allem gegen Brand, einen angemessenen Isolationswiderstand, und zwar soll nach § 5 Nr. 4 der Stromverlust auf jeder Teilstrecke bei der Betriebsspannung die Stärke von 1 Milliampere nicht überschreiten. Der Isolationswert einer solchen Strecke muß also z. B. bei 110 Volt Netzspannung mindestens $110\,000\,\Omega$ betragen. Da bei der Nachprüfung fertiger An

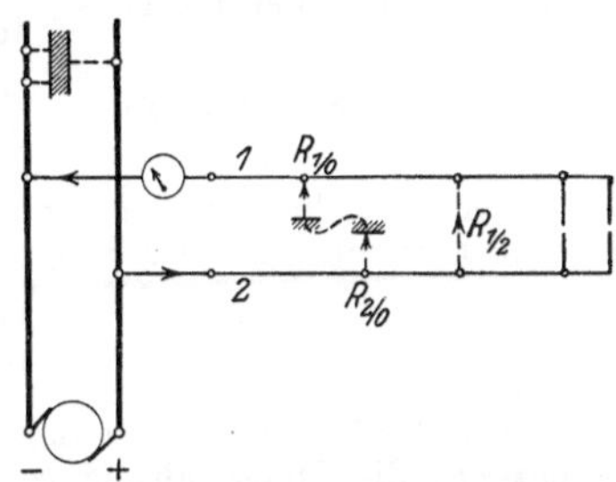

Abb. 61. Isolationsmessung mit Netzspannung bei ausgeschraubten Lampen.

lagen die Abtrennung aller Verbrauchskörper, besonders der Glühlampen, von den Leitungen in der Regel nur mit großem Aufwand möglich ist, so gilt obige Vorschrift des VDE für den zuerst erwähnten Fall (Abb. 59), daß sämtliche Leitungen einer Teilstrecke in Parallelschaltung gegen Erde geprüft werden. Dabei wird allerdings, wie erwähnt, der Isolationswiderstand der Leitungen gegeneinander nicht gemessen; bei Mehrfachleitungen, wie Kabeln, Panzerleitungen oder Rohrdraht, ist es immerhin möglich, daß eine Leckstelle nur zwischen den Leitungen, nicht aber gegen Erde auftritt; bei isolierten Einzelleitungen in Rohren oder auf Rollen wird fast immer jeder solche Fehler auch gleichzeitig als Fehler gegen Erde auftreten und daher auch bei dem Meßverfahren nach Abb. 59 sich bemerkbar machen.

Ist kein Kurbelinduktor vorhanden, so kann die Messung mit eingeschalteten Lampen auch nach Abb. 62 durch Anschluß an das Netz vorgenommen werden. Ein passender, möglichst empfindlicher Spannungsmesser wird dabei zwischen Netzleitung und die zu prüfende Leitungsstrecke gelegt, die andere Netzleitung wird

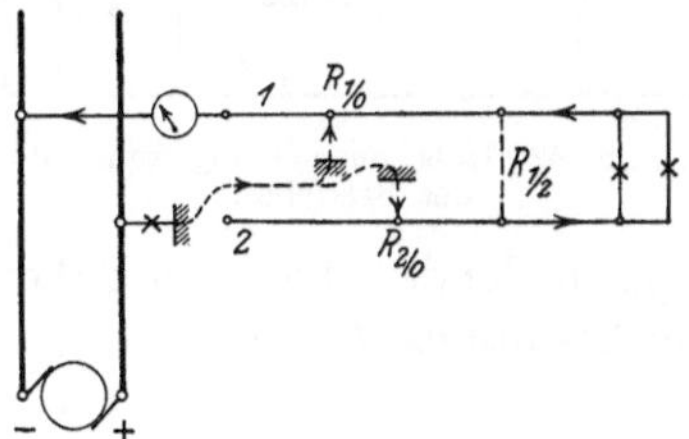

Abb. 62. Isolationsmessung mit Netzspannung bei eingeschalteten Lampen.

geerdet und zwar über einen Sicherheitswiderstand, z. B. eine Glühlampe. Letzterer verhindert, daß durch die Erdung der zweiten Leitung ein Kurzschluß entsteht, falls in der andern Netzleitung ein starker Erdschluß vorhanden ist.

Zur Erläuterung der Ausführungen über die verschiedenen Isolationsfehler und den Einfluß der Spannung der Leitung gegen Erde auf die Größe des Stromverlustes mag folgendes Beispiel dienen.

Beispiel: Eine Teilstrecke habe folgende Isolationswiderstände:

$$\begin{aligned}
\text{Leitung 1 gegen Erde} \qquad & R_{1/0} = 165\,000\ \Omega \\
\text{Leitung 2 gegen Erde} \qquad & R_{2/0} = 220\,000\ \Omega \\
\text{Leitung 1 gegen Leitung 2} \qquad & R_{1/2} = 1\,100\,000\ \Omega.
\end{aligned}$$

Die Spannung sei 110 V, die Verbrauchskörper der Teilstrecke seien in den Fällen a, b und c abgeschaltet.

a) Ist die Stromquelle und die Meßleitung gegen Erde vollkommen isoliert (Abb. 60), so liegen $R_{1/0}$ und $R_{2/0}$ untereinander in Reihe und beide parallel mit $R_{1/2}$ an der Netzspannung, der gesamte Stromverlust ist daher

$$\frac{110}{385} + \frac{110}{1100} = 0{,}285 + 0{,}10 \approx 0{,}39\ \text{mA}.$$

b) Das Netz habe gegen Erde beiderseits gleichen und zwar sehr geringen Isolationswiderstand (Abb. 61). Die Isolationsfehler beider Leitungsstücke gegen Erde liegen dann an der halben Netzspannung, der Fehler $R_{1/2}$ dagegen an der vollen Spannung. Dann ist der Stromverlust

$$\text{der Leitung 1:} \qquad \frac{55}{165} + \frac{110}{1100} = 0{,}43\ \text{mA},$$

$$\text{der Leitung 2:} \qquad \frac{55}{220} + \frac{110}{1100} = 0{,}35\ \text{mA}.$$

c) Leitung 2 habe vollen Erdschluß, der Fehler $R_{1/0}$ liegt dann parallel mit $R_{1/2}$ an der vollen Spannung. Der Stromverlust ist

$$\frac{110}{165} + \frac{110}{1100} = 0{,}77\ \text{mA}.$$

d) Die Verbrauchskörper der Teilstrecke sind eingeschaltet, dadurch ist $R_{1/2}$ kurzgeschlossen, die Meßschaltung sei diejenige der Abb. 62. Die Isolationsfehler $R_{1/0}$ und $R_{2/0}$ liegen also parallel zueinander an der vollen Spannung von 110 V, der Stromverlust berechnet sich zu

$$\frac{110}{165} + \frac{110}{220} = 1{,}17\ \text{mA}.$$

Nach dem oben erwähnten Sinn des § 5 Nr. 4 der Errichtungsvorschriften ist daher der Isolationswiderstand der Teilstrecke als nicht angemessen zu bezeichnen, da der Stromverlust größer als 1 mA ist.

Soll nicht der Isolationswiderstand einer Teilstrecke, sondern derjenige des ganzen Netzes während des Betriebes, also ohne irgendwelche Unterbrechung, geprüft werden, so verfährt man folgendermaßen: Man schaltet einen Spannungsmesser zwischen eine Leitung und Erde (Abb. 63). Er liegt dann mit dem Isolationswiderstand dieser Netzseite gegen Erde, $R_{1/0}$, parallel und in Reihe mit demjenigen der anderen Netzseite, $R_{2/0}$, an der Betriebsspannung U. Der durch $R_{2/0}$ fließende Strom ist daher, wenn der Spannungsmesser vom Ohmwert R_V die Spannung U_1 zeigt,

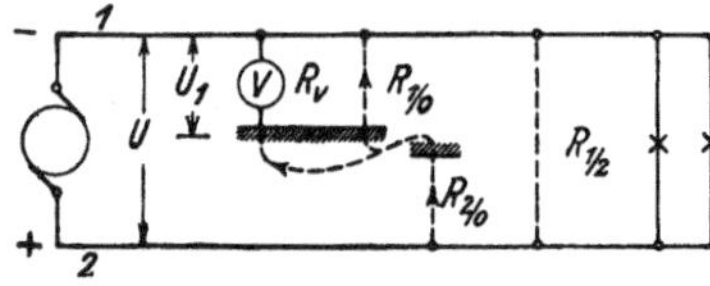

Abb. 63. Isolationsmessung während des Betriebes.

$$J = \frac{U - U_1}{R_{2/0}} = \frac{U_1}{R_{1/0}} + \frac{U_1}{R_V}.$$

Entsprechend folgt, wenn der Spannungsmesser an Leitung 2 angelegt wird und dabei die Spannung U_2 zeigt:

$$\frac{U - U_2}{R_{1/0}} = \frac{U_2}{R_{2/0}} + \frac{U_2}{R_V}.$$

Die Isolationswiderstände berechnen sich daraus zu

$$R_{1/0} = R_V \cdot \frac{U - (U_1 + U_2)}{U_2} \quad \text{und} \quad R_{2/0} = R_V \cdot \frac{U - (U_1 + U_2)}{U_1}. \tag{29}$$

Das Verfahren ist nicht anwendbar, wenn der Widerstand des Spannungsmessers gegenüber den Isolationswiderständen groß ist. Man beachte, daß bei dieser Schaltung das Meßgerät desto größeren Ausschlag zeigt, je kleiner der Isolationswiderstand der anderen Leitung ist.

In ungeerdeten Wechselstromanlagen von mäßiger Spannung wird der Isolationswiderstand während des Betriebes genauer derart bestimmt, daß man einen Drehspulspannungsmesser in Reihe mit einer Gleichstromquelle zwischen je eine Leitung und die Erde legt. Der Meßstrom lagert sich dann über den Betriebsstrom.

Beispiel: In einer Gleichstromanlage von 120 V Netzspannung werden nach Abb. 63 mit einem Spannungsmesser von 40 000 Ω folgende Spannungen der Leitungen gegen Erde abgelesen: $U_1 = 20$ V, $U_2 = 80$ V. Daraus folgt aus Gl. 29

$$R_{1'0} = 40\,000 \cdot \frac{120 - 100}{80} = 10\,000 \ \Omega$$

und

$$R_{2/0} = 40\,000 \cdot \frac{120 - 100}{20} = 40\,000 \ \Omega.$$

Diese Werte sind leicht nachzuprüfen. Bei der Messung von U_2 liegt der Spannungsmesser parallel zu $R_{2/0}$, der gesamte Widerstand zwischen den Leitungen ist dann $10\,000 + \dfrac{40\,000}{2} = 30\,000 \ \Omega$, die Spannung U_2 muß $^2/_3$ der Gesamtspannung sein. Bei der Messung von U_1 liegt der Spannungsmesser parallel zu $R_{1/0}$, der gesamte Widerstand zwischen den Leitungen ist $\dfrac{40\,000 \cdot 10\,000}{40\,000 + 10\,000} + 40\,000 = 48\,000 \ \Omega$, die Spannung U_1 muß sich zur Gesamtspannung verhalten wie 8:48.

Werden dieselben Isolationswiderstände mit einem Spannungsmesser von nur 4000 Ω gemessen, so liefert die Berechnung die Werte: $U_1 = 8$ V bzw. $U_2 = 32$ V für die Spannungen, welche der Spannungsmesser zwischen Erde und Leitung 1 bzw. 2 zeigen muß, die Messung ist also ungenauer.

13. Leistung und Arbeit des Gleichstromes.

Wir betrachten zunächst wieder die schon mehrfach als Vergleich herangezogene Wasserdruckanlage und zwar mit zwei genau gleich gebauten und betriebenen Pumpen oder Turbinen, die nach Abb. 5 bzw. 6 einmal hintereinander, das andere Mal parallel geschaltet seien. Im ersten Fall ist die gesamte Pressung, im zweiten Fall die gesamte Wassermenge, welche in der Zeiteinheit durch die Leitung fließt, das Doppelte der Pressung bzw. Wassermenge jeder Pumpe oder Turbine. In beiden Fällen ist die Pressung und die sekundliche Wassermenge jeder Pumpe oder jeder Turbine dieselbe geblieben, daher auch die von jedem Einzelteil und von der ganzen Anlage gelieferte bzw. verbrauchte Leistung. Diese berechnet man bekanntlich als Produkt aus der Pressung, d. h. dem Gefälle, und der sekundlichen Wassermenge.

In ähnlicher Weise zeigt das Beispiel 3 auf S. 24, daß in allen 4 Schaltungen der Widerstände das Produkt aus gesamter Spannung und Stromstärke denselben Wert, in unserem Fall 1800, hat.

Wir haben in dieser gleichbleibenden Größe einen neuen Begriff gefunden, den man elektrische Leistung nennt. Wenn wir von den später in der Wechselstromtheorie zu erläuternden Ausnahmen absehen, können wir also setzen:

$$\text{Leistung} = \text{Spannung} \cdot \text{Strom}.$$

Der Begriff der elektrischen Leistung, die man mit N bezeichnet, ist ebenso gebildet wie derjenige der mechanischen Leistung, z. B. in unserer Wasserdruckanlage; die Spannung entspricht ja der Pressung, die Stromstärke entspricht der Wassermenge in der Sekunde. Auch die in der Mechanik fester Körper angewendete Beziehung: „Leistung = Kraft · Geschwindigkeit" deckt sich mit der obigen, da ja Pressung · Querschnitt = Kraft und $\dfrac{\text{sekundliche Menge}}{\text{Querschnitt}}$ = Geschwindigkeit gesetzt werden kann.

Die Gleichung für die elektrische Leistung lautet daher

$$N = U \cdot J \tag{30}$$

(VI. Grundgleichung).

Die Einheit für die elektrische Leistung heißt Watt (Zeichen W), und zwar ist unter der oben für Wechselstrom erwähnten Einschränkung: 1 Watt = 1 Volt · 1 Ampere. Viel gebraucht wird die größere Einheit: 1000 Watt = 1 Kilowatt (Zeichen kW).

Setzt man in vorstehender Gleichung nach dem Ohmschen Gesetz $U = J \cdot R$ bzw. $J = \dfrac{U}{R}$ ein, so wird

$$N = J^2 \cdot R \quad \text{und} \quad N = \frac{U^2}{R}. \tag{31} \tag{32}$$

In einem bestimmten Widerstand wächst also die verbrauchte Leistung mit dem Quadrat des Stromes bzw. der Spannung.

Beispiele: 1. Vorhanden sind Widerstände von je 15 Ω; um übermäßige Erwärmung zu vermeiden, dürfen sie höchstens mit je 1500 W belastet werden. Welche Schaltungen sind bei 220 V zulässig? Der für jeden Widerstand zulässige Strom berechnet sich zu $J = \sqrt{\dfrac{N}{R}} = \sqrt{\dfrac{1500}{15}} = 10$ A, die entsprechende Spannung zu 150 V. Die Widerstände dürfen daher nicht einzeln, sondern nur in Reihe von mindestens zweien an 220 V Spannung gelegt werden. Schaltet man zwei Widerstände zueinander parallel und einen dritten mit ihnen in Reihe, so ist der Gesamtwiderstand 22,5 Ω, daher der Strom auch in dem dritten Widerstand kleiner als 10 A; diese Schaltung ist demnach ebenfalls zulässig.

2. Eine Magnetspule nimmt bei 108 V einen Strom von 6 A auf, darf aber dauernd nur mit 72 W belastet werden. Was ist zu tun, wenn unzulässige Erwärmung vermieden werden soll?

Der Widerstand der Spule ist $R = \dfrac{108}{6} = 18$ Ω. Ein Leistungsverbrauch von 72 W tritt in der Spule auf, wenn ihr Strom auf $J = \sqrt{\dfrac{72}{18}} = 2$ A herabgesetzt wird. Daher muß der Überschuß an Spannung von $108 - 2 \cdot 18 = 72$ V in einem Vorwiderstand verbraucht werden, der $72 : 2 = 36$ Ω hat. Der Leistungsverbrauch des Vorwiderstandes ist dann $2^2 \cdot 36 = 144$ W, der gesamte 216 W. Die Spule allein würde mit voller Spannung bei unverändertem Ohmwert eine Leistung von $108 \cdot 6 = 648$ W verbrauchen.

Wie die mechanische, so ist auch die elektrische Arbeit als Produkt aus Leistung und Zeit bestimmt. Wenn wir für die Arbeit das Zeichen A, für die Zeit das Zeichen t verwenden, so ist

$$A = N \cdot t = U \cdot J \cdot t = J^2 \cdot R \cdot t = \frac{U^2}{R} \cdot t \tag{33}$$

(VII. Grundgleichung).

Als Einheiten für die elektrische Arbeit verwendet man die Wattsekunde (Zeichen Ws), auch Joule genannt, ferner die Wattstunde (Zeichen Wh) oder Kilowattstunde (Zeichen kWh). Wie z. B. das Meterkilogramm die Einheit für das Produkt aus der Länge in Metern und dem Gewicht in Kilogramm ist, so ist die Kilowattstunde die Einheit für das Produkt aus der Leistung in Kilowatt und der Zeit in Stunden. Die häufig zu findende Schreibweise „kW/Stde" sowie „PS/Stde" ist falsch und irreführend.

Da stets die Arbeit und nicht die Leistung bezahlt wird — man denke an den Stücklohn —, so wird auch als Maß für die Berechnung der gelieferten Elektrizität in der Regel die verbrauchte Arbeit (auch kurz „Verbrauch" genannt), die Anzahl der Kilowattstunden, zugrunde gelegt.

Beispiel: Eine Glühlampe für $U = 110\,\text{V}$ und $J = 0,5\,\text{A}$ brennt $t = 4$ Stunden lang. Die verbrauchte Leistung ist daher $N = U \cdot J = 55\,\text{W}$, der Arbeitsverbrauch $A = N \cdot t = 55 \cdot 4 = 220\,\text{Wh}$ oder $0,22\,\text{kWh}$. Bei einem „Strom"-Preis von $40\,\text{Pf/kWh}$ betragen also die Brennkosten für 4 Stunden $0,22 \cdot 40 = 8,8\,\text{Pf}$.

An Stelle des Wortes Leistung kann auch der Ausdruck Effekt gebraucht werden; der Begriff Energie wird häufig demjenigen der Arbeit gleich geachtet, bedeutet aber eigentlich das Arbeitsvermögen.

Die Beziehungen zwischen elektrischer Energie einerseits und mechanischer sowie Wärmeenergie anderseits bzw. den Leistungen sind folgende:

Für den Leistungsbedarf einer Arbeitsmaschine oder die Leistungsabgabe einer Kraftmaschine ist bekanntlich die Einheit Pferdestärke (PS) üblich, wobei $1\,\text{PS} = 75\,\text{mkg/sec}$ ist. In dieser Einheit ist, dem technischen Maßsystem entsprechend, das Kilogramm als Gewicht eingeführt; die elektrischen Einheiten gehören dagegen dem absoluten Maßsystem an, in dem das Kilogramm bzw. Gramm als Masse eingeführt sind. Da die Beschleunigung der Schwerkraft an der Erdoberfläche bekanntlich $9,806\,\text{m/sec}^2$ ist, so ist ferner die technische Leistungseinheit $1\,\text{mkg/sec} = 9,806\,\text{Watt}$ und

$$1\,\text{PS} = 75 \cdot 9,806 = 735\,\text{W} = 0,735\,\text{kW}.$$

Bezeichnen wir die mechanische Leistung, in PS ausgedrückt, mit N', so ist demnach die elektrische Leistung in Watt

$$N = N' \cdot 735. \tag{34}$$

Unrichtig ist die häufig anzutreffende Schreibweise $N = \text{PS} \cdot 735$, da N das Zeichen für einen Begriff, PS das Zeichen für eine Einheit ist.

Die Elektrotechniker haben vorgeschlagen, auch die Einheit der mechanischen Leistung in das absolute Maßsystem zu bringen und dafür das Kilowatt zu verwenden.

Als Einheit für die Wärmeenergie verwendet man diejenige Wärmemenge, welche bei Atmosphärendruck $1\,\text{kg}$ Wasser von $14,5$ auf $15,5^\circ$ C erwärmt; sie wird Kilokalorie, auch Wärmeeinheit genannt und mit „kcal" bezeichnet.

Um das Verhältnis zwischen den Einheiten der elektrischen und der Wärmeenergie zu bestimmen, taucht man nach dem Vorgang von Joule einen Widerstand in ein mit bestimmter Menge Wasser gefülltes Gefäß (Abb. 64), das gegen Wärmeaustausch mit der Umgebung geschützt ist und schickt einen Gleichstrom durch den Widerstand. Mißt man den Strom J, die Spannung U an dem eingetauchten Widerstand, die Zeit t des Stromdurchflusses und die Temperaturerhöhung $(\vartheta_2 - \vartheta_1)$ des Wassers, so erhält man sowohl die in dem Widerstand verbrauchte elektrische Arbeit $A = U \cdot J \cdot t$ als auch die in dem Wasser vom Gewicht G erzeugte Wärmemenge $Q = G \cdot (\vartheta_2 - \vartheta_1)$. Man findet, daß bei verlustloser Umsetzung von einer Wattsekunde eine Wärmemenge von $0,239$ Grammkalorien erzeugt wird. Das Joulesche Gesetz,

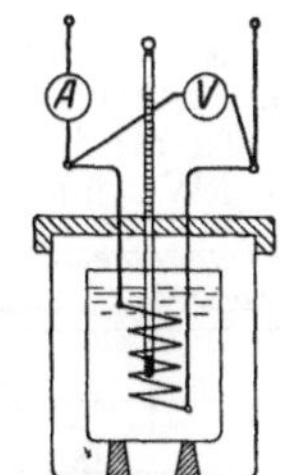

Abb. 64.
Joulescher
Versuch.

welches die Beziehung zwischen elektrischer und Wärmeenergie angibt, wird daher ausgedrückt durch die Gleichung

$$Q = 0,239 \cdot A = 0,239 \cdot J^2 \cdot R \cdot t, \tag{35}$$

wenn A die elektrische Arbeit bedeutet und t in Sekunden, Q in Grammkalorien berechnet wird. Die Zahl $0,239 = \dfrac{1}{4,18}$ heißt das elektrische Wärmeäquivalent; dieser Wert kann auch aus dem mechanischen Wärmeäquivalent

1 kcal = 427 mkg und der Beziehung 1 mkg = 9,806 Ws berechnet werden. Für die größeren Arbeitseinheiten, nämlich Wh und kcal erhält man

$$1 \text{ Wh} = 0,239 \cdot \frac{3600}{1000} = 0,86 \text{ kcal}. \tag{36}$$

Bei der Umsetzung einer Energieform in die andere, ebenso wie bei der Übertragung von Energie, ist nun in der Regel die nutzbar abgegebene Leistung — kurz „Abgabe" genannt — kleiner als die aufgenommene Leistung — die „Aufnahme" —. Der Unterschied wird in eine nicht nutzbare Form, in der Regel in Wärme, umgesetzt, man bezeichnet ihn daher als Verlust.

Um für alle Umsetzungen eine einheitliche Formel verwenden zu können, bezeichnen wir die Aufnahme als „Primärleistung" N_I, die Abgabe als „Sekundärleistung" N_{II}. Der Verlust ist dann $= N_I - N_{II}$. Das Verhältnis der Abgabe zur Aufnahme in Form von Leistung oder Arbeit nennt man bekanntlich Wirkungsgrad; bezeichnet man diesen mit η, so ist

$$\eta = \frac{\text{Abgabe}}{\text{Aufnahme}} = \frac{\text{Abgabe}}{\text{Abgabe} + \text{Verlust}} = \frac{N_{II}}{N_I} \quad \text{bzw.} \quad \frac{A_{II}}{A_I}. \tag{37}$$

Häufig werden die Verluste auf die Abgabe bezogen und in Prozenten oder als Verhältniswert ausgedrückt. Daher ist, wenn wir das Verhältnis $\dfrac{N_I - N_{II}}{N_{II}}$ mit p bezeichnen

$$\eta = \frac{1,00}{1,00 + p}, \quad \text{oder} \quad p = \frac{1,00}{\eta} - 1,00. \tag{38}$$

Wenn der Verlust bezogen auf die Abgabe, 25% beträgt, so ist daher der Wirkungsgrad $\eta = \dfrac{1,00}{1,00 + 0,25} = 0,80$.

Beispiele: 1. Ein Elektromotor für 110 V sei 5 Stunden mit 8 PS und dann 1 Stunde mit 6 PS Leistungsabgabe in Betrieb, der Wirkungsgrad sei bei beiden Belastungen $\eta = 0,82$. Wie groß ist a) die insgesamt gelieferte mechanische Arbeit, b) der gesamte Verbrauch an elektrischer Energie, c) die gesamte Verlustwärme, d) die jeweils aufgenommene Stromstärke?

Zu a): Der Motor liefert insgesamt eine mechanische Arbeit $A' = 8 \cdot 5 + 6 \cdot 1 = 46$ PS-Stunden.

Zu b): Bei der ersten Belastung ist die Aufnahme $N_I = \dfrac{N_{II}}{\eta} = \dfrac{8 \cdot 735}{0,82} = 7,17 \text{ kW}$; bei der zweiten Belastung ist die Aufnahme $N_I = 5,38$ kW. Der gesamte Verbrauch beträgt daher $A = 7,17 \cdot 5 + 5,38 \cdot 1 = 41,2$ kWh.

Zu c): Der Verlust ist bei der ersten Belastung 1,29 kW, bei der zweiten Belastung 0,97 kW, daher die Verlustarbeit $1,29 \cdot 5 + 0,97 \cdot 1 = 7,42$ kWh und die dadurch in dem Motor erzeugte Wärme $7420 \cdot 0,86 = 6380$ kcal.

Zu d): Die Stromaufnahme beträgt bei der ersten Belastung $\dfrac{7170}{110} = 65,2$ A, bei der zweiten Belastung $\dfrac{5380}{110} = 49$ A.

In Abb. 65 ist die Abgabe in PS und die Aufnahme in kW abhängig von der Zeit aufgetragen; die Fläche zwischen der Zeitlinie und den betreffenden Größen gibt daher den Betrag der geleisteten bzw. verbrauchten Arbeit an.

e) Wenn der „Strom"-Preis in den ersten 5 Stunden 0,10 M/kWh, in der sechsten Stunde (sie falle in die sogenannte Sperrzeit) 0,40 M/kWh ist, so sind die gesamten „Strom"kosten $7,17 \cdot 5 \cdot 0,10 + 5,38 \cdot 1 \cdot 0,40 = 3,59 + 2,15 = 5,74$ M.

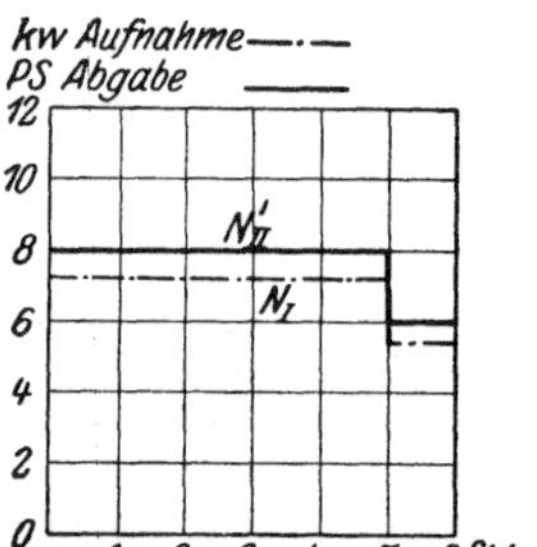

Abb. 65. Abgabe und Aufnahme eines Motors.

2. Ein unveränderlicher Widerstand von 2 Ω sei nach Abb. 64 mit einem Strom von 5,0 A eine Zeit von 210 Sekunden eingeschaltet. Wie groß ist bei verlustloser Umsetzung die Erwärmung von 0,50 kg Wasser? Die verbrauchte Arbeit ist $A = J^2 \cdot R \cdot t = 5,0^2 \cdot 2 \cdot 210 = 10500$ Ws, die erzeugte Wärmemenge daher $Q = 0,239 \cdot 10,5 = 2,51$ kcal. Die Erwärmung $(\vartheta_2 - \vartheta_1)$ ist daher $= \dfrac{Q}{G} = \dfrac{2,51}{0,50} = 5,02^0$ C.

3. In einer dampfelektrischen Anlage betrage der Verbrauch an Kohle von 7000 kcal Heizwert im Durchschnitt 1 kg für jede erzeugte Kilowattstunde. Wie groß ist der Wirkungsgrad? Da bei verlustloser Umsetzung 1 kWh = 860 kcal ist, so ist

$$\text{der Wirkungsgrad} \quad \eta = \frac{860}{7000} = 0{,}123.$$

4. In einem Elektrizitätswerk seien die unmittelbaren Kosten für Brenn- und Schmierstoffe, Wasser, Bedienung, Instandhaltung u. dgl. 10 Pf. je nutzbar abgegebene kWh; die mittelbaren Kosten für Verzinsung und Tilgung des Anlagekapitals, Steuern, Gehälter u. dgl. seien täglich 500 M. Dann sind bei einer täglichen Arbeitsabgabe von

	1000	2000	4000	6000 kWh
die Gesamtkosten	600	700	900	1100 M,
die Kosten je kWh	0,60	0,35	0,22	0,18 M.

Durch Berechnung oder graphische Darstellung findet man, daß bei einem festen Verkaufspreis von z. B. 0,30 M/kWh die Einnahmen nur dann genau gleich den Selbstkosten sind, wenn die tägliche Arbeitsabgabe 2500 kWh ist. Dagegen wird der Ausgleich bei beliebiger Arbeitsabgabe erzielt, wenn eine Arbeitsgebühr von 0,10 M/kWh und eine Leistungsgebühr für jedes angeschlossene kW erhoben wird. Bei einem Anschlußwert von z. B. 2000 kW müßte letztere täglich 0,25 M/kW betragen.

14. Magnetismus.

Im Abschnitt 3 hatten wir kurz die Eigenschaften aufgezählt, die als Kennzeichen eines Magneten gelten und durch Versuche gefunden, daß ein elektrischer Stromleiter ähnliche Wirkungen wie ein Stahlmagnet ausüben kann. Wir wollen nun die magnetischen Erscheinungen näher betrachten.

Nehmen wir einen Stahlmagneten z. B. von Stabform zur Hand, so können wir feststellen, daß an seinen Enden Nägel oder ähnliche kleinere Eisenstücke aus geringer Entfernung angezogen und festgehalten werden. Befestigen wir den Stab so, daß er sich um eine senkrechte Achse drehen kann, so stellt er sich bekanntlich in eine Richtung ein, die nahezu mit der Nordsüdrichtung übereinstimmt. Man nennt daher das nach Norden zeigende Ende den Nordpol, das andere den Südpol des Magneten. Nähern wir diesem drehbaren Magneten einen andern, dessen Pole wir in gleicher Weise festgestellt haben, so beobachten wir, daß die gleichnamigen Pole einander abstoßen, die ungleichnamigen einander anziehen. Die Erde ist demnach, wie auch aus anderen Wirkungen zu schließen ist, selbst ein Magnet, dessen Südpol in der Gegend des geographischen Nordpols liegt.

Die Umgebung des Magneten, in der diese Wirkungen auftreten, nennt man sein Feld; dieses muß sich also unter dem Einfluß des Magneten in einem besonderen Zustand befinden, ähnlich wie die Umgebung eines warmen Körpers unter dem Einfluß der Wärmestrahlen oder die Umgebung eines „schweren" Körpers unter dem Einfluß der Masse. Bei letzterem spricht man ja auch von einem Schwerefeld.

Legen wir ein Blatt Papier auf einen Stabmagneten und streuen in feiner Verteilung Eisenfeilicht auf, so ordnet sich dieses durch die Anziehung, welche die Pole auf jedes Eisenteilchen ausüben, in bogenförmigen Linien an; in die Richtung dieser Linien stellt sich auch eine Magnetnadel ein (Abb. 66). Die Richtung und die verschiedene Dichte der Linien geben uns ein Maß für Richtung und Stärke des „Feldes", das den Magneten rings umgibt — hier in einer Schnittebene parallel zu seiner Magnetachse —; die Gesamtheit der Linien nennt man magnetischen Fluß. Dieser Ausdruck ist allerdings insofern irreführend, als wir es, wie später nachgewiesen werden wird, keines-

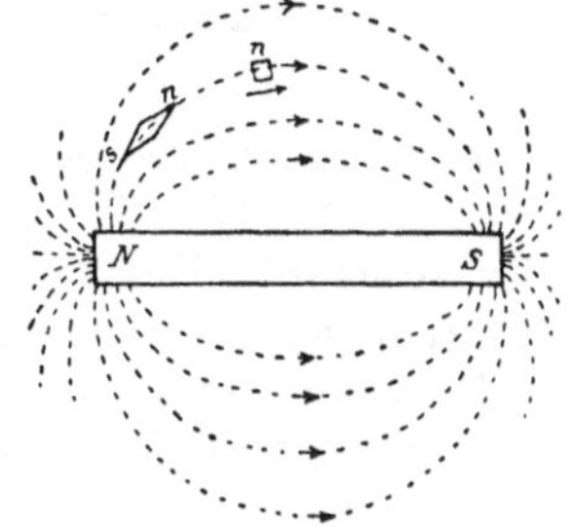

Abb. 66. Linienbild eines Stabmagneten (nach Thomälen).

wegs mit einer Strömung, einer Bewegung irgendwelcher Teile, sondern nur mit einem ruhenden Spannungszustand, also mit einem magnetischen Druck und Zug zu tun haben. Auch sei betont, daß das Eisenfeilicht nur einzelne Linien zum Vorschein bringt, wie etwa von der Sonne beschienener Staub oder feuchte Luft einzelne „Sonnenstrahlen" sichtbar macht.

Bringt man den Nordpol eines sehr langen beweglichen Magneten in das Feld unseres Stabmagneten, so wird er in der Richtung derjenigen Linie, auf welcher er sich gerade befindet, von dem Nordpol abgestoßen und vom Südpol angezogen (vgl. Abb. 66). Diese Bewegungsrichtung hat man als Richtungssinn des Feldes angenommen, man betrachtet also den Nordpol eines Magneten, ähnlich wie die positive Klemme einer elektrischen Stromquelle, als Druckstelle, den Südpol wie die negative Klemme als Saugstelle des magnetischen „Flusses". Die Richtung der Linien ist an jeder Stelle bestimmt durch die Resultierende der Anziehungs- und Abstoßungskraft, die von den Polen des Magneten auf einen einzelnen Pol eines sehr langen Magneten oder auf beide Pole einer kleinen Magnetnadel in seinem Felde ausgeübt wird. Man kann demnach den Verlauf der Linien, der in den Abbildungen dieses und des folgenden Abschnittes nur angedeutet ist, durch Berechnung und Konstruktion der resultierenden Kraft für verschiedene Punkte genau bestimmen. An den Begrenzungsflächen des Magneten stehen die Linien nahezu senkrecht zu den Flächen. Schneiden wir den Magneten irgendwo quer durch und entfernen die Teile ein wenig vonein-

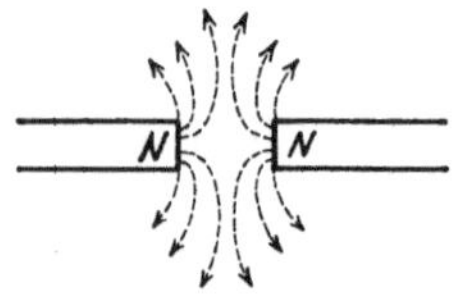

Abb. 67. Linienbild zwischen gleichnamigen Polen.

ander, so sind zwei Magnete entstanden, die ungleichnamige Pole einander zukehren. Mit Hilfe der Linienbilder können wir auch eine Vorstellung für die Erscheinung der Abstoßung und Anziehung gewinnen. Erzeugt man ein Bild des Feldes zwischen gleichnamigen Polen (Abb. 67), so erkennt man, daß die beiderseits aus„strömenden" Linien einander zur Seite drängen wie zwei gegeneinander fließende Wasser- oder Luftströmungen. Die Wirkung ist hier wie dort ein Auseinandertreiben der beiden Druckstellen, man kann also den Linien eine Druckwirkung quer zu ihrer Richtung zuschreiben. Abb. 68 zeigt den Verlauf der Linien zwischen ungleichnamigen Polen; die

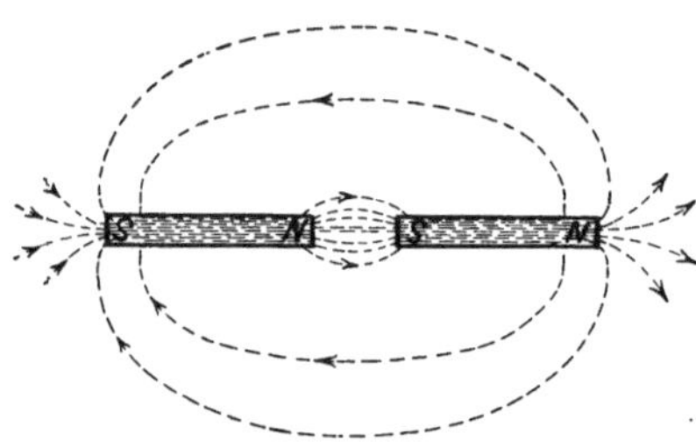

Abb. 68. Linienbild zwischen ungleichnamigen Polen.

Anziehung der Pole wird veranschaulicht durch die Annahme, daß ein Zug längs der Linien wie in einem gespannten elastischen Körper wirkt. Hier wie überall verteilen sich die Linien derart, daß der ganze für den Fluß von einem Pol zum andern verfügbare Raum möglichst zweckmäßig ausgenutzt wird, also möglichst geringen Widerstand bietet.

Wie gibt man nun die Stärke eines Magnetfeldes, die Dichte der Linien, zahlenmäßig an? Die von zwei Magnetpolen aufeinander ausgeübte Kraft hängt, wie Versuche zeigen, von der Stärke derselben und ihrem gegenseitigen Abstand ab. Nach dem Coulomb'schen Gesetz ist sie dem Produkte der Polstärken direkt und der zweiten Potenz des Abstandes umgekehrt proportional. Durch Beziehung auf die Einheit der Kraft und der Länge hat man die Einheiten für die Polstärke und für die Dichte des Feldes festgelegt; es folgt aus diesen Ableitungen, die hier nicht wiedergegeben werden sollen, daß der Einheitspol eine Linienzahl $\Phi = 4\pi$ hat. Die auf einen Quadratzentimeter Fläche fallende Linienzahl nennt man Liniendichte oder Induktion $\mathfrak{B}$. Die Einheit der Liniendichte heißt Gauß (Zeichen Γ.)

Bei dem zu Anfang dieses Abschnittes erwähnten Anhängen von Eisenstücken an einen Magneten beobachtet man, daß z. B. ein angehängter Eisenstift mit seinem freien Ende einen andern anziehen kann, der aus gleicher Entfernung von dem Magneten allein nicht angezogen wird. Das Eisen wird also im Felde des Magneten selbst stark magnetisch. Man findet weiter, daß Stahl den Magnetismus dauernd beibehält, also ein permanenter Magnet wird, Schmiedeeisen und Gußeisen dagegen den Magnetismus leicht verlieren. Auch diese Magnetisierung des Eisens wird durch ein Eisenfeilichtbild anschaulich gemacht. Abb. 69 zeigt das Linienbild eines Hufeisenmagneten, in dessen Feld sich ein „ferromagnetischer" Körper befindet. Diese Körper, zu denen vor allem Eisen, ferner Nickel, Kobalt und einige andere Metalle und Legierungen gehören, zeigen als Träger des magnetischen Feldes ein besonderes Verhalten. Wie die Abbildung zeigt, sammelt das Eisen die Linien, es bietet dem magnetischen „Fluß" einen geringeren Widerstand als die umgebende Luft. Durch das Einsaugen an der Seite gegenüber dem Nordpol des Magneten bildet sich in dem Eisenstück hier ein Südpol, auf der gegenüberliegenden Seite entsteht ein Nordpol; das früher unmagnetische Eisen

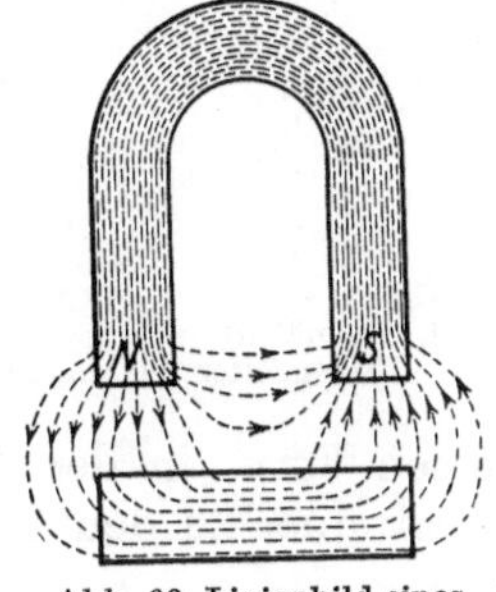
Abb. 69. Linienbild eines Hufeisenmagneten mit Anker.

zeigt nunmehr selbst das Bild eines Magneten. Die anderen Körper dagegen, die man kurz „unmagnetische" nennen kann, verursachen nur sehr geringe, praktisch zu vernachlässigende Abweichungen des Linienverlaufes im Vergleich zu dem Verlauf im luftleeren Raum.

Die Teilbarkeit der Magnete und das sonstige im folgenden zu erläuternde Verhalten des Eisens hat zu der Vorstellung geführt, daß das Innere jedes Eisens aus unendlich kleinen Magneten besteht, die bunt durcheinander gewürfelt in verschiedenen Richtungen liegen, solange das Eisen nicht magnetisiert ist. Die Magnetisierung bedeutet dann ein Gleichrichten dieser Molekularmagnete, so daß alle Nordpole nach der einen, alle Südpole nach der andern Richtung zeigen. Im Gegensatz zu Stahl bedarf es bei „weichem" Eisen nur geringer Kraft, z. B. einer leichten Erschütterung, um nach dem Verschwinden der äußeren magnetisierenden Kraft diese Molekularmagnete wieder in ihre ursprüngliche Lage zu bringen.

15. Elektromagnetismus.

Bedeckt man einen geraden stromdurchflossenen Leiter mit Eisenfeilicht, so ordnet sich dieses in parallelen Linien quer zu dem Leiter an. Streuen wir das Eisenfeilicht auf eine Ebene, die senkrecht durch den Leiter geht, so bildet es konzentrische Kreise um diesen, der Abstand der Kreise voneinander ist desto größer, je größer ihr Radius ist (Abb. 70). Auch hier gibt das Feilicht ein Bild von der Richtung und Dichte des Feldes. Der Richtungssinn dieser Linien wurde, wie bei den Stahlmagneten, nach der Bewegung eines freien Nordpols festgesetzt. Von den Regeln, welche den Zusammenhang zwischen dem Sinn der Strom- und der Feldrichtung ausdrücken, sei die „Rechtsgewinderegel" als die der Technik geläufigste genannt. Sie besagt, daß ein vom Beschauer wegfließender Strom von rechtsdrehenden Linien umschlossen ist. Deutet man die Stromrichtung auf den Beschauer zu durch die Spitze eines Pfeils an, die man von vorn als Punkt (·)

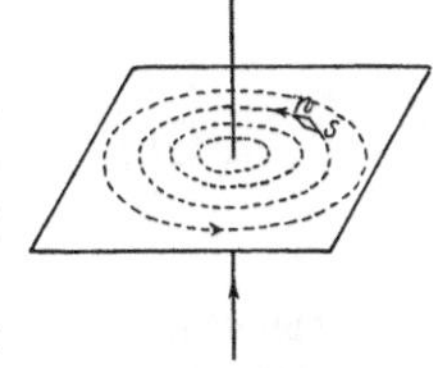
Abb. 70. Feld eines geraden Stromleiters (nach Thomläen).

sieht, und die umgekehrte Richtung durch die Pfeilfiederung an, die man als

Kreuz ($+$) sieht, so gibt z. B. Abb. 73a eine Darstellung der Rechtsgewinde-regel. Die Ablenkung der Magnetnadel in Abb. 18 erklärt sich nun leicht; die Nadel stellt sich in die Richtung der Resultierenden aus dem Erdfeld und dem Stromfeld ein.

Bringt man einen von Gleichstrom durchflossenen Leiter in ein Magnetfeld (Abb. 71a), so lagert sich das Stromfeld mit seinen kreisförmigen Linien über die parallelen Linien des Magnetfeldes, das wir Grundfeld nennen wollen; die beiden Felder müssen sich vereinigen, da an jeder Stelle nur eine Flußrichtung möglich ist. Bei den in Abb. 71a angenommenen Richtungen — Grundfeld nach unten, Strom vom Beschauer weg — werden sich also die Linien rechts von dem Leiter addieren, links von demselben werden sie sich subtrahieren; es entsteht ein gemeinsames (resultierendes) Feld, dessen Form in der Abb. 71b angedeutet ist. Durch den Zug längs und den Druck quer zu den Linien wird dann offenbar eine Kraft auf den Leiter aus-

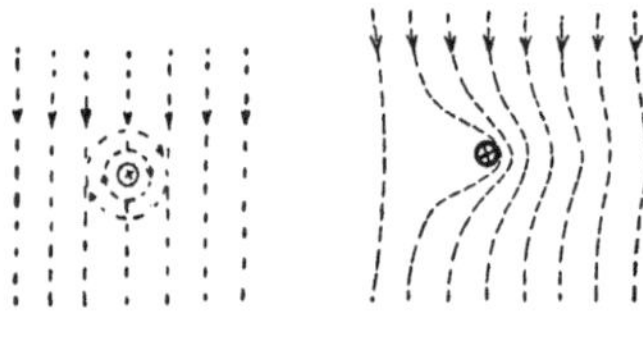

Abb. 71a.
(nach Thomälen)
Abb. 71b.
Stromleiter im Magnetfeld.

geübt; sie wirkt bei den für Grundfeld und Strom gewähl-ten Richtungen horizontal nach links. Der Zusammen-hang zwischen den drei zueinander senkrechten Rich-tungen des Stromes, des Feldes und der Bewegung des Leiters läßt sich durch die Linke-Hand-Regel aus-drücken: Hält man die flache linke Hand mit der inne-ren Fläche derart gegen den Fluß, daß die Finger in Richtung des Stromes zeigen, so gibt der senkrecht zu den anderen Fingern ausgestreckte Daumen den Sinn des Bewegungsantriebes an, der auf den Stromleiter ausge-übt wird (Abb. 72).

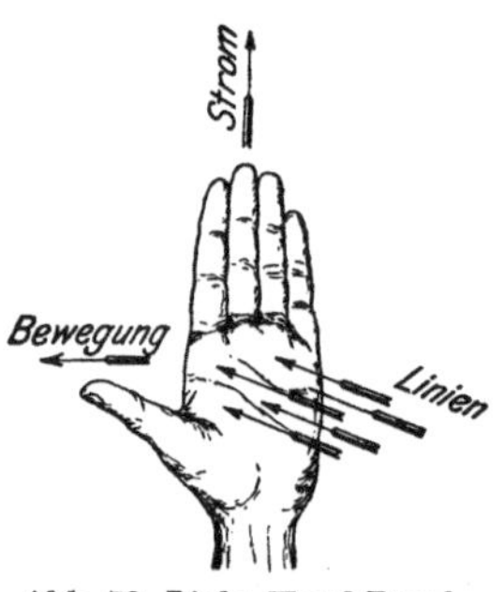

Abb. 72. Linke-Hand-Regel
(nach Kosack).

Die Größe der auf den Stromleiter ausgeübten Kraft ist, wie Versuche zeigen, der Dichte des Feldes $\mathfrak{B}$, dem Strom J und der im Feld liegenden Leiterlänge l proportional.

Für diese Kraftwirkung zwischen Stromleiter und Magnetfeld, die wir als eine der beiden Hauptwirkungen des magnetischen Feldes später noch näher zu betrachten haben werden, gilt folgende Gleichung, in der die Kraft P in kg, die Liniendichte in Gauß, der Strom in Ampere und die Länge in cm einzusetzen sind:

$$P = \frac{1}{9{,}81} \cdot \mathfrak{B} \cdot J \cdot l \cdot 10^{-6} \tag{39}$$

(VIII. Grundgleichung).

Beispiel: Liegt ein Stromleiter von 40 cm Länge mit 10 A Strom senkrecht in einem Feld von 10000 $\varGamma$, so wird auf ihn eine Kraft ausgeübt von $P = \dfrac{10\,000}{9{,}81} \cdot 10 \cdot 40 \cdot 10^{-6} \approx 0{,}4$ kg.

In elektrischen Anlagen mit großer Stromstärke kann man be-obachten, daß nach starken, wenn auch nur einen Augenblick dauern-den Kurzschlüssen die Leiter ent-

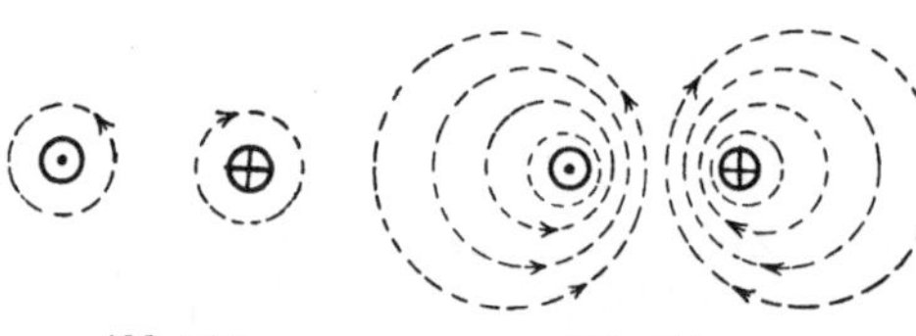

Abb. 73a.
Abb. 73b.
Linienbild bei entgegengesetzter Stromrichtung.

gegengesetzter Stromrichtung auseinander, diejenigen gleicher Stromrichtung zueinander gebogen sind. Auch für diese Kraftwirkung des Stromes liefert das Linienbild des gemeinsamen Feldes senkrecht zu dem Leiter die Erklärung. Bei entgegengesetzt gerichteten Strömen (Abb. 73b) drängen sich die Linien im Raume zwischen den Leitern in gleicher Richtung durch; der Querdruck zu den Linien verursacht eine Abstoßung zwischen den Leitern. Bei gleicher Stromrichtung (Abb. 74) haben die Linien zwischen den Leitern entgegengesetzten Sinn, das Feld wird hier geschwächt; die Linien größerer Ausdehnung vereinigen sich zu Kurven, die beide Leiter umfassen; der Zug längs dieser Linien verursacht die Anziehung zwischen den Leitern.

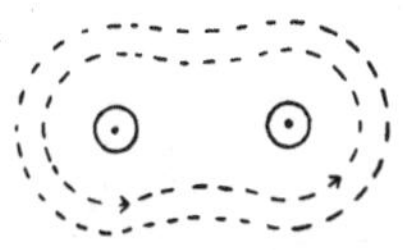

Abb. 74. Linienbild bei gleicher Stromrichtung (nach Thomälen).

Bisher haben wir das Feld gerader Leiter betrachtet; wir wenden uns nun zu demjenigen von Spulen. Schickt man Strom durch eine Spule (Abb. 75), so liegen Leiter gleicher Stromrichtung am Umfang nebeneinander, während man bei Betrachtung einer in der Achse liegenden Schnittebene auf den beiden Seiten Ströme entgegengesetzter Richtung die Ebene durchdringen sieht. Die Linien der gleichgerichteten Ströme vereinigen sich größtenteils; im Innern der Spule verlaufen sie im wesentlichen parallel zur Achse und schließen sich außen um die Spule. Das Linienbild hat Ähnlichkeit mit dem eines Stabmagneten; die Pole liegen an den Achsenenden der Spule, was man bei Anwendung von Gleichstrom mit einer Magnetnadel nachweisen kann. An welchem Ende der Nord- bzw. der Südpol liegt, hängt von dem Richtungssinn des Stromes sowie dem Wicklungssinn der Spule ab und ist durch die Rechtsgewinderegel festzustellen.

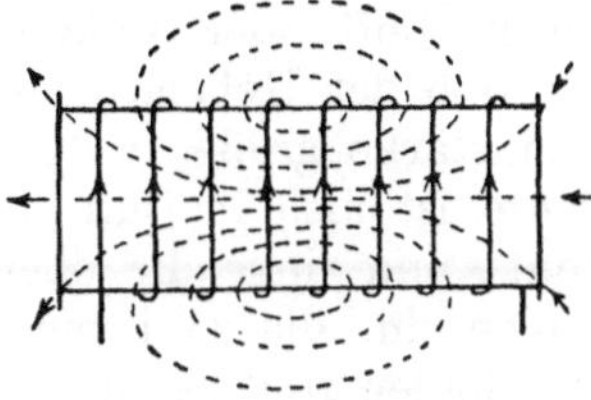

Abb. 75. Linienbild einer Spule (nach Thomälen).

Eine bedeutende Rolle spielt gerade bei Elektromagneten das Eisen als Feldträger. Wie sich durch einen einfachen Versuch leicht nachweisen läßt, wird die magnetische Zugkraft einer Spule durch Anwendung eines Eisenkerns erheblich gesteigert. Wird eine Fläche von $\mathfrak{F}$ cm² von Linien der Dichte $\mathfrak{B}$ durchsetzt, so ist die Zugkraft in kg

$$P = \frac{\mathfrak{B}^2 \cdot \mathfrak{F}}{8\pi \cdot 981\,000} \approx \left(\frac{\mathfrak{B}}{5000}\right)^2 \cdot \mathfrak{F}. \tag{40}$$

Versieht man einen Elektromagneten, etwa nach Abb. 76, mit einem vollständigen Eisenschluß, so ist letzterer in magnetischer Hinsicht der Luft oder den sonstigen in der Umgebung befindlichen Körpern parallel geschaltet; die Linien werden sich auf diese beiden Arten von Feldträgern im umgekehrten Verhältnis der magnetischen Widerstände verteilen. Daher werden sich nur wenige Linien durch die Luft schließen; man nennt diejenigen, die sich auf anderen als den nutzbaren Wegen schließen, die Streulinien des Magneten. Unter dem Streuungskoeffizienten verstehen manche das Verhältnis der Streulinienzahl zu der nutzbaren Linienzahl, andere das Verhältnis der Streulinienzahl zu der gesamten Linienzahl.

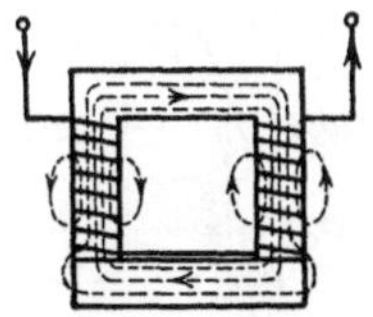

Abb. 76. Elektromagnet mit Eisenschluß.

Steigert man bei einem Elektromagneten mit Eisenschluß von verhältnismäßig geringem Querschnitt die Erregung, d. h. die Stromwindungszahl, immer mehr, so kann man beobachten, daß die Tragkraft desselben nicht in gleichbleibendem Maße mit der Erregung zunimmt. Bei sehr starker Erregung ist nur noch eine geringe Vergrößerung der Zugkraft zu bemerken; es muß daher die Wirkung der Magnetisierung, nämlich der Fluß oder die Liniendichte, bei der Zunahme der Erregung im Bereich hoher Werte weniger wachsen als bei geringen Erregerstromstärken.

Zur Erläuterung dieses Verhaltens des Eisens sowie der Luft kann eine Art

magnetischer Wage dienen, die sich zwar nicht für genaue Messungen eignet,
jedoch leicht herzustellen ist. Abb. 77 zeigt dieses vom Verfasser in der Ztschrft.
f. phys. u. chem. Unt. 1909 Heft 3 beschriebene Gerät in vereinfachter Darstellung (der Luftspalt zwischen den
Spulen ist größer gezeichnet, als
er ausgeführt wird). Schickt man
Gleichstrom einerseits durch die
Spulen a, anderseits durch den Bügel b, so wirkt bei entsprechender
Schaltung eine abwärts gerichtete
Kraft auf den Bügel; dieser kann

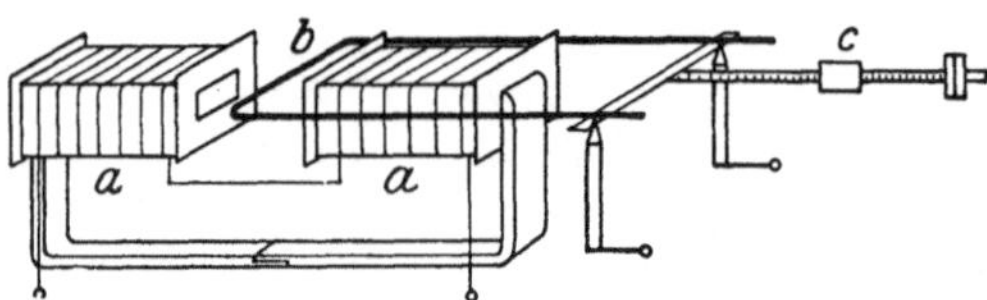
Abb. 77. Elektromagnetische Wage.

man durch ein Laufgewicht c das Gleichgewicht halten. Ist der Strom im Bügel
konstant, so gibt die größte Verschiebung des Laufgewichtes, bei welcher
noch Gleichgewicht herrscht, ein Maß für die Dichte des Feldes im Luftspalt
(s. Gl. 39). Stellen wir den Versuch zunächst so an, daß das Feld der Spulen
nur in Luft oder anderen unmagnetischen Körpern verläuft, so beobachten
wir, daß der Hebelarm des Laufgewichtes im gleichen Maße wie die Erreger-
stromstärke größer werden muß, um Gleichgewicht herzustellen. Die Liniendichte ist also in Luft dem Erregerstrom proportional. Nun führen wir von
rechts und links die oberen Schenkel zweier ⊏-förmiger Eisenstücke in die
Spulen ein, die so bemessen sind, daß sie einen schmalen Luftspalt zwischen
den Spulen frei lassen. Steigern wir nun den Strom von Null an stufenweise
bis zu einem Höchstwert, ohne ihn zwischendurch zu vermindern, so finden wir
beispielsweise, daß zur Herstellung des Gleichgewichts

bei einem Strom von $\quad$ 0 $\quad$ 0,2 $\quad$ 0,4 $\quad$ 0,65 $\quad$ 1,0 $\quad$ 1,55 $\quad$ 2,0 A
eine Gewichtsstellung von 0 $\quad$ 4 $\quad$ 6,5 $\quad$ 8,5 $\quad$ 10 $\quad$ 11,5 $\quad$ 12,5 cm

erforderlich ist. Der Hebelarm wächst also jetzt nicht mehr proportional mit
dem Erregerstrom, sondern seine Zunahme wird desto kleiner, je größer die Erregung wird. Dasselbe gilt
nach obigen Ausführungen
für das Verhältnis der Liniendichte zu der sie erzeugenden
Erregung. Diese Erscheinung
nennt man die Sättigung
des Eisens und stellt sie, da
ein mathematischer Zusam-
menhang zwischen der Li-
niendichte und der Erregung
sich nicht allgemein aufstellen läßt, durch die Magnetisierungskurve dar, die
man durch Auftragen der
Liniendichte $\mathfrak{B}$ in Abhängigkeit von der Erregung (s.
auch die folgenden Glei-
chungen) erhält (Abb. 78).

Gehen wir nun mit der
Stromstärke von dem Höchstwert stufenweise zurück, so
finden wir bei Luft genau

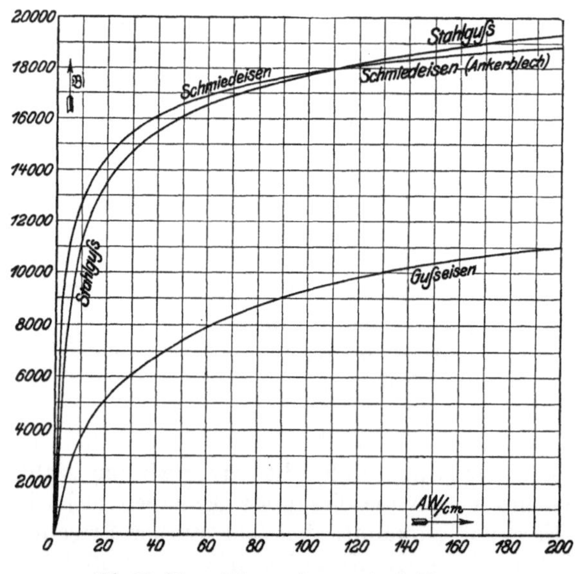

Abb. 78. Magnetisierungskurven (nach Kosack).

dieselben, bei Weicheisen und besonders bei Stahl aber höhere Werte für die
Liniendichte als bei steigender Erregung derselben Stärke. Schalten wir den

Erregerstrom für den Eisenschluß ganz aus, so ist trotzdem noch ein Antrieb auf den stromdurchflossenen Bügel vorhanden: es muß also Magnetismus im Eisen zurückgeblieben sein. Man bezeichnet diesen Magnetismus, der nach Aufhören der magnetisierenden Kraft noch vorhanden ist, als Remanenz. Wollen wir den Magnetismus ganz aufheben, so müssen wir die Richtung des Erregerstromes umkehren und diesen dann wieder steigern, und zwar bei Weicheisen auf einen geringen, bei Stahl auf einen erheblichen Wert. Daraus schließen wir, daß Weicheisen den remanenten Magnetismus leicht verliert, Stahl dagegen ihn mit großer Kraft zurückhält (Koerzitivkraft). Schalten wir nun an der magnetischen Wage auch den Strom in dem Bügel um, steigern den Erregerstrom weiter bis auf den Höchstwert, verringern ihn dann wieder bis auf Null, schalten den Erregerstrom wieder um usw., so erhalten wir Beobachtungswerte, deren Aufzeichnung eine geschlossene Kurve liefert. Der Unterschied in den Werten der Liniendichte für irgendeinen Betrag der Erregung, also der senkrechte Abstand je zweier Punkte der Kurve, die zu derselben Erregung gehören, gibt die Größe des jeweils zurückgebliebenen Magnetismus, die sogenannte Hysteresis, an. Abb. 79 zeigt die Hysteresisschleife für Weicheisen und für Stahl. Die beschriebene Erscheinung wird unserer Anschauung näher gebracht, wenn wir an die Vorstellung der Molekularmagnete (S. 43) denken und annehmen, daß sie bei ihrer unter dem Einfluß der Magnetisierung erfolgenden Drehung einer Reibung unterworfen sind. Diese verhindert, daß die kleinen Magnete ohne weiteres in ihre Ruhelage zurückkehren.

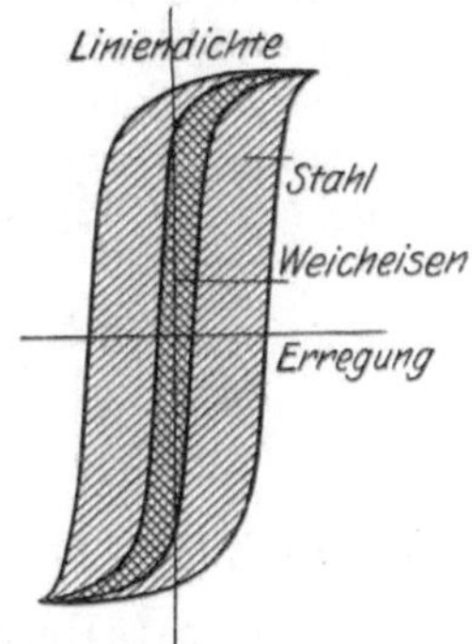

Abb. 79. Hysteresis-Kurven.

Man spricht bei einem Elektromagneten nicht von seiner Polstärke, sondern von seiner **magnetomotorischen Kraft** (abgekürzt MMK), die wir uns als den Druck vorstellen, der den magnetischen Spannungszustand im Felde verursacht. Wodurch ist nun die MMK eines Elektromagneten bestimmt? Zunächst ist sie dem Strom proportional; da aber eine Windung dicken Drahtes bei z. B. 10 A Stromstärke offenbar die gleiche Wirkung hat wie 10 dicht aneinander liegende Windungen dünnen Drahtes, die in gleichem Sinn einen Strom von 1 A führen, so muß die MMK dem Produkt aus dem Strom J und der Windungszahl w, d. h. der Anzahl der **Stromwindungen**, die man durch **Durchflutung** D nennt, proportional sein. Die Einheit der Durchflutung ist die **Amperewindung** (Zeichen AW). Wie schon der Name sagt, betrachtet man die MMK als Ursache des magnetischen Flusses; der Fluß oder die Linienzahl Φ ist nun ähnlich wie der elektrische Strom noch abhängig von dem Widerstand $\mathfrak{R}$, der sich ihm auf seiner geschlossenen Bahn bietet. Man kann daher für den **magnetischen Kreis** eine Beziehung nach Art des Ohmschen Gesetzes aufstellen. Da der Einheitspol, wie erwähnt, eine Linienzahl von 4π hat und das Ampere der zehnte Teil der absoluten Einheit der Stromstärke ist, so folgt

$$\mathbf{MMK} = \frac{4\pi}{10} \cdot \boldsymbol{J} \cdot \boldsymbol{w} = \boldsymbol{\Phi} \cdot \mathfrak{R} \tag{41}$$

(IX. Grundgleichung).

Für den magnetischen Widerstand $\mathfrak{R}$ gelten die entsprechenden Bestimmungsgrößen wie für den elektrischen. Je größer die Länge $\mathfrak{L}$ des Linienweges und je geringer dessen Querschnittsfläche $\mathfrak{F}$ ist, desto größer ist offenbar der Widerstand, den der Fluß findet. Schließlich ist der Widerstand abhängig von der **magnetischen Leitfähigkeit** des Feldträgers. Diese wird **Permeabilität** genannt und mit μ bezeichnet. Für Luft ist $\mu = 1$, ungefähr denselben Wert hat die Permeabilität für alle unmagnetischen Stoffe, während sie für die ferromagnetischen Körper sehr viel größer ist. Der magnetische Widerstand ist demnach bestimmt durch die Gleichung

$$\mathfrak{R} = \frac{\mathfrak{L}}{\mu \cdot \mathfrak{F}}, \tag{42}$$

und zwar ist $\mathfrak{L}$ in Zentimetern und $\mathfrak{F}$ in Quadratzentimetern einzusetzen. Für sehr lange gerade Spulen ist $\mathfrak{L}$ gleich der Achsenlänge; bei ringförmigen Spulen und sonstigen Formen magnetischer Kreise ist $\mathfrak{L}$ die gesamte Länge des mittleren Linienweges. Der Fluß Φ steht schließlich zu der Liniendichte $\mathfrak{B}$ in der Beziehung (vgl. S. 42)

$$\Phi = \mathfrak{B} \cdot \mathfrak{F}. \tag{43}$$

Vereinigt man diese Gleichungen, so ist

$$\frac{4\pi}{10} \cdot J \cdot w = \frac{\Phi \cdot \mathfrak{L}}{\mu \cdot \mathfrak{F}} = \frac{\mathfrak{B}}{\mu} \cdot \mathfrak{L}. \tag{44}$$

Die MMK für den Zentimeter Länge des Linienweges, also das magnetische Spannungsgefälle, nennt man Feldstärke $\mathfrak{H}$; es folgt, da $\frac{4\pi}{10} = 1{,}25$ ist:

$$\mathfrak{H} = 1{,}25 \cdot \frac{J \cdot w}{\mathfrak{L}} = \frac{\mathfrak{B}}{\mu}. \tag{45}$$

Da für Luft $\mu = 1$ ist, so ist die Feldstärke in Luft zahlenmäßig, jedoch nicht dem Begriffe nach, gleich der Liniendichte. Wir finden hier eine ähnliche Beziehung wie bei dem elektrischen Stromkreis (S. 17); sie lautet: Das magnetische Spannungsgefälle ist gleich der Liniendichte dividiert durch die Leitfähigkeit. Aus den Magnetisierungskurven können die Werte der Permeabilität berechnet werden; diese steigt bei kleinen Werten der Erregung mit letzterer sehr stark an, um dann zunächst stark, bei größerer Sättigung immer weniger abzufallen.

Beispiel: In einem Elektromagneten von der in Abb. 76 dargestellten Form soll eine Liniendichte $\mathfrak{B} = 10\,000$ bzw. $15\,000\,\Gamma$ erzeugt werden. Die erforderliche Stromwindungszahl ist unter Vernachlässigung der Streuung und sonstiger Nebenerscheinungen für den Fall zu berechnen, daß die mittlere Eisenlänge 40 cm und der Luftspalt zwischen dem $\sqcap$-förmigen Eisenkörper und dem Anker beiderseits je 0,1 mm beträgt. Nach Abb. 78 sind zur Erzeugung der obigen Liniendichten in Schmiedeeisen 3 bzw. 24 AW/cm erforderlich. Für das Eisen ist daher eine Stromwindungszahl von 120 bzw. 960 AW aufzuwenden, für den Luftspalt nach Gl. 44 eine Stromwindungszahl $J \cdot w = \frac{10}{4\pi} \cdot \mathfrak{B} \cdot \mathfrak{L} = 0{,}8 \cdot 10\,000 \cdot 0{,}02 = 160$ bzw. 240 AW. Insgesamt sind daher 280 bzw. 1200 AW erforderlich; zwei Spulen von je 100 Windungen würden demnach 1,4 bzw. 6,0 A Strom benötigen.

16. Berechnung von Widerständen und Spulen.

Im Abschnitt 13 hatten wir die Umsetzung der in einem Stromleiter verbrauchten elektrischen Arbeit in Wärme besprochen. Wir wollen nun untersuchen, wohin diese Wärme kommt.

Dauert die „Belastung", wie man den Stromdurchfluß auch nennt, nur verhältnismäßig kurze Zeit, so wird die Wärme im wesentlichen durch den Stromleiter selbst, allenfalls durch solche Körper, die mit ihm in inniger Berührung stehen und große Wärmeaufnahmefähigkeit haben, z. B. Wasser, Öl oder die keramische Masse, auf welcher die Widerstandsdrähte häufig liegen, aufgenommen. Die erzeugte Wärme erhöht die Temperatur des Stromleiters und der genannten Körper, ohne daß während der kurzen Dauer der Einschaltung eine erhebliche Wärmeabfuhr nach außen stattfindet. Die Temperatur steigt daher proportional mit der Zeitdauer der Belastung; die graphische Darstellung liefert eine gerade Linie. Dauert dagegen die Belastung längere Zeit, so wird eine merkliche, mit der Temperatur des Widerstandes wachsende Wärmemenge nach außen, in der Regel unmittelbar oder mittelbar an die umgebende Luft, abgeführt; die Übertemperatur (Erwärmung) des Stromleiters erreicht schließlich einen konstanten Wert, sobald in jeder Sekunde ebenso viel Wärme abgegeben wie zugeführt wird. Trägt man für den Fall längerer Belastung den zeitlichen Verlauf der Erwärmung graphisch auf, so erhält man eine Kurve, deren Steigung immer mehr abnimmt.

Den Unterschied zwischen diesen beiden Arten der Belastung kann ein einfacher Versuch zeigen. Wir nehmen einen blanken Draht, wickeln ihn mit dicht aufliegenden Windungen auf einen Körper aus Porzellan oder dergleichen (Abb.80), lassen Anfang und Ende des Drahtes mehrere Zentimeter frei abstehen und verbinden dieses Widerstandselement mit einer Stromquelle. Schalten wir auf kurze Zeit, etwa 1 Sekunde, einen Strom von passender Stärke ein, so werden die nur von Luft umgebenen Drahtenden weniger abgekühlt als der auf den Isolierkörper aufgewickelte Teil des Drahtes, da der kalte Isolierkörper die im Draht erzeugte Wärme rascher aufnimmt als die Luft.

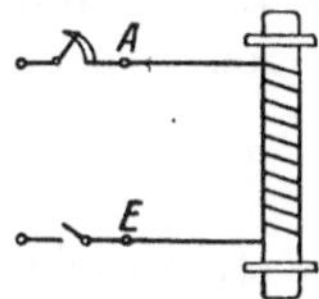

Abb. 80. Widerstands-Element.

Daher glühen bei einer gewissen Stromstärke zwar die freien Drahtenden, nicht aber der aufgewickelte Draht. Wird dagegen ein geringerer Strom lange Zeit eingeschaltet, so wird bei einer entsprechenden Stromstärke der aufgewickelte Teil zum Glühen kommen, die freien Drahtenden dagegen nicht, da diese eine größere kühlende Oberfläche haben als der aufgewickelte Draht.

In beiden Fällen ist die zulässige Belastung, die man Belastbarkeit nennt, begrenzt durch diejenige Temperatur, welche dem Stromleiter bzw. der Isolierung ohne Schaden zugemutet werden darf. Unter der Voraussetzung, daß die Raumtemperatur einen Wert von 35° C nicht überschreitet, hat man die zulässige Übertemperatur, z. B. für Drähte mit imprägnierter Baumwollisolierung eine solche von 50 bzw. 60°, festgesetzt. Widerstandskörper in Luft werden bis zu Temperaturen von etwa 300° belastet (vgl. Regeln des VDE).

In dem Fall kurzzeitiger Belastung, wo lediglich Körper von gegebener Masse die erzeugte Wärme aufnehmen, ist, wie die Physik lehrt, die Übertemperatur $(\vartheta_2 - \vartheta_1)$ von der Wärmemenge Q, dem Gewicht G des Körpers und einem ihm eigentümlichen Festwert c abhängig, den man spezifische Wärme nennt. Handelt es sich um einen einzigen Körper, z. B. die Gußelemente eines Anlaßwiderstandes für kurzzeitige Einschaltung, so ist die Wärmemenge in Kilogrammkalorien:

$$Q = \frac{0{,}239}{1000} \cdot J^2 \cdot R \cdot t = c \cdot G \,(\vartheta_2 - \vartheta_1). \tag{46}$$

Daraus kann man für verschiedene Einschaltzeiten von t Sekunden die jeweils zulässige Stromstärke J berechnen.

Im Falle der Dauerbelastung rechnet man, da nach dem Erreichen der Endtemperatur in jeder Sekunde die gleiche Wärmemenge abgegeben wird, einfacher mit der verbrauchten Leistung; die Übertemperatur $(\vartheta_2 - \vartheta_1)$ des Körpers ist dann von dieser Leistung, der Größe seiner kühlenden Oberfläche O und einem Festwert abhängig, der in erster Linie von dem Zustand der Oberfläche abhängt. Benutzt man als Festwert die Zahl der Wärmeeinheiten, die 1 cm² Oberfläche bei 1° Übertemperatur in der Sekunde abgibt (Wärmeabgabeziffer) und bezeichnet ihn mit C, so erhält man als Beziehung zwischen der sekundlich erzeugten und abgeführten Wärmemenge

$$\frac{Q}{t} = \frac{0{,}239}{1000} \cdot J^2 \cdot R = C \cdot O \cdot (\vartheta_2 - \vartheta_1). \tag{47}$$

Die Größe des Festwertes C und der Körperoberfläche, die als kühlend in Betracht zu ziehen ist, muß durch Versuche an den Apparaten und Maschinen festgestellt werden. Für die Praxis ist es zweckmäßiger, den Festwert nicht in Wärmeeinheiten, sondern durch die Leistung je Oberflächeneinheit anzugeben, welche für die jeweils zulässige Übertemperatur aufgenommen werden kann. Demgemäß rechnet man z. B., wenn die Kühlung durch Luft erfolgt, die nicht künstlich bewegt wird, für Spulen bei 50° zulässiger Erwärmung mit einer Belastbarkeit von 0,1 Watt auf den Quadratzentimeter kühlende Oberfläche, bei Widerständen, die auf porzellanartigen Körpern liegen, mit etwa 1 W/cm², bei Sammelschienen oder ähnlichen Leitern mit etwa 0,03 W/cm².

Der zeitliche Verlauf der Übertemperatur für längere Belastungsdauer ist durch die **Zeitkonstante** T gekennzeichnet, die sich aus der Vereinigung der beiden obigen Gleichungen ergibt zu

$$T = \frac{c \cdot G}{C \cdot O}. \tag{48}$$

Sie stellt diejenige Zeit dar, in welcher der Körper ohne Wärmeabgabe die Übertemperatur erreichen würde, bei welcher er tatsächlich dieselbe Wärmemenge abgibt als er aufnimmt.

Auf Grund der entwickelten Gleichungen soll noch erörtert werden, welchen Einfluß bei Dauerbelastung der **Stoff** und die **Form** des Leiters auf die Belastbarkeit haben. Nach dem Jouleschen Gesetz ist die verbrauchte Leistung der zweiten Potenz des Stromes und dem Widerstand proportional. Wenn die Abkühlungsverhältnisse und die Abmessungen der Leiter die gleichen, die Leitfähigkeiten k aber verschieden sind, so folgt für Dauerbelastung aus der obigen Gleichung und derjenigen für den Widerstand, daß der Quotient $\frac{J^2}{k}$ gleichbleibenden Wert haben muß. Daher darf z. B. ein Draht aus Aluminium, dessen Leitfähigkeit etwa 57 % derjenigen des Kupfers ist, in Dauerbelastung nur mit 75 % des Stromes belastet werden, der für einen Kupferdraht zulässig ist, da $\sqrt{0,57} = 0,75$ ist.

Die Abstufung der für die verschiedenen Leiterquerschnitte gleichen Stoffes zulässigen Belastung ist am einfachsten, wenn man annimmt, daß die Stromdichte $\frac{J}{q}$ stets denselben Wert haben kann. Ist diese Voraussetzung in allen Fällen zulässig? Setzt man $R = \frac{l}{k \cdot q}$ ein, so folgt aus der Gleichung für **kurzzeitige** Belastung, daß $J^2 \cdot \frac{l}{q}$ proportional G sein muß. Da G proportional $l \cdot q$ ist, so folgt: J proportional q. Man kann also mit konstanter Stromdichte rechnen, wenn die Wärme nur von dem Stromleiter aufgenommen wird.

Aus der Gleichung für **Dauerbelastung** folgt

$$\frac{J^2 \cdot l}{q} \text{ proportional } O, \text{ und daraus } \left(\frac{J}{q}\right)^2 \text{ proportional } \frac{O}{l \cdot q}.$$

Da das Volumen proportional $l \cdot q$ ist, so folgt, daß bei Dauerbelastung die Annahme konstanter Stromdichte statthaft ist, wenn das Verhältnis der kühlenden Oberfläche zum Volumen des Leiters sich mit seiner Form gar nicht oder nur wenig ändert.

Für gerade ausgespannte Drähte folgt, da die Oberfläche O proportional $l \cdot d$ ist, daß $\frac{J^2 \cdot l}{d^2}$ proportional $l \cdot d$, daher J **proportional** $\sqrt{d^3}$ sein muß.

Werden Drähte verschiedenen Durchmessers nur mit einer einzigen Lage auf eine bestimmte Fläche eng aufgewickelt, wie es bei Widerständen der Fall ist, so bleibt die kühlende Oberfläche, sowie die Länge einer Windung nahezu dieselbe; es ist also $\dfrac{J^2 \cdot w}{d^2}$ konstant, daher J^2 proportional $\dfrac{d^2}{w}$. Nimmt man die Windungszahl umgekehrt proportional dem Drahtdurchmesser, so wird wieder J proportional $\sqrt{d^3}$.

Während bei den „Widerständen" der Ohmwert und die zu verbrauchende Leistung oder Arbeit gegeben sind, liegt für die Berechnung von Magnetspulen vor allem die zu liefernde MMK, d. h. die Stromwindungszahl $J \cdot w$, vor, oder es wird die zulässige Stromdichte $\dfrac{J}{q}$ vorausgesetzt. Die für die Spulenberechnung nötigen Gleichungen lassen sich aus den von uns entwickelten leicht ableiten. Bezeichnen wir wieder die mittlere Länge einer Windung mit l', so folgen aus

$$U = J \cdot R \quad \text{und} \quad R = \frac{w \cdot l'}{k \cdot q}$$

die Gleichungen

$$q = \frac{w \cdot l'}{k \cdot R} = \frac{J \cdot w \cdot l'}{U \cdot k}, \tag{49}$$

daraus

$$J \cdot w = \frac{U \cdot k \cdot q}{l'}, \tag{50}$$

ferner

$$w = \frac{R \cdot k \cdot q}{l'} = \frac{U \cdot k}{\dfrac{J}{q} \cdot l'}. \tag{51}$$

Die Windungszahl muß also bei einer bestimmten Spule im geraden, der Drahtquerschnitt im umgekehrten Verhältnis mit der Spannung geändert werden. Ist die Oberfläche der Spule und daraus die zulässige Belastung in Watt bekannt, so folgen, wenn die Produkte $J \cdot w$ als Stromwindungszahl und $w \cdot q$ als gesamter Drahtquerschnitt zusammengefaßt werden, unter Verwendung von:

$$N = U \cdot J = J^2 \cdot R = \frac{U^2}{R}$$

die Gleichungen:

$$w = \frac{(J \cdot w) \cdot U}{N} \tag{52}$$

$$J \cdot w = \sqrt{\frac{N \cdot k \cdot (w \cdot q)}{l'}} \tag{53}$$

und

$$N = \frac{U^2 \cdot k \cdot q^2}{l' \cdot (w \cdot q)}, \tag{54}$$

schließlich folgt aus (51) die Gleichung

$$\frac{J \cdot w}{N} = \frac{k}{\dfrac{J}{q} \cdot l'}. \tag{55}$$

Der gesamte Leiterquerschnitt $w \cdot q$ ist nun, je nachdem welcher Betrag der Wickelfläche F von der Leiterisolierung und dem zwischen den Windungen freibleibenden Zwischenraum eingenommen wird, ein verschiedener Teil der Wickelfläche. Ist der Ausnutzungsfaktor $a = \dfrac{w \cdot q}{F}$ bekannt, so kann mit Hilfe von Gleichung 53 berechnet werden, welche Stromwindungszahl eine Spule liefern kann, deren Abmessungen bekannt sind. Nimmt man in erster Annäherung $w \cdot q$ als festen Wert an, so ist aus den Gleichungen 54 bzw. 50 zu entnehmen, daß sich bei gleicher Form der Spule und gleicher Spannung der Leistungsverbrauch mit der zweiten Potenz, die Stromwindungszahl mit der ersten Potenz des Querschnittes ändert. Wenn dagegen die Drahtstärke ebenso wie die Spannung, die Leitfähigkeit und die mittlere Windungslänge einen bestimmten Wert haben, so ist die Stromwindungszahl festgelegt; eine Vergrößerung der Windungszahl würde den Strom in gleichem Maße vermindern.

Beispiele: 1. Es wird ein Widerstand gebraucht, der eine Dauerbelastung von 40 A bei 110 V Spannung aufnehmen kann. Zu seiner Herstellung seien gußeiserne Widerstandselemente vorhanden, deren Ohmwert bei 220° Temperatur je $R' = 0{,}50\ \Omega$ ist. Durch Versuch sei festgestellt, daß bei einem Zusammenbau dieser Widerstände, wie er für obige Leistung in Betracht kommt, und bei 20° Umgebungstemperatur die genannte Temperatur auftritt, wenn jedes Element mit 200 Watt dauernd belastet wird.

Die erforderliche Gesamtzahl der Elemente berechnet sich dann zu $z = \dfrac{110 \cdot 40}{200} = 22$. Der für jedes Element in heißem Zustand zulässige Strom ist

$$i = \sqrt{\frac{200}{0{,}50}} = 20\ \text{A}.$$

Für einen Strom von 40 A müssen daher je zwei Elemente parallel und $\dfrac{22}{2} = 11$ solcher Gruppen in Reihe geschaltet werden. Zur Nachprüfung berechnen wir den Widerstand dieser Schaltung. Der Gesamtwiderstand soll $\dfrac{110}{40} = 2{,}75\ \Omega$ sein. Der Widerstand jeder Gruppe ist $\dfrac{0{,}50}{2} = 0{,}25\ \Omega$; 11 Gruppen in Reihe haben dann $11 \cdot 0{,}25 = 2{,}75\ \Omega$, wie verlangt war. Weniger anschaulich, aber rascher kann auch nach S. 24 berechnet werden:

$$n = \sqrt{z \cdot \frac{R'}{R}} = \sqrt{22 \cdot \frac{0{,}50}{2{,}75}} = 2\ \text{Elemente parallel,}$$

$$\text{und}\quad m = \sqrt{z \cdot \frac{R}{R'}} = \sqrt{22 \cdot \frac{2{,}75}{0{,}50}} = 11\ \text{Gruppen in Reihe.}$$

Soll der Widerstand auch für kurzzeitige Belastung benutzt werden, so muß man durch Versuche bestimmen, welcher Anteil des gesamten Gewichtes der Elemente für die Wärmeaufnahme voll in Frage kommt. Dieser sei zu 0,50 kg für jedes Element gefunden. Ferner muß hier der Ohmwert für die mittlere Temperatur eingesetzt werden. Wenn der Temperaturkoeffizient α der Gußeisenelemente bei 20° Temperatur 0,00125 beträgt, dann ist der Widerstand eines Elementes bei 20°

$$R'_1 = \frac{R'_2}{1 + \alpha \cdot \vartheta} = \frac{0{,}50}{1 + 0{,}00125 \cdot 200} = 0{,}40\ \Omega.$$

Der Ohmwert eines Elementes ist also bei der mittleren Temperatur von 120° gleich $0{,}45\ \Omega$, derjenige des ganzen Widerstandes $\dfrac{0{,}45 \cdot 11}{2} = 2{,}47\ \Omega$.

Für eine Belastungszeit von 30 Sekunden, 200° Übertemperatur und eine spezifische Wärme $c = 0{,}11$ berechnet sich dann die zulässige Gesamtstromstärke nach Gl. 46 zu

$$J = \sqrt{\frac{c \cdot G \cdot \vartheta \cdot 1000}{0{,}239 \cdot R \cdot t}} = \sqrt{\frac{0{,}11 \cdot 22 \cdot 0{,}50 \cdot 200 \cdot 1000}{0{,}239 \cdot 2{,}47 \cdot 30}} = 117\ \text{A}.$$

2. Für eine Sammelschiene von $10 \cdot 60$ mm Querschnitt soll der zulässige Strom für eine Belastbarkeit von 0,030 W je cm² Oberfläche und eine Leitfähigkeit 50 berechnet werden. Die Schiene hat auf 100 cm Länge eine Oberfläche $100 \cdot 2\,(1 + 6) = 1400$ cm², also eine Belastbarkeit von 42 W, ferner einen Widerstand von $\dfrac{1}{50 \cdot 600} = 33{,}3 \cdot 10^{-6}\ \Omega$.

Daher ist der zulässige Strom $J = \sqrt{\dfrac{N}{R}} = \sqrt{\dfrac{42 \cdot 10^6}{33{,}3}} = 1140$ A. Die zulässige Stromdichte ist $\dfrac{J}{q} = \dfrac{1140}{600} = 1{,}9\ \text{A/mm}^2$.

3. Für Dauerbelastung einer zylindrischen Spule von 80 mm innerem und 150 mm äußerem Durchmesser und 130 mm Höhe des Wickelraumes soll die Windungszahl und der

Drahtquerschnitt für verschiedene Spannungen berechnet werden. Von der Höhe der Wickelfläche seien 2 mm für die Einführung des gut zu isolierenden Spulenanfangs abgerechnet, ferner sei angenommen, daß die Drahtlagen nicht ineinander greifen, d. h. daß jeder Draht eine quadratische Fläche einnimmt, die seinem äußeren Durchmesser entspricht. Der Ausnutzungsfaktor ist dann gleich dem Verhältnis des Leiterquerschnittes zu dem Quadrat des äußeren Durchmessers. Die Isolierung sei zweifache Baumwollumspinnung von 0,1 mm einfacher Stärke. Mit Rücksicht auf die Beschränkung der Kühlung durch den Spulenkasten sollen für die Belastbarkeit, die zu 0,10 W pro Quadratzentimeter angenommen wird, die beiden Stirnflächen und die innere Mantelfläche nur mit der Hälfte, die äußere Mantelfläche voll in Rechnung gezogen werden. Dann berechnet sich:

die Dauerbelastbarkeit $N = 90$ W, die mittlere Windungslänge $l' = 0,36$ m, die Wickelfläche $F = 4500$ mm². Die Leitfähigkeit des Kupferdrahtes bei 65° sei mit $k = 48$ eingesetzt. Nehmen wir den Ausnutzungsfaktor $a = 0,5$ an, so ist die erzielbare Stromwindungszahl nach Gl. 53:

$$J \cdot w = \sqrt{\frac{N \cdot k \cdot a \cdot F}{l'}} = 5200 \text{ AW}.$$

Für eine Spulenspannung $U = 110$ V berechnet sich dann nach Gl. 49

$$q = \frac{J \cdot w \cdot l'}{U \cdot k} = 0,355 \text{ mm}^2,$$

demnach der Durchmesser des blanken Drahtes $d_i = 0,67$ mm.

Berechnet man nun für verschiedene normale Drahtstärken aus der Wickelhöhe, in unserem Fall 128 mm, die Zahl der Windungen in einer Lage, ferner aus der Wickelbreite, in unserem Fall 35 mm, die Zahl der

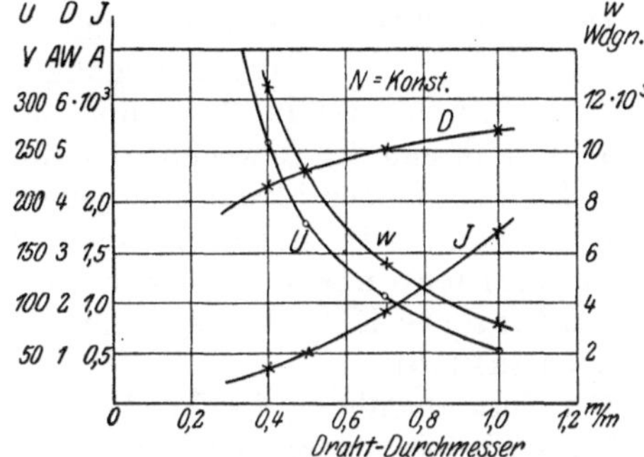

Abb. 81. Kennlinien der Spulen Beispiel 3.

Lagen, die auf die Spule gebracht werden können und daraus die Gesamtwindungszahl w, den Widerstand R der warmen Spule, ferner aus der zulässigen Belastung N die zulässige

Stromstärke $J = \sqrt{\dfrac{N}{R}}$, die zulässige Spannung U, die dabei erzielte Stromwindungszahl

$J \cdot w$, die Stromdichte $\dfrac{J}{q}$ und den Ausnutzungsfaktor a, so erhält man für Kupfer.

drähte von dem inneren bzw. äußeren Durchmesser 0,4/0,6, 0,5/0,7, 0,7/0,9, 1,0/1,2 mm folgende Werte:

d_i	w	R	J	U	$J \cdot w$	$\dfrac{J}{q}$	a
mm		Ω	A	V	AW	A/mm²	
0,4	12300	735	0,35	257	4300	2,8	0,35
0,5	9150	350	0,51	178	4650	2,6	0,40
0,7	5550	108	0,91	107	5000	2,35	0,47
1,0	3100	29,5	1,74	51,5	5400	2,2	0,54

Trägt man die berechneten Werte abhängig von der Drahtstärke auf, so erhält man die Kurven der Abb. 81. Wie man aus der Zahlentafel erkennt, ist infolge des für jede Drahtstärke verschiedenen Ausnutzungsfaktors die Windungszahl nicht genau proportional der Spannung, ferner die Stromwindungszahl und die Stromdichte nicht konstant. Soll die Spule unter den gegebenen Voraussetzungen z. B. für 220 V Spannung gebraucht werden, so muß ein Teil derselben mit 0,5 und ein anderer Teil mit 0,4 mm Draht gewickelt werden.

Grundgesetze des Wechselstromes.

17. Erzeugung von EMK durch Bewegung. Frequenz.

In der Besprechung der Stromwirkungen hatten wir erwähnt (S. 10), daß diese Vorgänge ebenso wie sonstige physikalische Erscheinungen umkehrbar sind. Bei der Behandlung des Elektromagnetismus hatten wir dann gefunden, daß zwischen einem Magnetfeld und einem stromdurchflossenen Leiter, der senk-

recht zu jenem steht, quer zu den Richtungen dieser beiden eine Kraft und unter
Umständen eine Bewegung des einen oder andern der beiden Teile auftritt (S. 44).

Kehren wir diesen Vorgang um, d. h. bewegen wir einen geschlossenen Leiter
quer zu den Linien eines Magnetfeldes, oder bewegen wir einen Magneten quer
zu dem Leiter, so daß, wie der Fachausdruck lautet, die Linien geschnitten

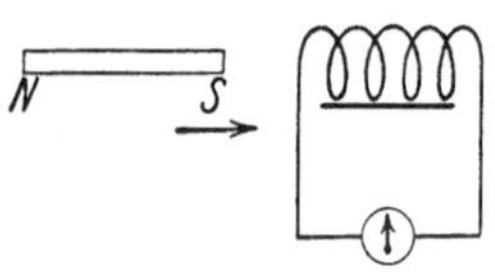

werden, so muß ein Strom entstehen. Um die Erscheinung näher zu untersuchen, gehen wir einige Versuche
durch. Wir verbinden die Enden einer Spule mit einem
Galvanometer, am besten einem solchen, dessen Nullpunkt in der Mitte der Skala liegt (Abb. 82). Stoßen wir
nun einen Pol eines Stab- oder Hufeisenmagneten in
das Innere der Spule, so zeigt das Galvanometer während
der Bewegung einen Ausschlag; die Richtung desselben

Abb. 82. Induktionsversuch.

ändert sich, wenn wir die Bewegungsrichtung oder die Pole wechseln. Die Spule
muß also während der Bewegung des Magneten zu einer Stromquelle geworden
sein. Da ein solcher Strom wie jeder andere nur die Folge einer EMK sein
kann, so kann man allgemein sagen: Durch Schneiden der Linien eines
Magnetfeldes entsteht in einem Leiter eine EMK. Man bezeichnet sie
als „induzierte EMK" oder induzierte Spannung. Den Vorgang nennt man
auch Induktion.

Der Zusammenhang der Erscheinungen wird übersichtlicher, wenn wir einen
kräftigen Hufeisenmagneten mit schmalem Luftspalt zwischen den Polen, am
besten einen Gleichstrommagneten, und einen einfachen Draht nehmen (Abb. 83).

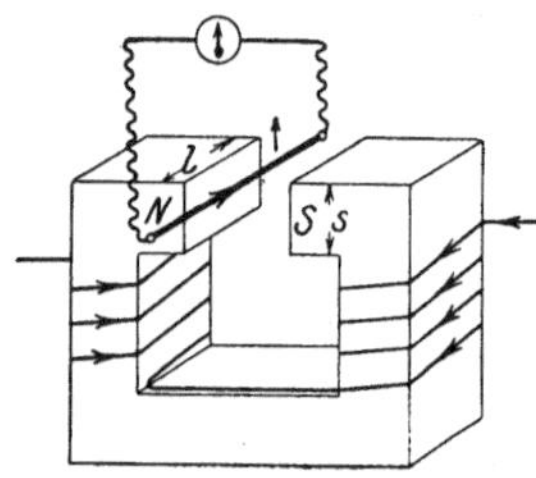

Die Enden des Drahtes verbinden wir mit einem
Galvanometer und bewegen ihn quer zu den Linien
zwischen den Polen hindurch. Wie der Versuch zeigt,
fließt der dabei induzierte Strom nach hinten, wenn
die Linien von links nach rechts gerichtet sind und
wir den Draht nach oben bewegen. Bei derselben Feld-
und Stromrichtung erhalten wir durch die zwischen
Magnetfeld und Stromleiter auftretende Kraftwirkung
eine Bewegung des Leiters nach unten (vgl. Abb. 71).

Abb. 83. Schneiden von Linien.

Demnach hat der induzierte Strom, wie nach dem
Gesetz von der Erhaltung der Energie zu erwarten ist und von Lenz zuerst
ausgesprochen wurde, eine solche Richtung, daß er sich der dem Leiter
von außen erteilten Bewegung entgegenstemmt. Den Zusammenhang
zwischen den Richtungen der Bewegung, des Feldes und des induzierten Stromes
können wir daher wieder durch eine Handregel ausdrücken: Hält man die
innere Fläche der rechten Hand gegen den Fluß und den abstehenden Daumen
in die Richtung der Bewegung des Leiters, so zeigen die Spitzen der gestreckten
anderen Finger die Richtung der induzierten Spannung an (vgl. Abb. 72).

Wovon hängt nun die Größe dieser EMK ab? Mit dem Gerät der Abb. 83
läßt sich zeigen, daß der Ausschlag des Galvanometers desto größer ist, je stärker
das Feld und je größer die Geschwindigkeit der Bewegung quer zu diesem ist.
Ferner können wir die induzierte Spannung dadurch erhöhen, daß wir mehrere
Drähte hintereinanderschalten, indem wir den Draht in mehreren Windungen
durch das Feld und außerhalb desselben wieder zurückführen, also eine Spule
bilden, von der nur eine Seite zwischen den Polen liegt.

Genaue Messungen liefern das Induktionsgesetz: Die EMK ist der in
der Zeiteinheit geschnittenen Linienzahl proportional.

Bezeichnen wir mit s die Breite des Pols in der Bewegungsrichtung, mit l
die induzierte Länge eines Drahtes, beide in Zentimetern, und mit w die Zahl

der Windungen des geschnittenen Leiters, so ist $\Phi = \mathfrak{B} \cdot s \cdot l$ die Zahl der in Frage kommenden Linien; ferner ist $\dfrac{w}{t}$ ein Maß für die von w Windungen in der Zeiteinheit geschnittenen Linien dieses Feldes, wenn die Bewegung senkrecht zu diesem erfolgt und t die Zeit ist, in welcher der Weg s zurückgelegt wird. Daher ist die induzierte EMK proportional $\Phi\dfrac{w}{t}$ oder E proportional $\dfrac{\mathfrak{B} \cdot s \cdot l \cdot w}{t}$.

Die Einheit Volt ist nun so festgelegt worden, daß die Spannung in Volt den hundertmillionsten Teil der in der Sekunde geschnittenen Linienzahl beträgt.

Mit Einführung der Geschwindigkeit $v = \dfrac{s}{t}$ in cm/Sek. ist dann für senkrechtes Schneiden:

$$E = \Phi\frac{w}{t} \cdot 10^{-8} = \mathfrak{B} \cdot l \cdot w \cdot v \cdot 10^{-8} \text{ Volt.} \tag{56}$$

Erfolgt die Bewegung zwischen Linien und Leiter unter irgendeinem Winkel α, so ist offenbar die induzierte EMK $= 0$, wenn $\alpha = 0$ ist; sie ist am größten, wenn $\alpha = 90°$ ist, während bei $\alpha = 30°$ auf der gleichen Wegstrecke s halb so viel Linien geschnitten werden als bei dem Winkel von $90°$. Man erkennt aus der Geometrie der Abb. 84, daß die Zahl der geschnittenen Linien, also auch die EMK, dem $\sin \alpha$ proportional ist. Die allgemeine Gleichung für das Induktionsgesetz lautet daher

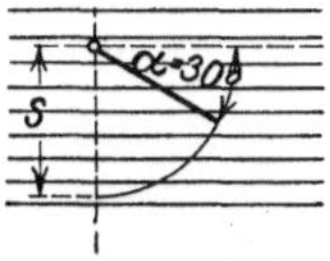

$$E = \mathfrak{B} \cdot l \cdot w \cdot v \cdot \sin \alpha \cdot 10^{-8} \text{ Volt.} \tag{57}$$
(X. Grundgleichung).

Abb. 84. Schräges Schneiden von Linien.

Welches ist der zeitliche Verlauf der induzierten EMK, wenn man die geradlinige Bewegung des Leiters durch eine umlaufende ersetzt? Wir nehmen einen Magneten mit zylindrisch ausgedrehten Polen (Abb. 85) und lagern einen drehbaren Eisenzylinder, Anker genannt, mit geringem Luftspalt in die Mitte zwischen den Polen, um das Feld möglichst stark zu machen. Auf dem Anker ist eine Drahtschleife (Spule) angebracht, deren Seiten a und b genau um eine Polteilung voneinander abstehen. Die Enden der Spule sind durch Schleifringe sowie durch Bürsten, das sind bei unserem Versuchsmodell zwei feststehende Kontaktfedern, die auf den Ringen schleifen, mit dem schon früher gebrauchten Galvanometer verbunden. Drehen wir den Anker langsam, so zeigt das Galvanometer Ausschlag, solange die Drähte sich unter den Polen bewegen. Die auf dem Mantel des Ankers liegenden Drahtstücke der Spule schneiden ja dabei die von den Polen in den Anker tretenden Linien, in ihnen wird EMK induziert. Die Spannungen der Spulenseiten sind, wie man durch Anwendung der Handregel erkennt, hintereinander geschaltet. Würde man dagegen zwei unmittelbar nebeneinander liegende Drähte auf einer Seite verbinden, so hätten ihre Spannungen gleiche Richtung, wären also gegeneinander geschaltet; ihre Summe wäre gleich Null. Nähern sich die Drähte a und b unserer

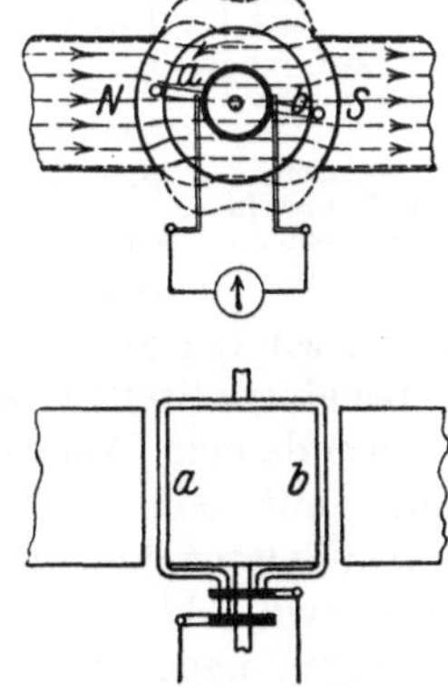

Abb. 85. Induzierung von Wechselstrom.

Spule bei dem Umlauf des Ankers der Mitte zwischen den Polen, die man neutrale Zone nennt, so schneiden sie immer weniger Linien; der Galvanometerausschlag nimmt bis auf Null ab. Drehen wir weiter, so kommen die Drähte unter die entgegengesetzten Pole; die Spannung wechselt ihre Richtung, ihre Größe nimmt wieder zu. Es entsteht also eine EMK von wechselnder Richtung und Größe, d. h. Wechselspannung. Ein im Magnetfeld umlaufender Anker der erläuterten Bauart kann demnach als Wechselstromquelle dienen.

Die induzierte Spannung wechselt ihre Richtung jedesmal, wenn der Draht durch die Neutrale geht; bei einer Umdrehung ist also die Zahl der Wechsel gleich der Zahl der Pole. Da nach je zwei Wechseln der Verlauf der Spannung sich wiederholt, so bezeichnet man die Zeitspanne zweier Wechsel als Periode. Die Zahl der Perioden ist demnach bei einer Umdrehung gleich der Zahl der Polpaare p, bei n Umdrehungen gleich $p \cdot n$. Wenn n die Drehzahl des Ankers in der Minute ist, so ist die Periodenzahl je Sekunde, die man auch Frequenz nennt und mit f oder $\sim$ bezeichnet,

$$f = \frac{p \cdot n}{60} \tag{58}$$

(XI. Grundgleichung).

Die Einheit der Frequenz heißt Hertz (Zeichen Hz).

Beispiel: Soll der Anker eines Generators Wechselstrom von 50 Hz, der in der Starkstromtechnik üblichsten Frequenz, liefern, so muß er also,

wenn der Generator	1	2	3	Polpaare besitzt,
mit einer Drehzahl von	3000	1500	1000	in der Minute laufen.

18. Der Verlauf des Wechselstromes.

Um den Verlauf des Wechselstromes näher zu untersuchen, denken wir uns (Abb. 86) einen Draht mit gleichbleibender Geschwindigkeit in einem Felde umlaufend, dessen Linien parallel zueinander und in gleicher Dichte liegen, nehmen also ein homogenes Feld an. Es sei senkrecht von oben nach unten gerichtet; der Umlauf des Drahtes erfolge entgegengesetzt dem Uhrzeiger, also in

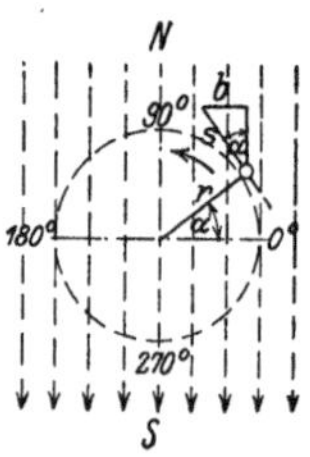
Abb. 86. Umlauf eines Leiters in einem homogenen Feld.

Linksdrehung. Als Ausgangspunkt der Bewegung nehmen wir die rechte Neutrale an und bezeichnen diese Stelle mit 0°. Hier wie in der linken Neutralen, die entsprechend mit 180° bezeichnet ist, wird der Leiter keine Linien schneiden; die induzierte EMK ist also in diesen Augenblicken gleich Null, während sie in den Punkten 90° und 270° den höchsten Wert, den Scheitelwert, erreicht. Betrachten wir an verschiedenen Stellen ein so kleines Stück s des Drahtweges, daß wir es als gerade Linie ansehen können, so ist die senkrecht zu den Linien liegende Projektion dieses Stückes $b = s \cdot \sin \alpha$, wenn wir mit α den Winkel zwischen der Bewegungsrichtung des Drahtes und den Linien bezeichnen. Geben wir der Strecke s stets dieselbe Größe, so ist die Strecke b ein Maß für die an beliebiger Stelle geschnittene Linienzahl. Daher ändert sich auch die Größe der in irgendeinem Augenblick induzierten EMK, d. h. der Augenblickswert der EMK, mit dem $\sin \alpha$. Das gleiche gelte auch von dem Strom, der durch das Galvanometer oder einen an die Schleifringe angeschlossenen Verbrauchskörper fließt (vgl. Abb. 85). Der Wechselstrom verläuft also unter diesen Voraussetzungen nach dem Sinusgesetz. Bezeichnen wir den Augenblickswert der EMK bzw. des Stromes mit e bzw. i, den Scheitelwert mit $\overline{E}$ bzw. $\overline{J}$, so wird der Verlauf eines solchen reinen Wechselstromes ausgedrückt durch die Gleichungen

$$e = \overline{E} \cdot \sin \alpha, \quad \text{bzw.} \quad i = \overline{J} \cdot \sin \alpha. \tag{59}$$

Stellen wir obige Betrachtung bei einem vier- oder mehrpoligen Feld an, so stoßen wir auf eine Schwierigkeit. Bei dem in Abb. 87 dargestellten vierpoligen Magnetkörper liegt zwar die eine neutrale Linie in der Horizontalen, die andere aber im rechten Winkel dazu. Würden wir die Punkte der zweiten neutralen

Linie mit 90° und 270° bezeichnen, so würde die obige Gleichung für das Sinusgesetz nicht mehr stimmen, da ja die EMK in der Neutralen den Augenblickswert Null haben muß. Um diesen Widerspruch zu beseitigen,
hat man den Begriff der elektrischen Grade (° el.) eingeführt.
Der Abstand von einer Neutralen zur nächsten, also eine Polteilung, wird stets gleich 180° el. gesetzt, einerlei wieviel Pole
die Maschine hat. In Abb. 87 ist somit die Neutrale oben mit
180° el., links mit 360° el. oder 0° el. und die Neutrale unten, die
genau wie die obere von einem Nord- zu einem Südpol führt,
wieder mit 180° el. zu bezeichnen.

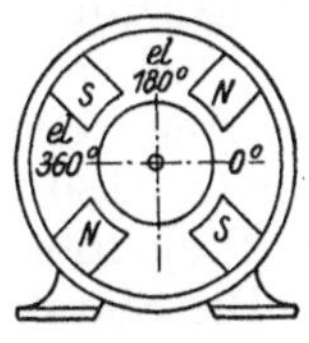

Abb. 87.
Vierpoliger
Magnetkörper.

Zur graphischen Darstellung des Wechselstromes sind
zwei Wege üblich. Am anschaulichsten ist die Darstellung durch Kurven in
rechtwinkligen Koordinaten (Abb. 88). Wir denken uns den vom Leiter be-
schriebenen Kreis abgewickelt und mit der
Stelle 0° beginnend horizontal nach rechts
ausgelegt, so daß die Abszisse in elektrische
Grade oder in Sekundenteile gleichmäßig
geteilt ist. Sodann tragen wir die an der betreffenden Stelle in dem Leiter induzierte
EMK als senkrechte Strecke dort an. Dabei
nimmt man am besten den Maßstab so,

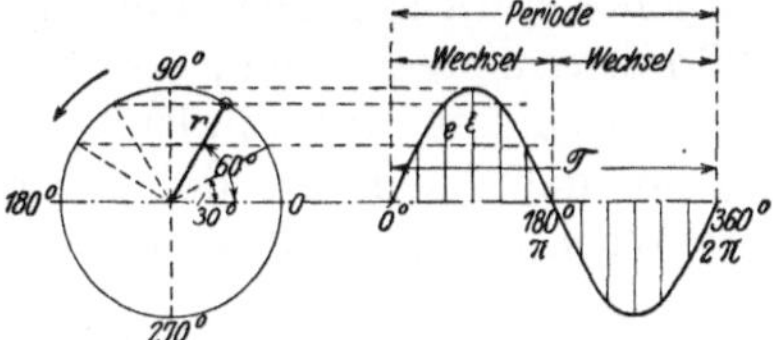

Abb. 88. Kurven-Diagramm.

daß der Scheitelwert gleich dem Radius r des Kreises ist, da dann die senkrechte
Höhe des Leiters über der Nullinie, die ja gleich $r \cdot \sin \alpha$ ist, ohne weiteres als
Maß für den Augenblickswert e bzw. i benutzt werden kann. Die Verbindungs-
linie der Ordinaten-Endpunkte, die Sinuskurve, stellt dann den zeitlichen
Verlauf der EMK bzw. des Stromes nach der Gleichung 59 als Kurvendiagramm
dar. Statt die Kurve zu konstruieren, kann man auch einige Punkte aus der
Sinusfunktion berechnen, z. B. die Werte $\sin 0 = \sin 180 = 0$, $\sin 90 = 1$,
$\sin 30 = 0{,}5$, $\sin 45 = 0{,}707$, $\sin 60 = 0{,}866$.

Die Abszisse kann, statt in Zeit- oder Winkelmaß, auch in Bogenmaß angegeben werden, wobei bekanntlich $360° = 2\pi$ ist. Bezeichnet man nun die dem
Augenblickswert α des Winkels entsprechende Zeit mit t, die Zeit für den Verlauf
einer Periode mit T in Sekunden, so ist $T = \dfrac{1}{f}$, da ja f die Zahl der Perioden
in der Sekunde ist. Ferner gilt die Proportion $\alpha : 2\pi = t : T$, also ist

$$\alpha = 2\pi \cdot \frac{t}{T} = 2\pi \cdot f \cdot t.$$

Führen wir nun die Winkelgeschwindigkeit $\omega = \dfrac{\alpha}{t}$ ein, so folgt

$$\omega = 2 \cdot \pi \cdot f; \qquad (60)$$

ω wird daher auch Kreisfrequenz genannt.

Die Gleichung für den Verlauf der EMK bzw. des
Stromes kann dann auch geschrieben werden:

$$e = \bar{E} \cdot \sin 2\pi f t = \bar{E} \cdot \sin \omega t,$$

bzw. $\qquad i = \bar{J} \cdot \sin 2\pi f t = \bar{J} \cdot \sin \omega t. \qquad (61)$

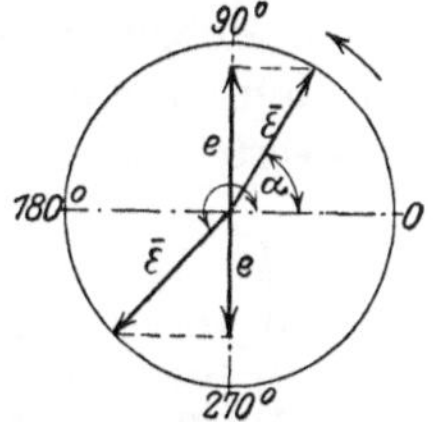

Abb. 89.
Vektordiagramm.

Einfacher ist die Darstellung in Polarkoordinaten,
durch Vektoren oder Zeiger, d. h. Strecken von bestimmter Größe und Richtung, wie sie in der Mechanik
zur Darstellung von Kräften benutzt werden. Sie ergibt sich aus . der
Abb. 86. Tragen wir in Abb. 89 eine Strecke mit dem Scheitelwert der EMK $\bar{E}$
unter irgendeinem Winkel α gegen die Nullinie an, so ist damit der Augenblicks-

wert $e = \overline{E} \cdot \sin \alpha$ festgelegt. Er ist ja gleich dem senkrechten Abstand des Vektor-Endpunktes von der Horizontalen, oder gleich der Projektion des Vektors auf die Ordinate. Man nimmt dabei Linksdrehung des Vektors an und bezeichnet den rechten Schnittpunkt des Kreises mit der Horizontalen als Nullpunkt. Der Augenblickswert ist dann von 0 bis 180° nach oben gerichtet, also positiv, und von 180 bis 360° nach unten gerichtet, also negativ. Bei 90 bzw. 270° ist die Projektion gleich dem Radius, der Augenblickswert gleich dem Scheitelwert.

Die Sinuskurven und das Vektordiagramm sind genau genommen nur dann zu verwenden, wenn die Spannung bzw. der Strom reiner Wechselstrom ist, d. h. tatsächlich den durch das einfache Sinusgesetz bestimmten Verlauf hat. Bei den praktisch ausgeführten Maschinen verlaufen aber die Linien, wie es Abb. 85 andeutet, unter den Polen bis nahe an die Polkanten radial und bei gleichbleibendem Luftspalt in gleicher Dichte; nach der Neutralen hin nimmt die Dichte stark ab. Die in einem Leiter induzierte EMK hat daher einen dieser Feldform entsprechenden, von der Sinusform abweichenden Verlauf (Abb. 199). Durch besondere Ausgestaltung der Ankerwicklung (vgl. Abschnitt 56) trachtet man, an den Klemmen der Wechselstromgeneratoren trotzdem eine möglichst reine Wechselspannung zu erhalten.

19. Der Effektivwert.

Wie durch die Versuche des Abschnittes 3 zu erkennen ist, kann mit Wechselstrom dieselbe Wärmewirkung erzielt werden wie mit Gleichstrom. Liefert nun ein Wechselstrom oder ein Strom, der sich nach irgend einem andern Gesetz periodisch ändert, in solcher Weise die gleiche Leistung, denselben Effekt wie ein konstanter Gleichstrom, so schreibt man jenem Strom den Wert dieses Gleichstromes zu. Dieser sogenannte Effektivwert des Wechselstromes ist offenbar ein Durchschnittswert aus den Augenblickswerten. Ein Wechselstrom hat also z. B. den Effektivwert 1 A, wenn eine Glühlampe dabei ebenso hell brennt wie bei 1 A Gleichstromstärke; entsprechendes gilt von der Spannung.

Da die in einem Widerstand verbrauchte Leistung nach dem Jouleschen Gesetz dem Quadrat des Stromes proportional ist, so muß der Effektivwert ein quadratischer Mittelwert sein. In besonderen Fällen, z. B. für die Bestimmung der durchschnittlich in einem Felde induzierten EMK oder für die chemische Wirkung eines Wellenstromes (so nennt man einen Strom, dessen Stärke sich periodisch ändert, während die Richtung gleich bleibt), kommt der einfache, arithmetische Mittelwert in Frage. Die gebräuchlichen Meßgeräte werden bei den üblichen Frequenzen von selbst einen Durchschnittswert zeigen, da ihr bewegliches System zu große Trägheit besitzt, als daß es der raschen Änderung des Meßwertes folgen könnte; sie werden in Effektivwerten geeicht. Nur ein Meßgerät mit sehr geringer Trägheit des Systems, z. B. der Oszillograph, kann dem raschen Verlauf des technischen Wechselstromes folgen und Augenblickswerte zeigen.

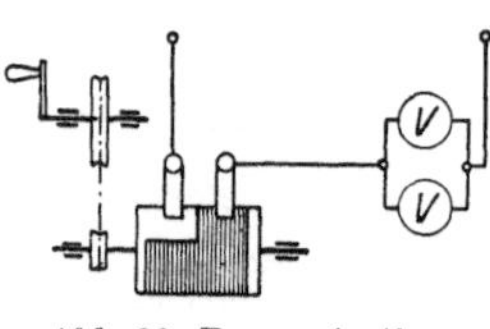

Abb. 90. Demonstration der Mittelwerte.

Durch ein einfaches, vom Verfasser in der Zeitschr. f. phys. u. chem. Unterricht 1910, H. 3 u. 4 angegebenes Gerät kann mittels Gleichstrom das Wesen des arithmetischen und des quadratischen Mittelwertes erläutert und ihre Größe angenähert bestimmt werden. Wir schalten einen Drehspul- und einen Hitzdraht-Spannungsmesser von möglichst gleichem Anzeigebereich untereinander parallel und legen sie über einen rotierenden Unterbrecher an eine Gleichstromquelle von passender Spannung (Abb. 90). Ist der Unterbrecher so eingerichtet, daß bei jeder Umdrehung die Dauer der

Unterbrechung gleich derjenigen des Stromschlusses ist, so wird der zeitliche Verlauf des Stromes in den Spannungsmessern durch den Linienzug der Abb. 91 dargestellt. Bei rascher Drehung werden sich die Zeiger auf einen Durchschnittswert einstellen. Beträgt der Ausschlag bei konstantem Strom z. B. 100 V, so zeigt bei rascher Drehung das Drehspulgerät 50 V, das Hitzdrahtgerät dagegen 71 V. Der Ausschlag des ersteren ist direkt proportional dem Strom, der durch die Drehspule fließt, daher zeigt es den arithmetischen Mittelwert der Spannung = 50 V. Der Antrieb auf den Zeiger des Hitzdrahtgerätes ist dagegen dem Quadrat des Stromes proportional; der Mittelwert des Antriebs ist also

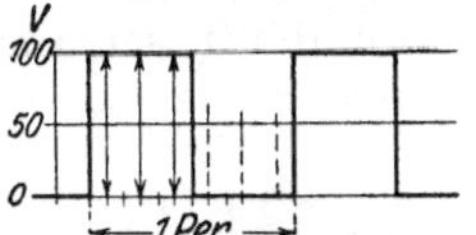

Abb. 91.
Unterbrochener Gleichstrom.

$$\sqrt{\frac{100^2 + 100^2 + 100^2 + 0^2 + 0^2 + 0^2}{6}} = \sqrt{\frac{30\,000}{6}} = 70{,}7 \text{ V}.$$

Verändert man die Dauer des Stromschlusses gegenüber derjenigen der Unterbrechung, also die Kurvenform des Stromes, so verändern sich auch die Ausschläge der Spannungsmesser. Läßt man ferner den Strom durch Einbau passender Widerstände in den Unterbrecher mehrere Werte der Sinuskurve eines Wechsels durchlaufen, wie es z. B. Abb. 92 darstellt, so zeigt das Drehspulgerät 62 V, das Hitzdrahtgerät 71 V als Durchschnittswert. Diese Angaben kommen den Werten schon sehr nahe, die sich aus der genauen Berechnung für die Sinuskurve ergeben würden und für den arithmetischen Mittelwert 63,7 und für den quadratischen 70,7 V betragen.

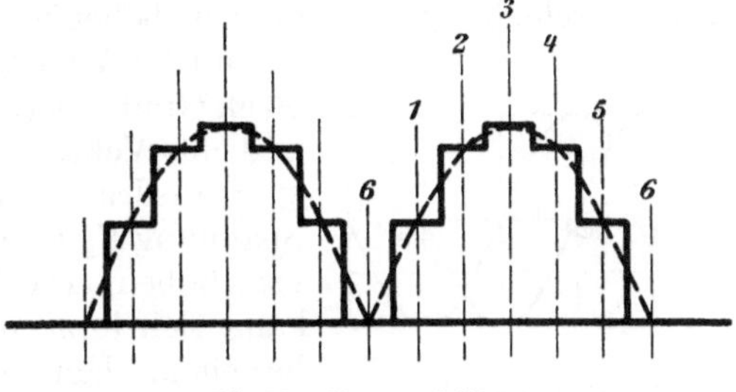

Abb. 92. „Treppen“-Strom.

Der Effektivwert eines sinusförmigen Wechselstromes ist also gleich dem 0,707-fachen des Scheitelwertes, daher ist

$$E = 0{,}707 \cdot \overline{E}, \qquad J = 0{,}707 \cdot \overline{J}. \tag{62}$$

Für sinusförmigen Wechselstrom kann der Wert dieses sogenannten Scheitelfaktors auch in einfacher Weise zeichnerisch bestimmt werden (Abb. 93). Trägt man nämlich die Quadrate der Stromwerte, also i^2, in einem Kurvendiagramm auf, so erkennt man, daß die dadurch bestimmte $\sin^2$-Kurve, die ja auch für die negativen Augenblickswerte des Stromes positiv ist, in bezug auf die in halber Höhe ihres Scheitelwertes liegende Horizontale symmetrisch ist. Die halbe Höhe $\dfrac{\overline{J}^2}{2}$ ist also der Mittelwert der i^2-Kurve; folglich ist

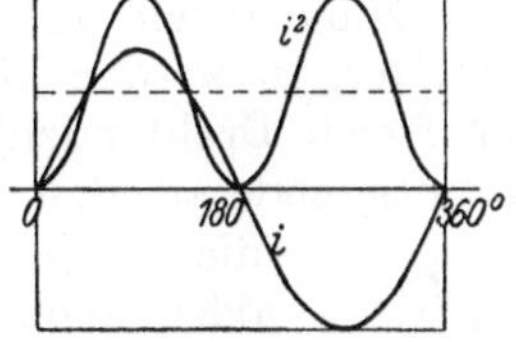

Abb. 93. Kurven zur Bestimmung des Effektivwertes.

der Wert $\dfrac{\overline{J}}{\sqrt{2}} = 0{,}707 \cdot \overline{J}$ der quadratische Mittelwert der reinen Wechselstromkurve. Für die meisten Anwendungen und Berechnungen der Wechselstromtechnik kommt der Effektivwert der Spannung bzw. des Stromes in Frage. Der Scheitelwert ist nur in besonderen Fällen maßgebend, z. B. derjenige der Spannung für den Durchschlag einer Luftstrecke.

Daher verwendet man auch, gewissermaßen unter Änderung des Maßstabes, nicht die Scheitelwerte, sondern die Effektivwerte zur Zeichnung von Vektordiagrammen, obgleich ja ein zeitlicher Mittelwert kein Vektor sein kann.

20. Zweiphasenstrom und seine Verkettung.

Auf dem Anker Abb. 94, der wie der Draht in Abb. 86 in einem homogenen Feld umläuft, seien zwei gleich lange Drähte unter einem Winkel von 90° gegeneinander versetzt längs der Mantellinie angebracht, so daß in dem durch die Skizze

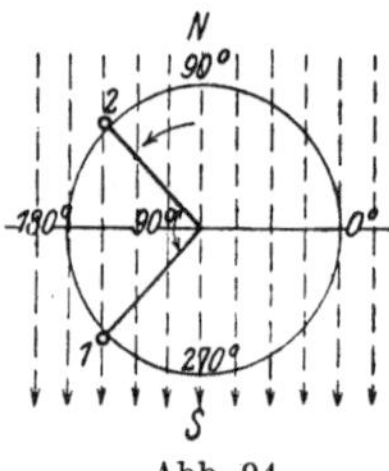

Abb. 94.
Zweiphasenanker.

dargestellten Augenblick der eine Draht zwischen der Mitte des Nordpols und der Neutralen, der andere zwischen der Neutralen und der Südpolmitte sich befindet. In einem andern Augenblick wird der eine Draht in der Polmitte liegen, der andere sich in der Neutralen befinden. Die in beiden Drähten erzeugten Spannungen haben, da das Feld, die induzierte Drahtlänge und die Geschwindigkeit gleich sind, denselben Verlauf, unterscheiden sich jedoch darin voneinander, daß sie bestimmte Augenblickswerte, z. B. ihren Nullwert, zu verschiedenen Zeiten erreichen, man sagt: sie haben verschiedene Phase. Durch die räumliche Versetzung der beiden Drähte entstehen zeitlich gegeneinander verschobene Spannungen. Die Phasenverschiebung beträgt bei beliebiger Polzahl des Feldes 90°, wenn die

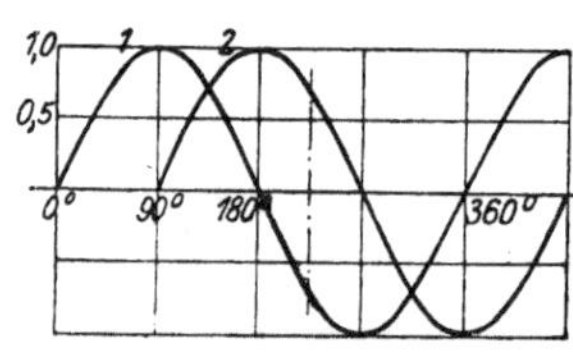

Abb. 95. Kurven des
Zweiphasenstromes.

räumliche Versetzung eine halbe Polteilung, d. h. 90 el. Grade, beträgt. Das Kurvendiagramm (Abb. 95) und das Vektordiagramm (vgl. Abb. 98) bringen dies zum Ausdruck; die Kurve bzw. der Vektor der zweiten Spannung E_2 ist um 90° hinter die erste Spannung E_1 verschoben. Die Gradeinteilung im Kurvendiagramm kann sich jetzt natürlich nur auf eine der Kurven beziehen. Um der Deutlichkeit willen sind hier wie in späteren Diagrammen die Kurven teilweise nicht bis zum Rand durchgezeichnet.

Verbindet man Anfang und Ende jedes Drahtes mit je einem Schleifring, so treten demnach an den beiden Schleifringpaaren zwei Spannungen verschiedener Phase auf; der Anker kann Zweiphasenwechselstrom liefern. Im Gegensatz zu den Mehrphasenströmen bezeichnet man den einfachen Wechselstrom, für den nur eine Hin- und eine Rückleitung nötig ist, als Einphasenstrom. Will man für den Zweiphasenstrom einen Vergleich aus anderen Gebieten heranziehen, so kann man an eine Zweizylinderkolbenmaschine, z. B. eine Pumpe denken, deren Kurbeln um 90° zueinander versetzt sind.

Verbinden wir auf einer der Stirnseiten des Ankers die Drahtenden untereinander, so werden die Drähte dadurch verkettet. Die Spannung zwischen den freien Drahtenden, die man verkettete Spannung nennt, ist dann die Resultierende aus den Spannungen der beiden Drähte. Die Drähte bzw. Spulen,

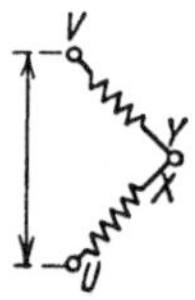

Abb. 96.
Verkettete
Zweiphasen-
wicklung.

die zu je einer Phase des Stromes gehören, nennt man Stränge oder auch Phasen; die beiden Spannungskomponenten heißt man Phasenspannungen.

    Zur Bestimmung der verketteten Spannung halten wir uns zunächst am besten an den wörtlichen Sinn des Begriffes „Spannung", wie er uns in „Spannweite" und ähnlichen Wortbildungen begegnet. Stellen wir die Drähte als zwei zueinander senkrechte Spulen gleicher Länge U—X und V—Y dar und legen die Enden X und Y zusammen, so gibt die Verbindungslinie der freien Klemmen U—V ein Maß für die Größe und Phase der verketteten Spannung (Abb. 96). Soll diese im Vektordiagramm bestimmt werden, so ist zu beachten, daß die Drähte bzw. Spulen mit ihren gleichliegenden Enden, sozusagen ihren gleichnamigen

Klemmen, verkettet, also gegeneinander geschaltet sind. Sie werden daher, wenn die Klemmen $U\!-\!V$ über irgend einen Stromweg geschlossen werden, von dem gemeinsamen Strom in verschiedenem Sinn durchflossen, z. B. die erste Spule in der Richtung vom Anfang U zum Ende X, die zweite Spule vom Ende Y zum Anfang V. Um die verkettete Spannung im Kurven- bzw. Vektordiagramm darzustellen, muß daher eine Kurve bzw. ein Vektor negativ genommen, d. h. umgekehrt werden. Diese Subtraktion der Spannungen gibt im Kurvendiagramm wieder eine Sinuskurve (Abb. 97). Im Vektordiagramm ist die Konstruktion ähnlich wie diejenige der Resultierenden zweier Kräfte verschiedener Richtung, nur daß hier einer der Vektoren negativ zu nehmen ist (Abb. 98). Die mit den gleichnamigen Klemmen X und Y verketteten Spulen geben daher die resultierende Spannung E_{1-2}, wenn E_1 als positiv gilt. Aus den Diagrammen folgt, daß der Scheitelwert, also auch der Effektivwert der verketteten

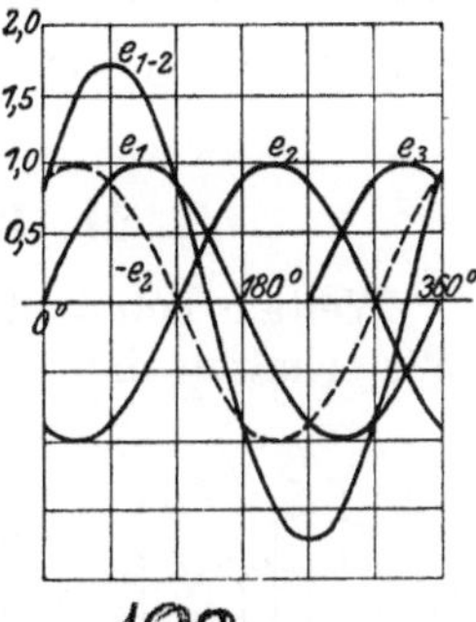

Abb. 97. Spannungen im verketteten Zweiphasensystem.

Spannung, $\sqrt{2}$ mal oder $1{,}4$ mal so groß ist wie der Scheitelwert bzw. Effektivwert der Phasenspannung, also

$$E_{1-2} = 1{,}4 \cdot E_1 = 1{,}4 \cdot E_2. \tag{63}$$

Dasselbe Verhältnis bekommt man bekanntlich, wenn man zwei gleiche zueinander senkrechte Kräfte nach den Regeln der Mechanik zu einer einzigen Kraft zusammensetzt.

Führt man die freien Enden U und V der Drähte bzw. Spulen sowie den Verkettungspunkt XY über je einen Schleifring nach außen und verbindet diese mit zwei in Reihe geschalteten Verbrauchskörpern von untereinander gleichem Ohmwert nach Abb. 99, so bildet dieser Stromkreis ein symmetrisches Zweiphasensystem mit zwei Außenleitern R und T und einem Mittel- oder Nulleiter O. Die Ströme in den beiden Spulen haben dann wie die Spannungen gegeneinander eine Phasenverschiebung von 90°. Durch den Nulleiter muß

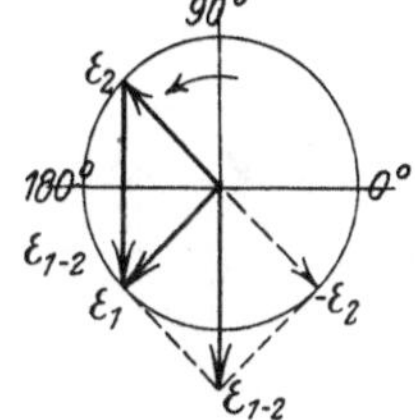

Abb. 98. Spannungen im verketteten Zweiphasensystem.

stets ein Strom fließen, dessen Augenblickswert nach der ersten Kirchhoffschen Regel entgegengesetzt gleich der Summe der augenblicklichen Phasenströme und dessen Effektivwert gleich der geometrischen Summe der beiden Phasenströme ist. Aus dem Vektordiagramm Abb. 100 ist der Wert und die gegenseitige Lage der Größen zu ersehen. Unterbricht man den Mittelleiter, so fließt nur noch ein einziger Strom in Reihe durch die beiden Spulen; man hat dann Einphasenstrom, der von der Resultierenden zweier um 90° verschobener Spannungen geliefert wird.

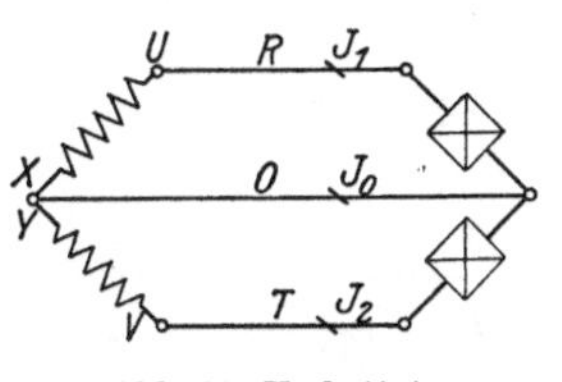

Abb. 99. Verkettetes Zweiphasensystem.

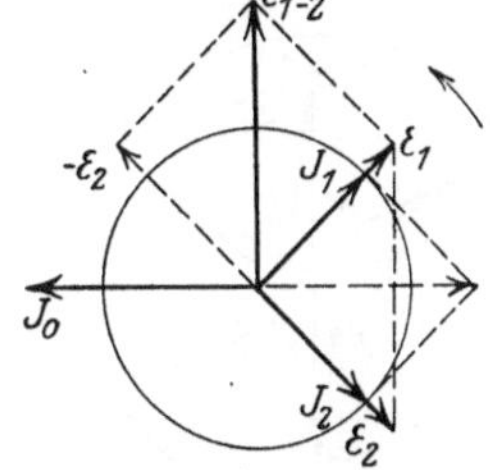

Abb. 100. Vektordiagramm im verketteten Zweiphasensystem.

Beispiel: Die beiden Ankerspulen mögen eine EMK von je 50 V liefern. Wird eine Verbindung der beiden Spulen nach Abb. 96 hergestellt, so tritt an den freien Klemmen eine verkettete Spannung von $1{,}4 \cdot 50 = 70$ V auf. Verbindet man nun die Spulen durch drei Leitungen nach Abb. 99 mit zwei ebenso geschalteten Widerständen, so tritt an jedem der letzteren die Phasenspannung von 50 V auf, wenn wir den Widerstand der Spulen und Leitungen vernachlässigen. Nehmen wir die beiden Widerstände mit je 5 Ω

an, so werden diese und die beiden Außenleiter von einem Strom von $\frac{50}{5} = 10$ A durchflossen. Der Strom im gemeinsamen Mittelleiter ist dann $1{,}4 \cdot 10 = 14$ A. Wird der Mittelleiter unterbrochen, so liegen die Widerstände in Reihe an der verketteten Spannung von 70 V; der Strom beträgt dann $\frac{70}{5 + 5} = 7$ A.

21. Dreiphasenstrom und seine Verkettung.

Weitaus gebräuchlicher als der Zweiphasenstrom ist der Dreiphasenstrom. Wir erhalten ihn, wenn wir drei Drähte oder Spulen, 1, 2 und 3 in Abb. 101,

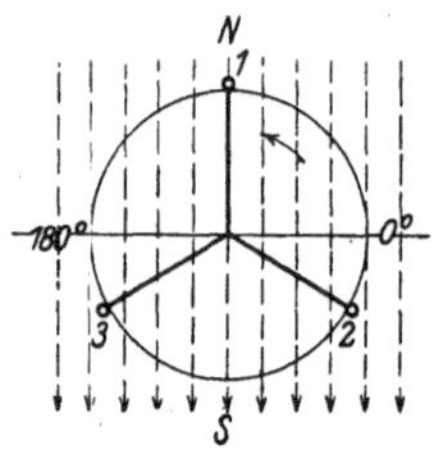

Abb. 101. Dreiphasenanker.

unter je 120° el., also um je $^2/_3$ Polteilung gegeneinander versetzt auf dem Anker anbringen. Es entstehen dann bei Drehung des Ankers im Magnetfeld drei Spannungen, die um einen entsprechenden Betrag zeitlich gegeneinander verschoben sind. Wenn sich z. B. der Draht 1 unter der Mitte des Nordpols befindet, also die Spannung e_1 den positiven Scheitelwert hat, so liegen die Drähte 2 und 3 im Bereich des Südpols und zwar Draht 2 bei 330°, Draht 3 bei 210°. Die Spannungen 2 und 3 sind dann negativ; ihr Augenblickswert ist gleich der Hälfte des Scheitelwertes, da sin 330 und sin 210 $= -0{,}5$ ist. Dreht man den Anker weiter, so erreicht offenbar die Spannung im Draht 2 den positiven Scheitelwert und irgendwelchen andern Augenblickswert um 120° später als die Spannung von Draht 1, ebenso die Spannung von Draht 3 um 120° später als die von Draht 2.

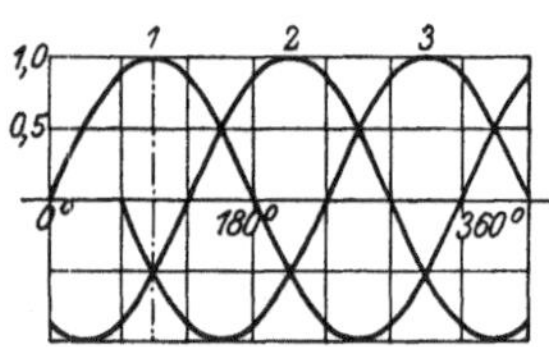

Abb. 102. Kurvendiagramm des Dreiphasenstromes.

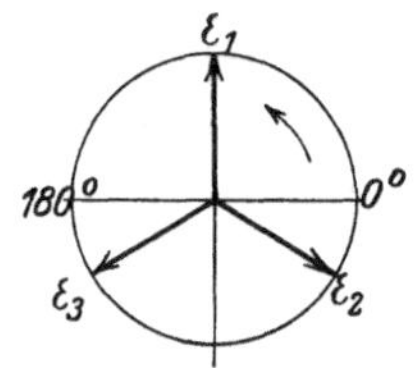

Abb. 103. Vektordiagramm

Die drei Spannungen laufen also mit denselben Werten stets um je 120° el. hintereinander her, im Kurven- bzw. Vektor-Diagramm (Abb. 102 bzw. 103) sind sie um einen Abstand von je 120° gegeneinander verschoben zu zeichnen. Verbinden wir die drei Drähte oder drei ebenso zueinander versetzte Spulen, deren Weite nach früher Gesagtem am günstigsten gleich der Polteilung gemacht wird (Abb. 104), mit ihren beiden Enden mit je zwei Schleifringen — letztere sind der Deutlichkeit halber nicht gezeichnet —, so können dem Anker drei Ströme entnommen werden, die eine Phasenverschiebung von je 120° zueinander haben. Um die Darstellung zu vereinfachen, zeichnen wir die drei Spulen in radialer Lage und verbinden sie unmittelbar mit drei untereinander gleichen Verbrauchskörpern, z. B. Lampen (Abb. 105). Dann fließen in dem System drei Ströme, deren Größe und Phase durch Diagramme in gleicher Weise wie die Spannungen darzustellen sind. Zum Vergleich betrachte man die Kolbenstellungen einer

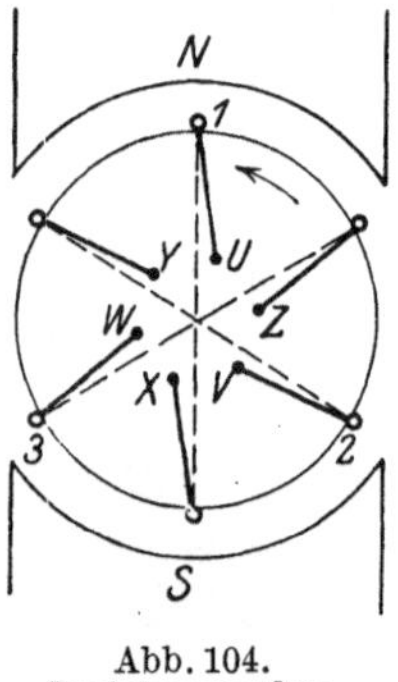

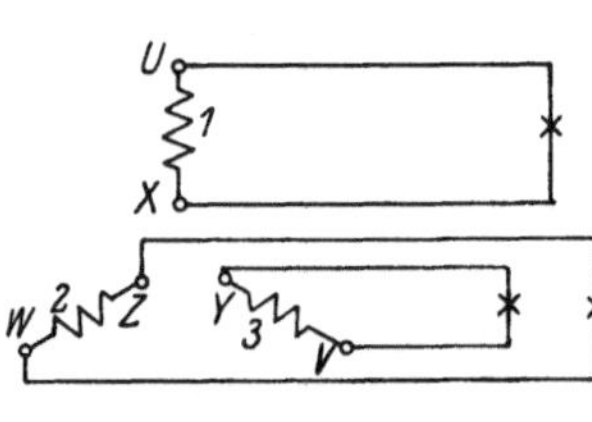

Abb. 104. Dreiphasenanker.

Abb. 105. Unverkettetes Dreiphasensystem.

Dreizylinderpumpe oder einer andern Kolbenmaschine, deren Kurbeln um je 120° versetzt sind.

In dem Dreiphasensystem der Abb. 105 können nun die drei mit den gleichliegenden Klemmen *XYZ* verbundenen Leitungen zu einem einzigen Leiter, dem Nulleiter, zusammengefaßt werden (Abb. 106), ohne daß durch diese einseitige Verbindung etwas an dem Stromlauf geändert wird (vgl. auch S. 33).

Haben ferner die drei Ströme genau sinusförmigen Verlauf und sind sie gleich groß, so ist, wie aus den Diagrammen Abb. 102 und 103 zu erkennen ist, die Summe der drei Augenblickswerte der Ströme stets gleich Null. Hat z. B. der Strom 1 den positiven Scheitelwert sin 90° = 1, so ist der Augenblickswert der beiden anderen je — 0,5. Hat der Strom 1 den Nullwert, so hat der Strom 2 den Wert sin 120° = 0,866,

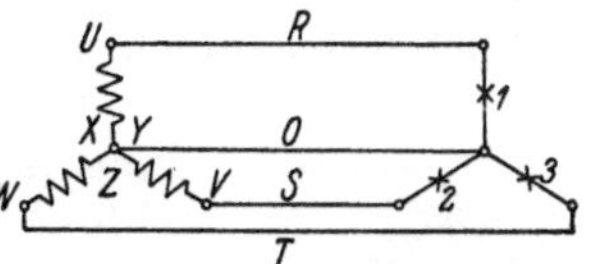

Abb. 106. Verkettetes Dreiphasensystem mit Nulleiter.

der Strom 3 den Wert sin 240° = — 0,866. Daraus folgt, daß unter den gemachten Voraussetzungen der Mittelleiter dauernd stromlos ist, also überhaupt entbehrt werden und der verkettete Dreiphasenstrom durch drei Leitungen übertragen werden kann (Abb. 107). Das durch Verkettung von Dreiphasenstrom entstehende System trägt den Namen Drehstrom und ist gekennzeichnet durch drei Leitungen, in denen Ströme von je 120° gegenseitiger Phasenverschiebung übertragen werden. Die im vorstehenden beschriebene Art der Verkettung heißt Sternschaltung. Man verwendet

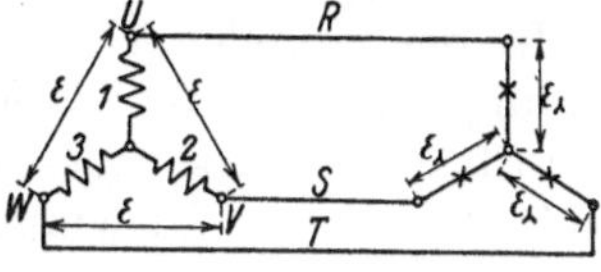

Abb. 107. Sternschaltung.

für sie das Zeichen ⋏ und nennt die Spannung jeder Phase die Sternspannung, den Verbindungspunkt der drei Spulen den Sternpunkt. Aus der Darstellung erkennt man, daß die Sternschaltung in die Gruppe der Reihenschaltungen (vgl. Abschnitt 2) gehört. Die verkettete Spannung zwischen je zweien der drei freien Klemmen, die nach den Regeln des VDE auch kurz „Spannung" genannt wird, ist auf ähnliche Art wie bei dem Zweiphasensystem zu bestimmen. Ein Maß für sie gibt der Abstand der Sternspitzen (vgl. Abb. 107).

Da je zwei Stränge gegeneinander geschaltet sind, ist die resultierende Spannung eine Differenz. Ihre Größe und Phase wird in dem Kurvendiagramm (Abb. 108) durch Umkehrung je einer Kurve und Addition der Augenblickswerte, im Vektordiagramm (Abb. 109) durch Umkehrung je eines Vektors und Konstruktion der Resultierenden mit einem andern Vektor oder

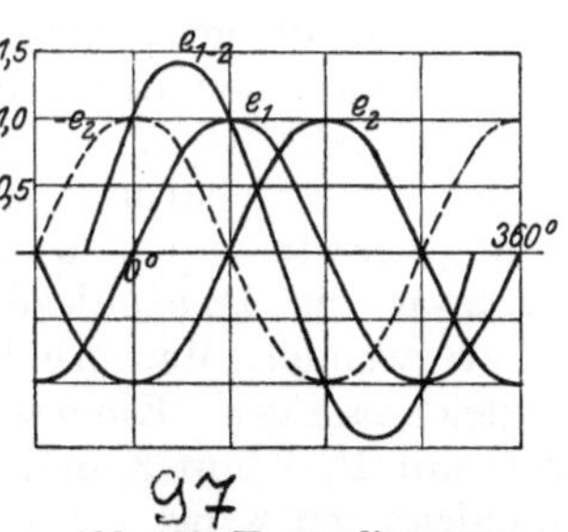

Abb. 108. Kurvendiagramm

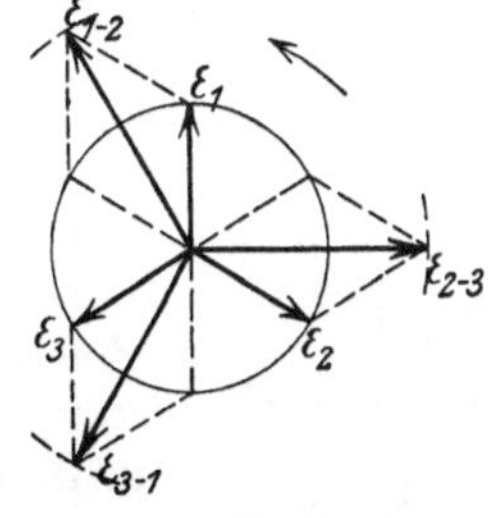

Abb. 109. Vektordiagramm

der Spannungen bei Sternschaltung.

durch Verbindung der Endpunkte zweier Phasenvektoren bestimmt. Aus beiden Diagrammen ist zu entnehmen, daß die drei verketteten Spannungen $\sqrt{3} = 1{,}73$ mal so groß sind wie die Sternspannung, wenn die gemachten Voraussetzungen, nämlich sinusförmiger Verlauf, gleiche Größe und gleiche Phasenverschiebung, zutreffen. Bezeichnet man die Sternspannung mit E_λ, die verkettete Spannung mit E, so ist demnach

$$E = 1{,}73 \cdot E_\lambda. \tag{64}$$

Diese Spannung ist dreimal, zwischen je zwei Leitungen vorhanden. Wird das System durch drei ebenfalls in Stern geschaltete Verbrauchskörper von untereinander gleichem Ohmwert (vgl. Abb. 107) belastet, so teilt sich hier die

Spannung in entsprechender Weise; jeder Verbrauchskörper liegt dann an der Sternspannung $E_\lambda = \dfrac{E}{1{,}73}$.

Da man gelegentlich in die Lage kommt, eine derartige Schaltung an unbezeichneten Klemmen ausführen zu müssen, so sei noch erörtert, wie sich eine falsche Verbindung zeigt. Wir nehmen an, daß die Verbindung der Spulen 2 und 3 richtig ist, bei Spule 1 aber die Anschlüsse vertauscht sind. Es ist also, statt X, die mit U zu bezeichnende Klemme mit Y und Z verbunden; die Spule 1 ist daher vom Sternpunkt aus nach unten zu zeichnen (Abb. 110). Schon aus der Betrachtung des Spulenbildes ist zu entnehmen, daß dann nur zwischen den freien Klemmen der Spulen 2 und 3 der richtige Wert der verketteten Spannung auftritt, während die Spannung zwischen den freien Klemmen der Spulen 1 und 3 sowie 1 und 2 ebenso groß ist wie die Sternspannung.

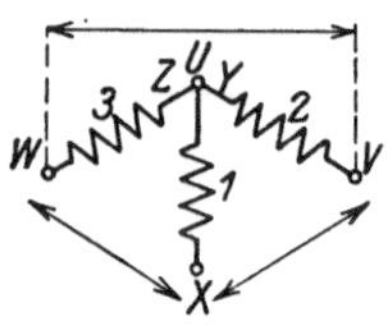

Abb. 110. Falsche Sternschaltung.

In dem Dreileiter-Drehstromsystem der Abb. 107 waren Lampen als Belastung angenommen. Wenn nun die Zahl oder die Stärke der Lampen in den drei Strängen stark voneinander abweicht, so daß die Phasenströme verschieden sind, so tritt eine Unsymmetrie auf; der Sternpunkt des Diagramms verschiebt sich, die Lampen brennen mit ungleicher Spannung. Zur Erläuterung seien nur die zwei Grenzfälle erwähnt. Wird der Belastungswiderstand des Stranges 3 bis auf Null verringert, so rückt der Sternpunkt allmählich bis an die Leitung T heran, die Lampen der Stränge 1 und 2 brennen schließlich mit der verketteten Spannung statt mit der Sternspannung. Wenn dagegen der Widerstand im Strang 3 unendlich groß, dieser also unterbrochen ist, so wird Leitung T stromlos, das System verwandelt sich in ein Einphasensystem mit zwei in Reihe geschalteten Teilen, die Lampen 1 und 2 brennen dann nicht mehr mit der Sternspannung, sondern nur mit der Hälfte der verketteten Spannung. Um bei ungleicher Belastung diese Spannungsunterschiede zu vermeiden und sowohl die verketteten als auch die Sternspannungen ausnutzen zu können, verwendet man das Vierleitersystem, bei welchem neben den drei Außenleitern noch der Nulleiter verlegt ist (vgl. Abb. 106).

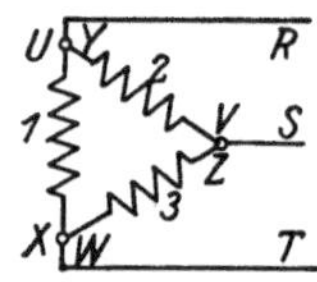

Abb. 111. Dreieckschaltung.

Außer der Reihenschaltung ist auch bei Drehstrom eine Parallelschaltung der Stromquellen bzw. der Verbrauchskörper möglich, und zwar die Dreieckschaltung, für die man das Zeichen $\triangle$ verwendet. Man erhält sie, wenn man durch Verbindung „ungleichnamiger" Klemmen der verschiedenen Stränge, z. B. von U mit Y, V mit Z und W mit X (Abb. 111), diese zu einem geschlossenen Kreis verbindet und an die Verbindungspunkte die Leitungen anschließt. Hier taucht zunächst die Frage auf, ob eine solche geschlossene Schaltung überhaupt ausgeführt werden darf. Betrachtet man das Spulendreieck, so ist klar, daß nach Herstellung der zwei ersten Verbindungen bei genau gleichen Längen und Winkeln der Punkt W genau auf X fällt; zwischen diesen ist also auch keine Spannung vorhanden. Zu demselben Ergebnis führt das Vektordiagramm der Spannungen. Da die Stränge mit ungleichnamigen Klemmen verbunden, also hintereinander geschaltet werden, so ergibt sich die verkettete Spannung von Strang 1 und 2 durch Konstruktion der Resultierenden aus diesen Spannungen ohne deren Umkehrung (Abb. 112). Die

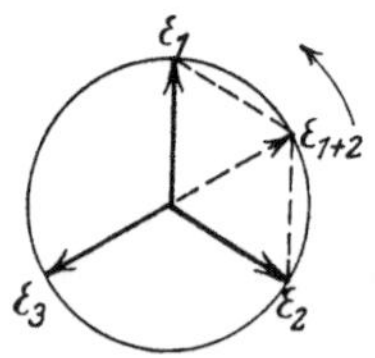

Abb. 112. Spannungen bei Dreieckschaltung.

Resultierende E_{1+2} der Phasenspannungen E_1 und E_2 ist also der Spannung 3 entgegengesetzt gleich. Die Summe aller drei Spannungen ist daher gleich Null;

das Dreieck kann geschlossen werden, ohne daß dadurch ein Strom innerhalb desselben entsteht. Sind die schon erwähnten Voraussetzungen reiner Sinusform, gleicher Größe und gleicher Verschiebung der Phasenspannungen nicht erfüllt, so hat die Summe der letzteren einen gewissen Wert, der einen **Ausgleichsstrom** innerhalb des Dreiecks hervorruft. Bei falscher Dreieckschaltung tritt nach Herstellung von zwei Verbindungen zwischen dem letzten Klemmenpaar stets die doppelte Phasenspannung auf. Ist beispielsweise nicht die Klemme Z, sondern W mit V verbunden (Abb. 113), so entspricht der Abstand zwischen X und Z der Span-

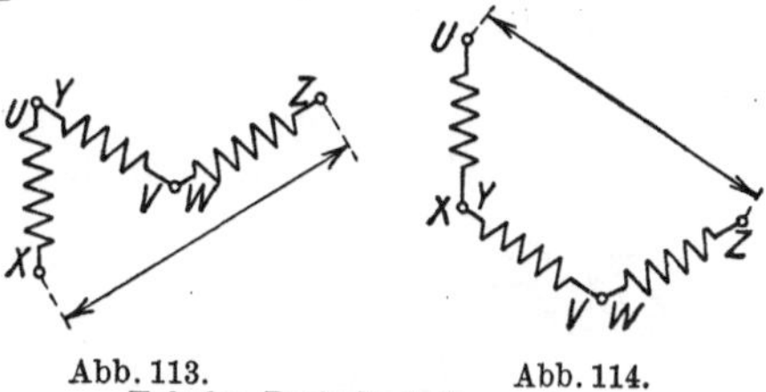

Abb. 113.   Abb. 114.
Falsche Dreieckschaltungen.

nung, die zwischen diesen Klemmen herrscht. Sind auch die Klemmen U und X vertauscht, ist also X mit Y und V mit W verbunden, so entsteht das Bild 114, zwischen U und Z tritt ebenfalls die doppelte Phasenspannung auf. Das dritte Klemmenpaar darf dann selbstverständlich nicht kurzgeschlossen werden.

Wird die in Dreieck geschaltete Stromquelle durch drei Widerstände belastet, so wird jede Leitung aus zwei Strängen gespeist (Abb. 115); die Dreieckschaltung ist also tatsächlich eine Parallelschaltung. Um den Leitungsstrom J zu bestimmen, ist zu beachten, daß jeder sich aus zwei Dreieckströmen $J_\triangle$ zusammensetzt, die in verschiedener Richtung durch die Spulen

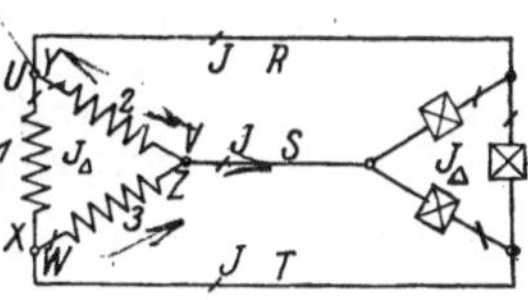

Abb. 115. Dreieckschaltung.

fließen, nämlich in der einen Spule vom Anfang nach dem Ende, in der andern vom Ende nach dem Anfang. Der verkettete Strom ist demnach bei der Dreieckschaltung durch Umkehrung je einer Phase zu finden (Abb. 116), wie die verkettete Spannung bei der Sternschaltung. Man berechnet daher bei gleichmäßiger Belastung der drei Stränge den Leitungsstrom J aus dem Dreieckstrom $J_\triangle$ der Stromquelle mittels der Gleichung

$$J = 1{,}73 \cdot J_\triangle. \tag{65}$$

Sind die Verbrauchskörper ebenfalls in Dreieck geschaltet, so wird hier der Strom in entsprechender Weise geteilt. Es ist ohne weiteres klar, daß bei der Dreieckschaltung eine Unterbrechung in einem Verbrauchskörper die Spannung und den Strom der beiden anderen Belastungszweige nicht beeinflußt.

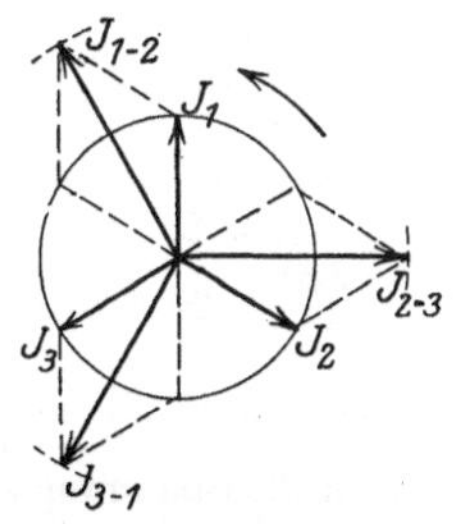

Abb. 116. Ströme bei Dreieckschaltung.

Dem Anfänger wird es vielleicht unerklärlich erscheinen, daß bei Einschaltung je eines Strommessers in die drei Leitungen einer Drehstromschaltung jedes dieser Meßgeräte bei gleichmäßiger Belastung denselben Wert zeigt, obwohl doch stets ebenso viel Strom von den Verbrauchskörpern zurückfließen muß wie nach ihnen hinfließt. Der scheinbare Widerspruch erklärt sich dadurch, daß ja die Meßgeräte einen Mittelwert zeigen. In jedem Augen-

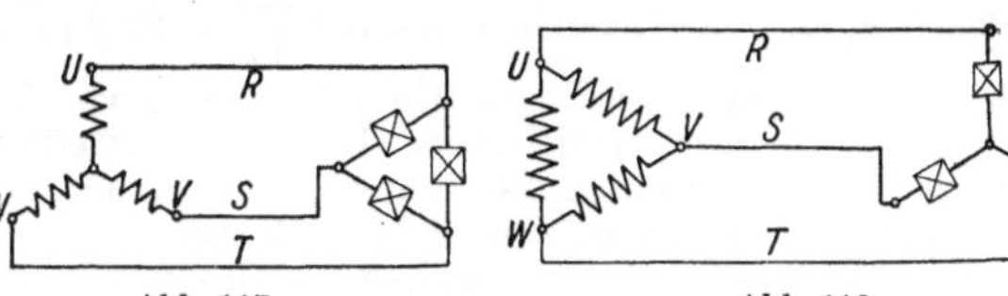

Abb. 117.   Abb. 118.
Drehstromsystem in gemischter Schaltung.

blick fließt natürlich nach der ersten Kirchhoffschen Regel an jedem Punkt des Systems insgesamt ebensoviel Strom zu als ab.

Wie bei Gleichstrom, so können auch bei Drehstrom die Stromquelle einerseits, die Verbrauchskörper anderseits beliebig geschaltet werden; es ist also möglich, die Stromquelle in Stern und die Verbrauchskörper in Dreieck oder umgekehrt zu schalten (Abb. 117 u. 118).

Sind 6 Verbrauchskörper vorhanden, so kann man eine Stern- und eine Dreieckschaltung parallel oder auch in Reihe zueinander schalten. Im letzteren Fall wird der Sternpunkt der einfachen Schaltung sozusagen in ein Dreieck aufgelöst (Abb. 119). Bezeichnen wir mit R jeden der sechs Widerstände und mit J den Leitungsstrom, so ist die Spannung am Dreieck $U_\triangle = \dfrac{J \cdot R}{1,73}$, daher die Sternspannung innerhalb des Dreiecks $U_{\lambda i} = \dfrac{U_\triangle}{1,73} = \dfrac{J \cdot R}{3}$. Die äußeren Widerstände verbrauchen eine Spannung $U_{\lambda a} = J \cdot R$, daher ist die gesamte Sternspannung $U_\lambda = U_{\lambda a} + U_{\lambda i} = \dfrac{4}{3} \cdot J \cdot R$ und schließlich $J = \dfrac{1,73}{4} \dfrac{U}{R}$.

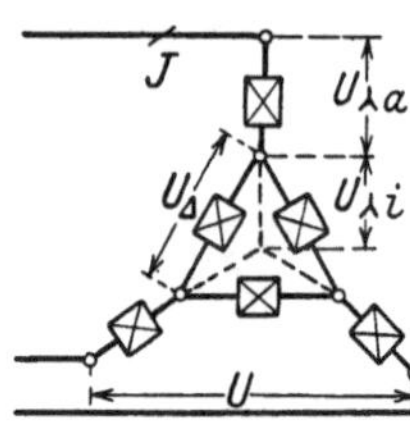

Abb. 119. Dreieck in Sternschaltung.

Beispiele: 1. Der Anker eines Dreiphasengenerators habe 3 Spulen, die je 220 V Spannung liefern; zur Belastung sind 3 Widerstände von je 11 Ω vorhanden. Der Widerstand der Spulen und Leitungen soll vernachlässigt werden. Welche Spannungen und Ströme erhält man bei den verschiedenen Schaltungen?

a) **Stromquelle und Verbrauchskörper in Stern** (vgl. Abb. 107): Die Stromquelle hat 220 V Sternspannung, die Spannung zwischen je 2 Leitungen ist daher $1,73 \cdot 220 = 380$ V, die Spannung an jedem Belastungswiderstand $\dfrac{380}{1,73} = 220$ V. Diese werden daher nach dem Ohmschen Gesetz von einem Strom von je $\dfrac{220}{11} = 20$ A durchflossen, ebenso jede Leitung sowie jede Spule des Generators, wie aus der Skizze zu ersehen ist. Tritt in einem der Verbrauchskörper oder in einer Leitung Unterbrechung auf, so ist die Spannung an jedem Verbrauchskörper $\dfrac{380}{2} = 190$ V, es fließt in dem System nur ein Einphasenstrom von $\dfrac{380}{11 + 11} = 17,3$ A. Wird dagegen in der Vierleiterschaltung Abb. 106 ein Außenleiter, z. B. T, unterbrochen, so bleiben die Spannungen und Ströme in den Strängen unverändert, der Nulleiter führt aber dann den gleichen Strom wie vorher der Außenleiter T, in unserem Beispiel 20 A.

b) **Stromquelle und Verbrauchskörper in Dreieck** (vgl. Abb. 115): Die Leitungsspannung ist 220 V. Der Strom $J_\triangle$ in jedem Widerstand ist nach dem Ohmschen Gesetz $J_\triangle = \dfrac{220}{11} = 20$ A, der Leitungsstrom $J = 1,73 \cdot 20 = 34,6$ A, der Strom in jedem Strang des Generators $J_\triangle = \dfrac{34,6}{1,73} = 20$ A. Tritt eine Unterbrechung in einem Widerstand auf, so bleibt die Spannung an den Anschlußpunkten, daher auch der Strom in den beiden anderen Widerständen unverändert; es fließt dann durch eine Leitung wie oben ein Strom von 34,6 A, durch die beiden anderen Leitungen ein Strom von je 20 A; die beiden letzteren Ströme haben gegeneinander eine Phasenverschiebung von 120°. Wird dagegen z. B. die Leitung S unterbrochen, so ist nur noch eine einzige Spannung $R - T$ wirksam; an dieser liegt der Widerstand 1 parallel mit der aus der Reihenschaltung der Widerstände 2 und 3 gebildeten Gruppe. Der Strom in 1 ist dann $\dfrac{220}{11} = 20$ A; in 2 und 3 ist er $= \dfrac{220}{11 + 11} = 10$ A; in den beiden Leitungen fließt also Einphasenstrom von $20 + 10 = 30$ A, der von den drei Strängen des Generators geliefert wird. Jener verteilt sich in gleicher Weise wie in den Verbrauchskörpern, es werden also Spule 1 einen Strom von 20 A, die in Reihe geschalteten Spulen 2 und 3 einen Strom von je 10 A führen.

c) **Stromquelle in Stern, Verbrauchskörper in Dreieck** (Abb. 117): Die Leitungsspannung ist 380 V wie bei a), der Strom in jedem Widerstand ist $\dfrac{380}{11} = 34,6$ A, der Leitungsstrom und der Strom in den Spulen des Generators daher je $1,73 \cdot 34,6 = 60$ A.

d) **Stromquelle in Dreieck, Verbrauchskörper in Stern** (Abb. 118): Die Leitungsspannung ist 220 V wie bei b), jeder Widerstand liegt an der Sternspannung

$\dfrac{220}{1,73} = 127$ V, führt also einen Strom von $\dfrac{127}{11} = 11,5$ A. Die Spulen des Generators

müssen daher einen Strom von je $\dfrac{11,5}{1,73} = 6,7$ A liefern.

Um das Spannungs- und Stromdiagramm für den Fall d) zu zeichnen, gehen wir von den Verbrauchskörpern aus. Falls diese induktionsfrei sind, ist der Strom in jedem derselben in Phase mit der Spannung (vgl. folg. Abschnitte). Wir zeichnen also (Abb. 120) drei Spannungen von 127 V unter je 120° gegeneinander und in gleicher Richtung die drei Ströme von 11,5 A. Zwischen den Leitungen und an den Spulen der Stromquelle liegen dann die verketteten Spannungen von je 220 V, deren Lage nach Abb. 109 zu konstruieren ist. Die Ströme in den drei Spulen erhält man durch Teilung, also durch Umkehrung der Konstruktion von Abb. 116; der Strom in jeder Spule liegt in gleicher Richtung mit seiner Spannung.

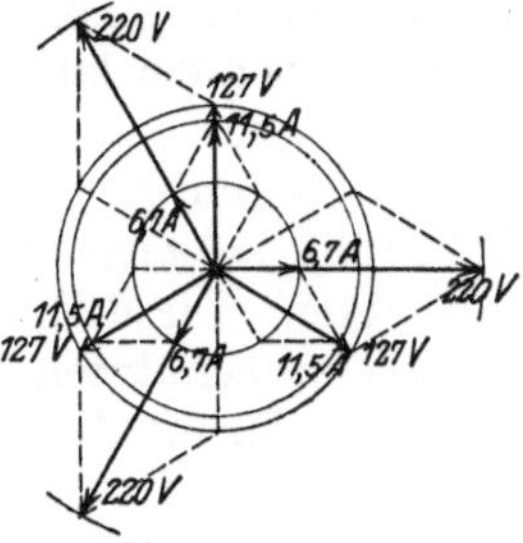

Abb. 120. Diagramm zu Beispiel 1 d.

2. Legt man 6 Widerstände von je 11 Ω in der Schaltung der Abb. 119 an eine Drehstromleitung von 380 V, so wird

$$J = \frac{1,73 \cdot 380}{4 \cdot 11} = 15 \text{ A}$$

und

$$J_\triangle = \frac{15}{1,73} = 8,66 \text{ A}.$$

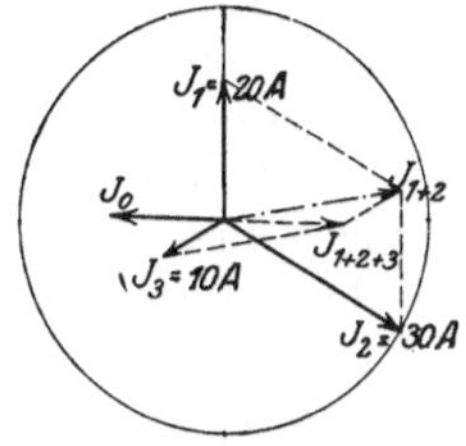

Abb. 121. Vektordiagramm der Ströme zu Beispiel 3.

3. Ein Drehstromsystem mit Nulleiter (vgl. Abb. 106) sei ungleich belastet, und zwar seien die Ströme in den Außenleitern bei einer Phasenverschiebung von genau 120° gegeneinander: $J_1 = 20$ A, $J_2 = 30$ A, $J_3 = 10$ A. Der Nulleiterstrom soll nach Größe und Phase bestimmt werden. Nach der ersten Kirchhoffschen Regel muß die Summe aller Ströme in einem Verzweigungspunkt gleich Null sein. Der Nulleiterstrom muß folglich der Resultierenden von J_1, J_2 und J_3 entgegengesetzt gleich sein. Die Konstruktion liefert in unserem Fall einen Strom J_0 von etwa 16 A, der im Diagramm ungefähr horizontal nach links gerichtet ist (Abb. 121).

22. Selbst- und Fremdinduktion bei Gleichstrom.

In der Folge müssen wir unterscheiden zwischen solchen Verbrauchskörpern, in denen der Strom keine oder eine im Verhältnis zur Wärmewirkung nur sehr geringe magnetische Wirkung hat, und solchen, die bei Stromdurchfluß ein verhältnismäßig starkes magnetisches Feld liefern. Zu den ersteren gehören bifilar gewickelte Spulen, wie man sie zu Meßwiderständen verwendet, Glühlampen, ferner auch Vorschalt- und Regulierwiderstände usw. Sie werden, mehr oder weniger genau, induktionsfreie Widerstände oder kurz „Widerstände" genannt. Zu der zweiten Art gehören vor allem die verschiedenen Zwecken dienenden Magnetspulen; sie heißen induktive Widerstände.

Die Beschreibung einiger Versuche soll zunächst das Verhalten dieser Körper bei Gleichstrom erläutern. Wir nehmen einen induktionsfreien Widerstand und legen ihn unter Einschaltung eines etwas gedämpften Strommessers, am besten eines Drehspulgerätes und eines Schalters an eine Gleichstromquelle (Abb. 122). Schließen wir den Stromkreis, so erreicht der Zeiger des Strommessers rasch seinen dem

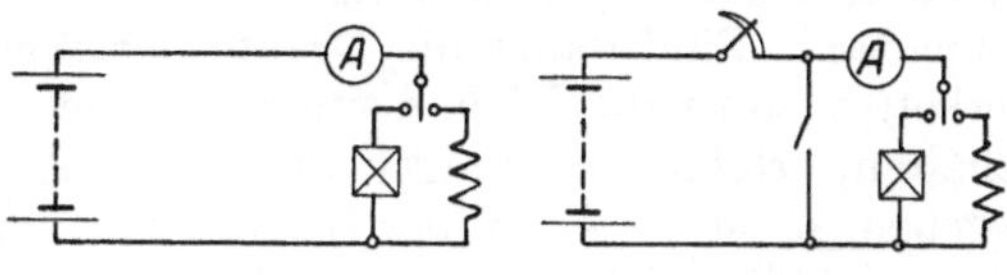

Abb. 122.   Abb. 123.

Öffnen und Schließen eines Gleichstromkreises.

Ohmwert des Widerstandes entsprechenden Ausschlag. Beim Ausschalten zeigt sich an der Unterbrechungsstelle ein Funke, der desto geringer ist, je rascher ausgeschaltet wird. Schließt man unter Vorschaltung eines zweiten Widerstandes, der einen Kurzschluß der Stromquelle verhindert (Abb. 123), den ersten Widerstand unter Strom kurz, so geht der Zeiger des Strommessers rasch in die Nullstellung zurück. Schalten wir nun eine Magnetspule von großer Windungszahl statt des ersten Widerstandes ein und wiederholen die Versuche, so beobachten wir beim Einschalten ein langsames Ansteigen des Stromes, beim Kurzschließen ein langsames Abnehmen desselben. Beim Ausschalten zeigt sich an der Unterbrechungsstelle ein Funke, der desto länger ist, je rascher wir unterbrechen. Legen wir parallel zur Spule eine Glühlampe von passendem Widerstand (Abb. 125), so wird sie während des Ausschaltens für einen Augenblick stark aufleuchten. Diese Erscheinung tritt nicht auf, wenn wir die Lampe parallel zu dem zuerst benutzten Widerstand legen.

Zur Erklärung dieser Erscheinungen müssen wir auf den Elektromagnetismus zurückgreifen. In einem induktionsfreien Widerstand erzeugt der Strom im wesentlichen Wärme, während ein Strom gleicher Stärke in einer Spule von demselben Ohmwert die gleiche Wärmemenge, außerdem aber noch ein magnetisches Feld liefert. Die Linienzahl des Feldes ändert sich mit dem Strom; bei jeder Verstärkung des Stromes entsteht also eine Anzahl neuer Linien. Wir können uns vorstellen, daß die Linien bei wachsendem Strom aus dem Leiter herausquellen wie das Wasser aus einer trichterförmigen Öffnung; sie schneiden also dabei den Leiter (Abb. 124). Bei jeder Schwächung des Stromes zieht sich eine Anzahl von Linien in den Leiter zurück; sie schneiden ihn ebenfalls, jedoch in umgekehrter Richtung wie bei der Verstärkung. Nach dem Induktionsgesetz wird dabei in jedem von magnetischen Linien umfaßten Stück der Spule, durch den eigenen Strom eine EMK induziert; man nennt daher die Erscheinung Selbstinduktion. Die Richtung der EMK der Selbstinduktion kann aus der Handregel (vgl. S. 54) bestimmt werden; dabei ist jedoch zu beachten, daß nicht der Leiter, sondern sozusagen das Feld in Bewegung ist. Betrachtet man z. B.

Abb. 124.
Stromleiter mit
Feldlinien.

die linke Hälfte des Leiterquerschnittes in Abb. 124, so bewegen sich während des Anwachsens der Stromstärke die Linien nach links; die Relativbewegung ist also dieselbe, als wenn bei ruhendem Feld der Leiter nach rechts bewegt würde. Fließt z. B. der Strom vom Beschauer weg, so daß die Linien nach der Rechtsgewinderegel den Uhrzeigersinn haben, so wird die induzierte EMK während der Verstärkung des Stromes nach dem Beschauer zu, also dem Strom entgegengesetzt gerichtet sein, bei Schwächung des Stromes vom Beschauer weg, also dem Strom gleichgerichtet sein. Die EMK widersetzt sich also im ersten Fall dem Entstehen, im zweiten Fall dem Verschwinden des Stromes; sie widersetzt sich demnach jeder Änderung desselben. Man spricht daher von einer Gegen-EMK der Selbstinduktion. Zu dem gleichen Ergebnis führt eine Überlegung, die auf dem Gesetz von der Erhaltung der Energie fußt.

Die Größe der EMK der Selbstinduktion ist ebenso wie bei der Induzierung durch mechanische Bewegung proportional der in der Sekunde geschnittenen Linienzahl. Sind daher die Drähte der Spule mit einer bestimmten Linienzahl verkettet, so ist die EMK desto größer, je rascher eine Änderung, z. B. das Ausschalten, erfolgt. Ist umgekehrt die Größe und Zeitdauer der Stromänderung gegeben, so ist die EMK der Selbstinduktion desto größer, je größer die von der Stromeinheit gelieferte Linienzahl, d. h. je größer die Induktivität des stromdurchflossenen Körpers ist. Fassen wir die besprochenen Erscheinungen zusammen, so gilt allgemein, daß durch die EMK der Selbstinduktion das Anwachsen und Abnehmen des Stromes verzögert wird. Man kann diese EMK auch Extraspannung, nicht aber Extrastrom nennen. Bei dem Ausschalten eines induktiven Widerstandes ist die Extraspannung mit der angelegten Spannung hintereinander geschaltet und liefert den langen Unterbrechungsfunken. In dem letzten der vorstehend geschilderten Versuche wird die zu der Spule parallel geschaltete Lampe zunächst von einem aus dem Netz kommenden Strom durchflossen (Abb. 125). Im Augenblick der Unterbrechung der Netzleitung wird die Lampe stromlos; durch das Verschwinden des Stromes in der Spule wird eine diesem Strom gleichgerichtete EMK E_S induziert. Da die Verbindung nach der früheren Stromquelle unterbrochen ist, so liefert diese EMK der Selbstinduktion nach dem Ausschalten einen Stromstoß J_S, der in der Spule in gleicher Richtung, in der Lampe aber in entgegengesetzter Richtung fließt wie vorher der aus dem Netz entnommene Strom. Hier kann man mit Recht von einem Extrastrom sprechen.

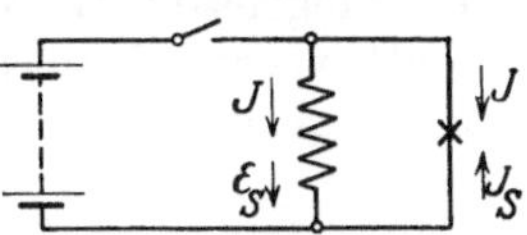

Abb. 125. Extrastrom.

Eine ähnliche Erscheinung kann man beobachten, wenn man bei der Messung des Widerstandes von Magnetspulen mit der Wheatstoneschen Brücke den Schalter der Stromquelle bei geschlossenem Galvanometer schließt bzw. öffnet.

Sucht man nach Vergleichen für die Erscheinung der Selbstinduktion, so findet man solche in dem Verhalten irgendeines schweren Körpers, dessen Ruhe- bzw. Bewegungszustand geändert wird, z. B. bei dem Andrehen oder Stillsetzen eines Schwungrades. Der Induktivität der Spule entspricht die Masse bzw. das Trägheitsmoment des Schwungrades.

Die Selbstinduktion in Gleichstromkreisen ist meistens störend; ihre Folgen können durch verschiedene Mittel unschädlich gemacht werden. Erwähnt seien die besonderen Schalter oder Kontakte, welche die Magnetwicklung langsam ausschalten oder nach Vorschaltung eines Widerstandes kurzschließen, die dritte Klemme an den Anlassern von Nebenschlußmotoren, welche einen dauernden Schluß der Magnetwicklung über Anker und Anlasser herstellt, ferner der Schutzwiderstand, welcher zu einer Magnetspule dauernd parallel geschaltet ist. Ist ein rasches Anwachsen des Magnetstromes nach dem Einschalten erwünscht, so kann dieses durch dauernde Vorschaltung eines induktionsfreien Widerstandes und Anwendung entsprechend höherer Spannung herbeigeführt werden (Schnellerregung). Soll eine Leitung ganz induktionsfrei sein, so verdrillt man die zusammengehörigen Hin- und Rückleitungen miteinander. Induktionsfreie Meßwiderstände werden durch bifilares Wickeln oder dadurch hergestellt, daß man bei dem Aufwickeln den Drehsinn nach jeder Lage wechselt.

Bringt man in das Feld eines Stromleiters einen andern in solcher Weise, daß auch dieser von den Linien des ersten umfaßt wird (Abb. 126), so wird in dem zweiten Leiter ebenfalls eine EMK induziert, sobald das Feld des ersten Stromleiters sich ändert; man spricht dann von Fremdinduktion. Die Richtung dieser EMK muß offenbar wechseln, sobald die Linien ihre Bewegungsrichtung ändern, d. h. der Strom im ersten Leiter von der Zunahme zur Abnahme oder umgekehrt übergeht. Verbindet man Anfang und Ende des zweiten Leiters mit einem Galvanometer für beidseitigen Ausschlag, so wird dieses bei jeder Änderung des Gleichstromes im ersten Leiter, des Primärstromes, einen kurzzeitigen

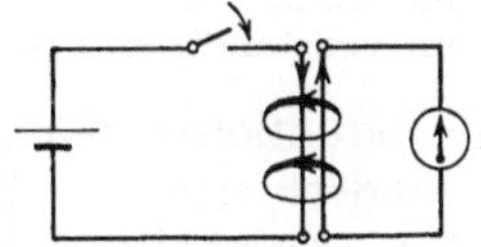

Abb. 126. Fremdinduktion bei Gleichstrom.

Ausschlag zeigen; der in dem zweiten Leiter induzierte Sekundärstrom ist bei jeder Verstärkung des Primärstromes diesem entgegengesetzt, bei jeder Schwächung gleichgerichtet; er ist also ein Wechselstrom. Wie bei einer Klingel wird bei einem Induktorium der Primärstrom unmittelbar nach dem Schließen des Schalters durch die Anziehung eines „Ankers" unterbrochen, durch das Zurückschnellen des Ankers wieder geschlossen und so fort (Abb. 127). Ein solches

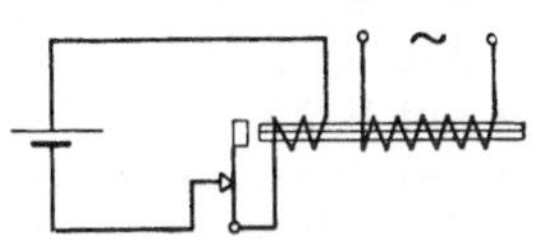

Abb. 127. Induktorium.

Gerät benutzt man unter anderem für den Betrieb der Telephonmeßbrücke (vgl. S. 32).

Im Gegensatz zu der durch mechanische Bewegung des Leiters oder des Magnetkörpers induzierten EMK heißt die EMK der Fremd- oder Selbstinduktion auch EMK der Ruhe.

23. Selbst- und Fremdinduktion bei Wechselstrom.

Schalten wir eine Spule großer Windungszahl längere Zeit an eine passende Gleichstromquelle, sodann an eine Wechselstromquelle von derselben Spannung, so fühlen wir in letzterem Fall eine erheblich geringere Erwärmung der Spule; daher ist zu vermuten, daß die durch die Spule fließende Stromstärke bei Wechselstrom kleiner ist als bei Gleichstrom. Zur genaueren Untersuchung bauen wir noch einen Spannungs- und einen Strommesser sowie einen Regulierwiderstand

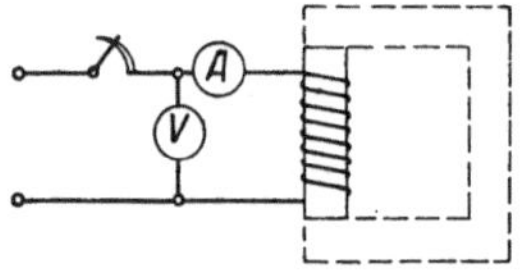

Abb. 128. Strom- u. Spannungsmessung an einer Spule.

ein (Abb. 128) und schalten die Spule bei jeder Stromart zunächst ohne jegliches Eisen, dann mit Eisenkern, schließlich mit vollständigem Eisenschluß ein. Bei Gleichstrom bleiben die Angaben der Meßgeräte hierbei unbeeinflußt; man kann nur bei dem Einführen des Kernes in die stromdurchflossene Spule eine kurzzeitige Verringerung, bei dem Herausziehen des Kernes eine kurzzeitige Verstärkung des Ausschlages am Strommesser beobachten; aus den Entwicklungen der Abschnitte 15 und 22 ist diese Erscheinung leicht zu erklären. Bei Wechselstrom dagegen beobachten wir, daß das Verhältnis von Spannung zu Strom schon bei der eisenlosen Spule größer ist als bei Gleichstrom, und daß dieses Verhältnis desto größer ist, je mehr Eisen in und um die Spule gelegt, ferner je größer die Frequenz des verwendeten Wechselstromes ist.

Beispielsweise seien die Werte beobachtet:

	Spannung V	Strom A	Spannung/Strom
bei Gleichstrom:			
mit oder ohne Eisen	6,0	3,0	2,0
bei Wechselstrom von 50 ∿:			
ohne Eisen	21,0	3,0	7,0
mit Eisenkern	60,0	3,0	20,0
mit vollständigem Eisenschluß .	219,0	3,0	73,0

Der Quotient $\frac{\text{Spannung}}{\text{Strom}}$ wird also immer größer.

Die Ursache für diese scheinbare Vergrößerung des Widerstandes ist die Induktionswirkung des Magnetfeldes. Fließt Wechselstrom durch die Spule, so ändert sich das Feld gleichzeitig mit dem Strom, die Linienzahl hat in jedem Augenblick einen andern Wert. Dadurch wird dauernd eine EMK der Selbstinduktion induziert, die sich jeder Änderung des Stromes widersetzt, also der angelegten Spannung stets entgegenwirkt. Sie setzt dadurch die wirksame Spannung herab, wie wir es im Gleichstromkreis bei Gegenschaltung zweier Stromquellen beobachtet hatten (S. 21).

Was ist über die Größe der induzierten EMK zu sagen? Zerlegen wir wieder, wie auf S. 55, das Induktionsgesetz in seine Teile, so erkennen wir, daß die EMK der Selbstinduktion der Linienzahl Φ, der Windungszahl w der Spule und der Geschwindigkeit der Feldänderung, also der Frequenz f des Wechselstromes, proportional sein muß. Wenn sich nun das Feld nach dem Sinusgesetz ändert, so findet die größte Änderung im Durchgang durch den Nullpunkt statt (vgl. Abb. 88 und 131). Ist $\overline{\Phi}$ der Scheitelwert der Feldkurve und T die Zeitdauer einer Periode, so ist die Änderung, d. h. die Tangente der Kurve im Nullpunkt

$$= \frac{2\pi \cdot \overline{\Phi}}{T} = 2\pi \cdot \overline{\Phi} \cdot f.$$

Dann ist der Scheitelwert der induzierten EMK

$$\overline{E} = 2\pi \cdot \overline{\Phi} \cdot w \cdot f \cdot 10^{-8} \text{ Volt,} \tag{66}$$

daher ihr Effektivwert

$$E = 4{,}44 \cdot \overline{\Phi} \cdot w \cdot f \cdot 10^{-8} \text{ Volt} \tag{67}$$

oder

$$E = 0{,}707 \cdot \overline{\Phi} \cdot w \cdot \omega \cdot 10^{-8} \text{ Volt.} \tag{68}$$

Anderseits gilt (vgl. Abschnitt 15) für den magnetischen Kreis vom Widerstand $\mathfrak{R}$ die Formel $\dfrac{4 \cdot \pi}{10} \cdot J \cdot w = 0{,}707 \cdot \overline{\Phi} \cdot \mathfrak{R}$.

Aus dem Wesen der Selbstinduktion folgt also, daß die Linienzahl der Spule von der Spannung abhängt, an welcher sie liegt. Der Strom stellt sich dann selbsttätig auf den Wert ein, der durch den magnetischen Widerstand bedingt ist.

Die Umstellung der letzten Gleichung liefert

$$J = 0{,}56 \, \frac{\overline{\Phi} \cdot \mathfrak{R}}{w}, \tag{69}$$

ihre Vereinigung mit Gleichung 68

$$E = J \cdot \omega \left(4\pi \cdot \frac{w^2}{\mathfrak{R}} \cdot 10^{-9} \right) \text{ Volt.} \tag{70}$$

Die EMK der Selbstinduktion ist nach dieser Gleichung gleich dem Produkt aus dem Strom, der Kreisfrequenz und einem Faktor, welcher dem Quadrat der Windungszahl der Spule direkt und dem magnetischen Widerstand ihres Feldes umgekehrt proportional ist. Man nennt diese in vorstehender Formel in Klammern gesetzte Größe die **Induktivität** oder den **Selbstinduktionskoeffizienten** der Spule und bezeichnet sie mit L; ihre Einheit heißt Henry (Zeichen H).

Es ist also

$$L = 4\pi \cdot \frac{w^2}{\mathfrak{R}} \cdot 10^{-9} \tag{71}$$

(XII. Grundgleichung).

Die Gleichung 70 geht dann über in

$$E = J \cdot \omega \cdot L. \tag{72}$$

Da die Induktivität von dem magnetischen Widerstand des Feldes abhängt, ist sie offenbar bei einer Spule ohne Eisen konstant, bei einer Spule mit Eisenschluß dagegen von der Sättigung abhängig.

Um auch bei Wechselstrom das Ohmsche Gesetz anwenden zu können, faßt man das Produkt aus Kreisfrequenz und Induktivität zu einem Begriff zusammen und nennt es den **induktiven Widerstand** R_L der Spule, zum Unterschied von dem Gleichwiderstand R, der durch den Draht zu $R = \dfrac{l}{k \cdot q}$ bestimmt ist.

Es ist also

$$R_L = \omega \cdot L = \frac{E}{J} \tag{73}$$

(XIII. Grundgleichung).

Die Einheit des induktiven Widerstandes ist ebenfalls das Ohm.

Man denkt sich demnach die Gegenwirkung der Spule nicht mehr durch die in derselben induzierte Gegen-EMK, sondern durch einen Widerstand verkörpert, der wie der Gleichwiderstand jedem Leiterelement der Spule zukommt.

Welche Folgerungen können wir aus den erläuterten Erscheinungen und den entwickelten Gleichungen ziehen, wenn wir einstweilen den Gleichwiderstand der Spule ganz vernachlässigen? Legen wir eine Spule an eine bestimmte Wechselspannung, so läßt sie so viel Strom durch, daß durch das entstehende Wechselfeld eine Gegen-EMK von der Größe der angelegten Spannung induziert wird. Die EMK ist nach Gl. 68 der Linienzahl, der Strom nach Gl. 69 dem Verhältnis der Linienzahl zur Permeabilität proportional. Da letztere mit höheren Werten der Magnetisierung abnimmt, so wird der durch eine Spule mit Eisen fließende Wechselstrom stärker wachsen als die angelegte Spannung. Messen wir ihn bei verschiedenen Spannungen und tragen diese abhängig vom Strom in senkrechten Koordinaten auf, so erhalten wir ein Bild der Magnetisierungskurve. Die Sättigung hat daher Einfluß auf die Kurvenform des Stromes, wir nehmen aber auch weiterhin an, daß mit der Spannung auch der Strom in den Spulen sinusförmig verläuft. Vermindern wir nun die Windungszahl der Spule, so wird die Gegen-EMK zunächst kleiner, der aus dem Netz eindringende Strom also größer; dieser und die Linienzahl müssen so lange wachsen, bis wieder die frühere EMK entsteht. Da jetzt die Windungszahl kleiner ist, so muß offenbar das Feld in gleichem Maße größer werden; der Strom muß aber noch stärker als die Linienzahl wachsen, da er mit der verminderten Windungszahl ein verstärktes Feld liefern muß. Die Gleichungen gestatten eine genauere Verfolgung dieses Zusammenhanges. Nach Gl. 68 ist die Linienzahl Φ proportional der EMK E und umgekehrt proportional der Windungszahl w und der Kreisfrequenz ω. Daraus folgt, daß bei bestimmter Spannung und Frequenz das Feld mit abnehmender Windungszahl proportional zunehmen muß. Aus Gl. 70 folgt, daß J proportional $\dfrac{E \cdot \Re}{w^2 \cdot \omega}$ ist. Daher wird J mit der zweiten Potenz der abnehmenden Windungszahl wachsen, wenn der magnetische Widerstand des Feldes $\Re$ konstant bleibt. Wenn daher beispielsweise ein an bestimmter Spannung liegender Wechselstrom-Hubmagnet nicht genügend Zugkraft entwickelt, so kann man sie durch Abwickeln von Windungen steigern, falls dies mit Rücksicht auf die mit dem Strom steigende Erwärmung zulässig ist. Aus der Gl. 70 folgt ferner, daß bei einem Strom, der sehr steil ansteigt oder abfällt und bei Wechselstrom sehr hoher Frequenz schon eine Spule von geringer Windungszahl, sogar jede Krümmung der Leitung einen erheblichen induktiven Widerstand hat, wie man z. B. bei Schaltvorgängen oder Blitzentladungen, ferner bei Hochfrequenzströmen beobachten kann.

Hat ein von Wechselstrom durchflossener Leiter großen Querschnitt, so liegt eine merkliche Zahl der Linien in seinem Innern (vgl. Abb. 124). Die in nächster Nähe der Achse liegenden ringförmigen Zonen des Leiters werden dann bei wechselndem Strom von erheblich mehr Linien geschnitten als die dem Umfang benachbarten Zonen. Infolgedessen hat ein Leiterstück im Innern einen größeren induktiven Widerstand als am Umfang, der Strom verteilt sich so auf den Leiter, als ob dieser im Innern aus einem Stoff geringerer Leitfähigkeit bestünde. In einem massiven Leiter von großem Querschnitt entsteht daher bei Durchfluß eines sich ändernden Stromes mehr Wärme, als dem Gleichwiderstand entspricht. Man bezeichnet den vergrößerten Widerstand als Echtwiderstand und die Erscheinung als Hautwirkung. Um letztere abzuschwächen, verwendet man Leiter von flachem Querschnitt oder solche, die aus dünnen Einzelleitern durch Verseilung über eine nicht leitende Seele hergestellt sind.

Bringt man in das Feld einer von Wechselstrom durchflossenen Primärspule eine zweite Spule, eine Sekundärspule, in solche Lage, daß die Windungen der letzteren von den Linien der ersteren geschnitten werden (Abb. 129), so wird in der Sekundärspule eine EMK der Fremdinduktion induziert; diese kann nun ihrerseits einen Strom durch einen Verbrauchskörper schicken. Ohne hier weiter auf diese Erscheinung einzugehen, sei hervorgehoben, daß die EMK der Fremdinduktion in der Sekundärspule gleiche Richtung hat wie die EMK der Selbstinduktion in der Primärspule, da ja beide von dem gleichen Feld induziert werden. Da aber der Sekundärstrom von der sekundären EMK, der Primärstrom von der Klemmenspannung, welche der primären EMK entgegengesetzt

Abb. 129. Fremdinduktion bei Wechselstrom.

ist, geliefert wird, so sind der Sekundär- und der Primärstrom einander entgegengesetzt. Dies hat unter anderem die Folge, daß zwischen diesen beiden Strömen, also zwischen Primär- und Sekundärspule, eine abstoßende Kraft auftritt (vgl. Abb. 73).

Weiteren Aufschluß über das Verhalten einer Magnetspule bei Wechselstrom erhalten wir, wenn wir eine solche in Reihe mit einem induktionsfreien Widerstand an eine Wechselspannung legen und diese sowie die Teilspannungen messen (Abb. 130). Es zeigt z. B. der Spannungsmesser am Netzanschluß $U = 110$ V, am Widerstand $U_1 = 70$ V, an der Spule $U_2 = 80$ V. Die Summe der Teilspannungen ist also größer als die Gesamtspannung, während bei Gleichstrom sowie bei Reihenschaltung von zwei genau gleichen Spulen diese Summe gleich der Gesamtspannung ist. Da wir bei dem Mehrphasenstrom auf eine ähnliche Erscheinung gestoßen waren, müssen offenbar auch hier die drei

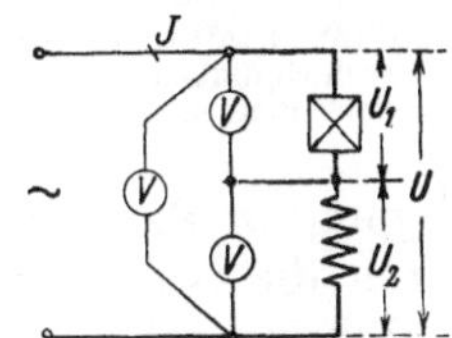

Abb. 130. Reihenschaltung von Widerstand und Spule.

Spannungen verschiedene Phase haben und in einem Parallelogramm zusammengesetzt werden (vgl. Abb. 134).

Ist die Spule als rein induktiv zu betrachten und der mit ihr in Reihe geschaltete Widerstand ganz induktionsfrei, so bilden die Spannungen ein Rechteck, der Winkel zwischen den Teilspannungen ist also 90° (Abb. 132). Um die Erklärung für diese Erscheinung zu finden, müssen wir beachten, daß der Strom — die Ströme der Spannungsmesser werden vernachlässigt — in Spule und Widerstand derselbe ist; ferner ist es klar, daß in dem Augenblick, wo der Strom seinen Nullwert hat, die Spannung am Widerstand auch gleich Null ist, d. h. die Spannung U_R am Widerstand und der Strom in demselben sind in Phase. Die Spannung am rein induktiven Widerstand U_L dient aber nur zur Überwindung der Gegen-EMK. Diese ist gleich Null, wenn das Feld sich nicht ändert, also in dem Augenblick, wo Feld und Strom den Höchst-

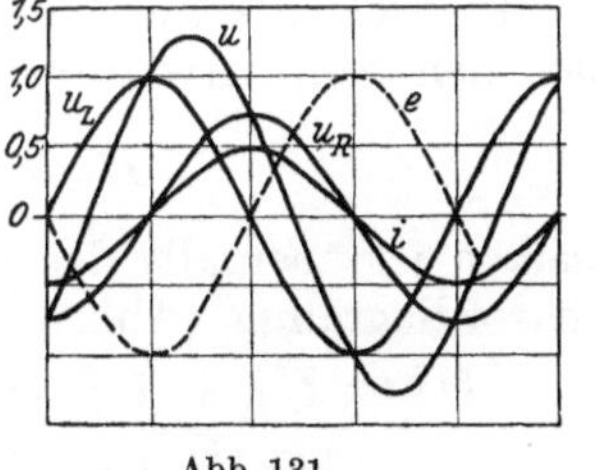

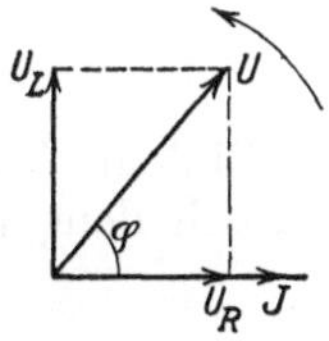

Abb. 131.
Kurvendiagramm

Abb. 132.
Vektordiagramm

für Reihenschaltung von induktionsfreiem und rein induktivem Widerstand.

wert haben. Sinkt der Strom, so entsteht nach Abschnitt 22 eine gleichgerichtete EMK. Wenn der sinusförmige Strom durch den Nullwert geht, ist die Neigung seiner Kurve und die Änderung des Feldes am stärksten, d. h. die EMK hat in diesem Augenblick den Scheitelwert. Bei zunehmendem Strom ist die EMK diesem entgegengesetzt gerichtet und nimmt in ihrer Größe wieder ab. Man erkennt also, daß die EMK dem Strom und damit auch dem Feld stets um 90° nacheilt. Die an die rein induktive Spule angelegte Spannung muß der EMK entgegengesetzt gleich sein, der Strom muß also eine Phasenverschiebung von 90° hinter die Klemmenspannung haben (Abb. 131). Im Vektordiagramm für die Reihenschaltung ist folglich der gemeinsame Strom in Richtung der Spannung am Widerstand, die Spannung an der Spule mit einer Phasenverschiebung von 90° voreilend zu zeichnen (Abb. 132).

Die Wirkung der Selbstinduktion ist demnach eine doppelte: sie vermindert den aufgenommenen Strom und verschiebt ihn zeitlich nach rückwärts.

Um dieses Verhalten der Spule durch einen Vergleich anschaulich zu machen, betrachten wir irgendeine in wechselnder Richtung bewegte Masse, am besten

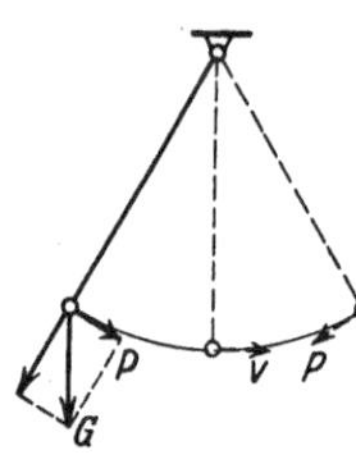

Abb. 133. Kraft und Geschwindigkeit eines Pendels.

ein einfaches Pendel oder ein Schwungrad. Einer Bewegung von wechselnder Größe oder Richtung setzt bekanntlich jede Masse einen erheblich größeren Widerstand entgegen als einer Bewegung von gleichbleibender Geschwindigkeit; letzterer wirkt nur der Reibungswiderstand, ersterer auch der Trägheitswiderstand entgegen (vgl. auch S. 69). Betrachten wir ein hin und her schwingendes einfaches Pendel (Abb. 133), so sehen wir, daß die bewegende Kraft, d. i. die senkrecht zum Faden liegende Komponente P des Gewichtes G, in den Totpunkten, wo die Geschwindigkeit gleich Null ist, jeweils am größten ist.

Sie hat hier dieselbe Richtung wie die darauf folgende Bewegung, z. B. in der gezeichneten Stellung nach rechts. Schwingt das Pendel durch die Nullage, so hat die Kraft P den Nullwert und wechselt dann ihre Richtung, während die Geschwindigkeit hier den Höchstwert hat und ihre Richtung weiter bis zum Totpunkt beibehält.

24. Wechselstromkreis mit induktionsfreiem und induktivem Widerstand.

Die Beobachtungen und Ableitungen des vorigen Abschnittes geben uns die Möglichkeit, das Ohmsche Gesetz auch für den Wechselstromkreis anzuwenden.

In einer Reihenschaltung bezeichnen wir die Spannung

an dem induktionsfreien Widerstand mit $U_R = J \cdot R$,

an dem rein induktiven Widerstand mit $U_L = J \cdot R_L$.

Der Quotient aus der Gesamtspannung U und dem Strom J stellt nun einen neuen Begriff dar, den Scheinwiderstand

$$R_S = \frac{U}{J}. \tag{74}$$

Die Einheit desselben ist ebenfalls das Ohm.

Nach dem Vektordiagramm (Abb. 132) ist dann

$$U^2 = U_R^2 + U_L^2 = J^2 \cdot (R^2 + R_L^2) \tag{75}$$

(XIV. Grundgleichung).

Daraus folgt

$$R_s = \sqrt{R^2 + R_L^2}. \tag{76}$$

Das Quadrat des Scheinwiderstandes ist also gleich der Quadratsumme der Teilwiderstände.

Der Winkel φ zwischen der Gesamtspannung und dem Strom ist bestimmt durch die Funktion

$$\cos \varphi = \frac{U_R}{U} = \frac{R}{R_s}. \tag{77}$$

Beispiel: Drei Bogenlampen für je 35 V sollen in Reihe mit einer Drosselspule an 220 V Wechselspannung gelegt werden. Wie groß wird die Spannung an der Drosselspule und die Phasenverschiebung des Stromkreises, wenn die Lampen als induktionsfrei, die Spule als rein induktiv betrachtet werden? Die Lampen verbrauchen zusammen eine Spannung $U_R = 3 \cdot 35 = 105\,$V, daher muß die Drosselspule eine Spannung $U_L = \sqrt{U^2 - U_R{}^2} = \sqrt{220^2 - 105^2} = 193\,$V verbrauchen.

Die Phasenverschiebung ist bestimmt durch

$$\cos\varphi = \frac{U_R}{U} = \frac{105}{220} = 0,48.$$

Jede Magnetspule hat tatsächlich sowohl Ohmschen als induktiven Widerstand; man denkt sich diese beiden in jedem Stück der Windungen in Reihe geschaltet, so daß sich die Größe der Widerstände nach obigen Gleichungen ermitteln läßt. In einer solchen Spule ist dann natürlich der Strom um weniger als 90° hinter die Spannung verschoben. Wenn die Teilwiderstände einer Reihenschaltung nicht rein induktionsfrei bzw. induktiv sind, so ist die Summe ihrer Quadrate kleiner als das Quadrat des Scheinwiderstandes, die drei Spannungen bilden ein schiefwinkliges Parallelogramm.

Beispiele: 1. Die Spule der auf S. 70 angegebenen Versuche hat einen Gleichwiderstand $R = 2,0\,\Omega$, der Echtwiderstand sei um 10 % höher, also $2,2\,\Omega$; ohne Eisen hat sie bei Wechselstrom von $50 \sim$ einen Scheinwiderstand $R_s = 7,0\,\Omega$. Ihr induktiver Widerstand ist daher $R_L = \sqrt{R_s{}^2 - R^2} = 6,5\,\Omega$ und die Induktivität $L = \dfrac{R_L}{\omega} = \dfrac{6,5}{314} = 0,021\,$H, schließlich ist

$$\cos\varphi = \frac{R_\varepsilon}{R_s} = \frac{2,2}{7,0} = 0,31.$$

2. Bei dem Versuch S. 73 hatten wir für Reihenschaltung von Widerstand und Spule gemessen: Gesamtspannung $U = 110\,$V, Spannung am induktionsfreien Widerstand $U_1 = 70\,$V, an der Spule $U_2 = 80\,$V. Das Diagramm dieser Spannungen (Abb. 134) gibt kein Rechteck, die Spule hat demnach einen merklichen Ohmschen Spannungsverlust U_{R2}. Der Wert desselben berechnet sich aus den Gleichungen

$$U^2 = U_{L2}{}^2 + (U_1 + U_{R2})^2 \quad \text{und} \quad U_2{}^2 = U_{L2}{}^2 + U_{R2}{}^2 \quad \text{zu}$$

$$U_{R2} = \frac{U^2 - U_2{}^2 - U_1{}^2}{2\,U_1} = \frac{110^2 - 80^2 - 70^2}{2 \cdot 70} = 5,7\,\text{V}.$$

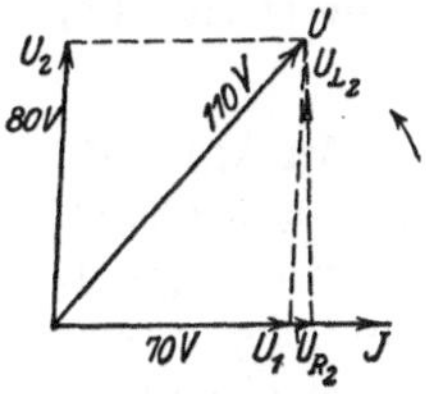

Beträgt der Strom $J = 2,5\,$A, so ist

der Scheinwiderstand der Spule $\qquad R_s = \dfrac{80}{2,5} = 32\,\Omega,$

der Echtwiderstand der Spule $\qquad R_2 = \dfrac{5,7}{2,5} = 2,28\,\Omega,$

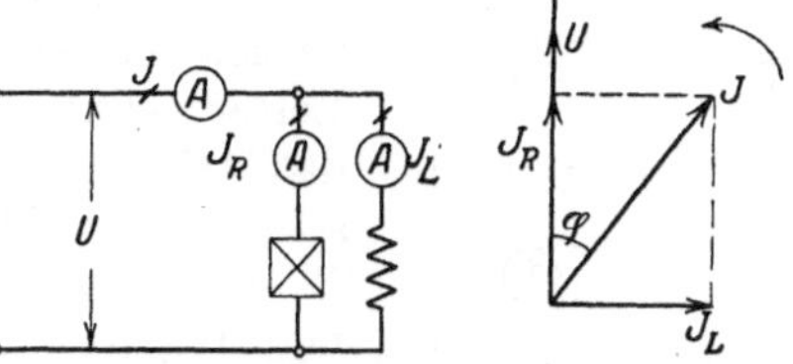
Abb. 134. Diagramm zu Beispiel 2.

der induktive Widerstand derselben $R_L = \sqrt{R_s{}^2 - R_2{}^2} = 31,9\,\Omega.$

Der Winkel φ zwischen der Gesamtspannung U und dem Strom J ist bestimmt durch $\cos\varphi = \dfrac{U_1 + U_{R2}}{U} = \dfrac{70 + 5,7}{110} = 0,69$, der Winkel φ' zwischen der Spannung der Spule U_2 und dem Strom durch $\cos\varphi' = \dfrac{U_{R2}}{U_2} = \dfrac{5,7}{80} = 0,07$.

Schaltet man einen induktionsfreien und einen rein induktiven Widerstand **parallel** an dieselbe Spannung (Abb. 135), so vollzieht sich die Teilung bzw. Zusammensetzung der Ströme in entsprechender Weise wie diejenige der Spannungen bei der Reihenschaltung. Die Summe der Teilströme ist größer als der Gesamtstrom, sie sind in einem Parallelogramm zusammenzusetzen. Im rein induktionsfreien Widerstand ist der Strom in Phase mit der Spannung, im rein induktiven Widerstand folgt er um 90° hinter der Spannung. Das Vektordiagramm ist ein Rechteck (Abb. 136), daher ist

Abb. 135. Parallelschaltung von Widerstand und Spule.

Abb. 136. Diagramm zu Gl. 78.

$$\boldsymbol{J^2 = J_R^2 + J_L^2} \tag{78}$$

(XV. Grundgleichung).

Daraus folgt

$$\left(\frac{U}{R_s}\right)^2 = \left(\frac{U}{R}\right)^2 + \left(\frac{U}{R_L}\right)^2$$

und

$$\frac{1}{R_s} = \sqrt{\frac{1}{R^2} + \frac{1}{R_L^2}} \,. \tag{79}$$

Das Quadrat des Gesamtleitwertes ist also gleich der Quadratsumme der Teilleitwerte.

Durch Gruppenschaltung von Widerständen und Spulen kann die Phasenverschiebung zwischen den Spannungen bzw. Strömen der einzelnen Teile vergrößert oder verkleinert werden, wie es für besondere Zwecke, z. B. in Meßgeräten, erforderlich ist. Soll z. B. der Strom in einer Spule um mehr als 90° gegen eine gegebene Spannung verschoben sein, so kann dies dadurch erreicht werden, daß man nach Abb. 137 parallel zu der Spule 1 einen Widerstand R und mit beiden in Reihe eine andere Spule 2 schaltet. Es seien rein induktive bzw. induktionsfreie Widerstände angenommen. Dann ist (Abb. 138) J_R in Phase

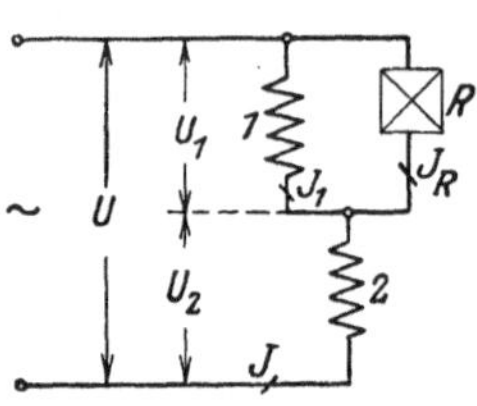
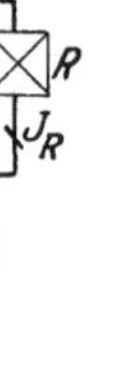

Abb. 137. Gruppenschaltung von Spulen und Widerstand.

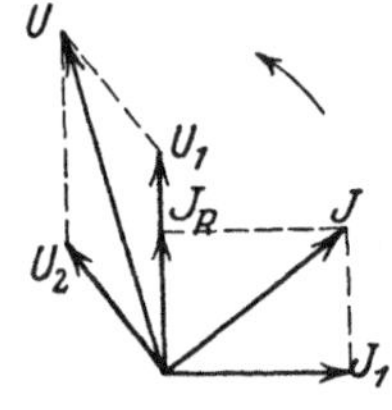

Abb. 138. Diagramm zu Abb. 137.

mit U_1, J_1 um 90° hinter U_1, die Spannung U_2 um 90° vor dem Gesamtstrom J verschoben. Schließlich findet man die Lage von U als Resultierende von U_1 und U_2. Der Strom J_1 ist also wie verlangt um mehr als 90° hinter die Spannung U verschoben.

25. Der Kondensator.

An Apparaten oder Maschinen für die üblichen Wechselspannungen, die einerseits aus elektrischen Stromleitern, anderseits aus Metallkörpern von größerer Oberfläche, z. B. eisernen Kästen oder Gehäusen bestehen, bemerkt man eigentümliche Erscheinungen. Berührt man, während ein solcher Apparat an eine Wechselstromleitung angeschlossen ist, das von der Erde und von den Stromleitern isolierte Gehäuse, so erhält man einen elektrischen Schlag, ebenso auch bei dem Berühren ausgedehnter elektrischer Stromleiter, die man von einem Stromkreis hoher Spannung allerseits abgeschaltet hat. Hier begegnet sich die Starkstromtechnik mit der ruhenden Elektrizität, die Erscheinungen sind ähnlicher Art wie diejenigen, die als Wirkungen der Reibungselektrizität allgemein bekannt sind; die Körper sind elektrisch geladen.

Nach den im Abschnitt 1 behandelten Vorstellungen sind in einem Nichtleiter die elektrischen Teilchen elastisch festgehalten, sie können also nicht fortfließen, wohl aber einen elektrischen Druck übertragen und kleine Pendelbewegungen um ihre Nullage ausführen, wenn der Nichtleiter mittels zweier Leiter unter Spannung gesetzt wird. Die beiden Leiter nennt man Elektroden, den Nichtleiter nennt man das Dielektrikum, den ganzen Apparat einen Kondensator (vgl. Abb. 140).

Legen wir einen Kondensator, der z. B. aus einer Anzahl von Blättern aus Stanniol und paraffiniertem Papier besteht, welche abwechselnd geschichtet und parallel geschaltet sind, unter Einschaltung eines Drehspulmeßgerätes an eine Gleichstromquelle (Abb. 139), so beobachten wir, daß im

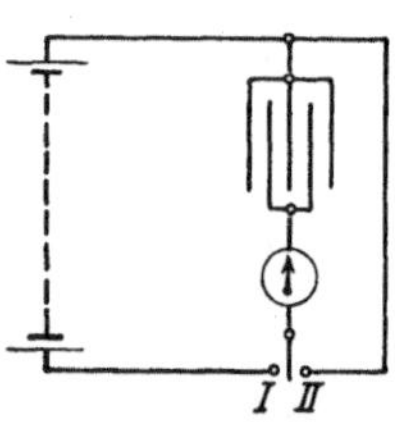

Abb. 139. Kondensator mit Gleichstromquelle.

Augenblick des Einschaltens ein kurzer Stromstoß entsteht, ein Dauerstrom aber nicht auftritt. Trennen wir den Kondensator von der Stromquelle und schließen ihn kurz (Stellung II des Umschalters), so entsteht wieder ein Stromstoß, jedoch von entgegengesetzter Richtung. Ersetzen wir das Drehspulmeßgerät durch einen passenden Wechselstrommesser und legen den Kondensator an eine Wechselstromquelle, so beobachten wir einen dauernden Ausschlag. Die Vorstellung der elastischen Beweglichkeit der elektrischen Teilchen kann diese Erscheinungen sehr anschaulich erläutern. Legen wir den Kondensator an eine dauernd konstante Gleichstromspannung, so werden im Augenblick des Einschaltens an der positiven Elektrode, wo nach unserer Vorstellung die Stromquelle einen Druck in Richtung auf den Verbrauchskörper ausübt, die elektrischen Teilchen in das Dielektrikum hineingedrückt, an der Saugseite treten sie etwas aus dem Nichtleiter heraus und in die negative Elektrode hinein (Abb. 140). In den Leitungen und in der Stromquelle führen die elektrischen Teile eine entsprechende Bewegung aus. Diese kann aber nur in einer geringen Verschiebung bestehen, da ja die

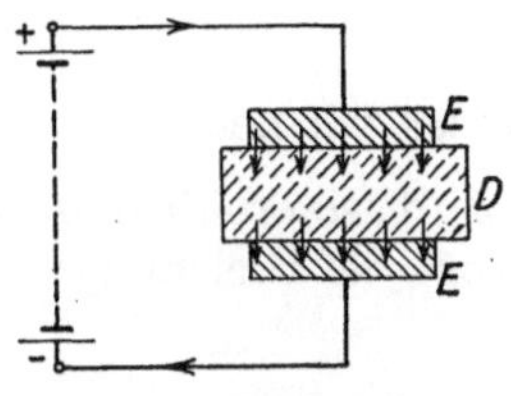

Abb. 140. Kondensator.

elektrischen Teile des Nichtleiters nach unserer Vorstellung an die Stoffmoleküle elastisch gebunden sind. Dieser Verschiebungsstrom zeigt sich als Stromstoß an dem Meßgerät. Wird der Kondensator von der Stromquelle abgeschaltet, so bleiben die elektrischen Teile weiter in dem Zwangszustand, die positive Elektrode des Kondensators ist positiv, die negative ist negativ geladen. Legen wir nun den Kondensator an einen Verbrauchskörper oder schließen wir ihn kurz, so gleicht sich der Spannungszustand aus, die elektrischen Teile kehren in ihre Ruhelage zurück, es entsteht also wieder ein Verschiebungsstrom und zwar in umgekehrter Richtung. Wechselt dagegen die Größe oder Richtung der angelegten Spannung in rascher Folge, so werden die elektrischen Teile ständig hin und her gezerrt, sie führen im Nichtleiter wie im sonstigen Stromkreis Pendelbewegungen aus, es tritt also eine dauernde Verschiebung ein; das Meßgerät zeigt den Effektivwert dieses Verschiebungsstromes als dauernden Ausschlag an. In der Starkstromtechnik finden wir die Eigenschaften des Kondensators bei den Leitungen, vor allem bei den Kabeln, in denen die Leiter sowie der Bleimantel durch Isolierung voneinander getrennt sind, ferner bei Spulen usw., deren Wicklungen gegeneinander und gegen den Eisenkörper isoliert sind.

Wovon hängt nun die Stärke dieses Verschiebungsstromes ab? Versuche zeigen, daß er proportional mit der Spannung und der Häufigkeit der Stromänderung, also bei Wechselstrom mit der Frequenz, wächst. Außerdem findet man, daß die Stromstärke von dem Stoff und den Abmessungen, d. h. der Kapazität des Kondensators abhängt. Überlegung und Versuche zeigen, daß der Strom mit der Größe der Berührungsfläche q zwischen den Elektroden und dem Dielektrikum und umgekehrt proportional mit der Dicke l des Nichtleiters wächst, ferner ist er einem Faktor proportional, der die dielektrische Leitfähigkeit des Nichtleiters darstellt und als Dielektrizitätskonstante oder Verschiebbarkeit ε bezeichnet wird. Die Zahlentafel im Anhang gibt die Werte von ε für einige der wichtigsten Nichtleiter an.

Es ist also J proportional $U \cdot \omega \, \dfrac{q \cdot \varepsilon}{l}$.

Setzt man q in cm² und l in cm ein, so ist die Kapazität des Kondensators in cm gegeben durch

$$C = \frac{q \cdot \varepsilon}{4\pi \cdot l}. \tag{80}$$

Im elektromagnetischen Maßsystem ist

$$C = \frac{q \cdot \varepsilon}{36 \cdot \pi \cdot l} \cdot 10^{-11}.$$ (81)

(XVI. Grundgleichung.)

Letztere Einheit der Kapazität heißt Farad, das Zeichen ist F; der millionste Teil derselben heißt Mikrofarad, Zeichen μF.

Es gilt also die Gleichung:

$$J = U \cdot \omega \cdot C.$$ (82)

Setzen wir noch $\frac{1}{\omega C} = R_C$ und nennen diese Größe den **kapazitiven Widerstand**, so erhält man als **Ohmsches Gesetz für den Kondensator** bei Wechselstrom die Gleichung:

$$R_C = \frac{1}{\omega \cdot C} = \frac{U}{J}$$ (83)

(XVII. Grundgleichung).

Wir schalten jetzt einen Kondensator von genügend großer Kapazität in Reihe mit einem Widerstand und einer Spule in einen Wechselstromkreis und messen die Teilspannungen an diesen Körpern mit einem Spannungsmesser (Abb. 141). Der Widerstand des letzteren soll groß sein, damit der Instrumentenstrom die Verhältnisse nicht merklich ändert. Wir finden dann, daß die Spannung an Widerstand und Kondensator zusammen größer ist als die Teilspannungen an diesen Körpern, aber kleiner als die arithmetische Summe derselben. Die Spannungen sind also in einem Parallelogramm zusammenzusetzen, wie früher die Spannungen bei Reihenschaltung von Spule

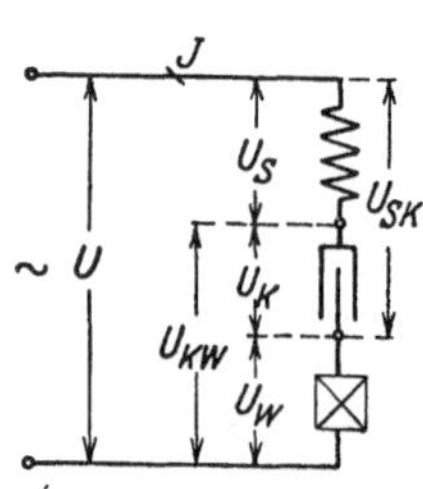

Abb. 141. Reihenschaltung von Spule, Kondensator u. Widerstand.

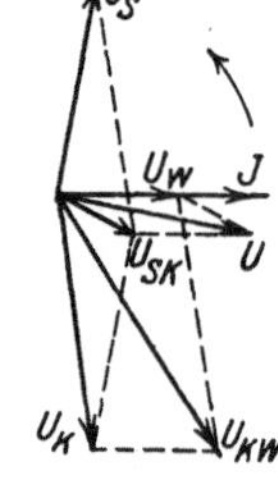

Abb. 142. Diagramm zu Abb. 142.

und Widerstand. Dagegen findet man, daß die Gesamtspannung an Kondensator und Spule kleiner ist als jede der beiden Teilspannungen. Aus diesen Beobachtungen folgt, daß im Kondensator ebenfalls eine **Phasenverschiebung** zwischen Strom und angelegter Spannung auftritt, und daß letztere entgegengesetzte Richtung wie die Spannung an der Spule haben muß. Da der Strom in Phase mit der Spannung am Widerstand ist, so ist also die Spannung am Kondensator nach **rückwärts** gegen den Strom verschoben, **der Strom im Kondensator eilt also der Spannung voraus** (Abb. 142). Bei einem reinen Kondensator, d. h. einem solchen mit unendlich großem Widerstand, würde die Verschiebung 90° betragen (vgl. Abb. 145).

Wollen wir dieses Verhalten durch einen Vergleich anschaulich machen, so finden wir ähnliche Verhältnisse, wenn wir in dem früher verwendeten Wasserstromkreis die Leitung durch eine elastische Membran absperren (Abb. 143). Bewegt sich der Pumpenkolben durch die Mittellage nach oben, so ist in diesem Augenblick die Wassergeschwindigkeit am größten und zwar an der Membran nach unten gerichtet, die Spannung der letzteren dagegen gleich Null. Geht der Kolben in die obere Totlage, so geht die Wassergeschwindigkeit auf den Nullwert zurück, die Membran hat die höchste Spannung und zwar äußert sich diese in der Richtung nach oben, während der

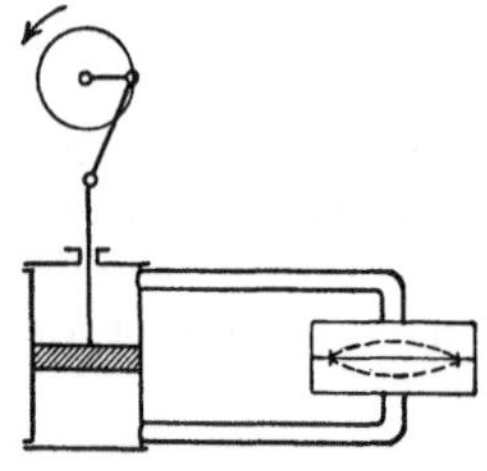

Abb. 143. Vergleichsmodell eines Kondensators.

äußere Druck des Wassers mit seinem Höchstwert nach unten gerichtet ist. Der Strom eilt also bei diesem Modell dauernd dem aufgewendeten Druck um einen halben Hub voraus.

Der Kondensator bildet die Brücke von der strömenden Elektrizität zu ihrer älteren Schwester, der Reibungselektrizität, der Elektrostatik. Seine Elektroden können positiv bzw. negativ geladen werden sowohl durch Einschaltung in einen Gleichstromkreis als durch geriebenes Harz bzw. Glas. Spannungen von strömender wie von ruhender Elektrizität können durch ein elektrostatisches Meßgerät gemessen werden. Bringt man nach Abb. 144 eine drehbare Metallplatte F zwischen feste Metallplatten Q und legt die drehbare Platte an die eine Klemme, die festen Platten an die andere Klemme einer Stromquelle, so wird zwischen den ungleichnamig geladenen Platten eine Anziehung stattfinden. Wird die drehbare Platte durch die Gegenkraft einer Feder oder eines Gewichtes nach der Nullage gezogen, so ist der Ausschlag des drehbaren Systems ein Maß für die Höhe der angelegten Spannung.

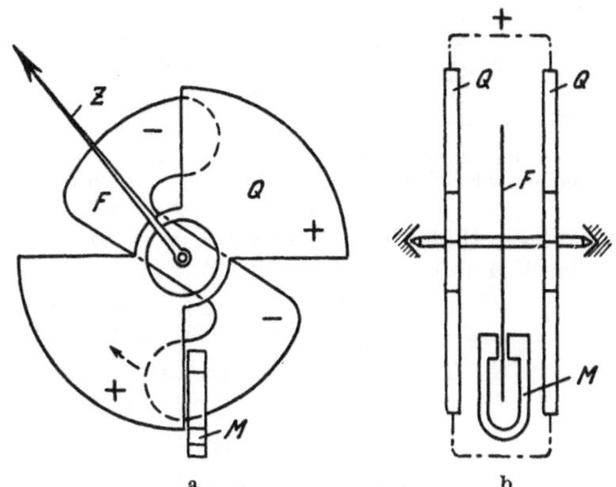

Abb. 144. Elektrostatischer Spannungsmesser (nach Gruhn).

26. Wechselstromkreis mit induktionsfreiem, induktivem und kapazitivem Widerstand. Resonanz.

Wir hatten soeben Widerstand, Kondensator und Spule in Reihe geschaltet, um die Art der Phasenverschiebung zwischen Strom und Spannung des Kondensators festzustellen. Für Reihenschaltung von induktionsfreiem, rein induktivem und rein kapazitivem Widerstand folgt aus den in früheren Abschnitten entwickelten Gleichungen:

$$J = \frac{U_R}{R} = \frac{U_L}{R_L} = \frac{U_C}{R_C} = \frac{U}{R_s}. \tag{84}$$

Ferner ist wegen der Phasenverschiebung der Spannungen von je 90° nach vorwärts bzw. rückwärts (Abb. 145)

$$U^2 = U_R^2 + (U_L - U_C)^2, \tag{85}$$

daraus folgt

$$U = J \sqrt{R^2 + (R_L - R_C)^2}. \tag{86}$$

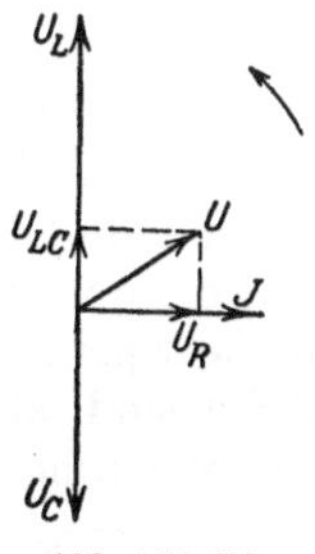

Abb. 145. Diagramm zu Gl. 85.

Diese Gleichung stellt das Ohmsche Gesetz für den allgemeinen Wechselstromkreis dar.

Wählt man in dieser Schaltung die Induktivität und die Kapazität so, daß die Spannungen an Spule und Kondensator gleichen Wert haben, so ist die Summenspannung sehr gering, im idealen Fall von 90° Phasenverschiebung ist sie gleich Null, der induktive und der kapazitive Widerstand heben dann einander auf. Man kann daher in einem Stromkreis, der im wesentlichen Selbstinduktion und Kapazität enthält, mit einer sehr kleinen Gesamtspannung einen großen Strom, daher auch hohe Teilspannungen erzeugen, wenn $R_L = R_C$ ist.

Diese Erscheinung nennt man Spannungsresonanz. Aus $\omega L = \dfrac{1}{\omega C}$ folgt der „kritische" Wert für die Frequenz in einem solchen Stromkreis

$$\omega = \sqrt{\frac{1}{L \cdot C}} \quad \text{oder} \quad f = \frac{1}{2\pi}\sqrt{\frac{1}{L \cdot C}}. \tag{87}$$

Diese Gleichung entspricht derjenigen für die Schwingungszahl eines Pendels.

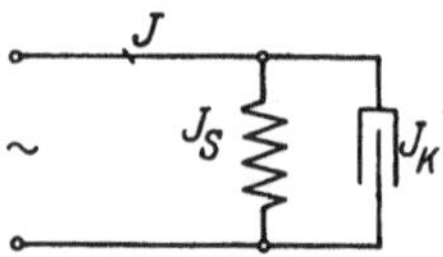
Abb. 146. Parallelschaltung von Spule und Kondensator.

Hat der Stromkreis, wie es praktisch stets der Fall ist, einen mehr oder weniger großen Widerstand R, so ist die Stromstärke durch ihn begrenzt, sie hat aber bei der kritischen Frequenz einen weniger oder mehr ausgeprägten höchsten Wert.

Beispiel: In einem Stromkreis, der eine Spule mit erheblichem Ohmschen Widerstand, einen Kondensator sowie einen Strommesser in Reihe enthält, wird eine EMK von 20 V von verschiedener Wechselzahl erzeugt. Sind die Größen des Stromkreises: $R = 20\,\Omega$, $L = 0,4\,\text{H}$, $C = 26\,\mu F$, so ist

| bei $2\,f$ | = | 80 | 85 | 90 | 95 | 98 | 100 | 105 | 110 | 115 |
| der Strom | = | 0,36 | 0,47 | 0,67 | 0,92 | 1,0 | 0,95 | 0,75 | 0,50 | 0,38 A. |

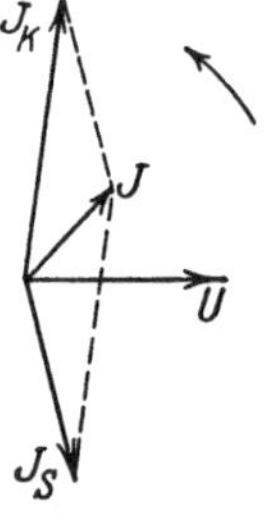
Abb. 147. Diagramm zu Abb. 146.

Trägt man die Stromstärke abhängig von der Frequenz auf, so erhält man eine für die Resonanz mit Dämpfung kennzeichnende Kurve.

Entsprechende Erscheinungen beobachtet man, wenn Spule und Kondensator parallel an eine Wechselspannung gelegt werden (Abb. 146). Man erhält dann Teilströme, die weit über der Stärke des zugeführten Gesamtstromes liegen können und spricht daher von Stromresonanz. Der Strom J_S in der Spule ist dann um nahezu 90° nach rückwärts, der Strom J_K im Kondensator ebenso nach vorwärts gegen die Gesamtspannung verschoben (Abb. 147). Ihre Resultierende, der Gesamtstrom J, ist daher kleiner als die Teilströme; im idealen Fall, d. h. wenn Induktivität und Kapazität rein und gleich groß sind, wäre er gleich Null.

27. Leistung und Arbeit des Wechselstromes.

Legen wir an eine Wechselspannung einen induktionsfreien Widerstand und eine Spule, und wählen wir die Ohmwerte derart, daß Spannung und Strom in beiden Verbrauchskörpern gleich sind, so können wir fühlen, daß trotzdem in der Spule bedeutend geringere Wärme als im Widerstand entsteht. Es kann demnach die für Gleichstrom im Abschnitt 13 entwickelte Beziehung: $N = U \cdot J$, nach welcher die in einem Widerstand verbrauchte Leistung und die dadurch entstehende Wärme durch das Produkt aus Spannung und Strom bestimmt ist, nicht ohne weiteres auch für Wechselstrom gelten. Es liegt nahe, in allen Fällen, wo die Spannung und der Strom kurzzeitigen periodischen Änderungen unterworfen sind, also in erster Linie bei Wechselstrom, außer dem Spannungs- und dem Strommesser noch ein Meßgerät zu verwenden, in welchem diese beiden

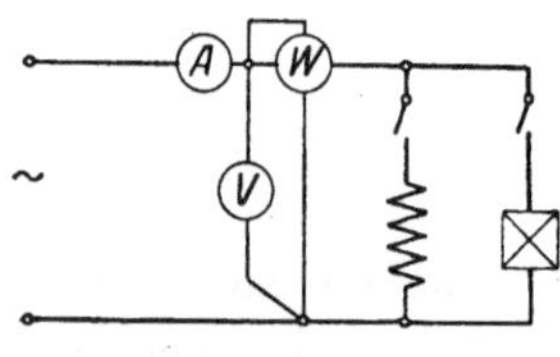
Abb. 148. Leistungsmessung an Spule und Widerstand.

Größen gleichzeitig mit dem Produkt ihrer Augenblickswerte zur Wirkung kommen. Die Bauart eines solchen Meßgerätes, das man Leistungsmesser oder auch Wattmeter nennt, soll im Abschnitt 34 näher besprochen werden. Hier sei nur angedeutet, daß es in der Regel zwei Spulen enthält, von denen die eine wie ein Strommesser, die andere wie ein Spannungsmesser geschaltet wird. Der Ausschlag des Zeigers entsteht dann durch die magnetische Wirkung, welche die beiden Spulen aufeinander ausüben.

Wir legen nun zunächst einen induktionsfreien Widerstand, sodann eine Spule, schließlich beide parallel unter Einschaltung eines Spannungs-, eines

Strom- und eines Leistungsmessers (Abb. 148) an eine Wechselstromquelle und lesen z. B. folgende Werte ab:

	Spannung V	Strom A	Leistung W
bei Einschaltung des Widerstandes	110	5,0	550
bei Einschaltung der Spule	110	5,0	100
bei Einschaltung des Widerstandes und der Spule.	110	7,7	650

Diese Beobachtungen zeigen, daß im ersten Fall die Angabe des Leistungsmessers gleich dem Produkt aus Spannung und Strom ist, genau wie bei Gleichstrom; bei Einschaltung der Spule dagegen ist die Angabe des Leistungsmessers erheblich kleiner als jenes Produkt.

Die Ursache dieser Erscheinung ist die Phasenverschiebung. Ihre Folgen erkennen wir am besten aus einem Kurvendiagramm. Zeichnen wir Spannung und Strom in Phase miteinander, so ist das Produkt der Augenblickswerte dieser beiden Größen, also der Augenblickswert der Leistung stets positiv, da ja auch das Produkt zweier negativer Größen positiv ist (Abb. 149). Auf den Zeiger des Leistungsmessers wirken daher Kräfte von dauernd gleicher Richtung, die nach der Kurve l verlaufen, sein Ausschlag entspricht bei der raschen Änderung dem arithmetischen Mittelwert dieser Kräfte. Ist dagegen der Strom gegen die Spannung nach- oder voreilend um den Winkel φ verschoben, so ist zeitweise die Spannung negativ, der Strom dabei aber positiv und umgekehrt. Das Produkt der Augenblickswerte ist dann zeitweise negativ (Abb. 150), auf den Zeiger

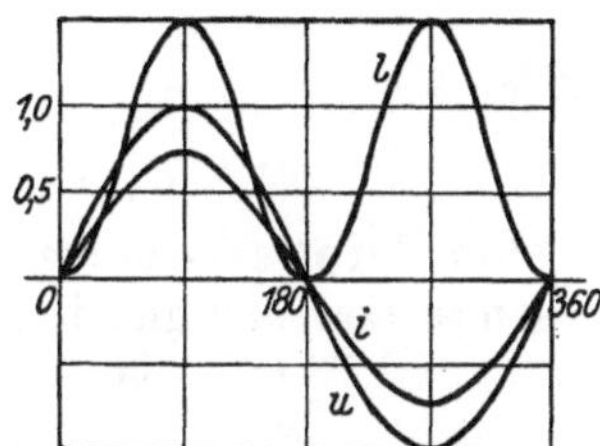

Abb. 149. Leistungskurve bei Phasengleichheit von Strom und Spannung.

wirken also Kräfte wechselnder Richtung. Der Mittelwert aller Augenblickswerte der Leistung während eines Stromwechsels ist dann kleiner als bei Phasengleichheit zwischen Spannung und Strom. Beträgt die Phasenverschiebung 90°, so sind die negativen Teile der Leistungskurve genau so groß wie die positiven. Auf das bewegliche System des Leistungsmessers wirken in diesem Fall innerhalb eines Stromwechsels rechtsdrehende und linksdrehende Zugkräfte gleicher Gesamtstärke, der Ausschlag ist Null. Die früher entwickelte Gleichung für die Leistung muß demnach erweitert werden, um eine allgemeine, auch bei Wechselstrom in allen Fällen gültige Form zu erhalten.

Das Produkt aus Wechselspannung und -strom nennt man Scheinleistung und benutzt für diesen Begriff das Zeichen N_s, als Einheit gebraucht man

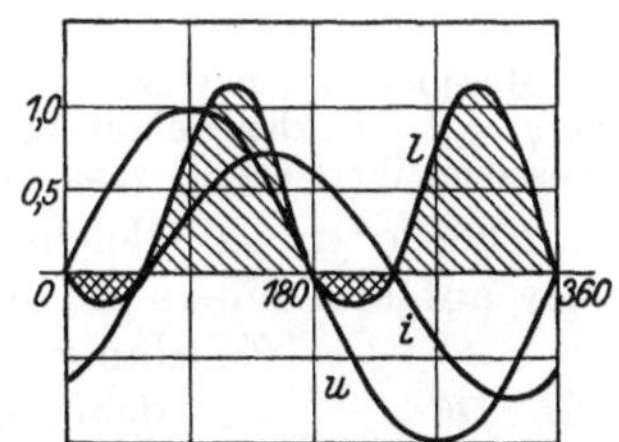

Abb. 150. Leistungskurve bei Phasenverschiebung zwischen Strom und Spannung.

das Voltampere (Zeichen VA) bzw. das Kilovoltampere (Zeichen kVA). Die von dem Leistungsmesser angezeigte Größe heißt dagegen Wirkleistung oder kurz Leistung, das Zeichen ist N, die Einheit das Watt. Um aus der Scheinleistung die Wirkleistung zu erhalten, multipliziert man erstere mit einem Faktor, dem Leistungsfaktor oder Wirkfaktor. Der Leistungsfaktor muß Null sein, wenn die Phasenverschiebung φ zwischen Spannung und Strom 90° beträgt, dagegen muß er den Wert 1 haben, wenn Spannung und Strom in Phase sind.

Die Auswertung von Kurvendiagrammen nach Abb. 150 für verschiedene Werte von φ zeigt, daß der Mittelwert der Leistung über einen Wechsel dem

Cosinus der Phasenverschiebung zwischen Spannung und Strom proportional ist; der Leistungs- oder Wirkfaktor ist demnach $= \cos \varphi$.

Wir erhalten demnach allgemein für Einphasenwechselstrom:

$$\text{Scheinleistung} \qquad \boldsymbol{N_s = U \cdot J}, \tag{88}$$

$$\text{Wirkleistung} \quad \boldsymbol{N = N_s \cdot \cos \varphi = U \cdot J \cdot \cos \varphi} \tag{89}$$

(XVIII. Grundgleichung).

Als Blindleistung N_b bezeichnet man schließlich das Produkt aus der Scheinleistung und dem Sinus des Winkels zwischen Spannung und Strom. Die Einheit heißt Blindkilowatt, Zeichen bkW. Es ist also

$$N_b = N_s \cdot \sin \varphi = U \cdot J \cdot \sin \varphi. \tag{90}$$

Die Funktion $\sin \varphi$ wird Blindfaktor genannt; sein Wert kann aus dem Leistungsfaktor durch die Gleichung $\sin \varphi = \sqrt{1 - \cos^2 \varphi}$ berechnet werden.

Für reine Blindlast folgt:

$$N_b = \frac{U^2}{R_L} \tag{91}$$

bzw.

$$N_b = \frac{U^2}{R_c}. \tag{92}$$

Für Drehstrom mit gleicher Belastung der drei Stränge ist die gesamte Leistung gleich der dreifachen Phasenleistung. Bei Sternschaltung wird, da $U = 1{,}73 \cdot U_\lambda$ ist,

$$N_s = 3 \cdot U_\lambda \cdot J = 1{,}73 \cdot U \cdot J;$$

bei Dreieckschaltung ist $J = 1{,}73 \cdot J_\triangle$, daher

$$N_s = 3 \cdot U \cdot J_\triangle = 1{,}73 \cdot U \cdot J.$$

Unabhängig von der Schaltung ist also bei Drehstrom mit gleichmäßiger Belastung der drei Phasen die Scheinleistung

$$\boldsymbol{N_s = 1{,}73 \cdot U \cdot J} \tag{93}$$

und entsprechend die Wirkleistung

$$\boldsymbol{N = 1{,}73 \cdot U \cdot J \cdot \cos \varphi}. \tag{94}$$

Beispiel: In den Beispielen auf S. 66 sind die Verbrauchskörper induktionsfrei, daher $\cos \varphi = 1$. In der Schaltung a ist die Leistung $N = 3 \cdot J^2 \cdot R = 3 \cdot 20^2 \cdot 11 = 13\,200\,\text{W}$; denselben Wert erhält man aus $N = 1{,}73 \cdot U \cdot J = 1{,}73 \cdot 380 \cdot 20$.

Ebenso wie bei Gleichstrom erhält man auch bei Wechselstrom die abgegebene oder aufgenommene Arbeit als das Produkt der jeweiligen Leistung mit der Zeitdauer und nennt diese kurz den Verbrauch. Dementsprechend ist allgemein für Wechselstrom

$$\text{der Scheinverbrauch} \qquad A_s = N_s \cdot t \tag{95}$$

$$\text{der Wirkverbrauch} \qquad A = N \cdot t \tag{96}$$

$$\text{und der Blindverbrauch} \quad A_b = N_b \cdot t. \tag{97}$$

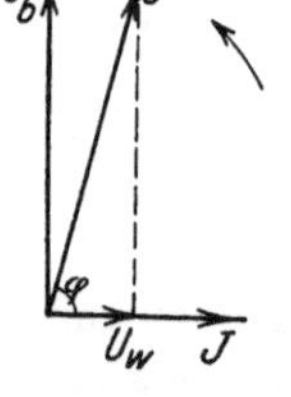

Abb. 151. Zerlegung der Spannung.

In der Mechanik ist bekanntlich die Arbeit einer Kraft, wenn der Körper sich nicht in der Richtung dieser Kraft bewegt, gleich derjenigen Komponente derselben, die in die Richtung des Weges fällt, multipliziert mit diesem Weg. Ist im elektrischen Stromkreis die Spannung U gegen den Strom J um einen Winkel φ verschoben (Abb. 151), so kommt ebenso für die Wirkleistung nur diejenige Komponente der Spannung in Betracht, die in der Richtung des Stromes liegt. Man zerlegt demgemäß die Spannung in zwei zueinander senkrechte Komponenten; die in Richtung des Stromes liegende Spannungskomponente nennt man **Wirkspannung** U_w. Es ist daher für Einphasenstrom bzw. für jeden Strang des Mehrphasenstromes

$$U_w = U \cdot \cos \varphi = \frac{N}{J}. \tag{98}$$

Die senkrecht zu dem Strom liegende Spannungskomponente heißt **Blindspannung** U_b. Es ist also

$$U_b = U \cdot \sin \varphi = U \sqrt{1 - \cos^2 \varphi} = \sqrt{U^2 - \left(\frac{N}{J}\right)^2}. \tag{99}$$

Ist der Verbrauchskörper eine Spule ohne Eisenkern, so hat die Wirkspannung nur die Aufgabe, den Echtwiderstand R der Spule zu überwinden, die Blindspannung dient zum Ausgleich der Gegen-EMK der Selbstinduktion oder anders ausgedrückt, zur Überwindung des induktiven Widerstandes R_L.

Zerlegt man dagegen den Strom (Abb. 152), so erhält man in entsprechender Weise als Komponenten in Richtung der Spannung den **Wirkstrom**

$$J_w = J \cdot \cos \varphi = \frac{N}{U} \tag{100}$$

und senkrecht zur Spannung den **Blindstrom**

$$J_b = J \cdot \sin \varphi = \sqrt{J^2 - \left(\frac{N}{U}\right)^2}. \tag{101}$$

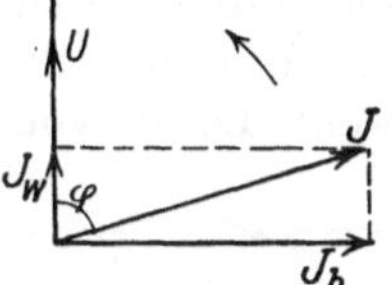

Abb. 152. Zerlegung des Stromes.

Die physikalische Bedeutung der Stromkomponenten bei Spulen soll später betrachtet werden (vgl. Abschn. 56).

Legt man einen Kondensator, dessen Isolationswiderstand nicht unendlich groß ist, an eine Wechselspannung, so hat der Strom J eine Phasenverschiebung von weniger als 90^0. Man kann dann den Wirkstrom $J \cdot \cos \varphi$ als Isolationsstrom, den Blindstrom $J \cdot \sin \varphi$ als Verschiebungsstrom betrachten.

Beispiele: 1. Aus den Beobachtungswerten des zu Beginn dieses Abschnittes angeführten Versuches kann man berechnen:
für den induktionsfreien Widerstand

$$N_s = U \cdot J = 110 \cdot 5 = 550 \text{ VA}, \quad \cos \varphi = \frac{N}{N_s} = \frac{550}{550} = 1;$$

für die Spule

$$N_s = 550 \text{ VA}, \quad \cos \varphi = \frac{100}{550} = 0,18.$$

Die Wirkspannung der Spule ist

$$U_w = 110 \cdot 0,18 \quad \text{oder} \quad = \frac{N}{J} = \frac{100}{5} = 20 \text{ V}.$$

Da die Spule laut Angabe kein Eisen hat, so wird die Aufnahme von Wirkleistung lediglich durch den Ohmschen Widerstand der Spule bedingt, es ist also

$$R = \frac{N}{J^2} \quad \text{oder} \quad = \frac{U_w}{J} = \frac{20}{5} = 4 \ \Omega.$$

Ferner ist die Blindspannung der Spule

$$U_b = \sqrt{U^2 - \left(\frac{N}{J}\right)^2} = \sqrt{110^2 - 20^2} = 108 \text{ V}$$

und der induktive Widerstand $R_L = \dfrac{U_b}{J} = \dfrac{108}{5} = 21,6 \ \Omega.$

Schließlich ist der Scheinwiderstand der Spule

$$R_s = \frac{U}{J} \quad \text{oder} \quad = \sqrt{R^2 + R_L^2} = \sqrt{4^2 + 21,6^2} = 22 \ \Omega.$$

Zerlegen wir dagegen den Strom der Spule, so berechnet man folgende Werte: Der Wirkstrom ist $J_w = J \cdot \cos \varphi = 5 \cdot 0,18 = 0,9 \text{ A}$; der Blindstrom $J_b = J \sin \varphi = 5,0 \sqrt{1 - 0,18^2} = 4,9 \text{ A}.$

Bei der im Versuch zuletzt ausgeführten Parallelschaltung von Spule und Widerstand ist dann (Abb. 153) der gesamte Wirkstrom $= 5{,}0 + 0{,}9 = 5{,}9$ A. Der aus $J = \sqrt{5{,}9^2 + 4{,}9^2} = 7{,}7$ A berechnete Gesamtstrom muß mit dem gemessenen übereinstimmen.

2. Ein Kraftbetrieb braucht eine gleichbleibende Leistung von 15 kW bei einem Leistungsfaktor 0,60. Wie hoch sind die Stromkosten für 8-stündigen Betrieb, wenn der Wirkverbrauch mit 0,30 M., der Blindverbrauch mit 0,04 M. je Wirk- bzw. Blind-kWh berechnet wird? Die Scheinleistung ist $N_s = \dfrac{N}{\cos\varphi} = \dfrac{15}{0{,}6} = 25$ kVA, die Blindleistung $N_b = N_s \cdot \sin\varphi = 25 \cdot 0{,}8 = 20$ bkW. Die täglichen Stromkosten sind daher $8\,(15 \cdot 0{,}30 + 20 \cdot 0{,}04) = 42{,}4$ M.

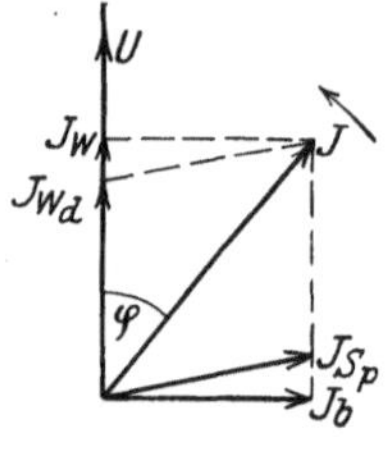

Abb. 153. Diagramm zu Beispiel 1.

28. Wirbelströme. Hysteresisverluste.

Bringt man in eine von Wechselstrom durchflossene Spule einen massiven Eisenkern, so wird er in kurzer Zeit stark erwärmt; dasselbe geschieht mit allen massiven Metallmassen, die im magnetischen Felde der Spulen liegen. Die Ursache dieser Erwärmung sind Induktionsströme, die in den Metallkörpern durch die Änderung des Feldes hervorgerufen werden. Solche Ströme entstehen auch, wenn Leiter von großer Breite durch ein ruhendes Feld derart bewegt werden,

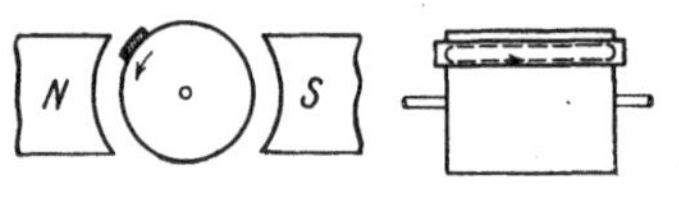

Abb. 154. Wirbelströme in einem breiten Ankerleiter.

daß die einzelnen Längsstreifen des Leiters in einem bestimmten Augenblick in einem verschieden starken Felde liegen. In Abb. 154 wird in dem unteren Teil des Leiterquerschnittes die induzierte EMK größer sein als in dem oberen, es wird daher, ohne daß die Enden des Leiters durch einen äußeren Stromweg verbunden sind, durch den Unterschied der in den Längsstreifen induzierten Spannungen ein Strom in dem Leiter zustande kommen, wie in der Abbildung angedeutet ist. Während sonst die Stromwege durch die Leiter eindeutig bestimmt sind, verlaufen hier die Ströme innerhalb der Metallmassen in irgendwelchen kurzgeschlossenen Bahnen, daher nennt man sie Wirbelströme. Die im Abschnitt 23 erwähnte Abstoßung zwischen dem induzierenden Feld und dem induzierten Strom, also auch den Wirbelströmen, kann man gut beobachten, wenn man eine Metallscheibe derart durch ein Feld pendeln läßt, daß sie die Linien desselben schneidet. Die Scheibe wird dann durch die Wirbelströme in ihrer Bewegung stark gedämpft, sobald sie in das Feld eintritt.

Der Verbrauch an Leistung, der durch die Wirbelströme entsteht, wird zur Dämpfung des Systems bei Hitzdraht- und Drehspulmeßgeräten, zur Bremsung von Zählerscheiben und von kleineren Kraftmaschinen verwendet. Die Eisenkörper von Maschinen oder Geräten, die in einem Feld umlaufen oder ständig in einem Wechselfeld liegen, sind aus dünnen, durch Papier voneinander isolierten Blechen aufgebaut, um die Wirbelströme zu vermindern.

Eine andere Wärmequelle in den von einem Wechselfeld durchsetzten Eisenkörpern sind die Hysteresisverluste, die bei der Ummagnetisierung auftreten. Die Hysteresis kann man sich als eine Reibung vorstellen, die sich der Umlagerung der Eisenmoleküle entgegensetzt (vgl. Abschn. 15). Je stärker die Koerzitivkraft ist, desto größer wird der Arbeitsaufwand zur Ummagnetisierung sein müssen. Die Hysteresisverluste sind daher bei Weicheisen erheblich geringer als bei Stahl.

Eine Spule mit Eisenschluß verbraucht bei Wechselstrom eine größere Wirkleistung als bei konstantem Gleichstrom derselben Stärke. In letzterem Falle ist der Verbrauch nur durch den Gleichwiderstand der Spule bedingt; bei wechselndem Feld tritt zu dem Leistungsverlust in der Strombahn, deren Widerstand (Echtwiderstand) durch Hautwirkung an sich schon größer sein kann als der Gleichwiderstand, noch der Verlust durch Wirbelströme und Hysteresis hinzu. Man berücksichtigt dies dadurch, daß man einer solchen Spule oder einem sonstigen Leiter bei Wechselstrom einen größeren leistungsverzehrenden Widerstand zuschreibt, und zwar bezeichnet man den aus dem Quotienten von Wirkleistung und dem Quadrat der Stromstärke sich ergebenden Wert des Widerstandes als **Wirkwiderstand des Körpers** (vgl. Abschn. 27).

Beispiel: An einer Spule wird gemessen:

a) Bei Gleichstrom von 3 A Stärke eine Klemmenspannung von 6 V; der Gleichwiderstand der Spule ist daher 2 Ω.

b) An der eisenlosen Spule bei 3 A Wechselstrom eine Spannung von 21 V; ein vor die Spule geschalteter Leistungsmesser zeigt 20 W. Dann ist der Scheinwiderstand $\frac{21}{3} = 7\ \Omega$, der Echtwiderstand $\frac{20}{3^2} = 2{,}2\ \Omega$.

c) Die Spule mit Eisenschluß verbraucht bei 3 A eine Spannung von 220 V und eine Wirkleistung von 36 W. Nun ist der Scheinwiderstand 73 Ω, der Wirkwiderstand 4 Ω. Im Eisen findet also ein Leistungsverbrauch von $36 - 20 = 16$ W statt.

29. Berechnungen an Wechselstromspulen.

Für Berechnungen an Wechselstromspulen kommen drei Hauptgleichungen in Betracht:

a) Durch den Wirkwiderstand R_w tritt ein Spannungsverlust u auf, daher ist

$$u = J \cdot R_w. \tag{102}$$

b) Aus Gl. 67 (S. 71) folgt

$$E = 4{,}44 \cdot \overline{\mathfrak{B}} \cdot \mathfrak{F} \cdot w \cdot f \cdot 10^{-8}\ \text{Volt}. \tag{103}$$

c) Aus Gl. 69 folgt

$$J = 0{,}56 \cdot \frac{\overline{\mathfrak{B} \cdot \mathfrak{L}}}{\mu \cdot w}. \tag{104}$$

Für den in Luft oder einem andern unmagnetischen Stoff verlaufenden Teil des Linienweges wird man sich dieser Gleichung bedienen, wobei $\mu = 1$ gesetzt wird. Für Eisen als Feldträger rechnet man in der Regel nicht mit der Permeabilität, sondern entnimmt den Magnetisierungskurven für die betreffende Eisenart (S. 46) die Stromwindungszahl für den Zentimeter Eisenweg, die zur Erzeugung einer bestimmten Liniendichte $\mathfrak{B}$ erforderlich ist.

Beispiele: 1. Eine Spule von 5,0 Ω Wirkwiderstand nehme bei 110 V und 50 Hz einen Strom von 3,0 A auf. Der Strom soll durch einen Vorwiderstand auf 1 A verringert werden. Der Wirkwiderstand verbraucht bei 3 A eine Spannung von 15 V. Durch die Gegen-EMK der Spule wird daher eine Spannung von $\sqrt{110^2 - 15^2} \approx 109$ V verbraucht, ihr Blindwiderstand ist $\frac{109}{3{,}0} = 36{,}3\ \Omega$. Wird die Änderung der Permeabilität vernachlässigt, so verbraucht bei 1 A der Blindwiderstand eine Spannung von 36,3 V; der Rest der Spannung im Betrag von $\sqrt{110^2 - 36{,}3^2} = 104$ V muß durch den Wirkwiderstand der Spule und den vorzuschaltenden „Sparwiderstand" verbraucht werden. Letzterer muß daher einen Ohmwert von $\frac{104}{1} - 5 = 99\ \Omega$ haben.

Wie groß wird die Stromaufnahme der Spule ohne Vorwiderstand, wenn die Frequenz 25 Hz ist? Der Blindwiderstand ist dann nach Abschnitt 23 nur halb so groß, also rd. 18,2 Ω, der Scheinwiderstand daher $\sqrt{5^2 + 18{,}2^2} = 18{,}8\ \Omega$, der Strom $\frac{110}{18{,}8} = 5{,}85$ A. Je größer der Wirkwiderstand im Vergleich zum Blindwiderstand ist, desto geringer ist natürlich der Einfluß der Frequenz.

2. Die Gl. 102 bis 104 sollen zu der Berechnung der Einstellung einer Drosselspule mit Eisenschluß angewendet werden (Abb. 155). Eine Spule mit $w = 200$ Windungen und

einem Wirkwiderstand $R_w = 0{,}25\,\Omega$, die einen Eisenschluß von $5 \cdot 5$ cm Querschnitt hat, soll durch Einfügen eines Luftspaltes oder einer unmagnetischen Zwischenlage in den Eisenschluß so eingestellt werden, daß sie bei 100 V Klemmenspannung und 50 Hz einen Strom von $J = 10$ A aufnimmt.

Der Wirkwiderstand verbraucht eine Spannung $J \cdot R_w = 10 \cdot 0{,}25 = 2{,}5$ V. Da die Spannung zur Überwindung der Gegen-EMK, die Blindspannung, mit dieser geringen Spannung im rechten Winkel liegt, so beträgt die Blindspannung auch rd. 100 V. Aus Gl. 103 berechnet sich dann der Scheitelwert der Liniendichte

$$\overline{\mathfrak{B}} = \frac{E \cdot 10^8}{4{,}44 \cdot \mathfrak{F} \cdot w \cdot f} = \frac{100 \cdot 10^8}{4{,}44 \cdot 25 \cdot 200 \cdot 50} = 9000\,\Gamma,$$

ferner aus Gl. 104 in erster Annäherung die gesamte Länge des Luftspaltes

$$\mathfrak{L} = \frac{J \cdot w}{0{,}56 \cdot \overline{\mathfrak{B}}} = \frac{10 \cdot 200}{0{,}56 \cdot 9000} = 0{,}4 \text{ cm}.$$

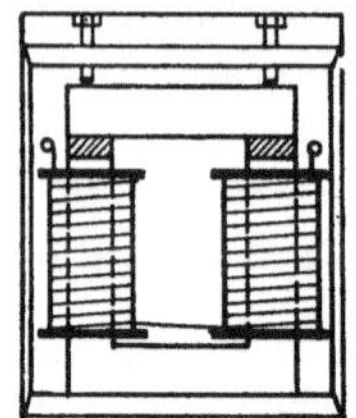

Abb. 155. Drosselspule.

Der mittlere Linienweg im Eisen sei bei obiger Spule 44 cm lang. Für $\overline{\mathfrak{B}} = 9000$ ist nach der Magnetisierungskurve von Dynamoblech auf den Zentimeter Eisenweg eine Stromwindungszahl von etwa 2 AW nötig; die Überwindung des magnetischen Eisenwiderstandes erfordert demnach rd. 90 AW, für den Luftspalt würde daher eine um diesen Betrag geringere Durchflutung übrigbleiben.

Sind die Abmessungen des Eisenkörpers und die Windungszahl einer Spule nicht bekannt, sondern sollen sie für gegebene Werte von Spannung, Strom und Frequenz neu berechnet werden, so ist die Liniendichte und der Eisenkörper anzunehmen und danach die Windungszahl zu berechnen. Die Wahl dieser Größen sowie des Drahtquerschnittes muß so erfolgen, daß die Erwärmung durch die Verluste im Eisenkörper und in der Wicklung in den zulässigen Grenzen bleibt. Es würde zu weit führen, auf diese Berechnungen hier näher einzugehen.

30. Das Drehfeld.

Das im Abschnitt 17 besprochene „Schneiden von Linien" hat die gleiche Wirkung, wenn man den Leiter festhält und den Magneten in entgegengesetzter Richtung bewegt, ferner kann man auch den Anker in Form eines Ringes außen um einen stab- oder sternförmigen Magneten legen (vgl. Abb. 156), so daß bei einer Drehung des Magneten die Ankerdrähte von den Linien geschnitten werden, die in radialer Richtung den Luftspalt zwischen diesen beiden Teilen durchsetzen und sich beiderseits durch das Ankereisen zum nächsten ungleichnamigen Pol schließen.

Bei einer solchen Anordnung seien vier Drähte auf dem Anker um je eine halbe Polteilung, ähnlich wie die Drähte der Abb. 94, gegeneinander versetzt. Die um eine ganze Polteilung voneinander abstehenden Drähte *1* und *3* sowie *2* und *4* sind auf der Rückseite des Ankers mit ihren Enden verbunden, also in Gegenschaltung zu einer Spule vereinigt. Setzen wir den Magneten in Umdrehung, so werden in der Augenblickslage der Abb. 156 die Drähte *1* und *3* von den Linien geschnitten, die Drähte *2* und *4* liegen in der Neutralen. Nach einer Drehung des Magneten um eine halbe Polteilung sind umgekehrt die Drähte *2* und *4* am stärksten, *1* und *3* gar nicht induziert. In den beiden Spulen des Generators — einen solchen stellt ja die Vorrichtung dar —, entsteht also Zweiphasenspannung.

Wir nehmen nun einen zweiten ebenso gebauten Anker und verbinden seine Drähte mit denen des Generators. Der zweite Anker wird dann als Verbrauchskörper von Zweiphasenstrom durchflossen, sobald das Polrad des Generators umläuft. Was für ein Feld entsteht nun durch den Zweiphasenstrom in dem zweiten Anker? Von der Rückwirkung dieser induktiven Belastung auf den Generator sei hier abgesehen, um die Darstellung möglichst einfach zu gestalten.

Nach der Rechtsgewinderegel liefert bei der Stromrichtung der Abb. 156 Draht *1* linksdrehende, Draht *3* rechtsdrehende Linien. Diese stoßen an der Stelle, wo der im gezeichneten Augenblick stromlose Draht *2* liegt, aufeinander, sie drängen einander aus dem Eisen heraus und schließen sich hauptsächlich durch den

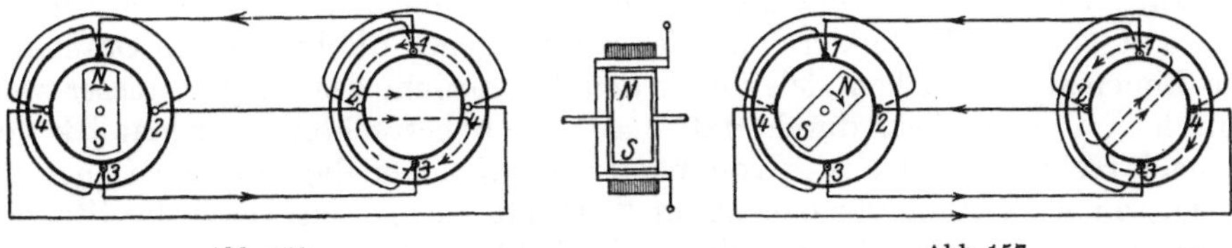

Abb. 156.   Abb 157.

Zweiphasen-Drehfeld.

Raum innerhalb des Ringes nach rechts. Betrachten wir weiter den Augenblick, in welchem der Magnet unseres Generators unter 45° geneigt ist (Abb. 157), so sind einerseits die Drähte *1* und *2*, anderseits *3* und *4* in gleicher Richtung und Stärke induziert. Die Einzeichnung der Ströme und Linien im Verbrauchskörper zeigt, daß nun beide Spulen ein Feld liefern, das in dem Innenraum ebenfalls unter 45° gegen die frühere Lage verdreht ist. Zeichnen wir das Feld im Verbrauchskörper für weitere Stellungen des Generatormagneten, so sehen wir, daß es sich wie der Magnet um seine Querachse dreht. Das Feld läuft synchron, d. h. in gleichem Takt mit dem Magneten um, der Zweiphasenstrom liefert ein Drehfeld.

Nehmen wir nun an, daß sowohl der zeitliche Verlauf des Feldes als die räumliche Verteilung der Linienzahl längs des Ankerumfangs sinusförmig sind, so kann durch ein Diagramm bestimmt werden, welche Richtung und Stärke das Feld in jedem Augenblick hat. Wir zeichnen in ein Polardiagramm die Felder beider Spulen als Vektoren in diejenige Richtung, welche durch die Lage der Spulen und den augenblicklichen Richtungssinn der Spannung bestimmt ist (Abb. 158), also in die Horizontale das Feld der Spule *1—3*, in die Vertikale dasjenige der Spule *2—4*; dann geben wir dem Vektor dieser Felder eine Größe, die dem Augenblickswert der Spannung entspricht und bilden jeweils die Resultierende, wie früher bei der Zusammensetzung von Spannungen und Strömen (S. 73 und ff.). In dem Augenblick der

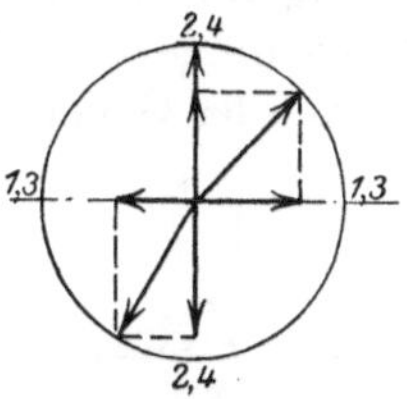

Abb. 158.
Polardiagramm des
Zweiphasen-Drehfeldes.

Abb. 157 haben die Felder demnach eine Größe, die dem Sinus des Winkels von 45° bzw. 135° entspricht, also das 0,707-fache des Scheitelwertes. Die Zusammensetzung für diesen sowie für jeden beliebigen Augenblick zeigt, daß das resultierende Feld stets dieselbe Größe und zwar diejenige des Scheitelwertes eines Feldvektors hat, das Drehfeld hat also konstante Stärke, es ist ein „kreisförmiges" Drehfeld.

Da der Dreiphasenstrom die größte Verbreitung hat und auf diesen auch die vom Drehfeld herrührende Bezeichnung „Drehstrom", die eigentlich jedem Mehrphasenstrom zukommt, angewendet wird, wollen wir auch die Entstehung

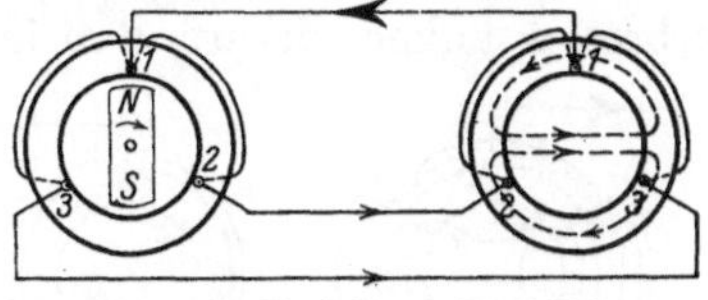

Abb. 159. Dreiphasen-Drehfeld.

des Drehfeldes bei Dreiphasenstrom betrachten. Wir nehmen zwei genau gleich gebaute Anker, von denen jeder mit drei um je 120 elektrische Grade versetzten Drähten *1*, *2* und *3* versehen ist, und verbinden die Anker auf der Vorderseite durch drei Leitungen, während die Drahtenden der Rückseite jedes Ankers in Stern (oder Dreieck) verkettet werden (Abb. 159). Betrachten wir den Stromlauf in dem abgebildeten Zeitpunkt, so fließt nach der Handregel der Strom im

Draht *1* des Generators und zwar mit seinem Scheitelwert nach hinten, in der Leitung *1* also von rechts nach links; die Ströme *2* und *3* fließen umgekehrt, d. h. vom Generator zum Verbrauchskörper und zwar jeder mit der Hälfte des Scheitelwertes. In dem zweiten Anker sind also Draht *1* von linksdrehenden, die Drähte *2* und *3* von rechtsdrehenden Linien umgeben. Letztere vereinigen sich und stoßen auf der linken Seite des Ringes gegen die Linien des Drahtes 1. Beide Linienzüge schließen sich durch den Innenraum des Ringes; dieser wird demnach von einem Feld durchsetzt, das in dem betrachteten Augenblick von links nach rechts gerichtet ist. Kommt der Nordpol des Magneten im Generator während seiner Drehung vor den Draht *2*, so hat im zweiten Anker der Strom *2* die Richtung nach vorne, also linksdrehendes Feld und zwar in Stärke des Scheitelwertes, dagegen haben jetzt die Drähte *3* und *1* rechtsdrehende Linien wie vorhin *2* und *3*. Dementsprechend wird auch das Feld im Innenraum sich um 120° gedreht haben. Durch Aufzeichnung weiterer Augenblicksstellungen ist leicht nachzuweisen, daß auch hier das Feld in gleichem Takt wie das Polrad umläuft. Ebenso kann man erkennen, daß das Drehfeld in umgekehrter Richtung

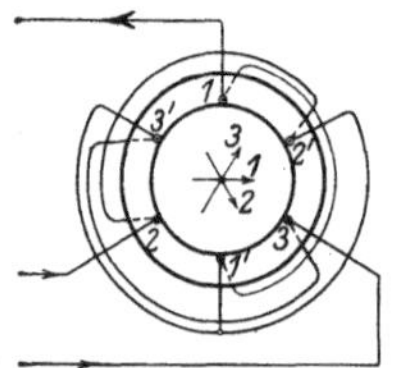

Abb. 160. Zweipoliges Drehfeld.

umläuft, wenn man bei Zweiphasenstrom die Leitungsanschlüsse an einer Spule, bei Dreiphasenstrom zwei beliebige Leitungen untereinander vertauscht.

Ähnlich wie vorher kann unter gleichen Voraussetzungen auch für das Dreiphasendrehfeld durch ein Polardiagramm bestimmt werden, wie die Lage und Stärke des Feldes sich während einer Periode ändert. An der Form des Feldes wird nichts geändert, wenn mit jedem der Drähte *1, 2* und *3* im Verbrauchsanker ein Draht *1', 2'* und *3'*, der je um eine Polteilung versetzt ist, so verbunden wird, daß der Strom jeweils in dem zweiten Draht umgekehrt fließt wie in dem ersten (Abb. 160). Befindet sich nun der Magnet des Generators in der Lage der Abb. 159, so ist das Feld der Spule *1—1'*

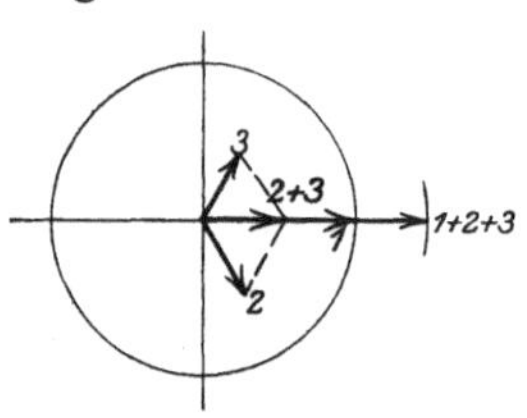

Abb. 161. Polardiagramm der Felder.

horizontal nach rechts gerichtet und hat den Scheitelwert, das Feld der Spule *2—2'* ist nach rechts abwärts, das der Spule *3—3'* nach rechts aufwärts gerichtet. Die Stärke der beiden letzteren Felder entspricht dem Stromwert von sin 210° bzw. sin 330°, also je der Hälfte des Scheitelwertes. Die Zusammensetzung der Augenblickswerte dieser drei Felder in der gegebenen Richtung liefert das resultierende Feld (Abb. 161). Die Durchführung dieser Konstruktion für weitere Augenblickslagen zeigt, daß der resultierende Vektor, d. h. das Drehfeld, stets denselben Wert und zwar das 1,5-fache des Scheitelwertes eines einzelnen Feldes hat.

Verbinden wir im Gegensatz zu der vorstehenden Schaltung die Drähte des Verbrauchsankers derart, daß in jedem Paar die Stromrichtung jeweils dieselbe

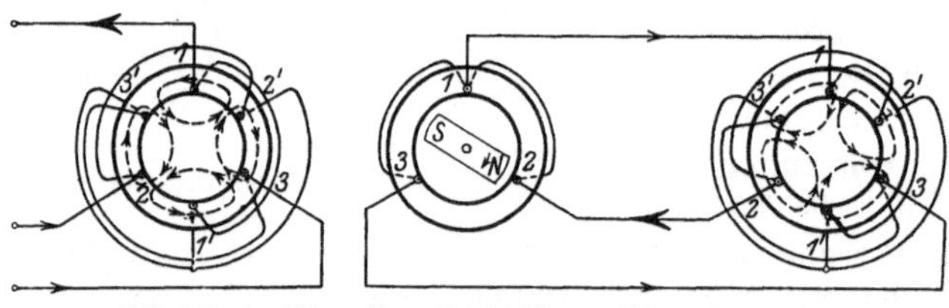

Abb. 162.   Vierpoliges Drehfeld.   Abb. 163.

ist, schalten wir also die Drähte gleicher Nummer hintereinander oder parallel, so ändert sich die Form des Feldes. Es ist z. B. (Abb. 162) in Draht *1* und *1'* linksdrehend, in *2* und *3'* sowie in *3*

und *2'* rechtsdrehend; wir bekommen nicht zwei, sondern vier geschlossene Linienzüge, ein vierpoliges Feld. Dreht sich nun der Magnet des unveränderten Generators von *1* nach *2*, so hat das Drehfeld in dem zweiten Anker seine

Richtung nicht ebenfalls um 120, sondern nur um 60° verschoben (Abb. 163); es wird also jetzt bei einem Umlauf des Polrades nur eine halbe Umdrehung zurücklegen. Die Drehzahl des Feldes ist daher nicht nur von der Frequenz f des zugeführten Wechselstromes, sondern auch von der Schaltung des Verbrauchsankers abhängig, und zwar erhält man für die minutliche Drehzahl die in anderer Anordnung schon bekannte Gleichung (vgl. S. 56)

$$n = \frac{60 \cdot f}{p}, \qquad (105)$$

wobei p die Polpaarzahl des Drehfeldes ist, die durch Zahl und Schaltung der Drähte bzw. Spulen des Verbrauchsankers bestimmt ist. Bei einer Frequenz von 50 Hz würde also das zweipolige Drehfeld mit 3000, das vierpolige mit 1500 Umdrehungen in der Minute umlaufen.

In manchen Motoren, Meßgeräten, Zählern und dgl. soll ein Drehfeld auch entstehen, wenn nur Einphasenstrom zur Verfügung steht. Die Verbindung verschiedenartiger Widerstände bietet, wie wir in den Abschnitten 24 und 26 gesehen haben, die Möglichkeit, Spannungen bzw. Ströme gegeneinander zu verschieben, d. h. eine sogenannte Kunstphase herzustellen. Man versetzt auf dem Anker, welcher das Drehfeld liefern soll, zwei Spulen um 90° el. gegeneinander; ferner sorgt man durch Verwendung von induktionsfreien Widerständen, Drosselspulen oder Kondensatoren dafür, daß bei Anschluß an eine Einphasenstromquelle die Ströme in den beiden Spulen zeitlich gegeneinander verschoben sind. Beträgt diese Verschiebung genau 90°, so erhält man ein kreisförmiges

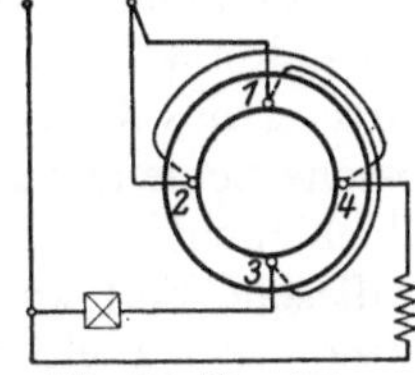

Abb. 164. Kunstphase.

Drehfeld wie bei unmittelbarer Zuführung von Zweiphasenstrom. Bei der praktischen Herstellung einer Kunstphase, z. B. nach Abb. 164, ist die zeitliche Verschiebung meistens kleiner. Die Zusammensetzung der Augenblickswerte im Polardiagramm ergibt dann als Endpunkte der Resultierenden keinen Kreis, sondern eine Ellipse. Abb. 165 zeigt dies für den Fall, daß die Ströme nur um 60° verschoben sind. Das elliptische Drehfeld hat also in seinen verschiedenen Lagen verschiedene Stärke. Es schrumpft im Grenzfall einer zeitlichen Verschiebung oder räumlichen Versetzung von 0° zu einer Geraden, also zu einem Wechselfeld zusammen.

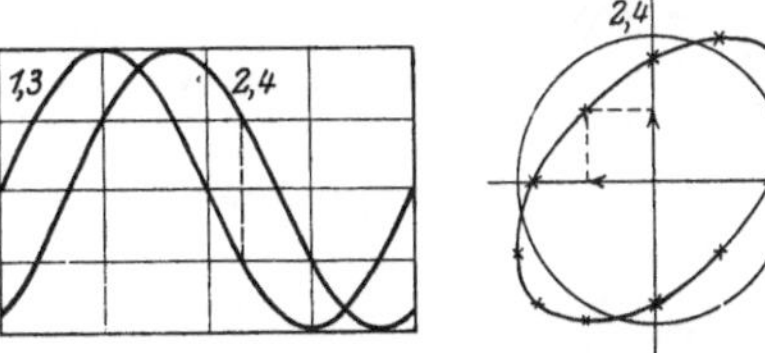

Abb. 165. Elliptisches Drehfeld der Abb. 164.

Welche Wirkungen kann nun ein Drehfeld ausüben? Durch ein Eisenfeilichtbild können wir an einem mit geringer Frequenz gespeisten Anker das Umlaufen des Feldes sehen, durch Unterbrechen einer Leitung die Polzahl erkennen. Bringen wir einen drehbaren Magneten so in das Feld, daß seine Drehachse mit derjenigen des Feldes zusammenfällt, so wird er bei geringer Umlaufzahl des Drehfeldes von diesem ohne weiteres mitgenommen. Bei größerer Masse des Magneten und größerer Umlaufzahl des Feldes läuft er mit, wenn wir ihn ungefähr bis zu letzterer andrehen. Seine Drehzahl muß offenbar genau mit derjenigen des Drehfeldes übereinstimmen, er wird synchron mitgenommen (Synchronmotor).

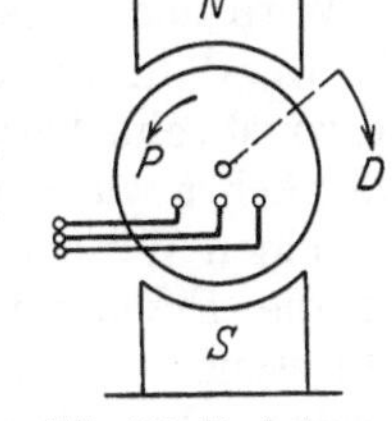

Abb. 166. Drehstromanker im Magnetfeld.

Machen wir dagegen den Anker drehbar und lassen den Magneten feststehen (Abb. 166), so muß nach dem Gesetz von Wirkung und Gegenwirkung der Anker sich rechtsum drehen (D), wenn das Drehfeld gegen den Anker linksum läuft (P). Das Feld steht dann im Raume still und zwar so, daß dem Nordpol des feststehenden Magneten dauernd ein Südpol des Ankers gegenüberliegt. Diese Anordnung werden wir bei den Einankerumformern finden, während diejenige mit umlaufendem Magneten bei den Synchronmaschinen die Regel ist.

Von größter Bedeutung für die Starkstromtechnik ist nun das Verhalten eines geschlossenen Leiters im Drehfelde. Wir bringen eine kurzgeschlossene Drahtschleife in der Achse des Feldes drehbar gelagert an (Abb. 167) und be-

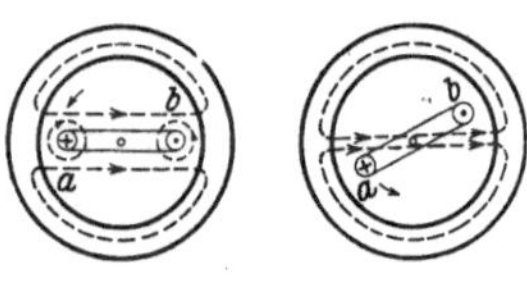

Abb. 167.   Abb. 168.
Geschlossener Leiter
im Drehfeld.

trachten zunächst die Vorgänge bei Stillstand der Schleife. Das Feld dreht sich mit voller Umlaufzahl gegen die Drähte a und b, diese werden also von den Linien geschnitten; es wird in ihnen eine EMK und dadurch ein Induktionsstrom hervorgerufen, der bei der dargestellten Linien- und Bewegungsrichtung des Feldes im Leiter a nach rückwärts, im Leiter b nach vorn gerichtet ist. Diese Ströme liefern ihrerseits Linien, die sich in bekannter Weise mit dem ursprünglichen Feld zu einem resultierenden Feld zusammensetzen. Als zweite Wirkung tritt daher eine Kraft auf, die an dem Leiter a nach unten, an b nach oben gerichtet ist, also mit der Bewegungsrichtung des Drehfeldes übereinstimmt. Die von dem Induktionsstrom durchflossene Schleife wird daher vom Drehfeld mitgenommen (Abb. 168). Sie kann jedoch nicht wie vorher der Stahlmagnet mit dem Feld synchron umlaufen, da in diesem Fall kein Schneiden zwischen den Linien des Drehfeldes und dem Leiter, also auch kein Induktionsstrom mehr auftreten würde. Die Schleife muß vielmehr ständig um einen solchen Betrag hinter dem Feld zurückbleiben, daß die zu ihrer Drehung erforderliche Stromstärke induziert wird, sie muß also

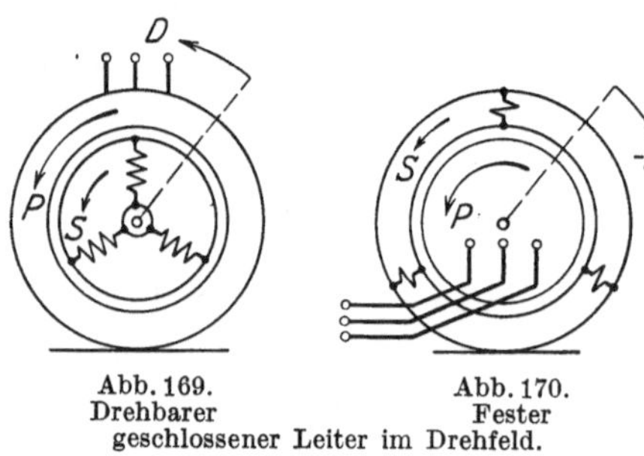

Abb. 169.   Abb. 170.
Drehbarer   Fester
geschlossener Leiter im Drehfeld.

asynchron, d. h. mit Schlupf dem Drehfeld folgen, d. h. untersynchron mitlaufen (Asynchronmotor). Die Anordnung mit kurzgeschlossenem Leiter (Abb. 167) ist in Abb. 169 in etwas veränderter Form dargestellt. Wie vorher steht der das Feld erzeugende Teil, der Primäranker P fest, der kurzgeschlossene Sekundäranker S ist drehbar, nun aber dreiphasig ausgeführt. Die Drehung des Läufers erfolgt untersynchron im Sinne des Feldes. Kehren wir die Anordnung derart um, daß der Primäranker P drehbar ist, der Sekundäranker S feststeht (Abb. 170), so wird der Primäranker entgegengesetzt dem Drehfeld untersynchron umlaufen. Im Raume dreht sich dann das Feld mit einer dem Schlupf entsprechenden Geschwindigkeit und zwar in gleichem Sinn wie das Feld im Läufer.

Wird der Leiter im Sinne des Drehfeldes durch eine äußere Kraft übersynchron, d. h. mit einer Drehzahl angetrieben, die größer als diejenige des Feldes ist, so ist seine Geschwindigkeit relativ zum Feld, daher auch der induzierte Strom umgekehrt wie vorher. Die am Netz liegende Maschine ist dann ein Generator, der einen Wirkstrom in das Netz liefert, diesem aber gleichzeitig Blindstrom für die Erzeugung des Drehfeldes entnimmt. Schließlich kann der kurzgeschlossene Leiter entgegengesetzt dem Sinne des Drehfeldes angetrieben werden. In allen Fällen entspricht die Frequenz des im Leiter induzierten Stromes dem Schlupf, d. h. der Relativbewegung zwischen Feld und kurzgeschlossenem Leiter.

31. Das elektrische Feld.

Der im Wirkungsbereich elektrisch geladener Körper liegende Raum, das elektrische Feld, befindet sich in einem Zwangszustand, dessen Größe und Richtung durch die elektrischen Linien dargestellt werden kann. Diese können durch staub- oder stabförmige Nichtleiter, durch elektrische „Nadeln" aus einem Nichtleiter ebenso sichtbar gemacht werden wie die magnetischen Linien durch Eisenfeilicht oder Magnetnadeln. Man spricht auch hier von einem „Fluß", obgleich wie bei dem Magnetismus keine Strömung, sondern bei Gleichstrom nur ein ruhender Zug- und Druckzustand, bei Wechselstrom eine Verschiebung elektrischer Teilchen stattfindet.

Für das Spannungsgefälle im elektrischen Feld finden wir aus Gl. 81 und 82 eine ähnliche Beziehung wie für das Spannungsgefälle im elektrischen Stromweg bzw. magnetischen Fluß und zwar ist hier

$$\frac{U}{l} \text{ prop. } \frac{J}{q} \cdot \frac{1}{\varepsilon}, \qquad (106)$$

d. h.: „Das Spannungsgefälle ist proportional dem Verhältnis der Liniendichte zur Leitfähigkeit."

Wir wollen nun verschiedene Formen des elektrischen Feldes betrachten, die für die Starkstromtechnik von Bedeutung sind. Sind die Elektroden (Abb. 171) eben und parallel zueinander und durch einen homogenen Nichtleiter getrennt, so verlaufen die elektrischen Linien zwischen diesen Platten in der Hauptsache senkrecht zu denselben und in gleichbleibender Dichte, nur an den Rändern tritt eine solche Ausbiegung in den äußeren Raum auf, daß sich wie bei dem magnetischen Feld der geringste Gesamtwiderstand ergibt. Von den Randgebieten abgesehen, wird daher auf jede kleinste Längeneinheit des Linienweges zwischen den Platten der gleiche Anteil der gesamten Spannung entfallen, d. h. das Spannungsgefälle ist konstant. Der Verlauf der Spannung in Abhängigkeit von der Weglänge läßt sich also durch eine gerade Linie darstellen. Nehmen wir dagegen zwei Kugeln als Elektroden, so hat das Linienbild des elektrischen Feldes eine ähnliche Gestalt wie dasjenige zweier kugelförmiger,

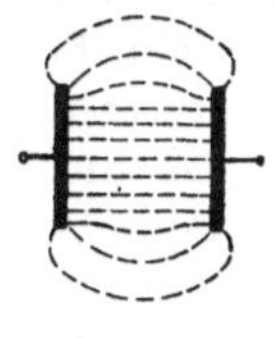

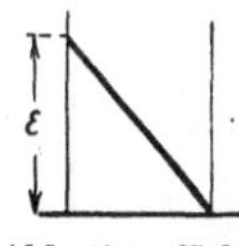

Abb. 171. Feld zwischen geraden Platten.

ungleichnamiger Magnetpole, die Linien stehen nahezu senkrecht auf der Oberfläche der Kugeln, ihre Dichte ist daher an der Oberfläche der Kugeln am größten und nimmt mit wachsendem Abstand ab (Abb. 172). An den Stellen größter Liniendichte muß auch das Spannungsgefälle am größten sein. Die Spannung als Funktion des Elektrodenabstandes muß daher eine Kurve geben, deren Neigung an den Elektroden am größten, in der Mitte des Weges am kleinsten ist. Schließlich betrachten wir das Feld eines geraden Leiters von kreisförmigem, verhältnismäßig kleinem Querschnitt, der sich im Mittelpunkt eines zweiten ringförmigen Leiters befindet, wie dies bei einem Einleiterbleikabel oder einem Durchführungsisolator der Fall ist (Abb. 173). Die Linien verlaufen radial, ihre Dichte nimmt daher von innen nach außen zunächst stark, allmählich immer weniger ab. Dementsprechend verläuft die Spannung; das Spannungsgefälle ist offenbar am inneren Leiter desto größer, je kleiner der Radius dieses Leiters ist.

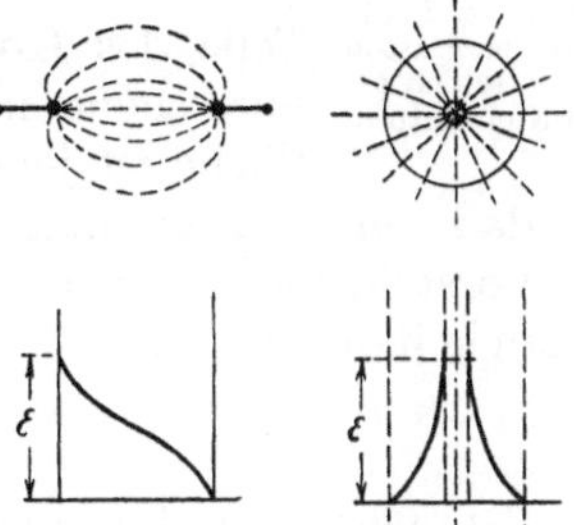

Abb. 172. Feld zwischen Kugeln.

Abb. 173. Feld zwischen konzentrischen Leitern.

Was geschieht nun, wenn die Spannung zwischen solchen Elektroden immer mehr erhöht wird? Wie bereits im Abschnitt 1 erwähnt wurde, tritt bei übermäßiger Beanspruchung eines Nichtleiters ein Durchschlag, d. h. nach unserer Hilfsvorstellung ein Zerreißen des Zusammenhangs zwischen den elektrischen und den Stoffteilen auf und dadurch ein Stromübergang. Bleibt dabei die Spannung zwischen den Elektroden in ungefähr gleicher Höhe bestehen, so wird ein dauernder Lichtbogen auftreten. Wird die Spannung nur auf Werte erhöht, die noch unter der Durchschlagsspannung liegen, so wird zunächst an den Stellen des größten Spannungsgefälles ein örtlicher Durchschlag, ein sogenanntes Glimmen auftreten. Steigert man die Spannung weiter, so zeigen sich Büschel bläulichen Lichtes von mehr oder weniger großer Länge, die an den Kanten bzw. der Oberfläche der Elektroden beginnen und im freien Raume zwischen den Elektroden enden. Diese Entladungen erzeugen Wärme, ferner haben sie eine chemische Wirkung. Die Luft wird zersetzt, es bildet sich Ozon, das man an dem eigentümlichen Geruch erkennt, sowie salpetrige Säure, die eine Zerstörung von Faserstoffen, z. B. der Drahtumspinnung von Drähten zur Folge hat. Um das Glimmen zu vermeiden, muß man den dielektrischen Widerstand an diesen Stellen verringern, die Kapazität also erhöhen. Zu diesem Zweck vermeidet man in Hochspannungsanlagen scharfe Ecken und Kanten an den Leitern sowie Leiter von sehr geringem Umfang.

Bemerkenswert ist, wie sich der Strom für ein elektrisches Feld mit der Spannung ändert. Bei geringer Beanspruchung sind beide einander proportional; mit dem Beginn des Glimmens wird der Strom stärker wachsen als die Spannung. Es tritt also hier eine Erscheinung auf, die der magnetischen Sättigung ähnlich ist.

Da die Kapazität nach Abschnitt 25 von der Dielektrizitätskonstante des Stoffes abhängt, so muß auch diese von Einfluß auf das Spannungsgefälle sein. Ersetzt man z. B. bei dem Kondensator der Abb. 171 einen Teil des Luftzwischenraumes durch eine Glasplatte, so hat man damit in der Bahn des Verschiebungs-

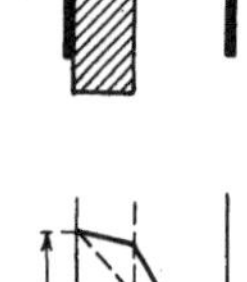

Abb. 174. Feld zwischen Platten bei geschichteten Nichtleitern.

stromes einen Körper von größerer und einen solchen von geringerer dielektrischer Leitfähigkeit, das Glas und die Luft, in Reihe geschaltet (Abb. 174). In der Glasscheibe wird also ein kleineres Spannungsgefälle auftreten als vorher in der Luftschicht gleicher Dicke, das Gefälle in der übrigen Luftschicht wird daher größer sein als bei der ersten Anordnung ohne Glasplatte. Die Anordnung nach Abb. 174 hat geringere Festigkeit als diejenige der Abb. 171. Ganz anders ist die Wirkung einer ähnlichen Maßnahme bei dem zylindrischen Kondensator der Abb. 173. Wird hier der innere Leiter mit einem Nichtleiter von großer Dielektrizitätskonstante, z. B. einem Glasrohr, umgeben, so wird zwar die auf die übrigen Teile des Kondensators entfallende Gesamtspannung wie in dem vorstehenden Fall erhöht, das Spannungsgefälle an der Leiteroberfläche ist jetzt jedoch durch das Einfügen des Glasrohres geringer, so daß ein Durchschlag erst bei höherer Spannung als vorher auftritt.

Vorstehende Gesichtspunkte gehören zu den Grundlagen der elektrischen Festigkeitsberechnung für Isolierkörper in Hochspannungsanlagen.

32. Wanderwellen.

Bei einem Kreislauf der bisher betrachteten Art ist die Reihenfolge der Teile im Stromkreis für die Größen innerhalb desselben belanglos. Anders ist es bei Vorgängen, die in dem Augenblick von Belastungsänderungen, also besonders während des Ein- und Ausschaltens von Stromwegen auftreten. Für diese treffen die früher erwähnten Vorstellungen zu, nach denen der „Strom" als eine gewisse Menge Elektrizität, als eine Welle angesehen wird, die sich in der Leitung fortpflanzt.

Um uns ein klares Bild zu machen, greifen wir wieder auf unser Wassermodell
zurück (vgl. Abb. 27), jedoch sollen die Rohre nicht mit Schrot gefüllt, sondern
frei von Leitungswiderstand sein. Hahn A sei geschlossen, das Rohr BD sei
entleert und Hahn E fast ganz geschlossen. Wird nun der Hahn A rasch geöffnet,
so zieht eine Wasserwelle in das Rohr ein, wie man es z. B. bei Feuerwehrschläuchen
beobachten kann. Vor der Stirn dieser Welle steht dann das Rohr noch nicht
unter Druck, während in geringer Entfernung nach rückwärts, an einer Stelle,
die bereits von der Welle erreicht ist, der volle Druck herrscht. Zwischen zwei
nahe aneinander liegenden Punkten des Rohres tritt also während des Einziehens
dieser Welle der volle Druck auf; bei ständigem Wasserdurchfluß, im stationären
Zustand, ist dagegen zwischen diesen Punkten kein nennenswerter Druckunterschied vorhanden. Ist der Hahn E geschlossen, so wird die einziehende Welle
hier plötzlich gehemmt, die Bewegungsenergie des Wassers wird aufgehoben
und muß sich in Spannungsenergie umsetzen. Wenn keine Verluste auftreten
würden, wäre der durch diese Umsetzung auftretende Druck ebenso groß wie der
von der Pumpe erzeugte Druck. Er addiert sich zu diesem, so daß an dem geschlossenen Leitungsende während des Anpralles der doppelte Druck auftritt.
Eine solche Überspannung entsteht ferner, wenn während dauernden Wasser-
durchflusses der Hahn E plötzlich geschlossen wird. Die Bewegungsenergie
erzeugt dann an der Stelle E je nach der Geschwindigkeit einen mehr oder weniger
großen Überdruck, das Wasser wird in entgegengesetzter Richtung zurückge-
drückt, es pendelt in dem Stromkreis hin und her, wobei jedesmal an der Trenn-
stelle ein Überdruck auftritt, bis die Energie durch die Reibung aufgezehrt ist.
Wird die Leitung langsam geöffnet oder liegen erhebliche Widerstände in dem
Stromweg, so wird das Eindringen der Welle allmählich erfolgen, die Wellenstirn
wird abgeflacht, es kann daher kein so starker Überdruck entstehen. Werden
dagegen durch die Wanderwelle Massen beschleunigt oder elastische Kräfte
geweckt, so kann ein Überdruck nicht nur an dem geschlossenen Ende, sondern
auch längs des Rohres auftreten.

Übertragen wir diese Vorgänge auf einen elektrischen Stromkreis, so haben
wir an Stelle des Rohres eine Leitung zu setzen, in die am Anfang und am Ende
ein Schalter eingebaut ist. Wird bei offenem Leitungsende der Anfang der Leitung
durch Schließen des Schalters plötzlich mit der Stromquelle verbunden, so tritt
eine Wanderwelle in die Leitung ein, die Betriebsspannung pflanzt sich nach
dem Ende hin fort, wobei zwischen Punkten der Leitung, die in geringer Leitungslänge voneinander entfernt liegen, auf einen Augenblick die volle Betriebsspannung herrscht. Bei Spulen von Maschinen, Transformatoren und dgl. trifft
dieses hauptsächlich für Anfang und Ende zu, da die eindringende Wanderwelle
durch den Scheinwiderstand der Spule teils abgeflacht, teils zurückgeworfen wird.
Die Drahtisolierung der Eingangswindungen solcher Spulen ist daher für die volle
Betriebsspannung zu bemessen. Am Ende einer offenen Leitung wird, wie bei
dem Wasserrohr, bei plötzlichem Einschalten eine Überspannung auftreten, die
im Höchstfall die doppelte Größe der Betriebsspannung hat und Schwingungen
erzeugen kann. Um solche Überspannungen und Überströme, deren weitere Erör-
terung zu weit führen würde, zu vermeiden, verwendet man in Hochspannungsanlagen häufig besonders gebaute Schalter, durch welche bei dem Übergang
von der Ausschalt- in die Einschaltstellung und umgekehrt ein Widerstand für
kurze Zeit in die Leitung eingeschaltet wird.

33. Magnetische und elektrische Energie.

Wie im Abschnitt 23 erwähnt, ist der bei gegebener Spannung einen Gleich-
strom-Elektromagneten durchfließende Strom unabhängig von der Stärke des

Magnetfeldes; er ist lediglich durch den Gleichwiderstand R bedingt, bleibt also unverändert, wenn ein bestimmter Draht einmal als Spule, die ein kräftiges Magnetfeld liefern kann, das andere Mal induktionsfrei gewickelt wird. Die Erhaltung eines Magnetfeldes erfordert demnach keinen Aufwand an Wirkleistung. Diese Tatsache ist auch ein Beweis dafür, daß der sogenannte magnetische Fluß tatsächlich keine Strömung ist, da eine solche ja stets Widerstand finden, also Wirkleistung verbrauchen würde. Wie liegen aber die Dinge bei dem Entstehen und Verschwinden eines Magnetfeldes? Im Abschnitt 22 wurde die Beobachtung erläutert, daß bei dem Einschalten einer Spule an eine Gleichstromquelle der Strom nicht sofort in voller Stärke fließt, sondern langsam entsteht. Bei der Spannung U möge ein Dauerstrom J durch die Spule vom Ohmwert R fließen; in dieser wird dann eine Leistung $N = U \cdot J$ in Wärme umgesetzt. In einem bestimmten Augenblick kurz nach dem Einschalten wird der allmählich entstehende Strom z. B. nur den Wert $\dfrac{J}{3}$ haben, obgleich die volle Spannung an den Klemmen der Spule liegt. Es wird dann in diesem Augenblick dem Netz eine Leistung $U \cdot \dfrac{J}{3}$ entnommen, in der Spule aber nur eine Leistung $\left(\dfrac{J}{3}\right)^2 \cdot R = U \cdot \dfrac{J}{9}$ in Wärme umgesetzt. Wo kommt der Rest der Leistung hin, der in dem betrachteten Augenblick den Wert $\dfrac{U \cdot J}{3} - \dfrac{U \cdot J}{9} = \dfrac{2 \cdot U \cdot J}{9}$ hat? Woher nimmt ferner die Spule bei Unterbrechung des Gleichstromes die Leistung, die den früher beobachteten starken Lichtbogen speist? Wir finden durch solche Überlegungen, daß während des Anwachsens des Stromes, also während der Entstehung des Feldes, von der Spule Leistung aufgenommen und beim Verschwinden des Feldes Leistung von der Spule abgegeben wird. Der früher herangezogene Vergleich der Spule mit einer Masse erleichtert auch hier die Anschauung. Bei jeder Beschleunigung einer Masse wird Leistung verbraucht und als Energie der Bewegung in dem Körper aufgespeichert, bei jeder Verzögerung einer Masse wird Leistung gewonnen; die Erhaltung einer bestimmten Geschwindigkeit würde keine Leistung erfordern, wenn keinerlei Reibungswiderstände sich der Bewegung entgegenstellen würden. Eine stromdurchflossene Spule hat ähnlich wie eine bewegte Masse ein **Arbeitsvermögen**, sie verwandelt während einer Stromverstärkung einen Teil der aus dem Netz entnommenen elektrischen Arbeit in **magnetische Energie** und gibt bei einer Schwächung des Stromes diese wieder in Form elektrischer Arbeit zurück.

Im Abschnitt 27 hatten wir für die Spule als Verbrauchskörper eines Wechselstromkreises gefunden, daß bei 90° Phasenverschiebung zwischen Spannung und Strom die Leistungskurve während eines Stromwechsels periodisch positive und negative Werte gleicher Größe hat. Dabei ist die von der Spule aufgenommene Leistung so lange positiv, es wird also so lange Leistung aus dem Netz aufgenommen, als die Stromstärke in positiver oder negativer Richtung ansteigt. Während des Stromabfalls dagegen ist die Leistungskurve l negativ, die Spule wirkt daher in dieser zweiten Hälfte des Stromwechsels als Generator. Die in der Spule sich aufspeichernde magnetische Arbeit nimmt demnach so lange zu, als der Strom ansteigt, sie wird bei abfallendem Strom kleiner und ist wieder gleich Null, wenn der Strom den Nullwert erreicht hat (Abb. 175). Dieses Spiel

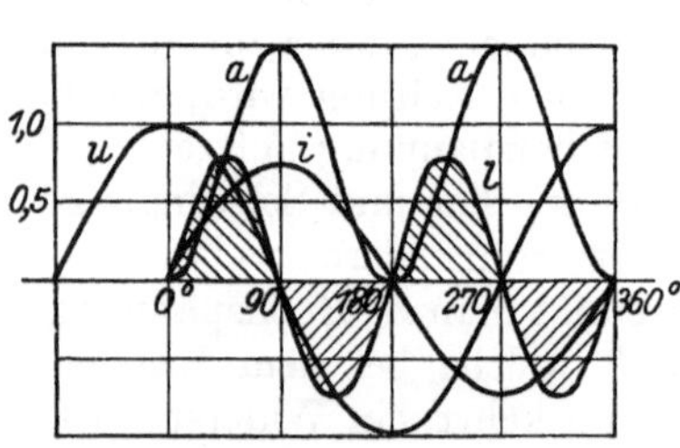

Abb. 175. Leistung und Arbeit bei rein induktiver Belastung.

wiederholt sich bei jedem Stromwechsel. Berechnet man für verschiedene Zeitabschnitte zwischen 0 und 90° die Fläche des betreffenden Abschnittes der Leistungskurve, also die Summe der Produkte von Leistung und Zeit, so erhält man den Verlauf der Arbeitskurve a der Spule. Die Größe des elektromagnetischen Arbeitsvermögens hängt von der Induktivität der Spule und der Stärke des Stromes ab; sie berechnet sich zu

$$A_L = \frac{L \cdot J^2}{2}.\tag{107}$$

Diese Gleichung entspricht derjenigen für die Bewegungsenergie der Mechanik:

$$A = \frac{m \cdot v^2}{2}.$$

Das früher zur Veranschaulichung verwendete Pendel kann auch hier die Vorstellung erleichtern; während das Pendel aus der äußersten Lage nach unten schwingt, die Geschwindigkeit also steigt, wird Bewegungsenergie aufgespeichert, in der zweiten Hälfte nimmt letztere ab und verwandelt sich in Energie der Lage.

Zeichnen wir in entsprechender Weise den Verlauf der Leistungskurve für eine Voreilung des Stromes gegenüber der Klemmenspannung, also für einen Kondensator auf, so finden wir, daß die Leistungskurve während des Ansteigens der Spannung positiv, während des Abfallens derselben negativ ist, der Kondensator nimmt also ebenfalls abwechselnd Arbeit auf und gibt sie wieder ab. Die vom Kondensator während des Spannungsanstiegs aufgenommene elektrische Energie wird in elektrostatische Energie verwandelt. Für diese erhält man eine Gleichung ähnlicher Form und zwar ist:

$$A_C = \frac{C \cdot U^2}{2},\tag{108}$$

wenn C die Kapazität des Kondensators und U die angelegte Spannung ist. Die Kurve der aufgespeicherten Arbeit a hat ihren Höchstwert in dem Augenblick, in welchem die Klemmenspannung den Scheitelwert erreicht.

Die Kurve der magnetischen Energie ist daher in Phase mit dem Strom, diejenige der elektrostatischen Energie in Phase mit der Spannung. Bei 90° Phasenverschiebung zwischen Spannung und Strom sind also jene beiden Kurven untereinander um 90° verschoben. Unter dem Gesichtspunkte der Energie zeigt nun auch die Erscheinung der Resonanz eine neue Seite. Im Augenblick des Strommaximums hat die Spule den Höchstwert, der Kondensator den Nullwert an Energie. Mit dem Abfallen des Stromes nimmt die Energie der Spule ab, diejenige des Kondensators zu. Hat der Strom den Augenblickswert Null, so hat der Kondensator den Höchstwert, die Spule den Nullwert der Energie, kurz, es findet ein Hin- und Herpendeln der Energie zwischen Spule und Kondensator statt. Wenn ein Stromkreis nur Selbstinduktion und Kapazität, also verschwindend kleinen Wirkwiderstand enthält, so daß sehr geringe Verluste auftreten, so muß eine sehr kleine Spannung der Stromquelle genügen, um ein solches Pendeln der Energie, also Schwingungen zwischen Spule und Kondensator hervorzurufen und hohe Spannungen abwechselnd an den beiden zu erregen. Wird ein solcher Stromkreis mit Energie geladen (vgl. Abb. 146) und dann sich selbst überlassen, so ist die Frequenz der Schwingungen durch Gl. 87 bestimmt. Für den Effektivwert der Spannung und Stromstärke folgt aus den Gleichungen 107 und 108, da $A_L = A_C$ ist, die Beziehung

$$U = J \sqrt{\frac{L}{C}}.\tag{109}$$

Die Größe $\sqrt{\dfrac{L}{C}}$ wird in Anlehnung an das Ohmsche Gesetz „Wellenwiderstand" genannt.

Tatsächlich unterliegt jede elektrische Schwingung durch den Ohmschen Widerstand einer Dämpfung, welche die Schwingungen allmählich abklingen läßt. Ein mechanisches Modell für elektrische Resonanzschwingungen bietet das vorhin erwähnte Pendel oder die Verbindung einer Feder mit einer Masse. Hängt man ein Gewicht an eine Schraubenfeder und stimmt diese beiden gegeneinander ab, so genügt ein ganz geringer Anstoß, um das Gewicht in starke Vertikalschwingungen um seine Ruhelage nach oben und unten zu versetzen. In der höchsten und tiefsten Lage ist dann die Bewegungsenergie des Gewichtes gleich Null, während die Spannungsenergie der Feder den Höchstwert hat. Bei dem Durchgang durch die Ruhelage ist die Feder ungespannt, in dem Gewicht dagegen das Maximum an Bewegungsenergie aufgespeichert.

In den elektrischen Starkstromanlagen bedeuten, abgesehen von einigen mit Absicht auf Resonanz gebauten Apparaten, solche Schwingungen die Ursache von Störungen. Sie können z. B. auftreten, wenn unbelastete Kabel an Transformatoren angeschlossen sind, ferner können sie durch die Funken erregt werden, welche bei dem Ein- und Ausschalten von Stromkreisen, bei dem Ansprechen von Funkenableitern sowie bei dem Durchschlag oder Überschlag von Isolierungen auftreten.

34. Messung von Leistung und Arbeit.

Leistungsmesser. Im Abschnitt 27 wurde gezeigt, daß bei Wechselstrom die Wirkleistung nur dann durch Multiplikation der Effektivwerte von Spannung und Strom bestimmt werden kann, wenn diese beiden Größen phasengleich sind. Wenn dagegen die Art der Belastung oder des Leitungswiderstandes eine vor- oder nacheilende Phasenverschiebung zwischen Strom und Spannung verursacht, so muß noch ein drittes Meßgerät benutzt werden, um die Wirkleistung zu messen. Wie im Abschnitt 27 erwähnt wurde, müssen in einem Leistungsmesser oder Wattmeter der Strom und die Spannung gleichzeitig zur Wirkung kommen; dies geschieht meistens derart, daß in einer Spule der Hauptstrom der Leitung oder ein proportionaler und phasengleicher Teil desselben fließt, in einer zweiten Spule dagegen ein geringer Strom, der wie bei einem Voltmeter der Spannung proportional und je nach dem Bau des Gerätes mit der Spannung phasengleich oder um einen bestimmten Winkel gegen sie verschoben ist. Bei Messung geringer Wirkleistung ist zu beachten, daß der Leistungsverbrauch entweder der Spannungsspule oder der Stromspule mit demjenigen der Verbrauchskörper mitgemessen wird, je nachdem ob die Spannungsspule vor oder hinter der Stromspule angeschlossen ist (vgl. S. 31). Die üblichen Leistungsmesser beruhen entweder auf der im Abschnitt 3 besprochenen Kraftwirkung, die zwischen einer festen und einer beweglichen Spule auftritt, der sogenannten elektrodynamischen Wirkung, oder auf der Wirkung eines Drehfeldes.

In Leistungsmessern der ersten Art ist das drehbare System ebenso gebaut wie das eines Drehspulmeßgerätes, es wird in Reihe mit einem der Spannung entsprechenden Widerstand zwischen die Leitungen geschaltet (Abb. 176). Das Grundfeld wird durch eine feststehende Spule erzeugt, die vom Hauptstrom durchflossen wird und um die bewegliche Spule gelegt ist. Die Teile entsprechen also der Versuchsanordnung nach Abb. 19. Das auf den Zeiger ausgeübte Drehmoment ist dann in jedem Augenblick dem Produkt aus den beiden Strömen, also auch der hinter dem Leistungsmesser verbrauchten Wirkleistung proportional. Zur Erweiterung des Strommeßbereiches ist bei manchen Meßgeräten die Stromspule aus zwei

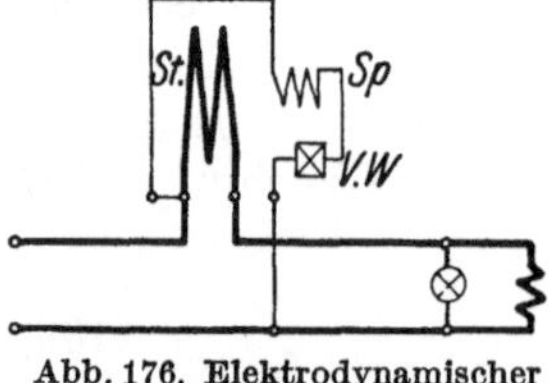

Abb. 176. Elektrodynamischer
Leistungsmesser.

gleichen Teilen hergestellt, die entweder hintereinander oder parallel geschaltet werden können. Stets ist eine Klemme der Spannungsspule unmittelbar mit einer Klemme der Stromspule zu verbinden, um größere Spannungen zwischen diesen Spulen zu verhindern.

Beispiel: Ein Leistungsmesser mit 150 Skalenteilen hat den Meßbereich 300 V und 20 A, zeigt also vollen Ausschlag bei einer Wirkleistung von 6000 W. Der Wert eines Skalenteiles, d. h. die Meßkonstante, ist demnach $C = \dfrac{6000}{150} = 40$.

Die zweite Art, das Drehfeld- oder Ferraris-Meßgerät, ist nur für Wechselstrom verwendbar (Abb. 177). Hier stehen sowohl die Spannungsspule wie die Stromspule fest, sie sollen ein Drehfeld liefern, das auf eine drehbare Metallglocke einen Antrieb ausübt (vgl. Abschn. 30); eine als Gegenkraft wirkende Feder sucht die Glocke und den mit ihr verbundenen Zeiger in die Nullstellung zurückzudrehen. Damit die beiden Spulen ein Drehfeld erzeugen, müssen sie räumlich gegeneinander versetzt sein und von zeitlich verschobenen Strömen durchflossen werden. Zur Messung der Wirkleistung muß das in dem Leistungsmesser entwickelte Drehmoment der Größe $N = U \cdot J \cdot \cos \varphi$ proportional sein, es muß also bei Phasengleichheit zwischen Spannung und Strom

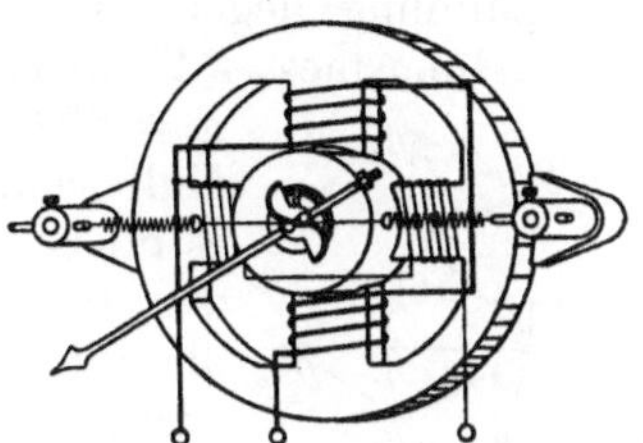

Abb. 177. Drehfeld-Leistungsmesser (nach Dubbel).

den größten Wert haben. Liegen die Spulenpaare um 90° gegeneinander versetzt, so muß das Feld der Spannungsspulen gegen das Feld der Hauptstromspulen um 90° zeitlich verschoben sein, was durch Einschaltung von Drosselspule und Widerstand erreicht werden kann. Ist die Belastung rein induktiv oder kapazitiv, also der Strom in der Leitung um 90° gegen die Spannung verschoben, so ist die Verschiebung zwischen den Spulenströmen 180° bzw. 0°. Die Spulenpaare liefern dann nur ein Wechselfeld, das keine Drehung der Glocke verursacht, der Ausschlag des Zeigers ist daher ebenso wie die Wirkleistung gleich Null. Liegt die Phasenverschiebung zwischen 0 und 90°, ist also die Wirkleistung kleiner als die Scheinleistung, so liegt auch die Phasenverschiebung zwischen den Strömen im Meßgerät innerhalb der erwähnten Grenzwerte, das Drehmoment und der Ausschlag sind daher geringer als bei induktionsfreier Belastung. Bei Drehstrom sind verschiedene Schaltungen anzuwenden, je nachdem ob die Stränge der Anlage gleichmäßig oder ungleich belastet sind. Im ersteren Falle genügt es, den Verbrauch eines Stranges zu messen. Liegt Sternschaltung vor und ist der Nullpunkt oder Nulleiter zugänglich, so kann die Spannungsspule des Leistungsmessers an diesen angeschlossen werden (Abb. 178). Ist er nicht zugänglich, so kann ein künstlicher

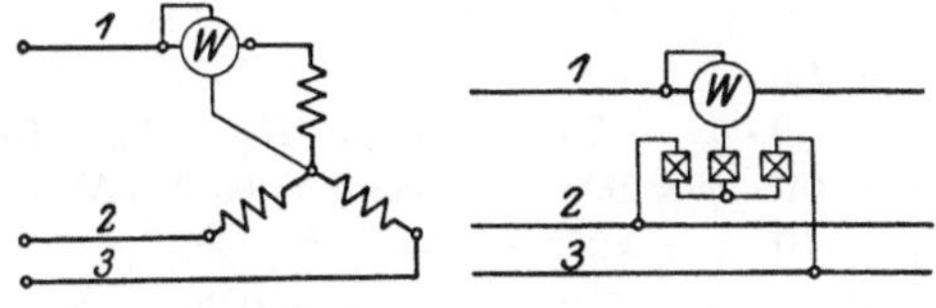

Abb. 178.   Abb. 179.
Leistungsmessung bei Drehstrom mit gleichmäßiger Belastung.

Nullpunkt dadurch geschaffen werden, daß man drei Meßwiderstände zwischen die drei Leitungen schaltet. Die Spannungsspule des Leistungsmessers wird dabei mit einem dieser drei Widerstände, dessen Ohmwert um denjenigen der Spannungsspule geringer sein muß als der Ohmwert jedes der anderen beiden Widerstände, in Reihe geschaltet (Abb. 179).

In einer Drehstromanlage ohne Nulleiter kann, wie sich aus den Gleichungen für die Augenblickswerte der Leistung leicht beweisen läßt, die gesamte Wirkleistung auch bei ungleicher Belastung der Phasen mit zwei Leistungsmessern bestimmt werden, die nach Abb. 180 geschaltet sind. Die Stromspulen sind vom Leitungsstrom J_1 bzw. J_2 durchflossen, die Spannungsspulen sind zwischen die betreffende Leitung und die dritte Leitung, also an die Spannung U_{1-3} bzw. U_{2-3}, geschaltet. Abb. 181 gibt das Vektordiagramm für den Fall, daß der Verbrauchskörper eine Phasenverschiebung des Stromes von $\varphi = 45°$ nach rückwärts verursacht. Man sieht, daß die im Leistungs-messer *1* wirkenden Größen, nämlich die Spannung U_{1-3} und der Strom J_1, gegeneinander um 15° verschoben sind, dagegen die Spannung U_{2-3} und der Strom J_2 des Leistungsmessers *2* um 75°. Da der Ausschlag jedes Meßgerätes der in Richtung

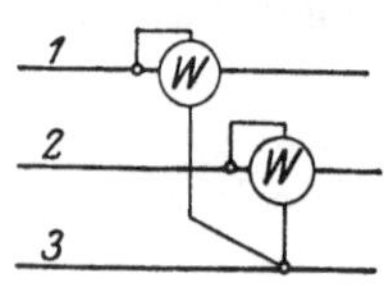

Abb. 180. Leistungs-messung bei Drehstrom mit ungleichmäßiger Belastung.

der Spannung liegenden Stromkomponente proportional ist, so zeigt offenbar der Leistungsmesser *2* nur einen geringen Ausschlag. Ist die Phasenverschiebung $\varphi = 60°$, so wird der Ausschlag des Leistungsmessers *2* gleich Null sein, bei stärkerer Phasenverschiebung ist er negativ, es müssen dann die Anschlüsse an den Spannungs- oder an den Stromklemmen dieses Meßgerätes vertauscht werden, um ablesen zu können. Bei $\varphi = 90°$ sind dann die Ausschläge wieder gleich groß, wovon man sich durch Aufzeichnung des Diagramms leicht überzeugen kann. Die gesamte Drehstrom-leistung ist nun gleich der Summe der von den beiden Geräten gemessenen Leistungen, wenn jene bei gleichliegen-

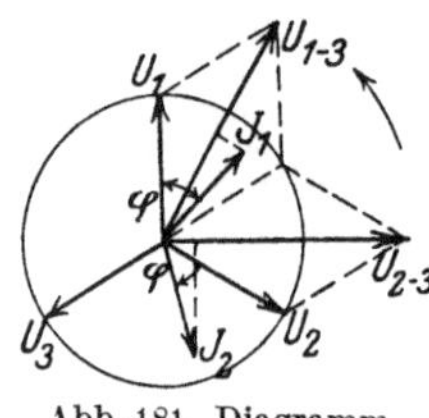

Abb. 181. Diagramm zu Abb. 180.

den Anschlüssen nach derselben Seite ausschlagen; dieses ist bei einer Phasen-verschiebung φ von 0° bis 60° der Fall. Dagegen ist die gesamte Leistung gleich der Differenz der Angaben, wenn zwecks richtigen Ausschlags an einem der Leistungsmesser die Schaltung umgekehrt werden muß, d. h. wenn der Winkel φ zwischen 60° und 90° liegt. Die Messung nach dieser Schaltung kann auch mit einem einzigen Leistungsmesser ausgeführt werden, der rasch nacheinander durch einen besonderen Umschalter an die Stelle der beiden Meßgeräte der Abb. 180 gebracht wird, oder durch einen solchen, der zwei auf einen Zeiger wirkende Systeme in vorstehender Schaltung enthält.

Beispiel: Eine Drehstromleitung von 110 V sei gleichmäßig mit 5 A belastet, die Scheinleistung N_s beträgt demnach $1,73 \cdot 110 \cdot 5 \approx 953$ VA. Für verschiedenartige Be-lastung berechnen sich dann folgende Werte der gesamten Wirkleistung $N = N_s \cos\varphi$ und der von den beiden Leistungsmessern angezeigten Wirkleistungen N_1 bzw. N_2.

a) für $\varphi = 0°$, $\cos\varphi = 1$: $N \approx 953$ W, $N_1 = N_2 = 110 \cdot 5 \cdot \cos 30° = 476$ W.

b) für $\varphi = 45°$, $\cos\varphi = 0{,}707$: $N = 674$ W, $N_1 = 110 \cdot 5 \cdot \cos 15° = 532$ W, $N_2 = 110 \cdot 5 \cdot \cos 75° = 142$ W, $N_1 + N_2 = 674$ W.

c) für $\varphi = 60°$, $\cos\varphi = 0{,}50$: $N = 476$ W, $N_1 = 110 \cdot 5 \cdot \cos 30° = 476$ W, $N_2 = 110 \cdot 5 \cdot \cos 90° = 0$ W.

d) für $\varphi = 75°$, $\cos\varphi = 0{,}26$: $N = 246$ W, $N_1 = 110 \cdot 5 \cdot \cos 45° = 389$ W, $N_2 = 110 \cdot 5 \cdot \cos 105° = -143$ W, $N_1 - N_2 = 246$ W.

Die gesamte Wirkleistung ist demnach stets gleich der Summe (bzw. der Differenz) der von den beiden Leistungsmessern angezeigten Wirkleistungen.

Zähler. Im Gegensatz zu Meßgeräten wie Spannungs-, Strom- oder Leistungs-messer, welche den im Zeitpunkt der Ablesung vorhandenen Wert der Meßgröße anzeigen oder den zeitlichen Verlauf derselben auf einem Papierstreifen auf-zeichnen, bezeichnet man als Zähler diejenigen Meßeinrichtungen, welche selbst-tätig das Produkt der Meßgröße mit der jeweiligen Zeitdauer derselben bilden und die Summe dieser Werte fortlaufend zählen.

Ist die Leistung in einem Verbrauchskörper praktisch unveränderlich, z. B. bei einem elektrischen Bügeleisen oder bei dem Betrieb einer Pumpe, die eine

bestimmte sekundliche Wassermenge auf eine gegebene Druckhöhe fördert, so
genügt zur Bestimmung des Verbrauches ein Zeitzähler, d. h. ein Uhrwerk,
das durch einen Elektromagneten stets so lange freigegeben wird, als der betreffende Verbrauchskörper eingeschaltet ist.

Da in den üblichen elektrischen Anlagen die Spannung nur wenig schwankt,
könnte man sich für Verbrauchskörper mit schwankendem Strombedarf mit der
Messung der Strommenge begnügen, also mit einem Gerät,
welches das Produkt aus der jeweiligen Stromstärke und der
Zeitdauer derselben zählt und daher Amperestunden-
zähler genannt wird. Für Gleichstrom bietet sich als einfachster Vorgang für einen derartigen Zähler die in Abschnitt 3
erläuterte chemische Wirkung. Derartige Zähler werden
heutzutage z. B. so gebaut, daß durch einen dem Leitungsstrom
proportionalen Teilstrom aus einer Quecksilberlösung das
Metall abgeschieden wird (Abb. 182). Dieses sammelt sich in
einem engen mit einer Teilung versehenen Meßrohr und wird
von Zeit zu Zeit nach erfolgter Ablesung durch Kippen des
Rohres der Elektrolyse wieder zugänglich gemacht. Auch nach
der Art eines Drehspulmeßgerätes werden Amperestunden-

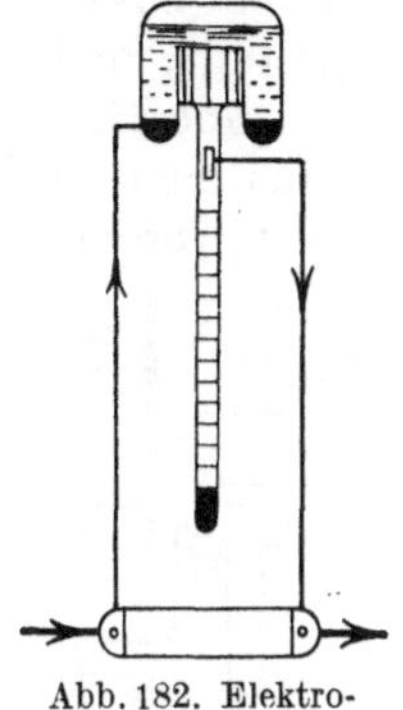

Abb. 182. Elektro-
chemischer Zähler.

zähler gebaut (Abb. 183), wobei man es durch Anbringen eines
Stromwenders c erreicht, daß die im Felde des Stahlmagneten b liegenden Stromspulen a in dauernde Drehbewegung kommen können. Ein solcher Magnet-
Motorzähler muß offenbar so gebaut sein, daß die Drehzahl
dem Strom proportional ist, damit die auf das Zählwerk d übertragene Gesamtzahl der Umdrehungen in irgendeinem Zeitraum ein Maß für die hinter dem Zähler gebrauchte Strommenge ist. Die Spulen a, die man auch Anker nennt, sind auf
einer Metallscheibe angebracht, sie werden von dem Hauptstrom oder einem Teil desselben durchflossen. Durch Drehung
im Felde des Stahlmagneten entstehen Wirbelströme in der
Scheibe; die Stärke derselben, daher auch das bremsende
Drehmoment, ist nach dem Induktionsgesetz der Drehzahl

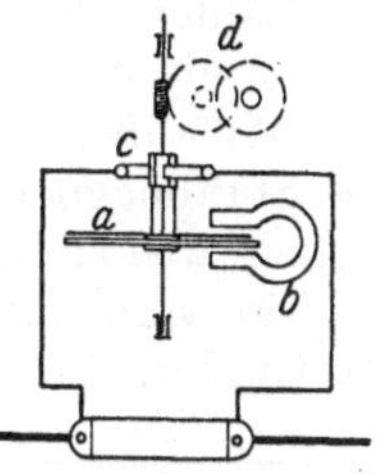

Abb. 183. Ampere-
stunden-Motorzähler.

proportional. Je stärker also der Ankerstrom ist, desto größere Geschwindigkeit
wird der Anker erreichen müssen, bis das Bremsmoment dem treibenden Moment
das Gleichgewicht halten kann und die Drehbewegung
dadurch gleichförmig wird. Wegen des unsicheren
Übergangswiderstandes an dem Stromwender, der
bei dem geringen Spannungsverlust des Nebenschlusses
von erheblichem Einfluß ist, werden diese einfachen
Motorzähler seltener angewendet als die sogenannten
Wattstundenzähler, von denen drei Hauptarten
besprochen werden sollen.

Der Wattstunden-Motorzähler für Gleichstrom beruht auf der magnetischen Wirkung nach
Abb. 19 und enthält (Abb. 184) eine oder zwei vom
Hauptstrom durchflossene Stromspulen und einen
aus Spulen dünnen Drahtes gebildeten Anker A, der
über einen Stromwender, eine Hilfsspule H und einen

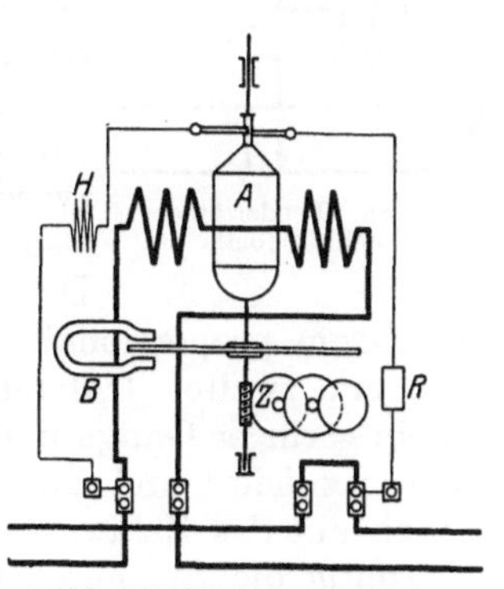

Abb. 184. Wattstunden-Motorzähler (nach Dubbel).

Vorwiderstand R an die Spannung gelegt wird. Wie
bei einem Leistungsmesser ist dann das Drehmoment dem Hauptstrom und
der Spannung proportional. Mit dem umlaufenden Anker dreht sich im Felde
eines Stahlmagneten B eine Metallscheibe; ihre Wirbelströme liefern wie bei

dem zuletzt erwähnten Zähler ein bremsendes, der Drehzahl proportionales Moment. Daher ist die Umlaufgeschwindigkeit ein Maß für die Leistung, die in irgendeinem Zeitraum ausgeführte Zahl der Umläufe ein Maß für die in dieser Zeit verbrauchte Arbeit. Um einen leichten Anlauf des Zählers zu erreichen und den Fehler, der durch die Reibung in dem Werk und unter den Bürsten des Stromwenders auftritt, zu verringern, wird durch die obenerwähnte Hilfsspule ein zusätzliches treibendes Drehmoment erzeugt. Die Hilfsspule wird so eingestellt, daß auch bei etwas erhöhter Spannung der Zähler nicht leer, d. h. nicht ohne Hauptstrom läuft.

Aus dem Aufbau folgt, daß ein solcher Zähler auch bei Wechselstrom verwendet werden kann. Geringere Fehlerquellen besitzen jedoch die Wechselstrom-Motorzähler, die nach dem Drehfeldprinzip ähnlich wie die Leistungsmesser gebaut sind (Abb. 185). Man stellt hierbei das Drehfeld ebenfalls durch Kunstphase her, jedoch nicht mit räumlicher Versetzung der Spulen um 90°, sondern man begnügt sich mit einer geringen Versetzung der von dem Hauptstrom bzw. dem sogenannten Spannungsstrom erzeugten Felder. Die zeitliche Verschiebung dieser Ströme wird dann durch verschiedene Mittel, unter denen auch die Fremdinduktion eine Rolle spielt, so eingestellt, daß kein Drehfeld entsteht,

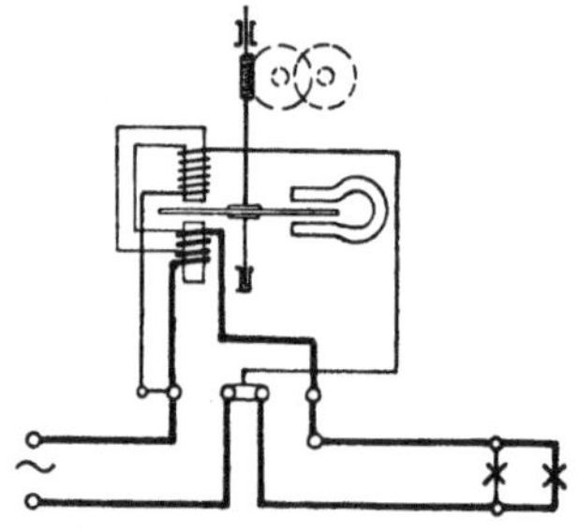

Abb. 185. Wechselstrom-Motorzähler.

der Zähler also nicht läuft, wenn der $\cos \varphi = 0$ ist. Ist der Leistungsfaktor größer als 0, so entsteht ein Drehfeld, das die Scheibe in bekannter Weise mitnimmt; außerdem werden in derselben Scheibe durch ihre Drehung im Felde des Stahlmagneten bremsend wirkende Ströme induziert, so daß die Geschwindigkeit wieder der Wirkleistung proportional ist.

Die vorerwähnten Motorzähler müssen stillstehen, wenn kein Verbrauch stattfindet. Im Gegensatz dazu sind die für Gleich- und Wechselstrom verwendbaren Pendelzähler (Abb. 186) immer in Bewegung, sobald sie unter Spannung stehen. Sie besitzen in der Regel zwei von einem Uhrwerk über ein Differentialgetriebe in Bewegung gesetzte Pendel, die an ihrem Ende je eine Spule tragen; diese liegen an der Spannung und stehen unter dem Einfluß von je einer feststehenden, vom Hauptstrom durchflossenen Spule. Die Schaltung ist derart, daß stets zwischen den Spulenpaaren des einen Pendels eine Anziehung, also eine Erhöhung der Schwingungszahl, zwischen den Spulen des andern Pendels eine Abstoßung, also eine Verminderung der Schwingungszahl auftritt.

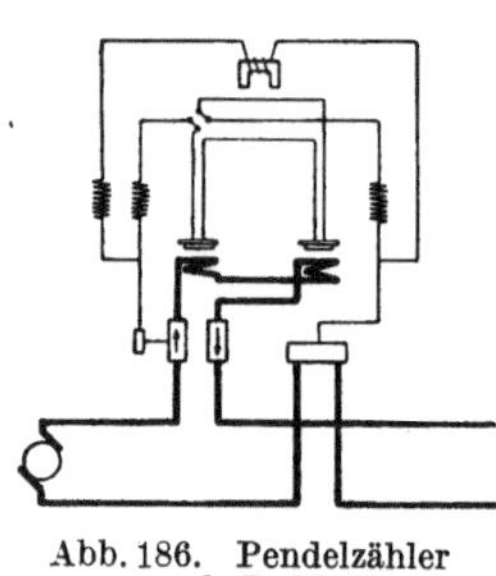

Abb. 186. Pendelzähler (nach Dubbel).

Die Stärke dieses Einflusses ist wieder der Spannung und dem Strom proportional. Der Gangunterschied zwischen den Pendeln wird durch ein zweites Differentialgetriebe auf das Zählwerk übertragen. Damit nun ein geringer Gangunterschied bei Leerlauf nicht allmählich eine Angabe des Zählwerks liefert und um eine Beeinflussung von außen zu vermeiden, wird der Antrieb auf das Zählwerk periodisch auf Vor- und Rücklauf umgeschaltet und gleichzeitig die Stromrichtung in den beiden Spannungsspulen umgekehrt, so daß bei Belastung bald das eine, bald das andere Pendel vor- bzw. nacheilt.

Der Anschluß der Zähler geschieht in derselben Weise wie derjenige der entsprechenden Meßgeräte, es gilt also im allgemeinen das an der betreffenden Stelle hierüber Gesagte. Für Drehstromzähler wird man allerdings auch bei gleichmäßiger Belastung der drei Phasen zwei oder drei Systeme verwenden, um zu verhindern, daß der Zähler bei Unterbrechung einer Zuleitung stehen bleibt, während den anderen Leitungen noch elektrische Leistung entnommen wird.

35. Leitungsberechnung.

Die Berechnung der Leitungen, welche den Strom von der Stromquelle zu den Verbrauchskörpern und von da wieder zur Stromquelle zurückführen, betrifft in erster Linie die Bestimmung desjenigen Querschnittes, der verschiedene mechanische, elektrische und wirtschaftliche Bedingungen nach Möglichkeit erfüllt.

Vor allem darf die Erwärmung der Leitung durch den Strom dasjenige Maß nicht überschreiten, das mit Rücksicht auf die Sicherheit der Isolierung und der sonstigen Umgebung des Leiters, natürlich auch der Festigkeit desselben, zulässig ist. Ferner muß der durch den Leitungswiderstand verursachte Spannungsverlust so gering sein, daß die bei Veränderung der Belastung eintretenden Schwankungen der Spannung und damit auch der Leistung an den Verbrauchskörpern keine störenden Erscheinungen verursachen. Diese bestehen bei Glühlampen hauptsächlich in Lichtschwankungen, bei Motoren in Schwankungen des lieferbaren Drehmomentes und der Drehzahl. Der durch diese beiden Bedingungen naheliegenden Verwendung sehr starker Querschnitte stehen die wirtschaftlichen Gesichtspunkte entgegen, die besonders bei Fernleitungen von maßgebendem Einfluß auf die Wahl des Leitungsquerschnittes sind. Die Vorschriften und Normen des VDE enthalten die Mindestquerschnitte, welche für die verschiedensten Verhältnisse mit Rücksicht auf mechanische Festigkeit und Erwärmung erforderlich sind. Die Elektrizitätswerke schreiben vor, daß der Spannungsabfall vom Anschluß an das Netz des Werkes bis zu demjenigen Verbrauchskörper, an welchem die geringste Spannung auftritt, ein bestimmtes Maß bei voller Belastung nicht überschreiten darf, und zwar beträgt dieses in der Regel für Glühlampen 2 %, für Motoren und sonstige Verbrauchskörper 4 % der Netzspannung. Für Fernleitungen kann, um einen rohen Anhalt zu geben, ein Leistungsverlust durch den Wirkwiderstand der Leitung von 10 % als Durchschnittswert angenommen werden.

Die Leitfähigkeit von Leitungskupfer darf nach den Normen bei 15° C nicht geringer als 57 sein. Wegen höherer Raumtemperatur und der Erwärmung durch den Strom müßte eine Leitfähigkeit $k = 50$ in Rechnung gesetzt werden, es wird jedoch allgemein mit einer Leitfähigkeit von 56 oder 57 gerechnet.

Betrachten wir zunächst eine einfache Hin- und Rückleitung mit einem einzigen Verbrauchskörper (Abb. 187) und bezeichnen wir die einfache Länge, d. h. die Entfernung mit l, so ist der Gleichwiderstand der einfachen Länge $r = \dfrac{l}{k \cdot q}$, daher der Spannungsverlust für Hin- und Rückleitung

$$u = 2 \cdot u_l = \frac{2 \cdot l \cdot J}{k \cdot q}, \qquad (110)$$

daraus:

$$q = \frac{2 \cdot l \cdot J}{k \cdot u}. \qquad (111)$$

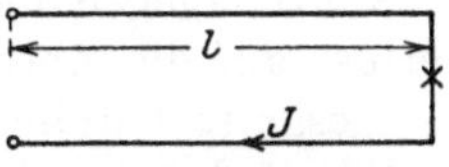

Abb. 187. Leitung mit einem Verbrauchskörper.

Das Produkt $l \cdot J$ pflegt man infolge der Ähnlichkeit mit dem statischen Moment der Mechanik als Strommoment zu bezeichnen, seine Einheit ist das Meterampere. Um die Spannungswerte darzustellen, tragen wir (Abb. 188) die Leitungslänge l auf einer Horizontalen auf, senkrecht dazu am Ende der Strecke l den Spannungsverlust in der Rückleitung u_l, darüber die Verbrauchsspannung U_E am Ende der Leitung und den Spannungsverlust u_l in der Hinleitung. Die Summe dieser drei Spannungen ist dann der Wert der am Anfang der Leitung erforderlichen Spannung U_A; tragen wir diese über dem Anfang von l auf, so stellt die Verbindungslinie der Endpunkte von U_A und U_E den Verlauf der Spannung längs der Leitung dar. Ist der zulässige Spannungs-verlust als Teil der Netzspannung — man pflegt dabei als Bezugsgröße die normale Verbrauchsspannung (s. Abschnitt 5) zu nehmen — vorgeschrieben und setzt man dafür $p = \dfrac{u}{U}$ ein, so berechnet sich für Gleichstrom und Einphasenstrom mit induktionsfreier Belastung

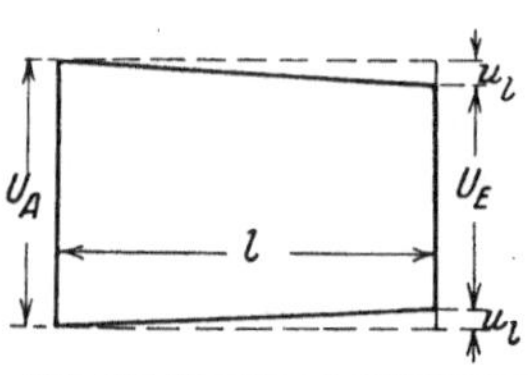
Abb. 188. Spannungs-Diagramm zu Abb. 187.

$$q = \frac{2 \cdot l \cdot J}{k \cdot p \cdot U}. \tag{112}$$

Liegen an einer Leitung **mehrere Verbrauchskörper an verschiedenen Stellen**, so ist für jeden Abschnitt der Leitung die Gesamtstromstärke und daraus der Spannungsverlust in den einzelnen Abschnitten zu berechnen. Für die **hinter-einander** geschalteten Leitungsabschnitte ist dann der gesamte Spannungs-verlust gleich der Summe der Einzelverluste.

Liegen z. B. (Abb. 189) drei Verbrauchskörper mit den Strömen J_a, J_b und J_c an der Leitung, so ist der Strom in den einzelnen Leitungsabschnitten

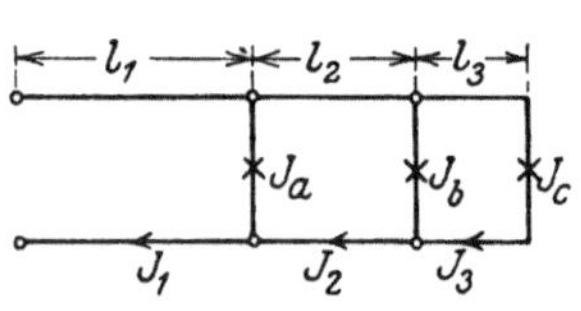

$$J_3 = J_c, \quad J_2 = J_b + J_c, \quad J_1 = J_a + J_b + J_c,$$

daher

$$u_1 = \frac{2 \cdot l_1 \cdot J_1}{k \cdot q_1}, \quad u_2 = \frac{2 \cdot l_2 \cdot J_2}{k \cdot q_2}, \quad u_3 = \frac{2 \cdot l_3 \cdot J_3}{k \cdot q_3}$$

und der gesamte Spannungsverlust

Abb. 189. Leitung mit mehreren Verbrauchskörpern.

$$u = u_1 + u_2 + u_3 = \frac{2}{k} \cdot \left(\frac{l_1 \cdot J_1}{q_1} + \frac{l_2 \cdot J_2}{q_2} + \frac{l_3 \cdot J_3}{q_3} \right). \tag{113}$$

Wird die Hauptleitung mit einem **einzigen Querschnitt** q durchgeführt, so ist allgemein

$$u = \frac{2}{k \cdot q} \cdot \Sigma \, (l \cdot J). \tag{114}$$

Man kann sich auch, wie in der Mechanik, die einzelnen Belastungen in einem Punkt, dem Schwerpunkt, vereinigt denken. Seine Entfernung von dem Anfang der Leitung, die sich aus der Momentengleichung zu

$$l_m = \frac{\Sigma \, (l \cdot J)}{J_1} \tag{115}$$

berechnet, nennt man die „mittlere Länge". Sie kann bei annähernd gleichmäßig verteilten und gleich großen Belastungen ziemlich genau geschätzt werden, so daß man rasch berechnen kann

$$q = \frac{2}{k \cdot u} \cdot l_m \cdot J_1. \tag{116}$$

Wird dagegen der **Querschnitt abgesetzt**, so muß der gesamte Spannungs-verlust auf die Abschnitte verteilt werden. Es läßt sich nachweisen, daß dabei der gesamte Kupferaufwand für die Leitung am kleinsten wird, wenn der Quer-schnitt jedes Abschnittes der Wurzel aus der Stromstärke proportional, also $\dfrac{\sqrt{J}}{q}$ konstant ist. Zur Berechnung der Querschnitte ist die Summe aller Produkte $l \cdot \sqrt{J}$ der Abschnitte zu bilden und mit dem Bruch $\dfrac{2}{k \cdot u}$ zu multiplizieren. Der Querschnitt jedes Abschnittes ist dann dadurch zu bestimmen, daß dieses Produkt jedesmal mit der Wurzel aus dem Strom des betreffenden Abschnittes multipli-ziert wird, also

$$q_1 = \frac{2 \cdot \Sigma \, (l \cdot \sqrt{J})}{k \cdot u} \cdot \sqrt{J_1} \quad \text{usw.} \tag{117}$$

Mit Rücksicht auf ·den durch die Erwärmung bedingten Mindestquerschnitt und die Abrundung auf Normalquerschnitte wird jedoch meistens, besonders bei isolierten Leitungen, die Verteilung des Spannungsabfalles von dieser Regel abweichen müssen. Man kann daher an Stelle dieser etwas umständlichen Berechnung zunächst die Stromdichte $\dfrac{J}{q}$ für jeden Leitungsabschnitt als konstant annehmen oder mit anderen Worten, den Spannungsverlust im Verhältnis der einzelnen Längen verteilen (s. Gl. 113). Der Wert der Stromdichte folgt dann aus dem gesamten Spannungsabfall und der ganzen Länge zu $\dfrac{J}{q} = \dfrac{u \cdot k}{2 \cdot \Sigma(l)}$. Daher sind die einzelnen Querschnitte

$$q_1 = \frac{2 \cdot \Sigma(l)}{k \cdot u} \cdot J_1, \qquad q_2 = \frac{2 \cdot \Sigma(l)}{k \cdot u} \cdot J_2 \quad \text{usw.} \tag{118}$$

Leitungen der bisher besprochenen Art, bei denen am letzten Verbrauchskörper eine Hinleitung endet und eine Rückleitung beginnt, bezeichnet man als offene im Gegensatz zu den geschlossenen oder Ringleitungen. Eine Ringleitung entsteht, wenn man die gleichnamigen Enden zweier „offener" Hin- und Rückleitungen untereinander verbindet, so daß dann jeder Verbrauchskörper den Strom von zwei Seiten erhalten kann, ebenso auch, wenn eine Leitung von zwei Seiten gespeist wird, d. h. mehrere Speisepunkte hat. Die Ringleitungen haben gegenüber den offenen Leitungen den Vorteil größerer Sicherheit und des besseren Spannungsausgleichs bei Änderungen in der Belastungsverteilung. Zunächst ist die Stromverteilung nach den Regeln der Parallelschaltung zu berechnen; dazu müssen die Leitungsquerschnitte oder ihr Verhältnis zueinander schätzungsweise eingesetzt werden. In Abb. 190 ist eine solche Ring-

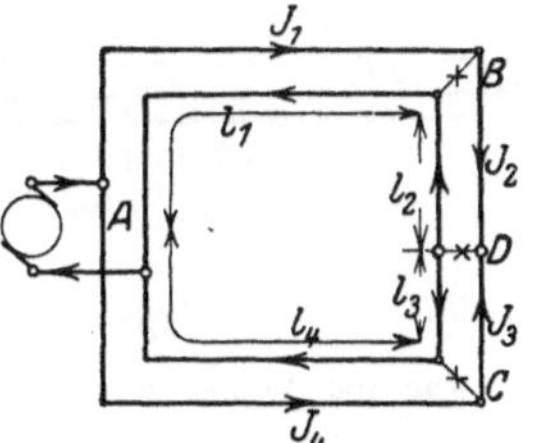
Abb. 190. Ringleitung.

leitung mit drei Stromabnahmen J_b, J_c und J_d dargesellt. Nehmen wir an, daß dem Verbrauchskörper bei D von A aus über B der Strom x und über C der Rest, also $J_d - x$ zufließt, so ist

$$J_1 = J_b + x \qquad \text{und} \qquad J_4 = J_c + J_d - x.$$

Da der Spannungsabfall von A über B bis D gleich dem von A über C bis D sein muß, folgt

$$\frac{u \cdot k}{2} = \frac{l_1 \cdot (J_b + x)}{q_1} + \frac{l_2 \cdot x}{q_2} = \frac{l_3 \cdot (J_d - x)}{q_3} + \frac{l_4 \cdot (J_c + J_d - x)}{q_4}. \tag{119}$$

Ist der Spannungsverlust u zu hoch oder zu niedrig, so sind die Querschnitte entsprechend zu ändern. Würde sich auf Grund der angenommenen Stromrichtung für x ein negativer Wert ergeben, so hat dieser Strom tatsächlich die umgekehrte Richtung.

Die bisher entwickelten Gleichungen gelten für Zweileitersysteme bei Gleichstrom und Einphasenstrom mit induktionsfreier Belastung. In Dreileiteranlagen schaltet man Verbrauchskörper größerer Stromstärke zwischen die Außenleiter. Die kleineren Verbrauchskörper verteilt man derart auf die Netzhälften, daß der Mittelleiter stets nur einen geringen Teil des Außenleiterstromes führt; er kann daher mit kleinerem Querschnitt als die Außenleiter ausgeführt werden. Der gesamte Leiterquerschnitt ist trotz des Mittelleiters kleiner als bei einer Zweileiteranlage, welche für die gleiche Lampenspannung ausgeführt ist.

Die Spannungsverhältnisse in einer Dreileiteranlage bei ungleicher Belastung der Netzhälften bieten besonderes Interesse und geben eine ausgezeichnete

Gelegenheit, sich mit dem Wesen der Spannungsverteilung eingehend vertraut zu machen. In dem Dreileitersystem Abb. 191 sei die positive Netzhälfte stärker belastet als die negative, der Unterschied der Außenleiterströme $J_P - J_N = J_O$

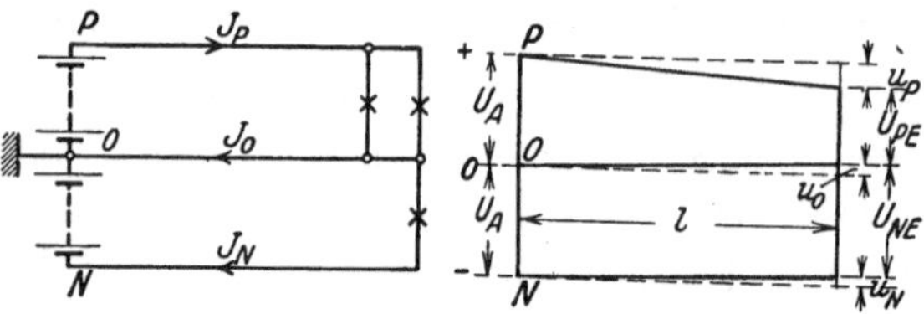

fließt demnach durch den Mittelleiter nach der Stromquelle zurück; in derselben Richtung fließt der Strom in dem negativen Außenleiter. Daher muß das Ende des positiven Außenleiters ein niedrigeres, das Ende des Mittelleiters und dasjenige des nega-.

Abb. 191. Dreileiter-Anlage.   Abb. 192. Spannungs-Diagramm zu Abb. 191.

tiven Außenleiters ein höheres Potential als der Anfang der betreffenden Leitung haben (Abb. 192). Ist die Spannung jeder Netzhälfte am Anfang der Leitung gleich U_A, der Spannungsabfall in den drei Leitern gleich u_P, u_O, u_N, so ist die Spannung der Netzhälften am Ende der Leitung, U_P bzw. U_N, bestimmt durch die Gleichungen

$$U_P = U_A - u_P - u_O, \qquad U_N = U_A - u_N + u_O. \tag{120}$$

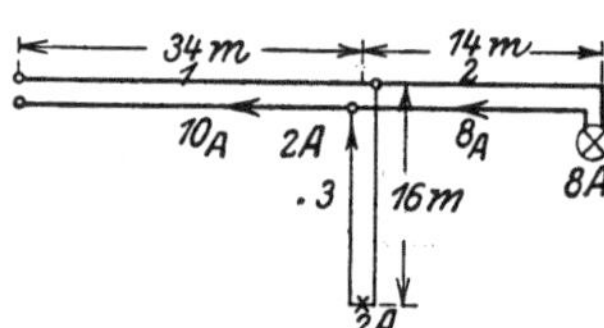

Wenn die Ungleichheit der Belastung so stark oder der Querschnitt des Mittelleiters verhältnismäßig so klein ist, daß u_O größer als u_N wird, so ist die Spannung am Ende der schwächer belasteten Netzhälfte größer als am Anfang, es tritt also eine Spannungserhöhung ein. Um das zu vermeiden, pflegt man bei Dreileiteranlagen der Quer-

Abb. 193. Verzweigte Leitung.

schnittsberechnung einen geringeren Spannungsverlust zugrunde zu legen als bei Zweileiteranlagen.

Beispiele: 1. Die in Abb. 193 dargestellte verzweigte Leitung soll so berechnet werden, daß der Spannungsverlust höchstens 2% der Nennspannung von 220 V beträgt. In Anbetracht des geringen Unterschiedes der Ströme $J_2 = 8$ A und $J_1 = 10$ A wird die Hauptleitung mit einem durchgehenden Querschnitt ausgeführt. Die Summe der Strommomente ist $\Sigma(l \cdot J) = 14 \cdot 8 + 34 \cdot 10 = 452$, der zulässige Spannungsverlust $u = 0,02 \cdot 220 = 4,4$ V. Daher wird

$$q = \frac{2 \cdot \Sigma(l \cdot J)}{k \cdot u} = \frac{2 \cdot 452}{56 \cdot 4,4} = 3,68 \text{ mm}^2.$$

Der nächsthöhere Normalquerschnitt ist 4 mm², für den bei isolierter Leitung eine Sicherung von höchstens 20 A zulässig ist. Mit diesem Querschnitt wird der Spannungsverlust im Abschnitt 1 der Hauptleitung

$$u_1 = \frac{2 \cdot 34 \cdot 10}{56 \cdot 4} = 3,0 \text{ V},$$

im Abschnitt 2 der Hauptleitung

$$u_2 = \frac{2 \cdot 14 \cdot 8}{56 \cdot 4} = 1,0 \text{ V}.$$

Für die Zweigleitung 3 steht noch ein Spannungsverlust von $4,4 - 3,0 = 1,4$ V zur Verfügung, daher berechnet sich $q_3 = \dfrac{2 \cdot 16 \cdot 2}{56 \cdot 1,4} = 0,82$ mm². Wird für diesen Zweig der Normalquerschnitt 1,5 mm² verwendet, so ist der Spannungsverlust $u_3 \approx 0,8$ V.

2. Zwei Stromabnahmen von 75 bzw. 25 A (Abb. 194) sollen durch eine Leitung derart gespeist werden, daß eine Mindestmenge von Kupfer aufzuwenden ist und der Spannungsverlust 1,5 % der Netzspannung von 220 V nicht überschreitet. Der Mindestquerschnitt für den Leitungsabschnitt 1 ist 35 mm², für den Leitungsabschnitt 2 ist

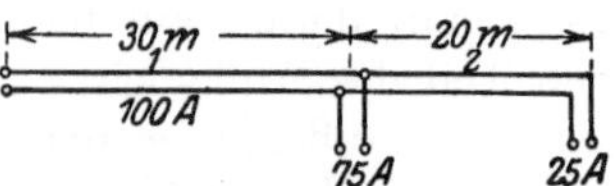

Abb. 194. Leitung mit zwei Stromabnahmen.

er 6 mm² bei Anwendung isolierter Leitung, wenn der Nennstrom der Sicherung zugrunde gelegt wird. Der gesamte Spannungsverlust ist $u = 3,3$ V.

Nach S. 102 berechnen wir zunächst

$$\Sigma\,(l\cdot\sqrt{J}) = 30\cdot\sqrt{100} + 20\cdot\sqrt{25} = 400.$$

Daher

$$\frac{\Sigma\,(l\cdot\sqrt{J})}{k\cdot u} = \frac{400}{56\cdot 3{,}3} = 2{,}16.$$

Dann wird

$$q_1 = \frac{2\cdot\Sigma\,(l\cdot\sqrt{J})}{k\cdot u}\cdot\sqrt{J_1} = 2\cdot 2{,}16\cdot\sqrt{100} = 43{,}2\ \text{mm}^2,$$

und

$$q_2 = 2\cdot 2{,}16\cdot\sqrt{25} = 21{,}6\ \text{mm}^2.$$

Das gesamte Kupfervolumen für die einfache Länge ist dann $30\cdot 43{,}2 + 20\cdot 21{,}6$ $\approx 1730\ \text{cm}^3$, die Spannungsverluste sind

$$u_1 = \frac{2\cdot 30\cdot 100}{56\cdot 43{,}2} = 2{,}48\ \text{V}, \quad\text{und}\quad u_2 = \frac{2\cdot 20\cdot 25}{56\cdot 21{,}6} = 0{,}82\ \text{V},$$

also $u = u_1 + u_2 = 3{,}3\ \text{V}$.

Nimmt man dagegen konstante Stromdichte an, so ist nach Gl. 118

$$q_1 = \frac{2\cdot\Sigma\,(l)}{k\cdot u}\cdot J_1 = \frac{2\cdot 50}{56\cdot 3{,}3}\cdot 100 = 54{,}1\ \text{mm}^2$$

$$q_2 = \frac{2\cdot\Sigma\,(l)}{k\cdot u}\cdot J_2 = \frac{2\cdot 50}{56\cdot 3{,}3}\cdot 25 = 13{,}5\ \text{mm}^2.$$

Das gesamte Kupfervolumen für die einfache Länge ist dann

$$30\cdot 54{,}1 + 20\cdot 13{,}5 \approx 1890\ \text{cm}^3.$$

Werden schließlich beide Leitungsstrecken mit demselben Querschnitt ausgeführt, so muß dieser betragen

$$q = \frac{2\cdot\Sigma\,(l\cdot J)}{k\cdot u} = \frac{2}{56\cdot 3{,}3}\cdot(30\cdot 100 + 20\cdot 25) = 37{,}9\ \text{mm}^2.$$

Das gesamte Kupfervolumen für die einfache Länge ist dann $50\cdot 37{,}9 \approx 1890\ \text{cm}^3$.

Die erste Berechnung gibt also, wie die Theorie fordert, das kleinste Kupfervolumen. Die Ausführung als isolierte Leitung hat jedoch mit Normalquerschnitten zu erfolgen. In unserem Fall ist $50\ \text{mm}^2$ für den ersten und $16\ \text{mm}^2$ für den zweiten Leitungsabschnitt zu nehmen; dann ist der gesamte Spannungsverlust $u = 3{,}26\ \text{V}$.

3. Eine Ringleitung nach Abb. 190 hat die Längen $l_1 = 30\ \text{m}$, $l_2 = 8\ \text{m}$, $l_3 = 4\ \text{m}$, $l_4 = 40\ \text{m}$ und die Belastungen $J_b = 20\ \text{A}$, $J_c = 10\ \text{A}$, $J_d = 5\ \text{A}$. Bezeichnen wir den Strom J_2 mit x, so ist $J_1 = 20 + x$, $J_3 = 5 - x$, $J_4 = 15 - x$. Die Leitungsquerschnitte nehmen wir an zu $q_1 = q_4 = 10\ \text{mm}^2$, $q_2 = q_3 = 4\ \text{mm}^2$. Nach Gl. 119 ist dann

$$\frac{30}{10}\,(20 + x) + \frac{8}{4}\,x = \frac{4}{4}\,(5 - x) + \frac{40}{10}\,(15 - x);$$

daraus folgt $x = 0{,}5\ \text{A}$ und der Spannungsverlust in Hin- und Rückleitung von A über B bis D zu

$$u = \frac{2}{56}\left(\frac{30\cdot 20{,}5}{10} + \frac{8}{4}\cdot 0{,}5\right) = 2{,}23\ \text{V}.$$

Derselbe Wert muß sich für die andere Seite der Ringleitung ergeben.

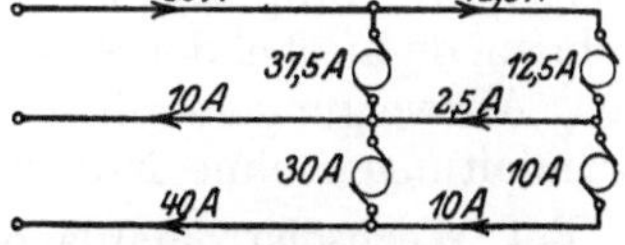

Abb. 195. Dreileiter-Anlage mit ungleichmäßiger Belastung.

4. In der Dreileiteranlage mit ungleichmäßiger Belastung nach Abb. 195 seien die Leitungslängen die gleichen wie in Abb. 194. Ferner seien die Außenleiter in dem Leitungsabschnitt 1 mit $16\ \text{mm}^2$, im Abschnitt 2 mit $4\ \text{mm}^2$, der Mittelleiter mit $10\ \text{mm}^2$ bzw. $2{,}5\ \text{mm}^2$ Querschnitt ausgeführt. Welche Spannung würde dann am Ende der Hauptleitung auftreten, wenn am Anfang derselben jede Netzhälfte 230 V Spannung hat?

Der Spannungsverlust ist im positiven Außenleiter

$$u_P = \frac{1}{56}\left(\frac{30\cdot 50}{16} + \frac{20\cdot 12{,}5}{4}\right) \approx 2{,}8\ \text{V},$$

im Mittelleiter

$$u_0 = \frac{1}{56}\left(\frac{30\cdot 10}{10} + \frac{20\cdot 2{,}5}{2{,}5}\right) \approx 0{,}9\ \text{V}.$$

Die Spannung am Ende der positiven Netzhälfte ist daher

$$230 - 2{,}8 - 0{,}9 = 226{,}3\ \text{V}.$$

Der Spannungsverlust im negativen Außenleiter ist

$$u_N = \frac{1}{56}\left(\frac{30 \cdot 40}{16} + \frac{20 \cdot 10}{4}\right) \approx 2{,}2 \text{ V}.$$

Die Spannung am Ende der negativen Netzhälfte ist daher

$$230 - 2{,}2 + 0{,}9 = 228{,}7 \text{ V}.$$

In einem **Drehstromsystem** haben die Ströme, somit auch die Spannungsverluste in den Leitungen verschiedene Phase, die bisher entwickelten Gleichungen sind daher nicht ohne weiteres anwendbar.

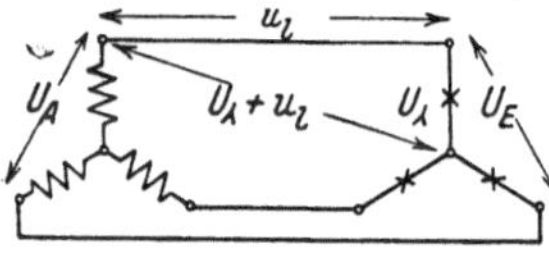

Abb. 196. Drehstromleitung.

Am klarsten lassen sich die Verhältnisse übersehen, wenn man Sternschaltung der Verbrauchskörper, z. B. von drei Glühlampen gleicher Stromstärke, annimmt (Abb. 196). Wir können dann jede Einzelleitung als Teil des betreffenden Verbrauchskörpers auffassen. Ist U_λ die Spannung eines solchen und u_l der Spannungsverlust in jeder einfachen Leitungslänge, so gibt die Summe $U_\lambda + u_l$ die Sternspannung zwischen dem Nullpunkt und dem Anfang jeder Leitung. Die verkettete Spannung zwischen den Leitungen ist dann:

am Ende $\qquad U_E = 1{,}73 \cdot U_\lambda,$

am Anfang $\quad U_A = 1{,}73 \cdot (U_\lambda + u_l) = U_E + 1{,}73 \cdot u_l.$

Der Spannungsverlust u, bezogen auf Hin- und Rückleitung, ist daher im **Drehstromsystem mit gleicher Belastung der drei Stränge**:

$$u = 1{,}73 \cdot u_l = \frac{1{,}73 \cdot l \cdot J}{k \cdot q} \tag{121}$$

daher der Querschnitt:

$$q = \frac{1{,}73 \cdot l \cdot J}{k \cdot p \cdot U}. \tag{122}$$

Diese Gleichung gilt für Stern- wie für Dreieckschaltung, ferner auch für das Drehstrom-Vierleitersystem (vgl. Abb. 106) bei stromlosem Mittelleiter. U ist auch hier die Nennspannung zwischen den Leitungen bzw. zwischen den Außenleitern. Auch bei Drehstrom kann der Mittelleiter mit kleinerem Querschnitt als die Außenleiter ausgeführt werden. Abzweigungen mit nur zwei Leitungen zu Lampen und anderen Verbrauchskörpern sind natürlich auch in Drehstromanlagen wie Einphasenleitungen, also mit dem Faktor 2, nicht mit 1,73 zu berechnen, da hierbei der Strom in Hin- und Rückleitung des Zweiges dieselbe Phase hat. Abzweigungen mit zwei Außenleitern und dem Nulleiter sind wie Drehstromleitungen ohne Nulleiter zu berechnen.

Bei Wechselstromanlagen mit Verbrauchskörpern, die eine **Phasenverschiebung** φ zwischen Spannung und Strom verursachen, ist zu beachten, daß der Spannungsverlust in der Leitung, wenn diese zunächst wieder als induktionsfrei betrachtet wird, in Phase mit dem Strom, also gegen die Spannungen verschoben ist. Daher ist der Spannungsverlust — bei Einphasenstrom $u = \dfrac{2 \cdot l \cdot J}{k \cdot q}$, bei Drehstrom $u = \dfrac{1{,}73 \cdot l \cdot J}{k \cdot q}$ — zu der Spannung zwischen den Leitungsenden **geometrisch zu addieren**, um die erforderliche Spannung am Anfang der Leitung U_A zu erhalten (Abb. 197). Der **Spannungsunterschied** zwischen Anfang und Ende der belasteten Leitung oder die **Spannungsschwankung**, die am Verbrauchskörper auftritt, wenn die Belastung der Leitung vom Wert J auf einen verschwindend kleinen Wert sich ändert, d. h. der Wert $U_A - U_E$, ist daher kleiner als der Spannungsverlust u. Auf den Spannungsunterschied kommt es aber in der Regel an, da dieser ja die Schwankungen in der Leistung der Verbrauchskörper verursacht. Die Bemessung des Leitungsquerschnittes soll sich daher nach dem Spannungsunterschied richten. Ist der Winkel φ nicht sehr groß und der Spannungsverlust in der Leitung im Verhältnis zur Verbrauchsspannung klein, wie es meistens der Fall ist, so kann angenähert gesetzt werden (vgl. Abb. 197)

$$U_A - U_E = u \cdot \cos \varphi. \tag{123}$$

Bezeichnet man das Verhältnis des Spannungsunterschiedes $U_A - U_E$ zu der Nennspannung am Ende der Leitung U_E mit p', so ist unter den erwähnten Voraussetzungen angenähert

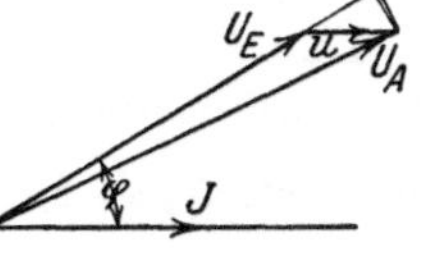

Abb. 197. Spannungen einer induktiv belasteten Leitung.

$$p' = \frac{U_A - U_E}{U_E} = p \cdot \cos \varphi. \tag{124}$$

Der Leitungsquerschnitt kann daher in der Regel im Verhältnis $1 : \cos \varphi$ herabgesetzt werden, wenn dieselbe Stromstärke J nicht phasengleich, sondern mit einer Phasenverschiebung φ gegenüber der Spannung übertragen wird.

Am häufigsten tritt nun eine Phasenverschiebung zwischen Spannung und Strom durch Motoren der in den Abschnitten 62 bis 65 besprochenen Arten auf, und bei diesen ist häufig nicht so sehr der Betriebsstrom als der Anlaufstrom für die Spannungsschwankung maßgebend. Im Augenblick des Einschaltens hat der Leistungsfaktor solcher Motoren einen Wert, der je nach dem Bau des Motors und dem Ohmwert seiner Stromkreise mehr oder weniger kleiner ist als der Leistungsfaktor bei Nennlast. Die Näherungsgleichung 123 bzw. 124 würde nun mit dem beim Anlauf auftretenden geringen $\cos \varphi$ einen zu kleinen Wert für die Spannungsschwankung $U_A - U_E$ liefern. Man erhält aber einen ziemlich zutreffenden Wert, wenn man den Spannungsverlust u mit dem Anlaufstrom J_a des Motors berechnet und ihn mit dem Nennwert des Leistungsfaktors multipliziert.

Der Querschnitt von Motorleitungen wird daher zweckmäßig berechnet mit den Formeln:

bei Einphasenstrom
$$q = \frac{2 \cdot l \cdot J_a \cdot \cos \varphi}{k \cdot p \cdot U}, \tag{125}$$

bei Drehstrom
$$q = \frac{1{,}73 \cdot l \cdot J_a \cdot \cos \varphi}{k \cdot p \cdot U}. \tag{126}$$

Die zu Anfang des Abschnittes abgeleiteten Beziehungen für Leitungen mit verteilter Belastung und für Ringleitungen sind mit entsprechenden Änderungen auch für ein- und dreiphasigen Wechselstrom zu verwenden.

Bisher wurde nur der Wirkwiderstand r bzw. r_w der Leitungen berücksichtigt. Bei Wechselstromleitungen, vor allem für Freileitungen, kommt unter Umständen außerdem der induktive Widerstand r_L der Leitung in Betracht. Dieser ist von der Länge und der Frequenz, ferner von dem gegenseitigen Abstand und dem Durchmesser der Leitungen abhängig. Bei Freileitungen kann man für die übliche Frequenz von 50 Hz den induktiven Widerstand im Durchschnitt zu $0{,}36\ \Omega$ für den Kilometer einfache Leitungslänge annehmen. Die Spannung u_L zur Überwindung des induktiven Widerstandes liegt natürlich 90° vor dem Strom. Setzt man die Spannung am Leitungsende U_E geometrisch mit den Spannungen u_R und u_L zusammen, so erhält man nach Größe und Phase die Spannung U_A, die am Anfang der Leitung erforderlich ist; bei Drehstrom macht man diese Konstruktion am besten mit den Sternspannungen.

Bei Kabeln und bei Leitungen für sehr hohe Spannung sind für eine genaue Leitungsberechnung auch noch die Änderungen zu berücksichtigen, welche der Strom und die Spannung durch die Kapazität, ferner durch die Ableitung, d. h. die Unvollkommenheit der Isolation, erfahren.

Für Fernleitungen oder für den Vergleich der Leitungsquerschnitte bei verschiedenen Bedingungen ist es oft zweckmäßig, der Berechnung des Leitungsquerschnittes nicht den Spannungsverlust, sondern den **Leistungsverlust** N_v zugrunde zu legen; mit Rücksicht auf die Wirtschaftlichkeit der Übertragung soll dieser einen bestimmten Teil der nutzbaren Leistung nicht überschreiten.

Für Gleichstrom und Einphasenstrom mit induktionsfreier Belastung ist dieser Verlust, wenn r_l der Wirkwiderstand der einfachen Leitungslänge ist, $N_v = 2 \cdot J^2 \cdot r_l = \dfrac{2 \cdot J^2 \cdot l}{k \cdot q}$. Führen wir das Verhältnis des Leistungsverlustes zur übertragenen Leistung $p'' = \dfrac{N_v}{N}$ ein, so wird

$$q = \frac{2 \cdot l \cdot J^2}{k \cdot p'' \cdot N} \tag{127}$$

und mit $J = \dfrac{N}{U}$

$$q = \frac{2 \cdot l \cdot N}{k \cdot p'' \cdot U^2}. \tag{128}$$

Bei gegebener Leitungslänge und Leistung ändert sich demnach der Querschnitt umgekehrt mit dem Quadrat der Spannung. Ist der Strom um den Winkel φ gegen die Spannung verschoben, so folgt mit Benutzung der Gleichungen von Abschnitt 27 für **Einphasenstrom**

$$q = \frac{2 \cdot l \cdot N}{k \cdot p'' \cdot U^2 \cdot \cos^2 \varphi}. \tag{129}$$

Für Drehstrom mit gleichmäßiger Belastung ist entsprechend $N_v = 3 \cdot J^2 \cdot r_l$ und

$$q = \frac{3 \cdot l \cdot J^2}{k \cdot p'' \cdot N}, \tag{130}$$

daher mit $J = \dfrac{N}{1{,}73 \cdot U \cdot \cos \varphi}$

$$q = \frac{l \cdot N}{k \cdot p'' \cdot U^2 \cdot \cos^2 \varphi}. \tag{131}$$

Der Querschnitt jedes Leiters ist demnach unter gleichen Bedingungen bei einer Drehstromleitung nur halb so groß als bei einer Einphasenleitung.

Die Vorteile der Mehrleiteranlagen gegenüber der einfachen Hin- und Rückleitung sind am besten zu übersehen, wenn man die Querschnitte, welche zur Übertragung einer bestimmten Leistung bei gleicher Spannung und gleichem Leistungsverlust erforderlich sind, zueinander ins Verhältnis setzt. Nimmt man an, daß der Mittelleiter stets mit der Hälfte des Außenleiterquerschnittes ausgeführt wird, so liefert die Vergleichsrechnung:

	Gesamtquerschnitt	Verhältnis
für Zweileiter-Gleichstrom oder -Einphasenstrom	$2 \cdot q$	1
Drehstrom-Dreileiter	$3 \cdot \dfrac{q}{2} = 1{,}5 \cdot q$	0,75
Dreileiter-Gleichstrom oder -Einphasenstrom	$2 \cdot \dfrac{q}{4} + \dfrac{q}{8} = \dfrac{5}{8} \cdot q$	0,31
Drehstrom-Vierleiter	$3 \cdot \dfrac{q}{2 \cdot 3} + \dfrac{q}{12} = \dfrac{7}{12} \cdot q$	0,29

Beispiele: 1. Sechs Lampenstromkreise, deren jeder 10 Lampen für je 110 V und 0,5 A enthält, sind an einer Stelle an eine gemeinsame Drehstromleitung von 20 m Länge angeschlossen; der Spannungsverlust in dieser soll 1% nicht überschreiten. Wie groß muß der Querschnitt dieser Leitung sowie Spannung und Stromstärke jedes Stranges der in Stern geschalteten Stromquelle sein, wenn die Lampen a) in Dreieck (Abb. 198), b) in Stern mit Nulleiter (Abb. 199) geschaltet sind.

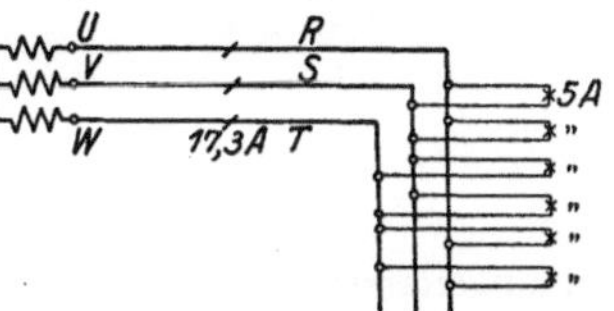

Abb. 198. Drehstrom-Dreileiter-Anlage.

a) Der Strom jeder Lampengruppe ist $10 \cdot 0,5 = 5\,A$, an jede Hauptleitung sind vier solche Zweige angeschlossen, von denen jedoch nur je zwei zwischen denselben Leitungen liegen, während die anderen beiden Gruppen mit ihrer Rückleitung an der dritten Hauptleitung liegen. Der Strom in jeder Hauptleitung und in der Stromquelle berechnet sich daher nach Abschnitt 21 zu $J = 1,73 \cdot 2 \cdot 5 = 17,3\,A$. Bei 1,1 V Spannungsverlust in der Hauptleitung folgt daher der Querschnitt zu

$$q = \frac{1,73 \cdot l \cdot J}{k \cdot u} = \frac{1,73 \cdot 20 \cdot 17,3}{56 \cdot 1,1} = 9,75\,\text{mm}^2.$$

Nehmen wir für die einzelnen Zweige noch einen Spannungsverlust von 0,5 V an, so muß die verkettete Spannung am Ende der Hauptleitung 110,5 V, an der Stromquelle 111,6 V betragen, jeder Strang der letzteren muß dann 17,3 A und $\frac{111,6}{1,73} = 64,5$ V liefern.

b) Es liegen jetzt nur je zwei Lampengruppen an jeder Hauptleitung, sämtliche Rückleitungen sind an den Nulleiter angeschlossen. Der Strom in jeder Hauptleitung ist daher $J = 2 \cdot 5 = 10\,A$. Die Spannung zwischen den Außenleitern muß das 1,73-fache der Sternspannung betragen, daher ist der Spannungsverlust

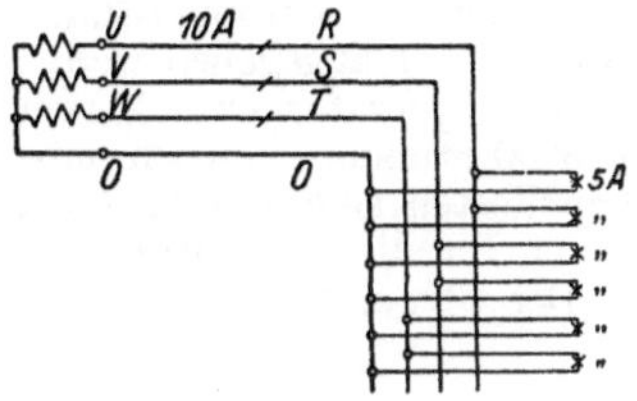

$$u = 1,73 \cdot 1,1 = 1,9\,\text{V}.$$

Es wird dann

$$q = \frac{1,73 \cdot 20 \cdot 10}{56 \cdot 1,9} = 3,25\,\text{mm}^2.$$

Abb. 199.
Drehstrom-Vierleiter-Anlage.

Die verkettete Spannung muß, bei 0,5 V Spannungsverlust in den einzelnen Stromzweigen der Lampengruppen, am Ende der Hauptleitung $1,73 \cdot 110,5 = 191$ V und an der Stromquelle 192,9 V betragen. Jeder Strang der letzteren muß daher einen Strom von 10 A bei einer Spannung von $\frac{192,9}{1,73} = 111,6$ V liefern. Dieser Wert muß offenbar um die Spannungsverluste in einem Strang, also um $0,5 + 1,1$ V größer sein als die Lampenspannung.

Der Querschnitt einer Zweigleitung zu den Lampengruppen berechnet sich in beiden Schaltungen, wenn die einfache Länge zu 10 m angenommen wird, als Einphasenleitung zu

$$q = \frac{2 \cdot 10 \cdot 5}{56 \cdot 0,5} = 3,6\,\text{mm}^2.$$

2. Eine Einphasenleitung für 220 V Verbrauchsspannung soll am Ende mit einem Strom von 100 A bei $\cos\varphi = 0,8$ induktiv belastet sein. Die prozentischen Verluste sollen berechnet werden, wenn der Wirkwiderstand der einfachen Leitung $r_l = 0,044\,\Omega$ beträgt; der induktive Widerstand soll nicht berücksichtigt werden.

Die Spannung am Ende der Leitung ist $U_E = 220$ V, der Spannungsverlust $u = J \cdot 2 \cdot r_l = 100 \cdot 0,088 = 8,8$ V. Daher ist der Verhältniswert des Spannungsverlustes $p = \frac{u}{U_E} = 0,04 = 4\,\%$. Der Spannungsverlust u ist laut Annahme in Phase mit dem Strom (vgl. Abb. 197), die Endspannung U_E liegt unter dem Winkel φ gegen den Strom, die Spannung am Anfang der Leitung U_A ist die geometrische Summe von U_E und u. Aus der Geometrie der Figur folgt:

$$U_A = \sqrt{(U_E \cos\varphi + u)^2 + (U_E \sin\varphi)^2} = \sqrt{(220 \cdot 0,8 + 8,8)^2 + (220 \cdot 0,6)^2} = 227,2\,\text{V}.$$

Die Spannungsschwankung ist daher $U_A - U_E = 7,2$ V und ihr Verhältniswert

$$p' = \frac{U_A - U_E}{U_E} = 0,0327 = 3,27\,\%.$$

Die abgegebene Wirkleistung ist

$$N = U \cdot J \cdot \cos\varphi = 220 \cdot 100 \cdot 0,8 = 17600\,\text{W}.$$

Der Verlust an Wirkleistung in der Hin- und Rückleitung ist $N_v = J^2 \cdot 2 \cdot r_l$ $= 100^2 \cdot 0{,}088 = 880$ W und der Verhältniswert dieses Verlustes

$$p'' = \frac{880}{17\,600} = 0{,}05 = 5\,\%.$$

Es ist also

$$p'' = \frac{p}{\cos\varphi} = \frac{0{,}04}{0{,}8} = 0{,}05$$

und angenähert

$$p' = p \cdot \cos\varphi = 0{,}04 \cdot 0{,}8 = 0{,}032.$$

3. Ein Drehstrommotor hat bei Nennstrom einen Leistungsfaktor $\cos\varphi = 0{,}80$, dabei sei der Spannungsverlust in der Zuleitung 2 %. Beim Einschalten tritt der 5-fache Strom mit einem $\cos\varphi = 0{,}50$ auf; der Spannungsverlust ist dann 10 %. Nach der genauen Gleichung, jedoch ohne Berücksichtigung von induktivem Leitungswiderstand, tritt beim Einschalten ein Spannungsunterschied auf (vgl. Beispiel 2) von

$$\sqrt{(100 \cdot 0{,}50 + 10)^2 + (100 \cdot 0{,}866)^2} - 100 = 5{,}3\,\%.$$

Nach der Gl. 126 dagegen würde man dem Faktor $J_a \cdot \cos\varphi$ entsprechend einen Spannungsunterschied von $2 \cdot 5 \cdot 0{,}50 = 5{,}0\%$ erhalten.

4. Eine Drehstromleistung von 1000 kW soll in 10 km Entfernung mit 6000 V Spannung bei $\cos\varphi = 1$ abgegeben werden. Die Kosten für die Fernleitung betragen 1000 M/km und 4 M/kg Kupfer, für deren Verzinsung und Tilgung sind jährlich 12 % einzusetzen. Die Leitung ist 3000 Stunden jährlich mit durchschnittlich der Hälfte obiger Leistung belastet, die Stromkosten sind mit 0,12 M/kWh anzunehmen. Wie groß sind die gesamten jährlichen Kosten für die Fernleitung bei einem Spannungsverlust p von 4, 7, 10 und 15 %?

Der Strom berechnet sich zu rund 97 A, der Leitungsquerschnitt zu

$$q = \frac{1{,}73 \cdot 10\,000 \cdot 97}{56 \cdot p \cdot 6000} = \frac{500}{p},$$

das Gewicht in kg zu $G = 3 \cdot 10 \cdot q \cdot 8{,}9 = 267 \cdot q$, daraus folgen die mittelbaren Kosten zu $0{,}12\,(10\,000 + 1068 \cdot q) = 1200 + 128{,}2 \cdot q$. Der Leistungsverlust bei voller Belastung ist $3 \cdot J^2 \cdot R = \dfrac{5000}{q}$ kW, daher sind die Kosten für den jährlichen Energieverlust

$$\frac{1}{4} \cdot \frac{5000}{q} \cdot 3000 \cdot 0{,}12 = \frac{450\,000}{q}$$ Mark. Demnach sind die gesamten jährlichen Kosten in Mark: $1200 + \dfrac{64\,100}{p} + 900 \cdot p.$

Für einen Verlust von	4	7	10	15 %
sind die mittelbaren Kosten . .	17 220	10 350	7 610	5 470 M.
die unmittelbaren Kosten	3 600	6 300	9 000	13 500 M.
die Gesamtkosten	20 820	16 650	16 610	18 970 M.

Trägt man die mittelbaren und die unmittelbaren Kosten abhängig von dem Spannungsverlust p auf, so findet man die kleinsten Gesamtkosten bei einem Verlust von etwa 9 % zu $\approx 16\,400$ M.

Elektrische Beleuchtung.

36. Grundbegriffe der Beleuchtung. Lichtmessung.

Jede Lichtquelle ist gekennzeichnet durch den von ihr ausgehenden Lichtstrom oder Lichtfluß. In Anlehnung an die einfachste Vorstellung von der Strahlung könnte man sich den Lichtstrom, der dem mit bestimmter Temperatur leuchtenden Körper eigentümlich ist, als die Zahl der von ihm ausgesendeten Lichtstrahlen vorstellen. Das Zeichen für den Lichtstrom ist Φ, die Einheit heißt Lumen, Zeichen Lm. Ein leuchtender Punkt sendet nach allen Richtungen gleichmäßig seine Lichtstrahlen aus.

Beleuchtungsstärke einer Fläche ist der Quotient aus dem auf die Fläche fallenden Lichtstrom und der Größe der Fläche. Das Zeichen für die Beleuchtungsstärke ist E, die Einheit heißt Lux, Zeichen Lx. Bezeichnen wir die Fläche in m² mit F, so ist

$$E = \frac{\Phi}{F} \cdot \tag{132}$$

Denken wir uns eine Kugel vom Radius 1 m, deren Oberfläche in m² also 4π beträgt, zentrisch um einen leuchtenden Punkt gelegt und nehmen wir dessen Lichtstrom zu 4π Lumen an, so kommt auf jeden Quadratmeter der Kugeloberfläche, ebenso ferner auf jede Einheit des Raumwinkels, der Lichtstrom $\Phi = 1\,\text{Lm}$, die Beleuchtungsstärke der Kugel ist also $E = 1$ Lx.

Lichtstärke einer punktförmigen Lichtquelle in einer bestimmten Richtung ist der Quotient aus dem Lichtstrom in dieser Richtung und dem durchstrahlten Raumwinkel. Das Zeichen für die Lichtstärke ist J, die Einheit heißt Hefnerkerze, Zeichen HK. Der Name für diese Einheit ist dadurch entstanden, daß ursprünglich eine Kerze von bestimmtem Bau zur Darstellung der Einheit diente; sie wurde dann in Deutschland von Hefner durch eine Lampe ersetzt.

Wenn ω den Raumwinkel bedeutet, ist demnach

$$J = \frac{\Phi}{\omega} \cdot \tag{133}$$

Der leuchtende Punkt mit dem Lichtstrom $\Phi = 4\pi$ hat demnach die Lichtstärke $J = 1$ HK.

Bezeichnet man bei einer als punktförmig anzusehenden, aber nach den verschiedenen Richtungen ungleich strahlenden Lampe die mittlere räumliche Lichtstärke mit J_0, so ist allgemein

$$J_0 = \frac{\Phi}{4\pi} \cdot \tag{134}$$

Gehen die Lichtstrahlen von einem Punkte aus, so wächst die von einem bestimmten Lichtbündel beleuchtete Fläche mit der zweiten Potenz des Abstandes derselben von dem leuchtenden Punkte (Abb. 200). Wird dieser Abstand mit r bezeichnet und in Metern gemessen, so folgt daraus oder aus den vorstehenden Gleichungen für senkrecht auf eine Fläche irgendwelcher Art auffallendes Licht

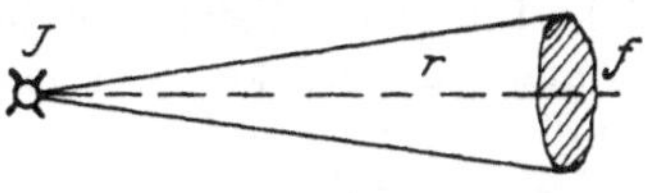

Abb. 200. Lichtbündel (nach Linker).

$$E = \frac{J}{r^2} \cdot \tag{135}$$

Fällt das Licht schräg im Winkel α auf (Abb. 201), so ist die Beleuchtungsstärke

$$E = \frac{J}{r^2} \cdot \cos\alpha = \frac{J}{h^2} \cos^3\alpha. \tag{136}$$

Die praktischen Lichtquellen sind hinsichtlich ihrer Ausstrahlung nicht als Punkte, sondern als eine Zusammensetzung von Flächenelementen zu betrachten, ihre Lichtstärke ist nicht in jeder Richtung die gleiche. Die Lichtstärke eines leuchtenden Flächenelementes ändert sich mit der Richtung der Ausstrahlung wie die Sehnen eines das Flächenelement berührenden Kreises. Durch Übereinanderlagerung solcher Kreise erhält man die Lichtverteilungskurve einer Lichtquelle in einer Ebene, z. B. die einer gasgefüllten Glühlampe mit Zickzack-Leuchtdraht, für eine in die Lampenachse gelegte Ebene nach Abb. 202. Man sieht, daß eine solche Lampe ihre größte Lichtstärke in der Horizontalen durch den Lichtschwerpunkt hat.

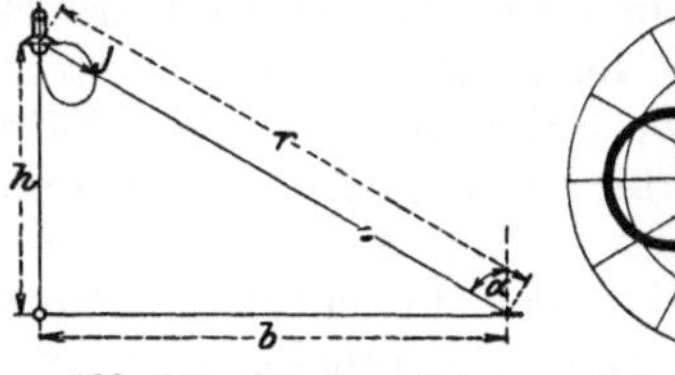

Abb. 201. Schräg auffallender Lichtstrahl (nach Dubbel).

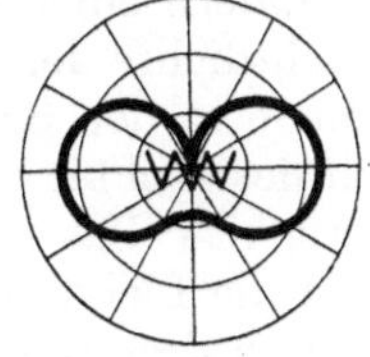

Abb. 202. Lichtverteilung einer Glühlampe (von Koerting & Mathiesen A.-G.).

Die Meßgeräte zur Bestimmung der Lichtstärke oder der Beleuchtungsstärke heißen Photometer. Die Lampen werden für photometrische Messungen bei genügender Entfernung vom Meßgerät als punktförmig angesehen, so daß nach Gl. 135 angenommen werden kann, daß die Beleuchtungsstärke einer Fläche durch zwei Lichtquellen dann gleich groß ist, wenn die zweiten Potenzen ihres Abstandes von der Fläche sich wie die Lichtstärken verhalten, d. h.

$$r_1^2 : r_2^2 = J_1 : J_2 \quad \text{ist.} \tag{137}$$

Abb. 203 zeigt den „Kopf" eines Photometers. Von den zu vergleichenden Lichtquellen werden die Seiten des weißen Schirmes $i\,k$ beleuchtet, das Licht fällt über die Spiegel f bzw. e auf die Prismen A bzw. B. Das Licht der einen Lampe geht durch die Kreisfläche $r\,s$, das der anderen Lampe wird von der Ringfläche $a\,b$ des Prismas B in das Okular reflektiert. Man verschiebt den Photometerkopf in der Verbindungslinie der Lichtquellen so weit, bis die Kreis- und die Ringfläche gleich hell erscheinen. Dann ist nach Gl. 137 die Lichtstärke J_1 in der Richtung der Messung aus der bekannten Lichtstärke J_2 der anderen Lampe, z. B. einer durch die Hefnerlampe geeichten Normal-Glühlampe, zu berechnen. In ähnlicher Weise kann man die Beleuchtungsstärke in einer Meßebene z. B. in der 1 m über dem Fußboden liegenden Horizontalen bestimmen.

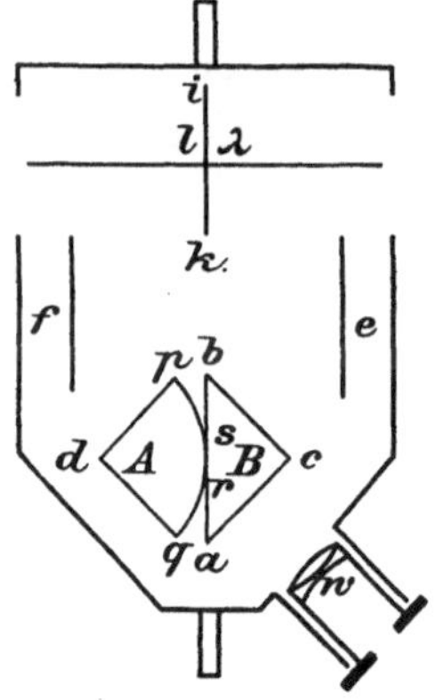

Abb. 203. Photometer-Kopf (nach Strecker).

37. Elektrische Lampen. Leuchten.

Allgemeinen Beleuchtungszwecken dient fast aussschließlich die Metalldrahtglühlampe.

Für kleinere Lichtstärken werden hauptsächlich luftleere Lampen verwendet, solche für 110 V liefern für je 1 Watt Leistungsverbrauch etwa eine Kerze horizontaler Lichtstärke. Bei größeren Lampen ist der Glaskörper mit einem nichtbrennbaren Gas gefüllt, der Glühdraht zu einer engen Spirale aufgewickelt. Solche gasgefüllten Lampen für 110 V Spannung haben etwa folgende Werte: die 100 W-Lampe liefert einen Lichtstrom von 1500 Lm, demnach eine Lichtausbeute von 15 Lm/W, die mittlere räumliche Lichtstärke J_0 ist etwa 120 HK; die 1000 W-Lampe liefert etwa 21000 Lm, demnach 21 Lm/W, J_0 ist etwa 1700 HK.

Lampen für 220 V haben eine um etwa 10 % geringere Lichtausbeute.

Die Glühlampen sollen entweder mit Matt- oder Milchglaskörper ausgeführt oder in eine Leuchte gesetzt werden; diese hat die wichtige Aufgabe, das Licht abzulenken und dadurch nach Wunsch zu verteilen. Durchscheinende Gläser verhindern einerseits die unmittelbare Blendung des Auges durch übermäßige Leuchtdichte der Lampe, anderseits störende Schlagschatten sowie starke Unterschiede in der Beleuchtungsstärke. Fällt ein Lichtstrahl auf Glas, so wird ein Teil des Lichtes verschluckt, ein anderer zurückgeworfen, ein dritter Teil tritt durch das Glas und wird dabei mehr oder weniger zerstreut. Durch Reflektoren kann die Lichtstärke in einem bestimmten Bereich — natürlich auf Kosten der anderen Richtungen — erheblich vergrößert werden; bei einem matten Reflektor tritt gleichzeitig eine Zerstreuung auf. Rein weiße rauhe Flächen zerstreuen das auffallende Licht nach allen Richtungen (diffuse Reflexion). „Weiches" Licht läßt sich vor allem dadurch erreichen, daß man das durch Gläser und Reflektoren passend verteilte Licht an Wänden und Decken reflektieren läßt.

Einige Beispiele sollen die Verwendung der Leuchten zeigen.

Für unmittelbare Beleuchtung einer eng begrenzten Arbeitsfläche, z. B. eines Tisches, d. h. für „Platzbeleuchtung", eignet sich der wenig oder gar nicht durchlässige Reflektor von der Form der Abb. 204. Er soll die Augen des Arbeitenden vor direktem Licht schützen und eine Lichtverteilung bewirken, die eine möglichst gleichmäßige Beleuchtungsstärke auf dem Tisch liefert. Der größte Wert der Lichtstärke muß daher nicht senkrecht nach unten, sondern möglichst dicht am Rande des Reflektors liegen.

Soll der Fußboden oder die 1 m über demselben liegende wagrechte Fläche in einer hohen

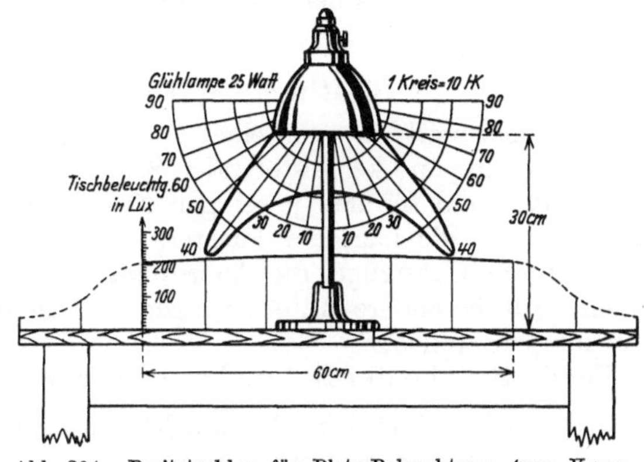

Abb. 204. Breitstrahler für Platz-Beleuchtung (von Koerting & Mathiesen A.-G.).

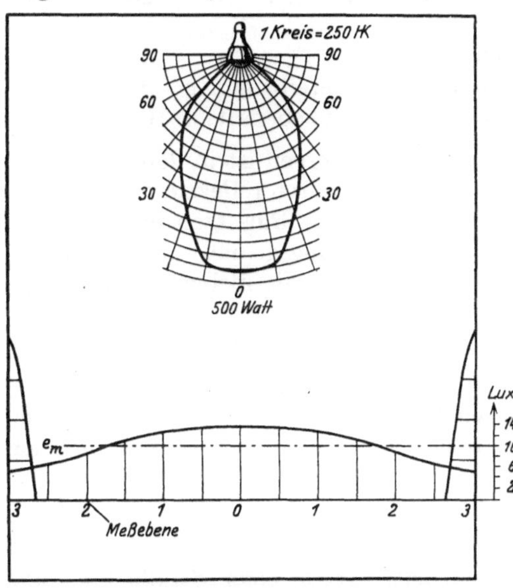

Abb. 205. Tiefstrahler (von Koerting & Mathiesen A.-G.).

Werkstatthalle durch Lampen beleuchtet werden, die über der Kranbahn hängen, so verwendet man zweckmäßig Leuchten, welche das Licht mit kleinem Öffnungswinkel nach unten werfen, d. h. steile Tiefstrahler (Abb. 205). Wie die Abbildung zeigt, erhält wunschgemäß nur der untere Teil der Wände unmittelbar etwas Licht, die wagrechte Meßebene ist ziemlich gleichmäßig beleuchtet. Durch tieferes Einstellen der Lampe im Reflektor, allenfalls auch durch größere Aufhängehöhe der ganzen Lichtquelle kann eine etwa gewünschte stärkere Beleuchtung der unteren Wandteile der Halle erreicht werden.

Für Schreib- und Zeichensäle eignet sich eine Leuchte für „halb"-mittelbares Licht, welche einen er-

heblichen Teil des Lichtstromes nach oben auf den matt-weißen Anstrich von Decke und Wänden wirft, während der übrige Teil mit Zerstreuung nach unten geht. Die Leuchte nach Abb. 206 hat unten eine Schale aus dichtem Opalglas, oben eine Glocke aus mattiertem Klarglas, so daß der größere Teil des Lichtstromes nach oben geht. Der Anteil des unmittelbaren Lichtes an der Beleuchtung der wagrechten Meßebene ist durch die gestrichelte Kurve angegeben; der verhältnismäßig große

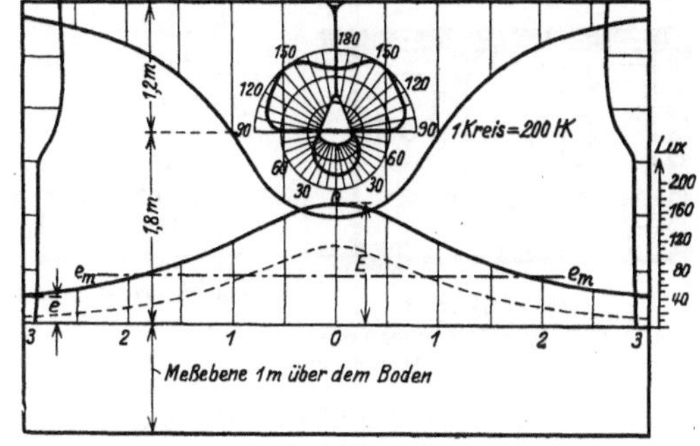

Abb. 206. Halbmittelbare Beleuchtung (von Koerting & Mathiesen A.-G.).

Abstand derselben von der ausgezogenen Kurve der gesamten Bodenbeleuchtung zeigt, daß die Beleuchtung weich, aber doch nicht so schattenfrei ist, daß die Körperlichkeit der beleuchteten Gegenstände für das Auge verschwinden würde.

38. Bestimmung von Beleuchtungsanlagen.

Allgemein wird man von einer guten Anlage verlangen, daß die Beleuchtung keine Blendung und keine störenden Schlagschatten verursacht, daß sie möglichst gleichmäßig und für den jeweiligen Zweck ausreichend ist. Die bauliche Ausführung, z. B. die Lage der Fenster, die Form des Raumes, die Einteilung der Decke durch Unterzüge, die Anordnung der Arbeitsplätze und dgl. werden in jedem Falle besondere Anforderungen und Bedingungen an die Lage und Zahl der Lampen stellen.

Für die Stärke der Beleuchtung können folgende Werte als Anhalt dienen:

Mittlere Beleuchtungsstärke E in Lux:

Verkehrsbeleuchtung in Nebenräumen 3
Desgleichen in Haupträumen . . . . '. . 10
Arbeitsbeleuchtung
  für grobe Arbeit, z. B. Schmiede 20
  für mittlere Arbeit, z. B. Dreherei, Schreibzimmer 50
  für feine Arbeit, z. B. Feinmechanik, Zeichensäle . 100

Die Größe des Lichtstromes der verschiedenen Lampen ist in den Listen der Hersteller angegeben. Der durch die Leuchten sowie durch reflektierende Wände und Decken entstehende Lichtverlust wird durch das Einsetzen eines Nutzfaktors berücksichtigt. Diesen kann man erfahrungsgemäß mit folgenden Werten annehmen, wobei die größeren Zahlen für weiße, die kleineren für dunkle Wände gelten:

  bei „halb"-mittelbarer Beleuchtung . . . . . 0,45 bis 0,30,
  bei ganz mittelbarer Beleuchtung . . . . . 0,35 „ 0,25.

Man erhält demnach aus der verlangten Beleuchtungstärke E, der Größe der Grundfläche F und dem Nutzfaktor η den benötigten Lichtstrom Φ aus der Gleichung

$$\Phi = \frac{E \cdot F}{\eta}. \tag{138}$$

Bei unmittelbarer Beleuchtung eines Arbeitsplatzes, einer Straße und dgl. ist die Beleuchtungsstärke für eine bestimmte Stelle aus der Lichtverteilungskurve nach Gl. 137 zu berechnen. Wird ein Punkt gleichzeitig von mehreren Lichtquellen beleuchtet, so lagern sich die Beleuchtungsstärken übereinander.

Beispiele: 1. Das in Abb. 207 im Grundriß dargestellte Schreibzimmer von 60 m² Grundfläche soll mit durchschnittlich 65 Lux halbmittelbar beleuchtet werden. Der Nutzfaktor sei zu 0,40 angenommen. Dann muß der Lichtstrom sein:

$$\Phi = \frac{65 \cdot 60}{0,40} = 9750 \text{ Lm}.$$

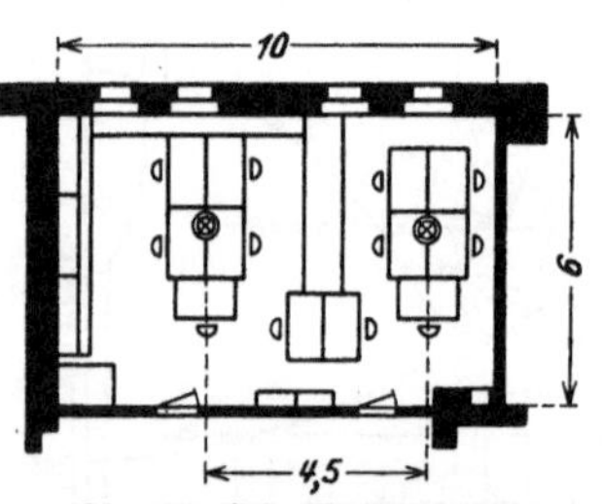
Abb. 207. Schreibzimmer (von Koerting & Mathiesen A.-G.).

Werden zwei Lampen für 220 V von je 300 W Leistungsverbrauch angewendet, so liefern sie zusammen einen Lichtstrom von etwa 10000 Lm.

2. Die in Abb. 204 dargestellte Leuchte liefert mit einer Lampe von 25 W folgende Beleuchtung auf die 36 cm unter dem Lichtschwerpunkt der Lampe liegende Tischfläche:

senkrecht unter der Lampe ist die Lichtstärke $J = 28$ HK,   daher

$$E = \frac{28}{0{,}36^2} = 215\ \text{Lx};$$

unter einem Winkel von 40^0 gegen die Senkrechte ist $J = 62$ HK,   daher

$$E = \frac{62}{0{,}36^2} \cos^3 40 = 213\ \text{Lx}.$$

Allgemeines über elektrische Maschinen und Transformatoren.

39. Gemeinsame Gesichtspunkte.

Die Regeln des VDE bezeichnen als Generator oder Dynamo jede umlaufende Maschine, die mechanische in elektrische Leistung verwandelt, als Motor jede umlaufende Maschine, die elektrische in mechanische Leistung verwandelt. Ein besonderes Merkmal der elektrischen Maschinen ist es, daß sie ohne weiteres die eine oder die andere Aufgabe der Leistungsverwandlung übernehmen können. Einankerumformer ist eine elektrische Maschine, bei der eine Umformung elektrischer in elektrische Leistung in einem Anker stattfindet. Im Gegensatz dazu findet bei dem Motorgenerator, der aus einem Motor und einem Generator in unmittelbarer Kupplung besteht, die Umformung auf dem Wege über die mechanische Leistung statt. Der Transformator ist eine elektromagnetische Vorrichtung ohne dauernd bewegte Teile, die zur Umwandlung elektrischer in elektrische Leistung dient. Er sowohl als auch die Gleichrichter genannten Vorrichtungen werden, soweit sie nach der Art ihrer Entstehung und Verwendung der Starkstromtechnik angehören, dem Elektromaschinenbau zugerechnet.

Im Aufbau der elektrischen Maschinen treten zwei Hauptteile hervor, einerseits der feststehende Teil, Ständer oder Stator genannt, anderseits der umlaufende, Läufer oder Rotor genannt. Beide stehen durch den magnetischen Fluß in Wechselwirkung zueinander. Der Hauptaufgabe nach können wir diese beiden Teile als induzierenden, der das Grundfeld liefert, und als induzierten unterscheiden. Bei Maschinen, deren Feld durch einen Stahl- oder Gleichstrommagneten erzeugt wird, also ein Gleichfeld ist, wird der induzierende Teil als Magnetkörper oder auch kurz als Feld bezeichnet. Die von Gleichstrom durchflossenen Spulen sitzen auf Polen aus Stahlguß oder aus Schmiedeeisenblechen, die auf einer ihrer Stirnseiten mechanisch und magnetisch durch ein Joch aus Stahlguß oder Gußeisen verbunden sind (vgl. Abb. 87 und 208). Der zweite Hauptteil einer solchen Gleichfeldmaschine ist der Anker. Nach den Regeln des VDE ist Anker derjenige Teil einer Maschine, in dessen Wicklungen durch Umlauf in einem magnetischen Feld oder durch Umlauf eines magnetischen Feldes elektrische Spannungen erzeugt werden. Demnach sind, was vielfach nicht beachtet wird, bei Maschinen, die mit Wechselstrom erregt werden, z. B. bei asynchronen Drehstrommotoren, beide Hauptteile als Anker zu bezeichnen. Eine elektrische Maschine hat also entweder einen Magnetkörper und einen Anker, oder sie hat einen Primäranker und einen Sekundäranker, von denen der eine Teil feststeht, während der andere umläuft.

Der Eisenkörper eines Maschinenankers ist stets aus dünnen, voneinander isolierten Blechen zusammengesetzt. Die Wicklung liegt meistens in Nuten, die dem Magnetkörper zugekehrt längs der Mantelfläche eingestanzt sind. Der umlaufende Teil einer elektrischen Maschine ist zur Herstellung der Verbindung zwischen den festen äußeren Leitungen und der Wicklung mit Schleifringen oder mit einem Stromwender ausgerüstet. Auf diesen schleifen feststehende

Bürsten, die meistens aus Kohle bestehen. Abb. 208 zeigt in einfachster Ausführung die Hauptteile einer Gleichstrommaschine, nämlich den feststehenden

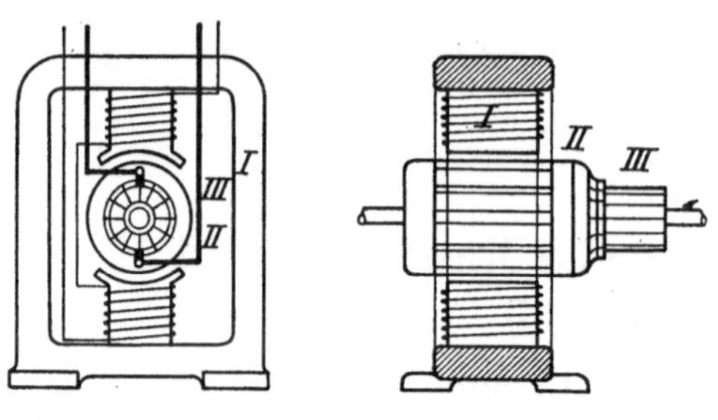

Magnetkörper I und den umlaufenden Anker II. Mit letzterem ist der
Stromwender oder Kommutator III
verbunden, auf dem die Bürsten
schleifen.

Die zwei Hauptwirkungen
des magnetischen Feldes, die Kraft-
und die Induktionswirkung, finden
wir in jeder Maschine, sobald sie
ihre Aufgabe der Umwandlung von
Leistung erfüllt, wenn man auch
die Kraftwirkung zwischen Feld

Abb. 208. Gleichstrommaschine.

und Stromleiter kurz Motorwirkung, die Induktionswirkung zwischen dem Feld
und den Leitern, die gegeneinander bewegt werden, kurz Generatorwirkung
nennt. Schließlich ergibt sich auch eine zweifache Aufgabe des Stromes in
den Maschinenwicklungen. Die erste ist die Erzeugung des Feldes, die Erregung,
die zweite Aufgabe ist die Umwandlung der Energie, die Lieferung oder der Verbrauch eines Drehmomentes. Man spricht daher einerseits von dem Erregerstrom, der Erregerwicklung, anderseits von dem
Arbeitsstrom, der Arbeitswicklung. Bei einigen
Maschinenarten kommen beide Aufgaben derselben
Wicklung, demselben Strom zu.

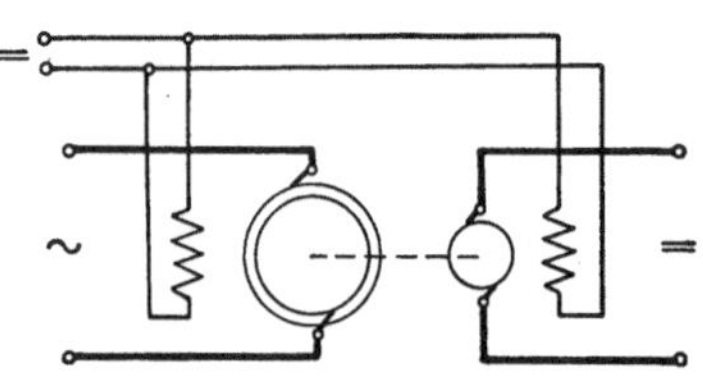

Zur weiteren Erläuterung dieser allgemeinen
Gesichtspunkte betrachten wir einen Motorgenerator, der z. B. Wechselstrom in Gleichstrom verwandelt, und zwar sollen der besseren Übersicht
und des Zusammenhangs mit dem folgenden hal

Abb. 209. Motor-Generator.

ber beide Maschinen ein feststehendes Gleichfeld und einen darin umlaufenden
Anker besitzen; wir stellen diese Doppelmaschine mit den üblichen abgekürzten
Zeichen dar (Abb. 209). Links sehen wir den Motor, der
mit seiner Erregerwicklung irgendeiner Gleichstromquelle
den Erregerstrom, mit seinem Anker einem Wechselstromnetz
den Arbeitsstrom entnimmt. Die im Motor entstehende
mechanische Leistung wird durch die Kupplung der zweiten
Maschine, dem Generator zugeführt, dessen Erregerwicklung
ebenfalls mit einer Gleichstromquelle verbunden ist. Schließt
man dann den Anker des Generators über Verbrauchskörper,
so liefert seine EMK den Arbeitsstrom; dadurch wird das
vom Motor gelieferte Drehmoment aufgezehrt. Eine andere

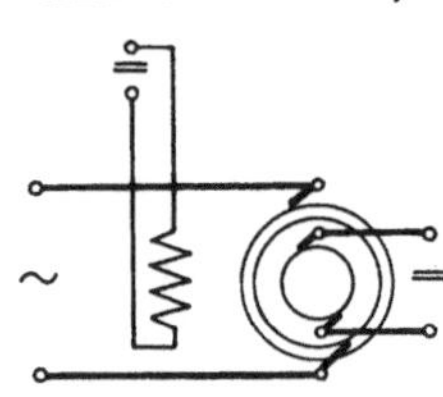

Abb. 210. Einanker-
Umformer.

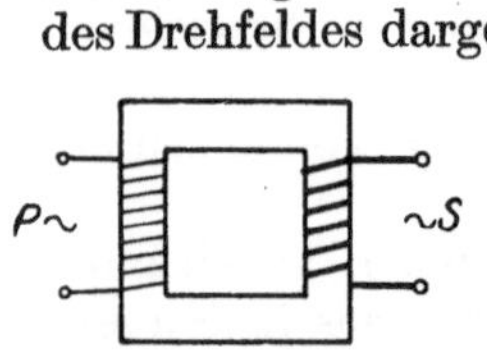

Anordnung von Leistungsumformung mit zwei Maschinen ist bei der Erklärung
des Drehfeldes dargestellt (Abb. 159). Denken wir uns die beiden Maschinen von
Abb. 209 derart zu einer vereinigt, daß die Erreger- wie die
Arbeitswicklungen zusammenfallen (Abb. 210), so haben wir
einen Einankerumformer vor uns.

In einem Transformator tritt überhaupt keine mechanische Leistung auf, sondern eine Umwandlung elektrischer

Abb. 211. Transformator. Energie in magnetische und umgekehrt (Abb. 211). Statt
der Erreger- und Arbeitswicklung des Motors finden wir hier
die an ein Wechselstromnetz angeschlossene Primärwicklung, deren Strom bei
belastetem Transformator gleichzeitig Erreger- und Arbeitsstrom ist. An Stelle

der beiden Wicklungen des Generators tritt die Sekundärwicklung, welche sich durch die magnetische „Kopplung" aus der Primärwicklung die Leistung übermitteln läßt. Die reinen Induktionsmotoren, bei denen auch nur eine der Wicklungen an das Netz angeschlossen ist, verhalten sich wie Transformatoren, sobald ihr Läufer festgebremst ist. Ist dieser in Umlauf, so wird ein Teil der aufgenommenen elektrischen Leistung wie vorher in elektrische Leistung, der übrige Teil in mechanische Leistung umgesetzt, die Maschine arbeitet dann gleichzeitig als Transformator und als Motor.

40. Belastung und Belastbarkeit. Verluste.

Unter Belastung oder Leistung einer Maschine versteht man diejenige Leistung, die von der Maschine jeweils verlangt und geliefert wird, sie ist also nicht eine Eigenschaft der Maschine, sondern hängt von den Verbrauchskörpern bzw. von der mechanischen Last ab und kann sich in jedem Augenblick ändern. Die Belastbarkeit oder Leistungsfähigkeit dagegen ist der Maschine eigentümlich wie etwa die Tragfähigkeit einem Kran, sie ist diejenige Leistung, die von der betreffenden Maschine ohne Schaden dauernd oder eine gewisse Zeit lang geliefert werden kann. Die meisten elektrischen Anlagen arbeiten in Parallelschaltung, also mit konstanter Spannung; mit sinkendem Netzwiderstand steigt der Strom und damit die Leistung, die der Generator von seiner Antriebsmaschine beansprucht. Wenn wir in den früheren Abschnitten, um eine anschauliche Vorstellung des Stromkreises zu gewinnen, den Elektromotor mit einer Turbine oder einer Dampfmaschine verglichen haben, so ist hier ein wesentlicher Unterschied zu betonen. Durch eine Wasser- oder Wärmekraftmaschine kann man innerhalb gewisser Grenzen eine beliebige Menge Betriebsstoff hindurchschicken, man muß daher, wie bekannt, durch einen Regulator dafür sorgen, daß einer solchen Maschine nur soviel davon zufließt, als sie für die jeweilige Belastung gerade braucht. Bei einem Elektromotor ist es nur im Stillstand oder während des Anlaufs möglich, nach Belieben mehr oder weniger Strom durchzuschicken. Im Betriebszustand dagegen regelt der Motor seine Stromaufnahme selbsttätig nach der von ihm verlangten Leistung, ohne einer Sicherheitsvorrichtung nach Art des genannten Regulators zu bedürfen. Eine solche Selbstregelung, welche durch die induzierte EMK erfolgt, ist auch den Transformatoren eigen.

Die Belastbarkeit einer elektrischen Maschine ist durch die zulässige Erwärmung begrenzt, sofern ihr nicht die Funkenbildung an den Bürsten oder der Abfall der Spannung bzw. Drehzahl ein Ziel setzen. Ähnlich wie bei den elektrischen Widerständen, Spulen oder Leitungen (vgl. Abschnitt 16 und 35) verlangt die Erhaltung dauernder Betriebssicherheit auch hier, daß die unvermeidliche Erwärmung eine bestimmte Grenze nicht überschreitet, die für die verschiedenen Teile und verschiedenen Arten der Wicklungsisolierung in den Regeln des VDE vorgeschrieben ist. Die Erwärmung ist sowohl von den in der Maschine auftretenden Leistungsverlusten, die sich in Wärme umsetzen, und von der Belastungsdauer, als von der sekundlich abgeführten Wärmemenge, demnach von der Kühlung der Maschine abhängig. Die Kühlung ist je nach der Größe, der Lage und auch dem Zustand der Oberfläche der erwärmten Maschinenteile verschieden, sie wächst mit der Geschwindigkeit des Kühlmittels, das meistens Luft ist. Eine hohe Drehzahl ist daher in wirtschaftlicher Hinsicht günstig. Sie läßt durch die bessere Kühlung höhere Verluste, also größere Belastung zu und ermöglicht es, geringere Eisen- und Kupfermengen zu verwenden.

Die Belastung dauert bei Generatoren in der Regel mindestens mehrere Stunden, so daß die dem Beharrungszustand (vgl. S. 49) entsprechende Tem-

peratur in stetigem Wachsen erreicht wird; man nennt diese Betriebsart Dauerbetrieb. Bei Motoren kommen außerdem der kurzzeitige Betrieb sowie der
aussetzende Betrieb vor. Bei ersterem ist die Belastungsdauer so kurz, daß
die Beharrungstemperatur, also das Gleichgewicht zwischen erzeugter und ab-
geführter Wärme, nicht erreicht wird. Falls bei dieser Betriebsart die Tem-
peraturgrenze erreicht wird, muß der Motor in der folgenden Betriebspause
sich vollständig abgekühlt haben, ehe er neuerdings belastet werden darf. Aus-
setzender Betrieb endlich ist ein solcher, bei dem Einschaltzeiten von einigen
Minuten mit stromlosen Zeiten von so kurzer Dauer abwechseln, daß die
Temperatur nicht wieder auf den Anfangsbetrag fällt, sondern im Zickzack in
ständig kleiner werdenden Stufen allmählich zum Grenzwert ansteigt. Es ist
klar, daß die Belastbarkeit einer Maschine im Dauerbetrieb nicht so groß sein
kann wie im kurzzeitigen oder aussetzenden Betrieb.

Die Wärme in den Maschinen entsteht infolge der bei fast jeder Umsetzung
von Leistung unvermeidlichen Verluste. Der umlaufende Teil verursacht zunächst Reibungsverluste in den Lagern, unter den Bürsten sowie durch die
Bewegung der Luft an und in der Maschine. Diese Verluste sind von der Drehzahl,
nicht aber von der Belastung der Maschine abhängig. Durch den Wechsel der
Größe und meistens auch der Richtung des Feldes, der durch den erregenden
Wechselstrom oder durch die Relativbewegung zwischen Feld und Anker bedingt
ist, entstehen Eisenverluste, deren Wesen bereits im Abschnitt 28 erläutert
wurde. Die Hysteresisverluste treten im Ankereisen auf; der Verlust in der
Volumeneinheit einer Eisensorte ist der Frequenz und einer Potenz der Liniendichte proportional. Wirbelstromverluste treten hauptsächlich im Ankereisen, allenfalls auch in den Polschuhen und in den Ankerleitern auf. Je dicker
die Ankerbleche sind und je größer ihre elektrische Leitfähigkeit ist, desto höher
sind die Wirbelstromverluste in der Volumeneinheit des Eisens. Ferner wachsen
sie mit der zweiten Potenz der Frequenz und der Liniendichte, da ja der Verbrauch an Leistung in einem bestimmten Widerstand sich mit dem Quadrat der
Spannung ändert. Als Verlustziffer bezeichnet man den Leistungsverlust
in Watt, der bei einer Liniendichte von 10000 Γ und der Frequenz 50 Hz in 1 kg
Eisen auftritt. Da durch die Bearbeitung der Blechkörper die Isolierung vielfach
überbrückt wird, sind die Wirbelstromverluste bei der fertigen Maschine ein
Mehrfaches der berechneten oder in den Eisenprüfapparaten bestimmten Werte.
„Legierte" Eisenbleche haben den Vorteil kleinerer Hysteresis und geringerer
elektrischer Leitfähigkeit, so daß sie kleinere Eisenverluste verursachen als ge-
wöhnliches Dynamoblech. Die Eisenverluste sind von der Belastung selbst nicht
unmittelbar abhängig, sie treten also, wenn das Feld und die Drehzahl bzw. Frequenz sich nicht wesentlich ändern, ebenso wie die Reibungsverluste schon bei
Leerlauf in vollem Maße auf. Beide wirken hemmend auf die Drehung des Ankers
ein, sind daher Verluste an Drehmoment. Eine dritte Gruppe von Verlusten
finden wir in den Stromwärmeverlusten, auch Joulesche Verluste genannt,
die in den Wicklungen sowie an den Bürsten auftreten. Die Wicklungsverluste
sind $= J^2 \cdot R$, wobei für R der Echtwiderstand des warmen Drahtes einzusetzen
ist. Der Bürstenübergangswiderstand nimmt wie der Widerstand eines „Nichtleiters" mit wachsendem Strom ab und zwar derart, daß der Spannungsverlust
von einer gewissen Stromstärke an einen nahezu gleichbleibenden Wert hat.
Die Stromwärmeverluste machen sich als elektrische, nämlich als Verluste an
Spannung für den Reihenschlußkreis bzw. an Strom für den Nebenschlußkreis,
bemerkbar. Einen mittelbaren Verlust, der bei der Vorausberechnung der Maschinen zu berücksichtigen ist, stellt die Streuung dar. Durch sie wird das
nutzbare Feld kleiner als das insgesamt von der Erregung gelieferte Feld; bei

großer Streuung ist daher der Stromwärmeverlust in der Erregung größer als bei geringer Streuung.

Um ein Bild von der Größe der Verluste zu geben, seien hier einige Zahlen angeführt, die als angenäherte Durchschnittswerte für überschlägige Berechnungen verwendbar sind. Der auf die Abgabe bezogene Verhältniswert der Verluste einer Maschine ist

bei einer Nennleistung von   2   10   25   60 kW

etwa $p = $ 0,30   0,19   0,14   0,12,

daher der Wirkungsgrad $\eta = \dfrac{1{,}00}{1{,}00 + p} = $ 0,77   0,84   0,88   0,89.

Bei Wechselstrommaschinen und Transformatoren sind die Verluste in erster Linie von Spannung und Strom, nicht aber von der Phasenverschiebung zwischen diesen abhängig, daher wird die Belastbarkeit für jene als Scheinleistung in kVA angegeben.

Gleichstrommaschinen.

41. Erzeugung von Gleichspannung.

Wir hatten im Abschnitt 17 die Entstehung des EMK in einem Generator entwickelt, sodann im Abschnitt 18 erkannt, daß die EMK sich nach dem Sinusgesetz ändert, wenn das Feld homogen ist und die Relativbewegung zwischen Feld und Anker mit konstanter Geschwindigkeit erfolgt. Sinusförmige EMK kann auch entstehen, wenn die Zahl der durch die Ankerdrähte tretenden Linien sinusförmig über die Polteilung verteilt ist und die Linien stets senkrecht geschnitten werden. Beides ist in der Regel nicht der Fall; die Ausführung der Maschinen nach Art der Abb. 85 bzw. 87 liefert einen Verlauf des Feldes bzw. der in einem Draht induzierten EMK, der in senkrechten Koordinaten in Abb. 212 dargestellt ist. Die Form des Anstiegs bzw. Abfalls zwischen Neutrale und Polkante hängt hauptsächlich von der Höhe des Luftspaltes und der Form der Polschuhe ab.

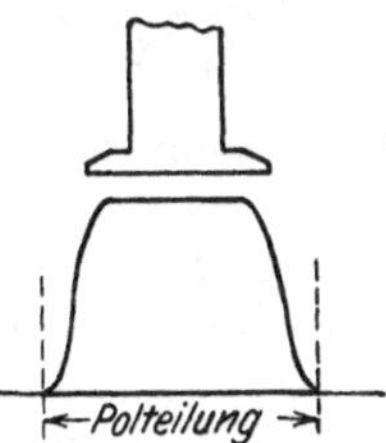

Abb. 212. Feldkurve.

Die EMK eines Ankerdrahtes wechselt, wie wir gesehen haben, jedesmal ihre Richtung, sobald der Draht durch die Neutrale geht. Wollen wir also an den Bürsten, welche den umlaufenden Anker mit dem äußeren Stromkreis verbinden, gleichgerichtete Spannung erhalten, so müssen die Bürsten im Augenblick dieses Wechsels jedesmal ihre Rolle tauschen. Bei dem Anker der Abb. 85 müßte also jede Bürste bald mit dem Ende von Draht a, bald mit dem von b unmittelbar in Berührung stehen. Um das zu erreichen, ersetzen wir die Schleifringe durch einen Stromwender, der aus zwei voneinander durch eine schmale Unterbrechung getrennten und von der Welle isolierten Halbringstücken, Lamellen oder Stege genannt, besteht (Abb. 213). Durch einen solchen Stromwender, Kommutator oder auch Kollektor genannt, wird jeder Bürste nicht ein bestimmter Draht, sondern ein bestimmter Pol zugeordnet, die Bürsten haben in jeder Stellung des Ankers unmittelbare Verbindung mit demjenigen Draht, der unter einem bestimmten Pol liegt. Während die Bürste eines Schleifringes an beliebiger Stelle seines Umfanges aufliegen kann, müssen die Stromwenderbürsten offenbar eine ganz bestimmte Lage haben. Dieses

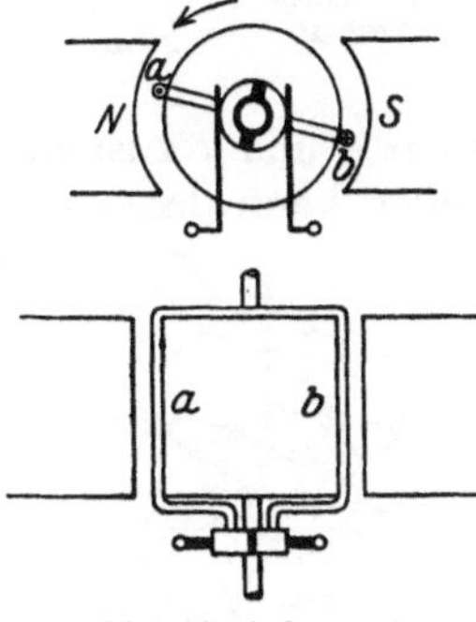

Abb. 213. Anker mit Stromwender.

verlangt die oben gestellte Bedingung, daß der Übergang von einem Steg zum andern in dem Augenblick erfolgt, in welchem die Spannung bzw. der Strom im Ankerdraht seine Richtung wechselt. Außerdem ist aus der Abbildung zu erkennen, daß die Bürste bei diesem Übergang jedesmal zwei benachbarte Stege und damit die dazwischen liegenden Drähte kurzschließen muß, wenn eine Unterbrechung vermieden werden soll. Dieser Kurzschluß darf aber nur erfolgen, wenn in den Drähten keine erhebliche Spannung induziert wird; starker Kurzschlußstrom und dadurch ein Feuern der Bürsten wäre sonst die Folge. Die Bürsten müssen, wie man sagt, in der Neutralen stehen, d. h. den Kurzschluß der betreffenden Drähte vornehmen, wenn diese durch die neutrale Zone gehen.

Durch Verbindung der Drahtschleife a—b mit einem Stromwender haben wir nun zwar die Änderung der Spannungsrichtung aufgehoben, nicht aber diejenige der Spannungsgröße; diese sinkt jedesmal auf den Nullwert, wenn die Schleife durch die Neutrale geht. Wollen wir eine Spannung von wenig veränderlicher Größe erhalten, so müssen wir offenbar mehrere Ankerspulen derart anordnen, daß stets mehrere unter den Polen liegen, d. h. wir müssen sie über den ganzen Umfang gleichmäßig verteilen.

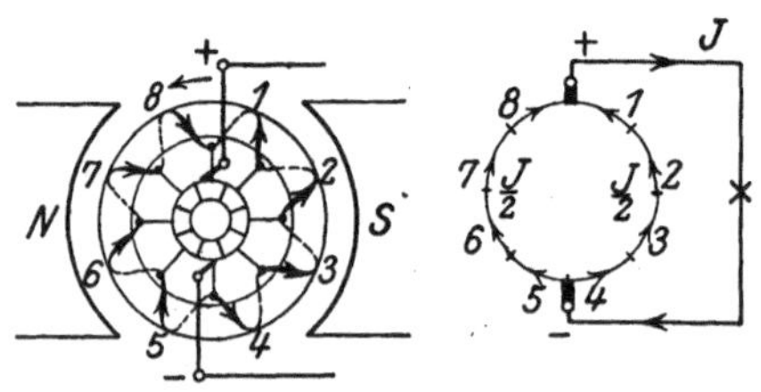

Abb. 214. Zweipoliger Ringanker und Schaltbild.

Um die Schaltung und die Vorgänge in einem Anker mit mehreren Spulen leichter übersehen zu können, betrachten wir zunächst eine Wicklungsform, die heute veraltet ist, nämlich den Ringanker. Ein Eisenring ist über seinen ganzen Umfang mit Draht bewickelt, Ende und Anfang des Drahtes sind miteinander verbunden, so daß ein geschlossener Leiterkreis entsteht (Abb. 214). Die Wicklung sei aus acht Windungen oder Spulen gebildet; die Verbindung zwischen jeder Spule und der nächsten ist an je einen Steg des Stromwenders angeschlossen. Denken wir uns den Anker in der gezeichneten Stellung in Linksdrehung begriffen, so ist nach der Rechte-Hand-Regel die EMK in den Drähten *1, 2, 3, 4* am äußeren Mantel des Ankers nach hinten, in den Drähten *5, 6, 7, 8* nach vorn gerichtet. Die Spannungen innerhalb jeder dieser beiden Gruppen von je vier Drähten sind folglich hintereinander, die Spannungen der beiden Ankerhälften gegeneinander geschaltet.

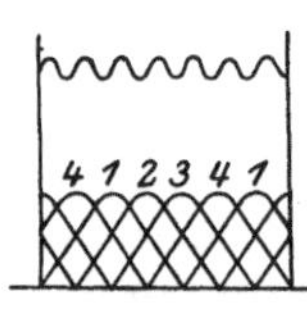

Abb. 215. Spannungsverlauf.

In Abb. 214 stoßen diese beiden Summenspannungen zwischen Draht *8* und *1* zusammen und gehen zwischen *4* und *5* voneinander, an diesen Stellen kann daher die Spannung durch eine positive und eine negative Bürste abgenommen werden. Entsprechendes gilt für jede beliebige Stellung des Ankers; immer findet man dieselbe Lage für die Bürsten, nämlich die Neutrale, wie sie früher gefordert war. Man erkennt besonders deutlich aus dem Schaltbild, daß in jedem Ankerdraht nur die Hälfte des Netzstromes J fließt.

Da nun jede Spule eine Wellenspannung liefert und stets drei oder vier

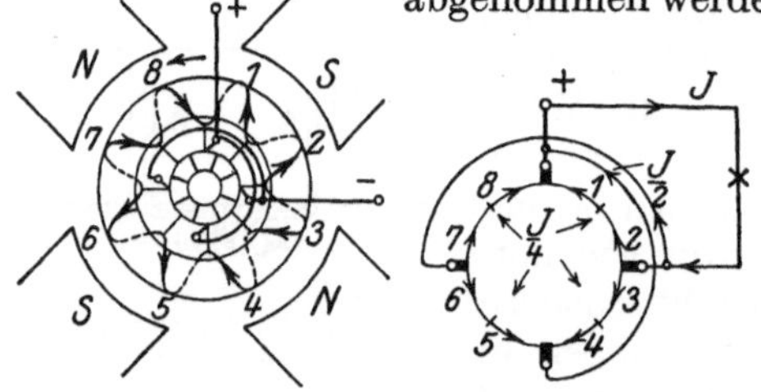

Abb. 216. Vierpoliger Ringanker und Schaltbild.

Spulen im Bereich eines Poles sind, wird die Gesamtspannung sich aus drei oder vier phasenverschobenen Spannungen zusammensetzen, daher in ihrer

Größe nur wenig schwanken. In Abb. 215 ist dies dargestellt, wobei jedoch, um die einzelnen Drahtspannungen besser zu unterscheiden, sinusförmiger Verlauf derselben angenommen ist.

Denselben Ringanker können wir für eine vierpolige Maschine verwenden, es sind dann aber (Abb. 216) nur je zwei Drahtspannungen hintereinander und mit den benachbarten Gruppen gegengeschaltet. Legen wir in jeder Neutralen eine Bürste auf, so erhalten wir zwei positive und zwei negative Bürsten, verbinden wir die gleichnamigen untereinander und mit einer Netzleitung, so haben wir, wie das Schaltbild zeigt, den Anker in vierfache Parallelschaltung geteilt.

42. Trommelankerwicklungen.

Die in der Starkstromtechnik heutzutage gebauten Anker sind fast ausschließlich Trommelanker (vgl. Abb. 213). Der trommelförmige Eisenkörper trägt die wirksamen Drähte am äußeren Mantel in Richtung der Achse, die Spulen sind dadurch gebildet, daß je zwei Drähte, die unter ungleichnamigen Polen liegen und um etwa eine Polteilung voneinander abstehen, auf einer Seite untereinander verbunden sind. Entsprechend wird dann auf der andern Seite der Trommel das Ende einer Spule mit dem Anfang einer andern Spule verbunden, die wieder um ungefähr eine Polteilung entfernt liegt. In dieser Art werden alle Ankerdrähte zu einem geschlossenen Kreis vereinigt. Als Wicklungsschritt y bezeichnet man die Zahl der Drähte, besser gesagt der Wicklungselemente, die man am Umfang fortschreitend abzählen muß, um von einem Draht zu dem mit ihm unmittelbar verbundenen andern Draht zu kommen. Um der oben gestellten Bedingung zu entsprechen, daß die Spulen über den ganzen Ankerumfang verteilt sein müssen, kann der Wicklungsschritt nicht stets dem idealen, nämlich dem Betrag einer Polteilung, genau gleich sein, sondern es muß mindestens jeder zweite Schritt kleiner oder größer als die Polteilung sein. Es kommen, wie eine Probe mit nachstehender Ankerwicklung ohne weiteres zeigt, nur ungerade Wicklungsschritte in Betracht, wenn alle Elemente in möglichst günstiger Schaltung zu einem geschlossenen Kreis verbunden werden sollen. Ebenso kann man sich an Hand des Folgenden leicht davon überzeugen, daß sich nur dann alle Wicklungselemente zu einem einzigen geschlossenen Leiterkreis vereinigen lassen, wenn die halbe Zahl der Wicklungselemente und die halbe Summe der beiden Wicklungsschritte y_1 und y_2, die wir auf beiden Seiten des Ankers verwenden, keinen gemeinsamen Teiler haben. Andernfalls schließt sich der Kreis schon mit der Hälfte, einem Drittel oder sonstigen Teil der Elemente.

Bei einer zweipoligen Maschine mit 8 Wicklungselementen wird daher am günstigsten auf jeder Seite ein Wicklungsschritt $y_1 = y_2 = 3$ ausgeführt. Wir verbinden dann (Abb. 217) zunächst auf der Rückseite des Ankers Draht 1 mit Draht 4; der zweite Wicklungsschritt führt auf der Vorderseite unter Anschluß an einen Steg des Stromwenders von Draht 4 nach 7, der nächste Schritt auf der Rückseite von 7 nach 2 und so folgen weiter die Drähte 5, 8, 3, 6 und

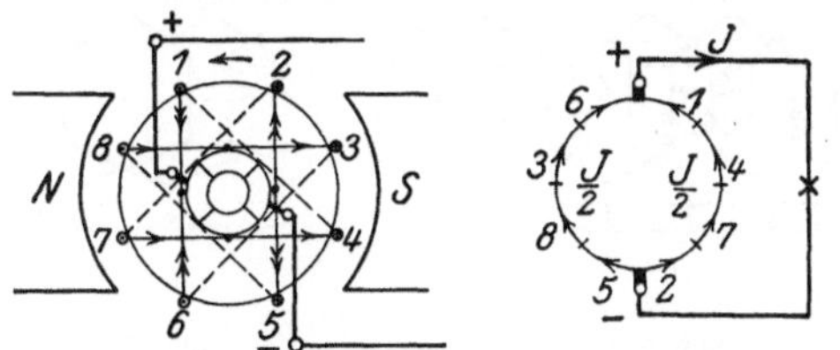

Abb. 217. Zweipoliger Trommelanker und Schaltbild.

schließlich 1; der Kreis ist nach dreimaligem Umgang um den Anker geschlossen, ohne daß ein Draht ausgeblieben ist. Da hier im Gegensatz zum Ringanker nur vier Verbindungen auf einer Seite liegen, nehmen wir auch nur vier Stromwenderstege. Je zwei Drähte, z. B. 1 und 4, 7 und 2, bilden eine Spule, so daß die Zahl der Stege gleich der Zahl der Spulen ist. Zeichnen wir die Richtung der

Spannung in jedem Draht ein, so finden wir wieder zwei gegeneinander geschaltete Zweige von je vier hintereinander geschalteten Drähten. Die Punkte höchster Spannung liegen in der gezeichneten Stellung zwischen den Drähten *1* und *6* einerseits sowie *2* und *5* anderseits; hier ist der Platz für die positive bzw. negative Bürste des Stromwenders.

Kommutatorschritt y_K nennt man den an den Stegen abgezählten Schritt vom Anfang bis zum Ende einer Spule. Da in Abb. 217 Draht *1* mit Steg *1*, Draht *4* mit Steg *4* verbunden ist, so ist der Kommutatorschritt $y_K = 3$. Dieser ist stets gleich der halben Summe der beiden Wicklungsschritte, also

$$y_K = \frac{y_1 + y_2}{2} = \frac{Y}{2}. \tag{139}$$

Ebenso groß ist die Zahl der Umgänge um den Anker, die zum Ausgangspunkt des Wicklungskreises zurückführt. Durch ein Schaltbild, wie wir es bei dem Ringanker gezeichnet haben, kann man auch bei der Trommelwicklung die Schaltung mit einem Blick übersehen (Abb. 217). In diesem Schaltbild folgen diejenigen Drähte aufeinander, die durch den Wicklungsschritt unmittelbar verbunden sind. Auch in der hier gezeichneten Trommelwicklung fließt in jedem Draht die Hälfte des Gesamtstromes. Durch die notwendige Abweichung des Wicklungsschrittes von dem idealen ist zeitweise die Spannung einzelner schwach induzierter Wicklungselemente gegen die Spannung der anderen Elemente desselben Ankerzweiges geschaltet, muß also von letzterer überwunden werden. Je größer die Elementenzahl ist, desto geringer ist der Einfluß dieser Gegenschaltung.

Die Lage der Bürsten ist noch genauer zu betrachten. Bei der gezeichneten Ausführung der Verbindungen zwischen Draht und Steg, mit symmetrischer Kröpfung der Drähte nach dem Stromwender hin, liegen die Bürsten zwar räumlich in der Polmitte, stehen aber in unmittelbarer Verbindung mit denjenigen Drähten, die in der neutralen Zone liegen. Man kennzeichnet daher die Lage der Bürsten stets durch den Ausdruck: „Die Bürsten stehen in der Neutralen." Diese Form der Spulen ist am häufigsten, gelegentlich findet man aber auch Anker, bei denen das eine Spulenende, z. B. das Ende des Drahtes *2*, radial zum Stromwender führt; die Verbindung zum folgenden Draht, also in unserem Beispiel nach *5*, muß dann über ungefähr eine Polteilung hinwegführen. Bei solcher Lage der Verbindungen müssen dann natürlich die Bürsten auch räumlich in der Neutralen stehen.

Bei der Ausführung unseres Wicklungsbeispieles Abb. 217 sind wir stets in gleichem Sinn und zwar rechtsdrehend am Ankerumfang entlang geschritten. Zeichnet man den Anker in Abwicklung auf, den Zylindermantel also als Rechteck, so schreitet die Wicklung von *1* nach *4*, von da nach *7* usw. wie eine Welle fort, man nennt sie daher Wellenwicklung (Abb. 218). Der Anker könnte jedoch auch derart gewickelt werden, daß wir mit der Richtung der Schritte abwechseln, also von *4* aus nach links um eine ungerade Zahl, die größer oder kleiner als der erste Schritt ist, zurückgehen. Nach dem entstehenden Bild (Abb. 219) wird eine solche Ausführung Schleifenwicklung genannt. Jeder zweite Schritt wird dann im Gegensatz zum ersten mit negativem Vorzeichen versehen. Im vorstehenden Beispiel wäre nach dem ersten Schritt von $y_1 = + 3$ ein solcher von $y_2 = - 5$ anzuwenden, man würde also mit dem zweiten Schritt ebenfalls nach Draht *7* kommen. Bei zweipoligen

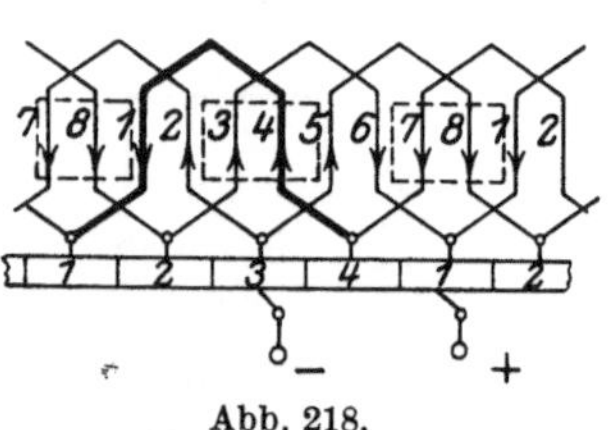

Abb. 218.
Wellenwicklung.

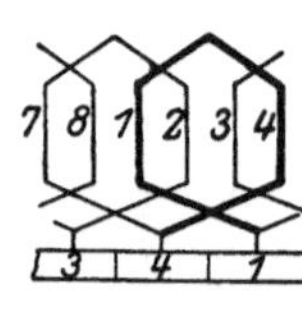

Abb. 219.
Schleifenwicklung.

Maschinen sind demnach die einfache Wellen- und die Schleifenwicklung theoretisch vollständig gleichwertig, praktisch erfordert die zweite Art etwas längere Drahtverbindungen.

Bei Maschinen mit mehreren Polpaaren zeigen sich Unterschiede zwischen diesen beiden Wicklungsformen, auch werden wir an den folgenden Beispielen sehen, daß jede dieser Wicklungen sich in verschiedenen Schaltungen ausführen läßt. Behandeln wir zuerst die Wellenwicklung und wählen zunächst den Doppelschritt Y so nahe als möglich an demjenigen Wert, der einer doppelten Polteilung entspricht, so kommen wir mit dem Ende der ersten und allenfalls der folgenden Spulen zunächst unter die Bürsten gleichen Vorzeichens und gelangen nach einem Umgang an einen Steg, der unmittelbar neben Steg 1 liegt. Dann erst kommen wir allmählich an diejenigen Stege heran, die im Bereich der ungleichnamigen Pole, also unter den Bürsten andern Vorzeichens liegen. Nehmen wir dagegen den Doppelschritt etwas größer oder kleiner, so erreichen wir den dem Ausgangspunkt benachbarten Steg erst nach Ausführung mehrerer Umgänge und berühren dazwischen Stege, die im Bereich ungleichnamiger Pole sind. Die innere Schaltung des Ankers wird daher je nach der Größe der Wicklungsschritte verschieden werden.

Das Wesen dieser Wicklungsarten soll nun an Ankerwicklungen für einen vierpoligen Generator erläutert werden, wobei wir der Deutlichkeit halber die Zahl der Wicklungselemente kleiner wählen, als man sie tatsächlich an solchen Maschinen ausführt. Wir zeichnen dabei stets eine solche Ankerstellung, daß das Element 1, der Anfang der ersten Spule, in der neutralen Zone liegt, daß also eine der Bürsten immer auf Steg 1 liegt.

Zunächst betrachten wir einen Anker mit $s = 26$ Elementen, also 13 Stegen, die doppelte Polteilung ist daher 13 Elemente. Für die beiden Wicklungsschritte nehmen wir zunächst die der einfachen Polteilung von 6,5 nächstliegenden ungeraden Zahlen und zwar $y_1 = 7$ und $y_2 = 5$, also ist der Doppelschritt $Y = 12$ und der Kommutatorschritt $y_K = 6$. Wir verbinden die Drähte in der Reihenfolge: *1—8—13—20—25* usw., stellen den Anker in Abwicklung dar und

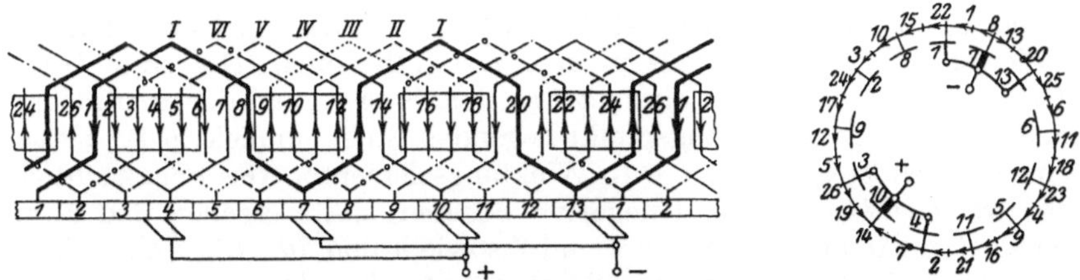

Abb. 220. Wellen-Reihenwicklung und Schaltbild.

zeichnen das Schaltbild (Abb. 220). Wie wir sehen, führt die Verbindung von Draht 20 nach 25 über den Steg 13, wir sind also mit einem Umgang dicht neben Steg 1 gekommen. Nach Einzeichnen der Spannungsrichtung in die Drähte zeigt das Schaltbild sehr klar, daß der Anker trotz der vier Pole nur aus zwei parallelen Stromzweigen besteht. Da demnach in der geschlossenen Wicklung die höchstmögliche Zahl von Drähten hintereinander geschaltet ist, bezeichnet man diese Art der Wellenwicklung als Reihenwicklung. Zur Abnahme der Spannung sind, wie am klarsten das Schaltbild zeigt, zwei Bürsten auf die Lamellen 7 bzw. 10, d. h. unter einen Nord- und einen Südpol zu setzen, zwischen diesen liegt beiderseits eine Hälfte der Wicklung. Will man zur besseren Ausnutzung des Kommutatorumfangs noch zwei weitere Stromabnahmen anbringen, was meistens geschieht, so ist eine Bürste auf die Stege 3 und 4, die andere auf die Stege *13* und *1* zu setzen. Die Schaltung des Ankers wird dadurch nicht wesentlich beeinflußt, da die genannten Stege im Schaltbild den Stegen *7* bzw. *10* unmittelbar benachbart sind und die nachträglich zugesetzten Bürsten nur wenige schwach induzierte Drähte kurz schließen, nämlich in der gezeichneten Stellung die Drähte *1, 8, 13* und *20* einerseits sowie *7, 14, 19* und *26* anderseits.

In die Ankerabwicklung ist noch die Reihenfolge der Umgänge *I, II* usw. bis *VI* eingezeichnet; man sieht, daß die aufeinanderfolgenden Umgänge dicht nebeneinander liegen.

Verfolgt man die Nummern der Stege in Rechtsdrehung, also von *1* nach *7* usw., so ist aus dem Schaltbild der Kommutatorschritt abzulesen. Geht man dagegen von *1* nach links, so erkennt man, daß zwischen je zwei der benachbarten Stege, z. B. *1* und *2*, je vier Wicklungselemente, d. h. die Drähte eines Umgangs liegen.

Für die Messung des Ankerwiderstandes ist es von Bedeutung diejenigen Stege zu kennen, zwischen denen bei abgehobenen Bürsten beiderseits möglichst die Hälfte des Wicklungskreises liegt. Bei Reihenwicklung sind es die unter ungleichnamigen Polen liegenden Stege, z. B. *7* und *10*.

Wollten wir eine vierpolige Reihenwicklung mit 22 Elementen ausführen, so wären die Wicklungsschritte $y_1 = 5$ und $y_2 = 5$ zu nehmen. Mit diesen letzteren Schritten erhalten wir aber eine andere Schaltung des Ankers, wenn wir 24 Elemente verwenden (Abb. 221). Die doppelte Polteilung beträgt jetzt 12 Wick-

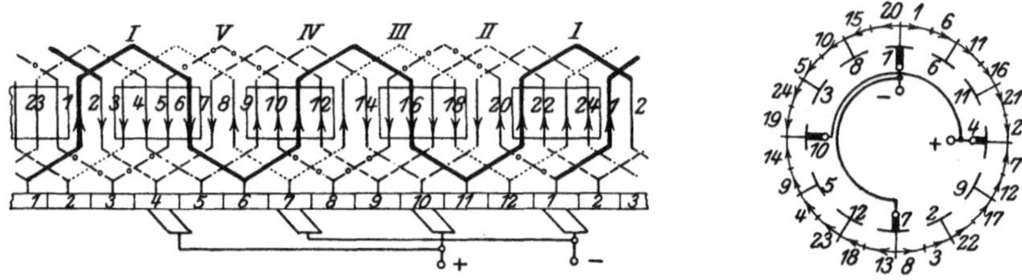

Abb. 221. Wellen-Parallelwicklung und Schaltbild.

lungselemente, der Gesamtschritt ist $Y = 10$; der Unterschied zwischen diesen beiden Werten ist also größer als in dem ersten Beispiel. Der erste Umgang beginnt wieder bei Steg *1*, endet aber jetzt an dem Steg *11*, erst der dritte Umgang führt zu dem neben dem Ausgangspunkt liegenden Steg, nämlich zu *12*; zwischen zwei benachbarten Stegen liegen je 10 Wicklungselemente. Das Schaltbild zeigt, daß sich zwei positive und zwei negative Bürstenpunkte ergeben und zwar in der gezeichneten Stellung die Stege *1* und *7* sowie *4* und *10*. Die Ankerwicklung ist daher, sobald die gleichnamigen Bürsten untereinander verbunden werden, in **vier parallele Stromwege** geteilt. Da die Zahl der Stromwege der Polzahl gleich ist, wird die Wicklung als **Parallelwicklung** bezeichnet. In jedem Ankerdraht fließt bei Belastung der vierte Teil des Netzstromes. Die Hälfte des Wicklungskreises bei abgehobenen Bürsten liegt hier zwischen gleichnamigen Bürstenpunkten, z. B. zwischen den Stegen *4* und *10*.

Nehmen wir wieder die gleichen Wicklungsschritte $y_1 = 5$ und $y_2 = 5$, jedoch eine Elementenzahl $s = 26$, so erhalten wir abermals eine andere Schaltung des Ankers (Abb. 222). Der erste Umgang führt zu Steg *3*, der also um zwei andere Stege von *1* absteht. Das Schaltbild liefert je drei positive und negative Bürstenpunkte und zwar in der gezeichneten Stellung an den Stegen *3, 4* und *10*, bzw. *1, 13* und *7*. Nehmen wir, was praktisch immer der Fall ist, Bürsten von größerer Breite als die Stegbreite ist und legen in jede Neutrale eine Bürste, so fließt bei belasteter Maschine in jedem Ankerdraht ein Sechstel des Netzstromes. Die Zahl der Stromwege weicht also von der Polzahl ab, ist aber größer als zwei. Bei einer Maschine mit sechs Polen könnte in dieser Art eine Wicklung in vier oder acht Stromwege geteilt werden. Eine solche Wicklung heißt **Reihenparallelwicklung.**

Unsere Beispiele zeigen, daß die Schaltung des Ankers davon abhängt, um wieviel sich der Kommutatorschritt von dem idealen Wert, der gleich der Steg-

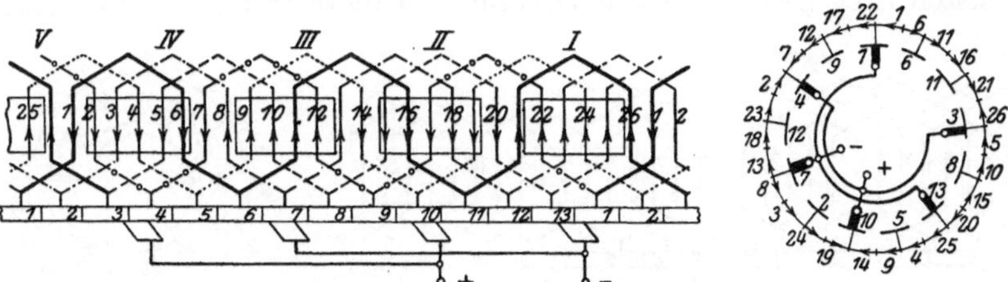

Abb. 222. Reihen-Parallelwicklung und Schaltbild.

zahl einer doppelten Polteilung ist, unterscheidet. Bezeichnen wir die Zahl der parallelen Ankerstromwege mit $2a$, die Polpaarzahl wie früher mit p, so ist für Reihenwicklung $a = 1$, für Parallelwicklung $a = p$, für Reihenparallelwicklung $a \lessgtr p$. Der Kommutatorschritt y_K, der für einfach geschlossene Wicklungen mit der Zahl der Elementengruppen $\dfrac{s}{2}$ teilerfremd sein muß, berechnet sich dann allgemein aus der Formel

$$y_K = \frac{\dfrac{s}{2} \pm a}{p}. \tag{140}$$

In ähnlicher Weise können wir auch bei Schleifenwicklung, allerdings nur mit Hilfe breiter Bürsten, verschiedene Schaltungen erhalten. Auch hier sollen die Teilschritte eine ungerade Zahl und möglichst gleich der Polteilung sein. Da jeder zweite Schritt negativ ist, so ist der Gesamtschritt Y eine gerade Zahl, die nahe an dem Wert 0 liegt. Machen wir ihn so klein als möglich, also $Y = \pm 2$ und $y_K = \pm 1$, so kommen wir vom ersten Steg über zwei Elemente zu dem unmittelbar benachbarten Steg. Durch eine auf benachbarten Stegen liegende Bürste würde daher nur eine Elementengruppe kurzgeschlossen. Ist dagegen der Gesamtschritt $Y = \pm 4$, so kommen wir nach je zwei Wicklungsschritten zum übernächsten Steg und erst nach einem Umgang zu denjenigen Stegen, die dem ersten benachbart sind. Die Wicklung wird dann durch eine auf zwei Stegen aufliegende Bürste in mehrere parallele Zweige geschaltet.

Zur Erläuterung dieser Wicklungsart behandeln wir ohne Rücksicht auf praktische Gesichtspunkte Beispiele mit derselben Elementenzahl wie bei der

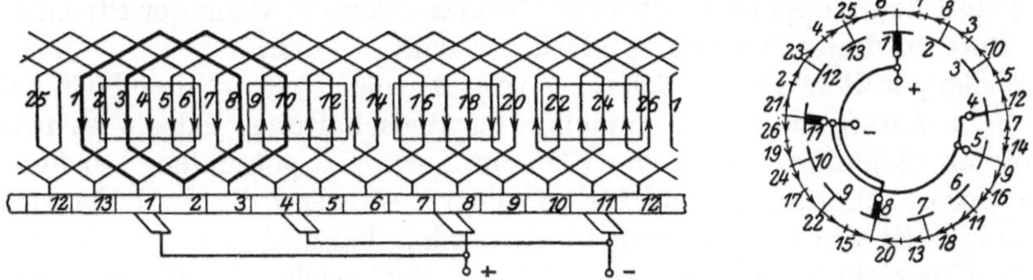

Abb. 223. Schleifenwicklung mit einfacher Parallelschaltung und Schaltbild.

Reihenwicklung, also mit $s = 26$ Elementen. Die doppelte Polteilung ist somit wieder $= 13$. Wir nehmen zunächst $y_1 = + 7$ und $y_2 = - 5$, also $Y = 2$, $y_K = 1$ (Abb. 223). Die Wicklungstafel lautet daher: *1—8—3—10—5* usw. Die Wicklung schraubt sich also langsam von einem Polpaar zum andern weiter

und ist nach einem Umgang geschlossen. Die Einzeichnung der Spannungs-
richtung in jeden Draht liefert vier Bürstenpunkte und zwar in dem gezeichneten
Augenblick die Stege *1, 4* und *5, 8* sowie *11*. Die Wicklung hat vier parallele
Stromwege, wenn wir die gleichnamigen Bürsten untereinander verbinden.

Nehmen wir dagegen bei gleicher Elementenzahl die Teilschritte $y_1 = + 9$
und $y_2 = - 5$, also $y_K = 2$, so kommen wir mit den Verbindungen stets an den
übernächsten Steg (Abb. 224), die Wicklung ist dann erst nach zwei Umgängen

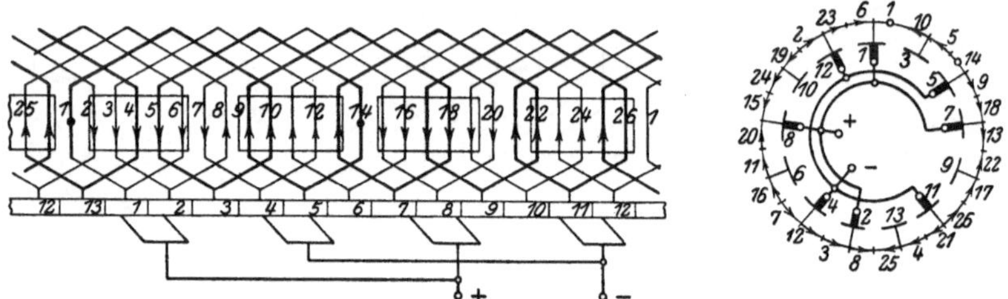

Abb. 224. Schleifenwicklung mit doppelter Parallelschaltung und Schaltbild.

geschlossen. Das Schaltbild zeigt acht Bürstenpunkte, die Bürsten müssen so
breit sein, daß jede auf mindestens zwei Stegen, in dem dargestellten Augenblick
auf den Stegen *1* und *2, 4* und *5, 7* und *8* sowie *11* und *12* aufliegt. Dadurch
wird der Anker in acht parallele Stromwege geteilt.

Die allgemeine Formel für Schleifenwicklung lautet

$$y_K = \pm \frac{a}{p}. \tag{141}$$

Je nach der gewünschten Schaltung ist dabei $a = p$ oder ein vielfaches davon,
die Zahl der parallelen Stromwege kann also die gleiche, doppelte usw. wie die
Polzahl sein.

Die Schleifenwicklung ist daher für Maschinen geeignet, die im Vergleich zur
Polzahl geringe Spannung und große Stromstärke haben, die Wellenreihen-
wicklung für solche von verhältnismäßig großer Spannung. Diese beiden Wicklungsarten werden am häufigsten verwendet. Für praktische Zwecke ist von Bedeutung, daß ein Anker mit Reihenwicklung, sofern die Zahl der Bürstenbolzen
gleich der Polzahl ist, leicht auf Schleifenwicklung umgeschaltet werden kann.
In dem besprochenen Beispiele (Abb. 220) wäre dies dadurch zu erreichen, daß
man die Verbindungen der Elemente mit den Stegen löst und dann Draht *1* mit
Steg *4*, Draht *8* mit Steg *5* und mit Draht *3* verbindet und so fort. Da dieser
Anker dann nicht mehr zwei, sondern vier parallele Stromwege hat, so liefert
er unter sonst gleichen Bedingungen nur die Hälfte der Spannung wie vorher,
kann aber mit dem doppelten Netzstrom belastet werden, wenn der Stromwender
und die Bürsten dadurch nicht zu stark erwärmt werden.

Die Wellenparallelwicklung liefert, wie die Beispiele zeigen, dieselbe Schaltung
wie die Schleifenwicklung mit einfacher Parallelschaltung, jedoch ist man bei
jener stets an diejenige Anzahl von Elementengruppen gebunden, welche in der
Wicklungsformel eine ganze Zahl für y_K liefert, während die Schleifenwicklung
mit beliebiger Elementenzahl ausgeführt werden kann.

Durch Ungleichmäßigkeiten des Feldes oder solche in der ausgeführten
Wicklung, an den Bürsten u. dgl. kann es bei Parallelwicklungen vorkommen,
daß der Strom sich ungleichmäßig auf die parallelen Stromabnahmen verteilt
und infolgedessen die stärker belasteten Bürsten feuern. Um dies zu vermeiden,
verbindet man durch Ausgleichs- oder Äquipotential-Verbindungen
einige solcher Elemente dauernd miteinander, die dem Feld gegenüber dieselbe

Lage haben, also um eine doppelte Polteilung voneinander abstehen. In dem Beispiel Abb. 221 könnten Stegpaare, die um die Zahl *6* verschieden sind, also z. B. *2* und *8*, dauernd kurzgeschlossen sein, ohne daß eine Störung dadurch eintreten würde.

Die Art der Schaltung ist am fertigen Anker oft schwer durch Augenschein festzustellen. Man kann sie ebenso wie Schaltfehler an Hand der vorstehend erläuterten Merkmale der Wicklungsarten dadurch ermitteln, daß man bei unerregtem Feld Strom durch den stillstehenden Anker schickt und die Spannung zwischen den einzelnen Stegen miteinander vergleicht. Z. B. liegen bei der Wicklung der Abb. 220 je 4 Elemente, bei der Wicklung nach Abb. 221 je 10 Elemente zwischen zwei benachbarten Stegen. Ein anderes Verfahren beruht auf der Messung des Ankerwiderstandes bei verschiedener Zahl der aufliegenden Bürsten. Wir schicken über die beiden Ankerklemmen einen Strom, legen einen Spannungsmesser an die Stege zweier ungleichnamiger Bürsten und beobachten die Werte einmal beim Aufliegen aller Bürsten, dann nach dem Abheben derjenigen Bürsten, unter denen der Spannungsmesser nicht liegt. Haben wir einen Reihenanker vor uns, so wird der Ankerwiderstand durch das Abheben der Bürsten sich wenig ändern (Abb. 220). Bezeichnen wir bei der vierpoligen Maschine den Widerstand eines Ankerviertels mit r, so ist der Gesamtwiderstand des Reihenankers, wenn wir von dem Kurzschluß einiger Spulen absehen, bei beliebiger Zahl der aufliegenden Bürstenpaare $R = \dfrac{r \cdot 2}{2} = r$. Bei einem vierpoligen Anker in einfacher Parallelschaltung dagegen (Abb. 221 und 223) ist der Gesamtwiderstand mit sämtlichen Bürsten $R = \dfrac{r}{4}$; nach dem Abheben der zwei nicht mit dem Spannungsmesser verbundenen Bürsten ist r mit $3r$ parallel geschaltet, daher $R' = \dfrac{r \cdot 3r}{r + 3r} = \dfrac{3}{4}\,r$.

Maschinen, die nicht nur ganz geringe Spannung liefern sollen, werden mit einer größeren Zahl von Windungen ausgeführt, so daß Spulen von der in Abb. 225 dargestellten Form entstehen. Die Rücksicht auf geringe Spannungsschwankung in den verschiedenen Ankerstellungen sowie auf Funkenlosigkeit der Bürsten und auf Sicherheit gegen Überschlag zwischen den Stegen verlangt ferner eine solche Zahl von Elementengruppen und Stegen, daß die durchschnittliche Spannung zwischen zwei benachbarten Stegen im Betriebe etwa 15 V nicht überschreitet. Den Spulen gibt man eine solche Form, daß die eine Spulenseite höher liegt als die andere. In jeder Nut befinden sich dann eine oder mehrere obere Seiten, z. B. die Elemente *1* und *3*, sowie ebensoviel untere Seiten anderer Spulen, d. h. die Elemente *2* und *4*. Häufig faßt man mehrere benachbarte Elementengruppen zu einer Spule zusammen und legt die Seiten derselben in je eine Nut.

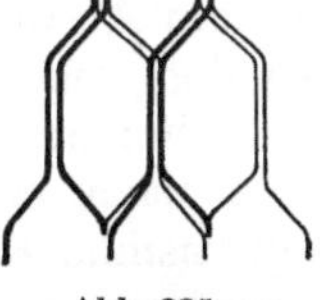

Abb. 225. Ankerspulen.

Die Wahl des ersten Wicklungsschrittes y_1, von dem die Breite jeder Spule abhängt, unterliegt meistens noch der weiteren Bedingung, daß die Elemente einer Spule beiderseits in je eine Nut kommen. Wenn z. B. die Drähte, welche in der ersten Nut oben liegen, auf der anderen Spulenseite auch wieder gemeinsam in einer Nut liegen sollen, so darf der Schritt y_1 nicht $= 7$ sein, da sonst das Element *8* in die zweite, das Element *10* in die dritte Nut käme (Abb. 226). Um Ungleichheiten in der Spannung zu vermeiden, soll auch noch möglichst die Nutenzahl durch die Polzahl teilbar sein. Bei Wellenwicklung kann die

Elementenzahl nicht immer ein Vielfaches der Nutenzahl sein, man muß dann in zwei entsprechenden Nuten blinde Drähte einlegen. Abb. 227 zeigt in axialer Ansicht einen vierpoligen Anker mit 12 Nuten, der mit einer Wellen-Reihenwicklung von 22 Elementen und einem Stromwender von 11 Stegen versehen ist. Die Wicklungsschritte sind $y_1 = y_2 = 5$, daher $y_K = 5$. Der die Spulen bildende Nutenschritt beträgt dann 2, da Element *1* in der ersten, Element *6* in der dritten Nut liegt. Da die Zahl der Elementengruppen mit der Nutenzahl keinen gemeinsamen Teiler hat, müssen zwei Stellen freibleiben und zwar in solchen Nuten, daß die Unsymmetrie der Wicklung möglichst klein und der Nutenschritt überall gleich ist.

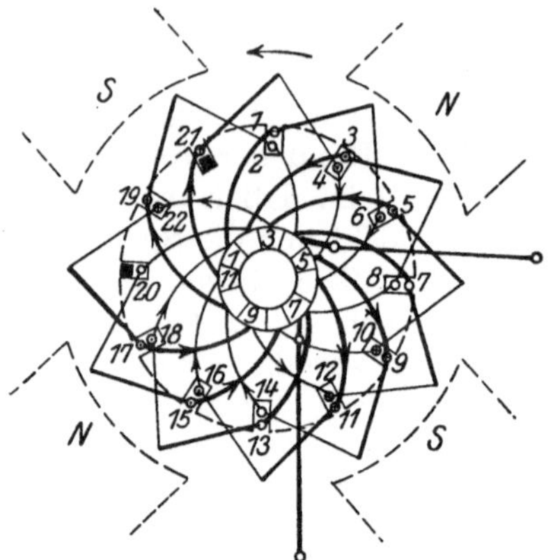

Abb. 227. Anker mit blinder Spule.

Wenn man beachtet, daß abwechselnd ein oberes Element mit einem unteren zu verbinden ist, so ist eine Wicklung durch Angabe des Nutenschrittes und des Kommutatorschrittes bestimmt.

43. Erregung und Regelung des Feldes.

Läßt man den Anker eines Generators mit konstanter Geschwindigkeit in einem Magnetfeld umlaufen, so ist die an den Ankerklemmen auftretende induzierte EMK ein Maß für die durchschnittliche Dichte des Feldes, das von den Ankerwindungen geschnitten wird (vgl. Abschnitt 17). Die Aufzeichnung der am unbelasteten Generator gemessenen Spannung in Abhängigkeit vom Erregerstrom gibt daher bei konstanter Drehzahl und Bürstenstellung eine der Magnetisierungskurve proportionale Linie, die man Leerlauf-Kennlinie nennt. Die normalen Maschinen werden mit starker Sättigung der Ankerzähne und Pole gebaut, so daß trotz des Luftspaltes, der zwischen Polschuh und Anker zu überwinden ist, die Sättigung der genannten Teile in der Leerlaufkennlinie deutlich zum Ausdruck kommt. Die Nenn-Spannung der Maschine liegt in der Regel über dem sogenannten Knie, der Stelle stärkster Krümmung der Kurve.

Stellt man nun das Joch bzw. die Pole aus Stahlguß oder Gußeisen her, so bleibt nach einmaliger Magnetisierung dauernd ein erheblicher remanenter Magnetismus zurück (vgl. Abschnitt 15); dieser ermöglicht nach der Erfindung Werner von Siemens' die Selbsterregung der Gleichstromgeneratoren. Verbinden wir bei einer Maschine nach Abb. 208 die Klemmen der Erregerwicklung unmittelbar oder über einen Regulierwiderstand mit den Ankerklemmen und treiben die Maschine an, so haben wir einen solchen selbsterregten Generator vor uns. Durch Umlauf des Ankers in dem remanenten Feld entsteht an den Bürsten eine geringe Spannung, die Remanenzspannung. Diese kann einen Strom für die Magnetwicklung liefern, der bei richtiger Schaltung und nicht zu großem Widerstand des Erregerkreises den remanenten Magnetismus verstärkt. Das Sinken der Remanenzspannung bei Einschaltung der Erregerwicklung ist ein Zeichen, daß entweder die Schaltung der letzteren verkehrt ist, oder daß die Bürsten schlecht aufliegen oder verschmutzt sind. Ist kein Fehler vorhanden, so tritt eine gegenseitige allmähliche Steigerung von Ankerspannung und Erregerstrom auf und zwar bis zu einer Grenze, die durch die Form der Magnetisierungskurve und den jeweils eingeschalteten Widerstand des Erregerkreises bestimmt ist.

Die Leerlaufkurve eines Generators möge bei der Drehzahl $n = 1000$ nach Abb. 228 verlaufen. Die an die Ordinate angeschriebenen Zahlen sollen dabei

mit 100 vervielfacht werden, um die EMK in Volt zu erhalten. Die Remanenzspannung sei 5 V, der Widerstand des Erregerkreises 100 Ω. Es entsteht dann
beim Einschalten der Selbsterregung zunächst ein Erregerstrom von 0,05 A,
diesem entspricht nach der Leerlaufkurve eine Span-
nung von 14 V. Sobald die Spannung aber diesen
Wert erreicht hat, muß der Erregerstrom schon
$\frac{14}{100} = 0{,}14$ A betragen, dem wiederum eine Spannung
von 30 V entspricht. Diese liefert einen Strom von
0,3 A im Erregerkreis und so fort. Die weitere Verfolgung dieses tatsächlich stetig verlaufenden Vorgangs zeigt, daß die Stufen der Spannungs- und
Stromsteigerung immer kleiner werden; der Endwert
ist erreicht, sobald das aus den Kurvenwerten des
Erregerstromes J_E und der zugehörigen Spannung E
berechnete Verhältnis $\frac{E}{J_E}$ auf den Wert des Widerstandes, in unserem Fall 100 Ω, gesunken ist. Wir
können den Endwert der Selbsterregung dadurch bestimmen, daß wir vom Nullpunkt eine gerade Linie
mit einer dem Widerstand entsprechenden Steigung,

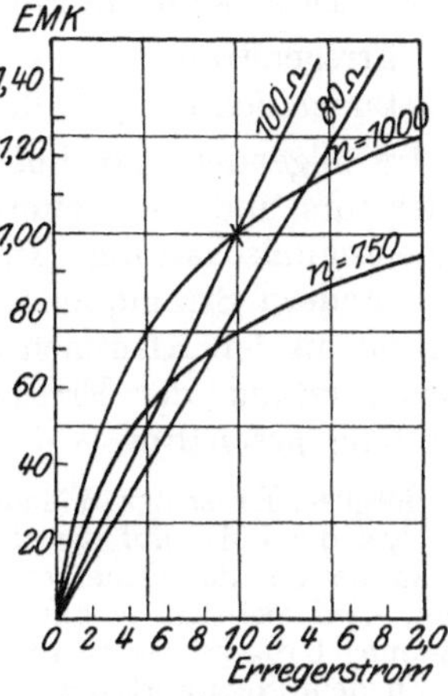

Abb. 228. Leerlauf-Kennlinien
mit Widerstandslinien.

also durch den Punkt 100 V und 1 A, ziehen. Eine solche Linie nennt man
Widerstandslinie, da alle ihre Punkte zu demselben Widerstand des Erregerkreises $R = \dfrac{E}{J_E}$ gehören. Verringern wir den Widerstand z. B. auf 80 Ω, so
gibt die Verlängerung der vom Nullpunkt durch den Punkt 80 V und 1 A gelegten Geraden jetzt den Punkt 110,5 V und 1,38 A, in welchem die Widerstandslinie die Kurve schneidet, als Endwert der Selbsterregung. Lassen wir
die Maschine mit anderer Drehzahl, z. B. mit dem 0,75-fachen der vorher
verwendeten laufen, so sind bei den gleichen Erregerströmen die Spannungen nur
das 0,75-fache der Werte bei voller Drehzahl, da die induzierte EMK der Geschwindigkeit proportional ist. Die Maschine wird dann in Selbsterregung bei
100 Ω Widerstand nur auf 62 V und bei 80 Ω nur auf 71 V kommen. Die Spannung
muß bei Selbsterregung mit bestimmtem Widerstand stärker als die Drehzahl
fallen, da gleichzeitig auch der Erregerstrom kleiner wird.

Die magnetische Kennlinie, die durch die Sättigung des Eisenweges und die
Größe des Luftspaltes bedingt ist, weist nun bei den verschiedenen ausgeführten
Maschinen keine großen Unterschiede in ihrer
Form auf. Es ist daher für viele Zwecke zulässig
und von Vorteil, für alle Maschinen mit einer
durchschnittlichen allgemeinen magnetischen
Kennlinie zu rechnen. Für derartige allgemeine
Kurven pflegt man die Ordinatenwerte nicht in
den Einheiten der betreffenden Größen, z. B. in
Ampere, Volt oder Gauß, anzugeben, sondern in
Prozenten oder Vielfachen des Nennwertes, d. h.
in Verhältniszahlen. Wir bezeichnen dann den Nennwert der Spannung, Stromstärke, Drehzahl usw.
mit dem Wert 1,0 (d. h. 100 %). Sofern Verwechs-

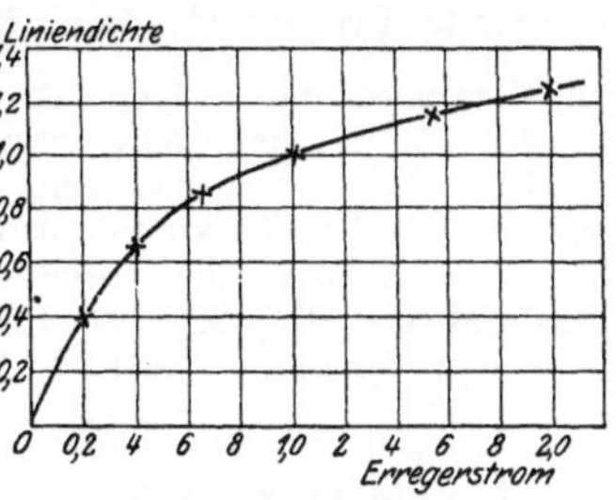

Abb. 229. Allgemeine
Magnetisierungslinie.

lungen mit den benannten Größen zu befürchten sind, kann man den Vielfachwerten das Zeichen / anfügen, z. B. „0,5/" (sprich: 0,5-fach oder 0,5 Strich).
Durch dieses Verfahren ist es möglich, Eigenschaften der normalen Maschinen,

ihre Regelung und dergleichen in allgemein gültiger einfacher Form rechnerisch und graphisch auszudrücken.

Die Grundlage für diese Berechnungen bildet die allgemeine Magnetisierungskurve. Diese kann im Durchschnitt angegeben werden durch die Vielfachwerte:

| Erregerstrom | . . . | 0,2 | 0,4 | 0,65 | 1,0 | 1,55 | 2,0/ |
| Liniendichte | . . . | 0,4 | 0,65 | 0,85 | 1,0 | 1,15 | 1,25/ (Abb. 229). |

Im folgenden berechnen wir die Regelung der Spannung eines Gleichstromgenerators und zwar einmal in Fremderregung, sodann in Selbsterregung mit Nebenschlußschaltung. In ersterem Fall wird die Erregerwicklung von irgendeiner andern Stromquelle mit konstanter Spannung gespeist, in letzterem Fall liegt sie an den Klemmen des Ankers. In beiden Fällen wird ein veränderlicher Vorwiderstand, der Erregerstrom- oder Feldregler, in Reihe mit der Erregerwicklung geschaltet (vgl. Abb. 230 bzw. 231).

Beispiel: Es ist der Widerstand zu berechnen, der bei Leerlauf mit Nenndrehzahl, d. h. $n = 1,0$, die EMK auf das 0,8-fache vermindert; ferner ist die Spannung zu bestimmen, bis zu welcher der Generator durch Abschalten des Reglerwiderstandes gebracht werden kann, wenn bei dem Nennwert der EMK, d. h. bei $E = 1,0$, von der gesamten Erregerspannung 65% in der Erregerwicklung und 35% in dem Regler verbraucht werden.

Zu dem Nennwert der Ankerspannung $E = 1,0$ gehört die Erregerspannung 1,0 und der Erregerstrom 1,0, daher ist der gesamte Widerstand des Erregerkreises, der im wesentlichen aus demjenigen der Erregerwicklung R_E und des vorgeschalteten Reglers R_R besteht.

$$R = \frac{1,0}{1,0} = 1,0; \text{ dabei ist } R_E = 0,65 \text{ und } R_R = 0,35.$$

A. Berechnung mit Vielfachwerten.

1. Bei Fremderregung (Abb. 230) ist die gesamte Erregerspannung unveränderlich $= 1,0$. Zu einer EMK von $E = 0,8$ gehört laut Leerlaufkurve ein Erregerstrom von $J_E = 0,57$. Der gesamte Erregerwiderstand muß also $R = \dfrac{1,0}{0,57} = 1,75$ sein. Ist der Regler abgeschaltet, also $R_R = 0$, so ist der Erregerstrom $\dfrac{1,0}{0,65} = 1,54$; dabei ist nach der Leerlaufkurve $E \approx 1,15$.

2. Bei Selbsterregung (Abb. 231) ist die Spannung des Erregerkreises gleich der EMK, daher wird $E = 0,8$ [durch einen Widerstand $R = \dfrac{0,8}{0,57} = 1,4$ erreicht. Die höchste Spannung ist durch den Schnittpunkt der Widerstandslinie $R = 0,65$ mit der Leerlaufkurve zu $E = 1,22$ bestimmt, dabei ist $J_E = 1,88$.

B. Anwendung auf einen bestimmten Fall.

Die Nennspannung des Generators sei 110 V, der Erregerstrom sei dabei 5 A, folglich der gesamte Erregerwiderstand $R = \dfrac{110}{5} = 22\ \Omega$. Der Widerstand der Wicklung ist dann nach Voraussetzung $= 0,65 \cdot 22 = 14,3\ \Omega$, der Regler muß also für Nennspannung auf $0,35 \cdot 22 = 7,7\ \Omega$ eingestellt werden. Um bei Fremderregung die Ankerspannung auf $0,8 \cdot 110 = 88$ V zu erniedrigen, muß der gesamte Erregerwiderstand $1,75 \cdot 22 = 38,5\ \Omega$ sein, der Reglerwiderstand also $38,5 - 14,3 = 24,2\ \Omega$. Die höchste Spannung wäre $1,15 \cdot 110 = 126,5$ V. Bei Selbsterregung wird die Spannung von 88 V mit einem Gesamtwiderstand von $1,4 \cdot 22 = 30,8\ \Omega$, d. h. mit einem Reglerwiderstand $= 16,5\ \Omega$ erreicht. Die höchste Spannung ist $1,22 \cdot 110 = 134$ V.

Die Regelung der EMK durch Zu- und Abschalten von Widerstand beansprucht stets eine merkliche Zeit, auch wenn die Schaltung nicht von Hand, sondern durch selbsttätige Schaltvorrichtungen (Relais) erfolgt; infolge der Selbstinduktion der Erregerwicklung stellt sich ja der Strom nur allmählich auf den verlangten Endwert ein. Wir werden später sehen, daß sich die Spannung der Generatoren mit der Belastung ändert. Soll nun die Spannung auch bei kurzzeitigen Belastungsänderungen auf den richtigen Wert geregelt werden, so verwendet man „Schnellregler". Bei einem solchen wird z. B. eine rasche Erhöhung der Spannung dadurch erreicht, daß der Regelwiderstand ganz kurzgeschlossen wird. Sobald die Spannung den verlangten Wert erreicht hat, wird der Regelwiderstand freigegeben. Sodann wird er in periodischen Stößen von solcher Dauer kurzgeschlossen und wieder freigegeben, daß der Erregerstrom um den erforderlichen Mittelwert schwankt.

Die Schaltbilder der Ankerwicklungen im Abschnitt 42 lassen erkennen, daß die an den Bürsten auftretende EMK sich auch mit der Bürstenstellung ändern muß. Wenn wir bei einem Generator die Bürsten aus ihrer richtigen Lage um eine halbe Polteilung verschieben, so daß sie auf den Stegen der unter der Polmitte liegenden Drähte stehen, so kann keine nutzbare Spannung an den Bürsten auftreten; letztere würden zwischen Punkten gleichen Potentials liegen. Stehen die Bürsten dagegen in der Neutralen, so liegt die höchstmögliche Zahl hintereinander geschalteter Elementspannungen zwischen ihnen, die Bürstenspannung hat den höchsten Wert. Verschieben wir die Bürsten in der einen oder andern Richtung etwas aus der Neutralen, so sind zwischen je zwei Bürsten einige Elementspannungen dauernd gegen die anderen geschaltet, die Spannung an den Bürsten muß dadurch kleiner werden.

Die Neutrale eines Generators oder Motors läßt sich noch genauer als durch solche Bürstenverschiebung dadurch finden, daß man bei stillstehender Maschine ein empfindliches Meßgerät, am besten ein Drehspulgalvanometer, an die Ankerklemmen legt und einen schwachen Erregerstrom ein- und ausschaltet. Dann ändert sich, wie man am besten an der Ringwicklung (Abb. 214) erkennt, das von den Ankerspulen umfaßte Feld, es wird in ihnen eine EMK der Fremdinduktion erzeugt. Diese hat in den Ankerdrähten auf einer Seite der Polmittellinie, z. B. in den Drähten *3, 4, 5* und *6* untereinander gleiche Richtung, ebenso in den Drähten *7, 8, 1* und *2*, da die Drähte dieser Gruppen bei einer Änderung der Linienzahl in gleicher Richtung geschnitten werden; die Spannungen dieser Gruppen sind aber einander entgegengesetzt. Setzt man daher die Bürsten auf die Stege in der Polmitte, so wird an ihnen die höchste Spannung auftreten, verschiebt man sie bis in die Neutrale, so geht die Spannung an den Bürsten auf Null zurück, da nun die Spannungen *1* und *2* gegen die von *3* und *4* und entsprechend die von *7* und *8* gegen *5* und *6* geschaltet sind.

44. Die Hauptgleichungen der Maschinen.

Bei unseren Maschinen haben nun, wie die Abb. 85 zeigt, die Linien am Ankerumfang im wesentlichen radiale Richtung, die induzierte EMK ist also durch Gl. 56 bestimmt. Die Umfangsgeschwindigkeit v des Ankers vom Radius R drücken wir nun durch $\dfrac{2R\pi n}{60}$ aus, ferner ist die Gesamtzahl der hintereinander geschalteten Ankerdrähte gleich dem Produkt aus den hintereinander geschalteten Wicklungselementen $\dfrac{s}{2a}$ und der Windungszahl w der Elementengruppen, demnach ist statt w zu setzen $\dfrac{sw}{2a}$.

Verstehen wir unter $\mathfrak{B}$ die größte Liniendichte am Ankerumfang unter dem Pol, unter $\alpha\mathfrak{B}$ den Mittelwert der Liniendichte über eine Polteilung (vgl. Abb. 215), so ist die EMK für beliebige Polzahl der Maschine und beliebige Wicklungsart des Ankers bestimmt durch die Gleichung:

$$E = \alpha\mathfrak{B} \cdot l \cdot \frac{sw}{2a} \cdot \frac{2R\pi n}{60} \cdot 10^{-8} \text{ Volt.} \tag{142}$$

Multiplizieren wir diese Gleichung beiderseits mit dem Ankerstrom J_A und nehmen einige Umformungen vor, so erhalten wir für die Leistung der verlustlosen Maschine die Gleichung

$$N = E \cdot J_A = (\alpha \mathfrak{B}) \left(\frac{J_A \cdot sw}{2a \cdot 2R\pi} \right) R^2 \cdot l \cdot n \, \frac{4\pi^2}{60} \cdot 10^{-8} \; \text{W.} \tag{143}$$

Das Produkt $(\alpha \mathfrak{B})$ ist ein Maß für die magnetische Beanspruchung der Maschine, das Produkt $\left(\dfrac{J_A \cdot sw}{2a \cdot 2R\pi} \right)$, d. h. die Zahl der Amperedrähte auf 1 cm Ankerumfang, ist ein Maß für die Belastung durch den Strom. Die Gleichung zeigt uns, daß die theoretische Belastbarkeit proportional mit der Drehzahl, der Ankerlänge und dem Quadrat des Ankerradius wächst. Bei raschlaufenden Maschinen, z. B. bei Turbogeneratoren, ist der Läuferdurchmesser durch die Rücksicht auf mechanische Festigkeit beschränkt, die Ankerlänge muß dann verhältnismäßig groß sein. Langsam laufende Maschinen dagegen können mit großem Läuferdurchmesser, daher mit entsprechend geringer Länge sowie mit großer Polzahl gebaut werden.

Da in der vorletzten Gleichung $2R\pi$ der Umfang, l die wirksame Eisenlänge des Ankers ist, so ist $\alpha \mathfrak{B} \cdot l \cdot 2R\pi$ die gesamte Linienzahl, die bei einer Umdrehung von den Ankerdrähten geschnitten wird. Diese ist $= \Phi \cdot 2p$, wenn wir unter Φ die nutzbare Linienzahl eines Pols verstehen. Daher kann man auch schreiben

$$E = (\Phi \cdot 2p) \cdot \frac{sw}{2a} \cdot \frac{n}{60} \cdot 10^{-8} \; \text{Volt.} \tag{144}$$

In dieser Formel treten die bei der Induzierung wesentlichsten Faktoren, nämlich Linienzahl, die Zahl der hintereinander geschalteten Drähte des Ankers und die Drehzahl klar hervor.

Läuft eine Maschine mit fester Bürstenstellung, so kann ihre EMK nur durch die Liniendichte und die Drehzahl beeinflußt werden, alle übrigen Faktoren (Gl. 142) lassen sich dann in eine Konstante C_1 zusammenfassen, so daß die Induktionswirkung allgemein ausgedrückt ist durch die „erste Hauptgleichung der Maschinen":

$$E = C_1 \cdot \mathfrak{B} \cdot n. \tag{145}$$

Sobald nun Strom in dem Anker fließt, tritt zwischen dem Grundfeld und den Stromleitern eine Kraftwirkung auf, die bei dem Generator die Bewegung zu hemmen sucht (vgl. Abschnitte 15 und 17). Die Größe derselben kann auch aus Gl. 143 abgeleitet werden. Dividieren wir diese nämlich durch n, so ist die linke Seite ein Maß für das auf den Anker wirkende Drehmoment M, während auf der rechten Seite außer den für eine bestimmte Maschine und Bürstenstellung festen Werten nur noch das Produkt $\mathfrak{B} \cdot J_A$ steht. Fassen wir wieder die Festwerte in eine Konstante C_2 zusammen, so erhalten wir als „zweite Hauptgleichung der Maschinen":

$$M = C_2 \cdot \mathfrak{B} \cdot J_A. \tag{146}$$

Es bleibt noch die Frage zu beantworten, welchen Einfluß die Belastung auf die Klemmenspannung eines Generators hat. Der Einfluß des Ankerfeldes auf dieselbe soll erst später besprochen werden, er ist rechnerisch in einfacher Weise nicht zu erfassen. Solange die Drehzahl und der Erregerstrom konstant sind, haben wir nach unseren Voraussetzungen die EMK ebenfalls als konstant anzusehen. Die Klemmenspannung U unterscheidet sich bei einem Generator wie bei jeder Stromquelle (vgl. Abschnitt 8) von der EMK um den Betrag, der bei Belastung durch den inneren Widerstand r aufgezehrt wird. In letzterer Größe fassen wir alle Widerstände zusammen, die im Inneren der Maschine vom Haupt-

strom durchflossen werden. Wir können daher als „dritte Hauptgleichung"
für den Generator die schon bekannte Beziehung verwenden

$$U = E - J \cdot r. \tag{147}$$

Man trachtet natürlich danach, den Verlust $J \cdot r$ in der Maschine so gering zu
halten, als es die Rücksicht auf den Herstellungspreis gestattet.

45. Erregerschaltungen der Generatoren und deren Eigenschaften.

Wir vernachlässigen im folgenden wieder den Einfluß des Ankerfeldes, was
um so eher zulässig ist, als dieser bei der modernen Bauart, zumal bei Maschinen
mit Wendepolen, gering ist.

Bei einem **fremd erregten** Generator hat die Erregerspannung im allgemeinen einen festen Wert, der Erregerstrom wird, wie bereits erwähnt, durch
Reihenschaltung der Wicklung mit einem Regelwider-
stand einstellbar gemacht (Abb. 230). Die dritte
Klemme q des Reglers dient dazu, die Erregerwicklung unmittelbar vor dem Ausschalten kurzzuschließen,
um hohe Induktionsspannung und einen langen Lichtbogen an der Unterbrechungsstelle zu vermeiden.
Wenn bei Belastung des fremd erregten Generators
die übrigen Größen, nämlich Drehzahl, Erregerstrom

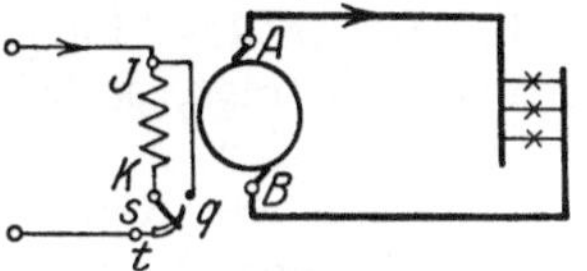

Abb. 230. Fremd erregter
Generator.

und Bürstenstellung unverändert bleiben, so ändert sich nur die Ankerspannung.
Sie fällt durch den Spannungsverlust, der an den Bürsten sowie in der Ankerwicklung und sonstigen Hauptstromwicklungen auftritt, von Leerlauf auf Voll-
last um einige Prozent.

Bei dem **Nebenschlußgenerator** liegt die Erregerwicklung in Reihe mit
dem Regler an der Ankerspannung (Abb. 231); bei Belastung sinkt daher mit
der Spannung auch der Erregerstrom und dadurch das
Feld sowie die EMK. Die Klemmenspannung muß noch
weiter fallen und würde bis nahezu auf Null abnehmen,
wenn das Feld proportional mit dem Erregerstrom sinken
würde. Da jedoch infolge der Krümmung der Magnetisierungskurve die Abnahme der Liniendichte oberhalb des
Knies geringer ist als diejenige des Erregerstromes, so

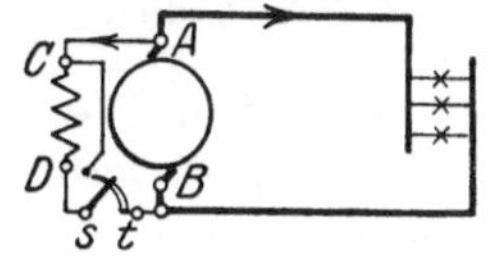

Abb. 231.
Nebenschlußgenerator.

ist der Zustand der Maschine stabil; die Klemmenspannung fällt bei Belastung
nicht bis auf Null, sondern um einen verhältnismäßig geringen von der Belastung
abhängigen Betrag, der natürlich hier größer ist als bei Fremderregung. Abb. 232
stellt den Verlauf der Spannungen in Abhängigkeit von
dem Ankerstrom dar (äußere Kennlinie). Ra ist der innere
Widerstand.

Soll die Klemmenspannung bei jeder Belastung dieselbe
Größe haben oder mit Rücksicht auf den Spannungsverlust
in den Leitungen mit der Belastung etwas wachsen, so muß
bei diesen beiden Maschinenarten der Erregerstrom durch
Abschalten von Reglerwiderstand verstärkt werden. Aus
dem Schaltbild des Nebenschlußgenerators ist zu erkennen,
daß er bei Kurzschluß oder sehr geringem Netzwiderstand
sich nicht selbst erregen kann, da mit dem Anker auch die

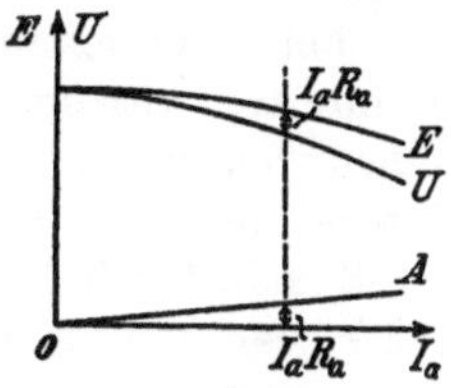

Abb. 232.
Äußere Kennlinie eines
Nebenschlußgenerators
(nach Gruhl-Winkel).

Erregerwicklung kurzgeschlossen wird. Wenn diese Maschine durch Verringerung des Netzwiderstandes immer mehr belastet wird, so wird durch die Verminderung der Erregung schließlich das Knie der Magnetisierungslinie unter-
schritten, es tritt ein labiler Zustand ein; die Spannung und damit auch der Netzstrom fallen dann auf einen geringen, durch die Remanenz bedingten Wert ab.

Während die Erregerwicklung bei den vorstehenden Schaltungsarten in der Regel aus verhältnismäßig dünnem Draht und großer Windungszahl besteht, so daß der Erregerstrom nur geringe Stärke hat, muß jene Wicklung bei Reihenschaltung mit dem Anker den vollen Strom führen können. In einer Reihenschlußmaschine hat daher die Erregerwicklung großen Leiterquerschnitt und

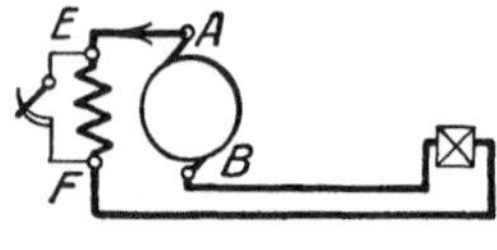
Abb. 233.
Reihenschlußgenerator.

geringe Windungszahl, eine willkürliche Regelung des Erregerstromes muß hier durch Parallelschaltung eines Reglers zu der Magnetwicklung erfolgen. Ein Reihenschlußgenerator (Abb. 233) kann offenbar im Leerlauf nur Remanenzspannung liefern, bei fallendem Netzwiderstand wird mit dem Belastungsstrom das Feld, daher die EMK und zunächst auch die Klemmenspannung größer. Ist die Sättigung mit zunehmendem Strom so groß geworden, daß der Spannungsverlust in der Maschine größer ist, als die Zunahme der EMK durch die stärkere Erregung beträgt, so wird schließlich die Klemmenspannung mit wachsender Belastung fallen.

Während der Reihenschlußgenerator selten Verwendung findet, da ja die meisten Anlagen der Starkstromtechnik bei beliebigem Netzwiderstand möglichst konstante Spannung verlangen, kann eine Reihenschlußmagnetwicklung dazu verwendet werden, um die Klemmenspannung eines Nebenschlußgenerators

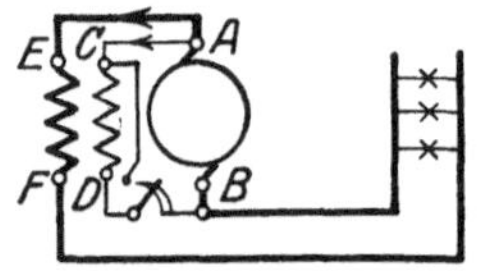
Abb. 234.
Doppelschlußgenerator.

selbsttätig zu regeln. Ein solcher Doppelschluß generator trägt auf seinen Polen außer der Nebenschlußwicklung noch einige Reihenschlußwindungen, die in gleichem Sinn wirken (Abb. 234). Nimmt man die Zahl der Reihenschlußwindungen so groß, daß sie durch Verstärkung des Feldes die Spannung bei jeder Belastung um denjenigen Betrag erhöhen, der in der Maschine verloren geht, so bleibt die Klemmenspannung selbsttätig auf demselben Wert. Nimmt man eine größere Anzahl von Reihenschlußwindungen, so kann auch der Spannungsverlust in den Netzleitungen ausgeglichen werden, die Klemmenspannung wird dann mit der Belastung etwas steigen, der Generator ist „überkompoundiert". Diese zunächst ideal erscheinende Maschinenart wird wegen verschiedener Schwierigkeiten, die besonders im Parallelbetrieb mit anderen Stromquellen auftreten, nur dann verwendet, wenn die Belastungsstöße sehr stark und plötzlich sind, also insbesondere zur Speisung von Bahn- und Krananlagen; für die Mehrzahl der Licht- und Kraftanlagen benutzt man Nebenschlußgeneratoren als Stromquelle. Soll ein Generator bei erheblichen Schwankungen des Belastungswiderstandes möglichst unveränderten Strom liefern, z. B. für Schweißzwecke, so schaltet man die Reihenwicklung gegen die Nebenschlußwicklung und läßt in gleichem Sinn wie letztere noch eine Fremderregung wirken, damit der Generator aus dem Kurzschluß sofort wieder auf Spannung kommt (Krämerschaltung).

Zu beachten ist, daß bei Änderung der Drehrichtung oder der Schaltung von selbsterregten Generatoren die Erregerwicklung stets so geschaltet werden muß, daß die Remanenz durch die Selbsterregung verstärkt wird.

46. Die Gleichstrommaschine als Motor.

Legen wir bei der Maschine der Abb. 230 auch die Ankerwicklung über einen Regelwiderstand an die fremde Stromquelle und halten den Läufer zunächst fest, so können wir uns davon überzeugen, daß zwischen den beiden stromdurchflossenen Wicklungen ein Drehmoment entsteht. Die Stärke dieses Momentes können wir bei stillstehender Maschine willkürlich durch Änderung des dem Anker vorgeschalteten Widerstandes vergrößern; wir wissen bereits, daß es sich proportional der Liniendichte und dem Ankerstrom ändert (Gleichung 146).

Die Betrachtung eines Gleichstromankers mit verteilten Drähten, z. B. nach Abb. 217, zeigt uns, daß ein ziemlich gleichmäßiges Drehmoment und zwar in entgegengesetzter Richtung wie bei dem Generator, zustande kommt, wenn die Stromrichtung in jedem Ankerdraht bei seinem Durchgang durch die Neutrale wechselt, d. h. wenn die Bürsten in der Neutralen stehen. Verschieben wir dagegen die Bürsten um eine halbe Polteilung, so heben die Drehmomente der Ankerteile einander auf.

Wodurch ist nun die Drehzahl eines solchen Motors bedingt? Geben wir bei obigem Versuch den zuerst festgehaltenen Anker frei, so können wir beobachten, daß der Ankerstrom kleiner, die Ankerspannung dagegen größer wird. Trennen wir einen rasch laufenden Anker von der Stromquelle, so verschwindet der Ausschlag eines an den Ankerklemmen liegenden Spannungsmessers nicht plötzlich, sondern nimmt mit der Drehzahl des Ankers allmählich ab. Schalten wir plötzlich den Motor aus, während er mit voller Netzspannung läuft, so zeigt sich nur geringes Unterbrechungsfeuer. Wird jedoch unterbrochen, während unter Vorschaltung des erwähnten Widerstandes der Motor nur langsam läuft, so tritt ein starkes Schaltfeuer auf. Die bei der Unterbrechung wirksame Spannung muß demnach im ersten Fall kleiner sein als im letzteren. Daher ist zu vermuten, daß durch die Drehung eine Spannung, die der Klemmenspannung entgegengesetzt gerichtet ist, im Anker geweckt wird. Auch die Anwendung der Handregel läßt dies erkennen. Die im Anker induzierte EMK heißt daher Gegen-EMK; ihre Größe ist durch das Induktionsgesetz bestimmt.

Der Anker braucht nun je nach dem von ihm verlangten Drehmoment einen bestimmten Strom, um sich drehen zu können. Ein diesem Strom entsprechender Teil der Netzspannung wird in den Widerständen R des Hauptstromweges verbraucht. Der Unterschied zwischen der Netzspannung U und dem Spannungsverlust $J \cdot R$, den wir „freie Spannung" nennen wollen, ist dann derjenige Betrag, welcher durch die Gegen-EMK des Ankers ausgeglichen werden muß. Die „dritte Hauptgleichung der Maschinen" (vgl. Abschn. 44) nimmt daher für den Motor die Form an:

$$U = E + J \cdot R. \tag{148}$$

Einfache Versuche lassen weiter erkennen, daß die Drehzahl des Motors sinkt, wenn wir die Ankerspannung — z. B. durch Vorschalten von Widerstand — verringern, daß die Drehzahl dagegen steigt, wenn wir den Erregerstrom schwächen. Verringern wir die dem Anker zugeführte Spannung, so fällt zunächst der Strom und damit das erzeugte Drehmoment, der Anker muß langsamer laufen, bis durch das Abnehmen der EMK der Strom wieder auf den von der Belastung geforderten Wert gestiegen ist. Den Neuling überrascht stets die Tatsache, daß der Motor bei schwächerem Feld schneller läuft als bei starkem. Eine Schwächung des Erregerstromes liefert aber eine kleinere Gegen-EMK, erhöht also zunächst den Ankerstrom und zwar infolge der Differenzwirkung zwischen Netzspannung und Gegen-EMK um einen verhältnismäßig größeren Betrag, als die Abnahme des Feldes beträgt, so daß das erzeugte Drehmoment größer als das verlangte ist. Dadurch wird der Motor so lange beschleunigt, bis wieder bei einer größeren Drehzahl Gleichgewicht zwischen den Spannungen und Spannungsverlusten bzw. zwischen treibender und hemmender Kraft vorhanden ist. Bremsen wir den Motor, so halten wir dadurch den Anker etwas zurück, die Gegen-EMK wird kleiner, der Strom daher so lange größer, bis das im Motor entstehende Drehmoment dem von ihm verlangten wieder gleich geworden ist. Verkleinert man das bremsende Moment, so wird der Anker durch den Überschuß des von ihm erzeugten Drehmomentes beschleunigt, dadurch steigt die Gegen-EMK, der Ankerstrom fällt so lange, bis wieder Gleichgewicht erreicht ist. Der Motor stellt sich also selbsttätig je nach der Belastung stets auf eine solche Drehzahl ein, daß seine EMK der freien Spannung entgegengesetzt gleich ist. Ebenso stellt sich der Ankerstrom immer wieder auf denjenigen Betrag ein, der durch die Belastung bedingt ist.

Um die erläuterten Verhältnisse mathematisch auszudrücken, vereinigen wir die erste und dritte Hauptgleichung und lösen nach n auf. Dann ist die Drehzahl:

$$n = \frac{E}{C_1 \cdot \mathfrak{B}} = \frac{U - J \cdot R}{C_1 \cdot \mathfrak{B}}. \tag{149}$$

Dabei ist R der Ohmwert aller Widerstände, die innerhalb oder außerhalb des Motors in seinem Hauptstromweg liegen. Die Drehzahl ist also der EMK proportional, der Liniendichte umgekehrt proportional.

Schließlich ist noch die Bürstenstellung von Einfluß auf das Verhalten des Motors. Verschieben wir die Bürsten aus der Neutralen, so wird die Zahl der für das Drehmoment wirksamen Ankerdrähte kleiner, der Strom daher größer. Die neutrale Bürstenstellung kann man demnach bei einem Motor dadurch finden, daß man bei gleichbleibendem Drehmoment diejenige Bürstenstellung sucht, mit welcher der Motor den kleinsten Strom aufnimmt. Die Wirkung der Bürstenverschiebung auf die Drehzahl ist wegen des Einflusses des Ankerfeldes und des Spannungsabfalls im Hauptstromweg nicht bei jedem Motor die gleiche.

Es ist klar, daß der Widerstand im Hauptstromweg des Motors selbst, d. h. der innere Widerstand r, wie bei dem Generator nur einen geringen Teil der gesamten Spannung verbrauchen darf, da sonst die Erwärmung zu groß, der Wirkungsgrad zu gering wäre. Damit bei dem Anlassen des Motors kein übermäßiger Strom auftritt, muß daher zunächst ein Widerstand, der Anlaßwiderstand, in Reihe mit dem Anker geschaltet werden. In dem Maße, in dem durch die Beschleunigung des Motors die Gegen-EMK entsteht, kann der Anlaßwiderstand bis auf Null verringert, d. h. abgeschaltet werden, so daß im normalen Betriebszustand die volle Netzspannung an den Motorklemmen liegt.

Daß zur Änderung der Drehrichtung die Stromrichtung im Anker oder in der Erregerwicklung umzukehren ist, bedarf keiner weiteren Begründung mehr. Häufig genügt dazu das Umlegen der Bürstenhalter und eine geringe Verstellung der Bürstenbrücke, falls der Motor keine Wendepole (siehe Abschnitt 50) hat.

47. Erregerschaltungen der Motoren und deren Eigenschaften.

Unter den Eigenschaften der verschiedenen Motoren soll die Veränderung des Drehmomentes und der Drehzahl mit der Belastung verstanden sein. Wir vernachlässigen dabei wieder den Einfluß des Ankerfeldes und nehmen gleichbleibende Netzspannung und Bürstenstellung an.

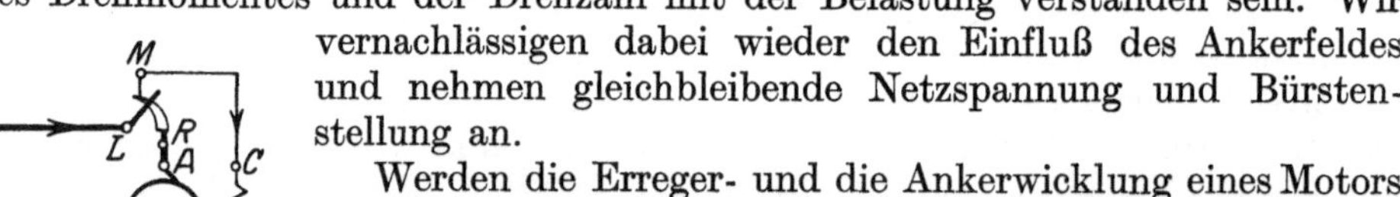

Abb. 235.
Nebenschlußmotor.

Werden die Erreger- und die Ankerwicklung eines Motors von zwei verschiedenen Stromquellen gespeist, so nennt man ihn einen fremd erregten Motor. Seine Eigenschaften sind die gleichen, wie diejenigen des folgenden Motors.

Bei dem Nebenschlußmotor (Abb. 235) liegt der Anker in Reihe mit dem Anlasser am Netz, parallel dazu die Erregerwicklung. Um bei dem Ausschalten des Motors die Selbstinduktion der Erregerwicklung unschädlich zu machen, wird das eine Ende derselben mittels einer dritten Anlasserklemme dauernd über den Anlaßwiderstand und den Anker geschlossen. An dem Anlasserhebel einerseits und der Verbindung von Anker- und Erregerwicklung anderseits wird dieser Kreis an die Netzspannung gelegt. Dabei kann man es durch einen besonderen Kontakt vermeiden, daß der Erregerstrom im Betrieb durch den Anlaßwiderstand fließen muß und dadurch, wenn auch in geringem Maße, geschwächt ist. Man findet sehr häufig falsche Ausführungen der Schaltung eines Nebenschlußmotors. So wird die Erregerwicklung unmittelbar an die Ankerklemmen und der Anlasser in Reihe mit diesen beiden Teilen gelegt; beim Einschalten liegt dann auch die Erregung an geringer Spannung, daher läuft der Motor mit vermindertem Drehmoment oder mit übermäßigem Strom an. Ein anderer Fehler ist der, daß die Erregerwicklung parallel zum Anlasser gelegt wird; der Motor läuft dann zwar gut an, erhöht aber mit dem Abschalten des Anlaßwiderstandes seine Drehzahl sehr stark, und schließlich wird das Feld so geschwächt, daß bei stark belastetem Motor ein übermäßiger Strom, bei schwacher Belastung eine übermäßige Drehzahl auftritt. Die gleichen Folgen hat auch eine Unterbrechung des Erregerstromes während des Betriebes; daher ist auf sichere Verbindungen im Erregerkreis des Nebenschlußmotors besonders zu achten. Da mit der Belastung sich nur der Ankerstrom ändert, so ist das Drehmoment diesem proportional, ferner ist die Drehzahl proportional der EMK. Durch die inneren Widerstände im Hauptstromweg des Motors ist letztere je nach der Belastung um einige Prozente geringer als die Netzspannung, die Drehzahl fällt daher von Leerlauf auf Vollast um einen geringen Teil.

Bei dem Reihenschlußmotor (Abb. 236) ist der Erregerstrom gleich oder allenfalls proportional dem Ankerstrom, hängt somit von der Belastung ab. Das Feld ändert sich dabei nach der Magnetisierungskurve, es hat nach der allgemeinen Kennlinie (Abb. 229), die wir allen Maschinen zugrunde legen, z. B. bei halbem Strom das 0,75-fache, bei doppeltem Strom das 1,25-fache des Nennwertes. Das im Motor erzeugte Dreh-moment ist durch das Produkt aus Feld und Ankerstrom be-stimmt, es beträgt also bei obigen Stromstärken das 0,37-fache bzw. 2,5-fache des Nenndrehmomentes. Im Anlauf kann daher der Reihenschlußmotor, wenn man durch geringeren Anlaß-widerstand den Strom über den Nennwert steigert, ein größeres Moment erzeugen als der Nebenschlußmotor bei derselben Stromstärke.

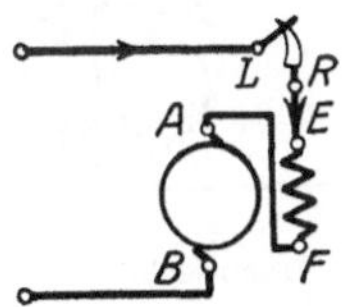

Abb. 236.
Reihenschlußmotor.

Im praktischen Betrieb wirkt hier noch ein anderer Umstand mit, nämlich der Spannungsabfall in den Leitungen und allenfalls in der Stromquelle. Durch diesen ist die Spannung am Motor desto geringer, je stärker der Strom ist. Bei Überlastung wird infolgedessen in dem Nebenschlußmotor das Feld und daher auch das Drehmoment geschwächt; bei dem Anlauf des Reihenschlußmotors hat der Spannungsabfall keinen Einfluß auf das Drehmoment, da ohnedies noch Anlaßwiderstand im Hauptstromweg liegt.

Die Drehzahl des Reihenschlußmotors muß sich offenbar mit der Belastung stark ändern. Wenn durch die Verkleinerung der Last die Liniendichte sinkt, so muß die Drehzahl soweit steigen, daß trotzdem diejenige EMK induziert wird, welche der freien Spannung $U - J \cdot R$ das Gleichgewicht hält. Wird der Motor bei voller Ankerspannung ganz entlastet, so erreicht die Drehzahl unzulässig hohe Werte, der Motor „geht durch". Leerlauf mit voller Spannung, wie man ihn z. B. zu Prüfzwecken gelegentlich braucht, ist nur dann zulässig, wenn man durch Parallelschaltung eines passenden Widerstandes zum Anker den Erregerstrom genügend verstärkt. Sehen wir von dem Spannungsverlust durch die inneren Widerstände ab, so ist bei einfacher Reihenschaltung von Anker- und Erreger-wicklung und bei Nennspannung, sowie unter Benutzung der allgemeinen Magnetisierungslinie die relative Drehzahl leicht nach der Gleichung $n = \dfrac{E}{C_1 \cdot \mathfrak{B}}$ zu berechnen.

Beispiel:

Bei einem Strom J	0,2	0,5	1,0	2,0/
ist die Liniendichte $\mathfrak{B}$	0,4	0,75	1,0	1,25/
das Drehmoment M	0,08	0,37	1,0	2,5/
die Drehzahl n	2,5	1,33	1,0	0,8/.

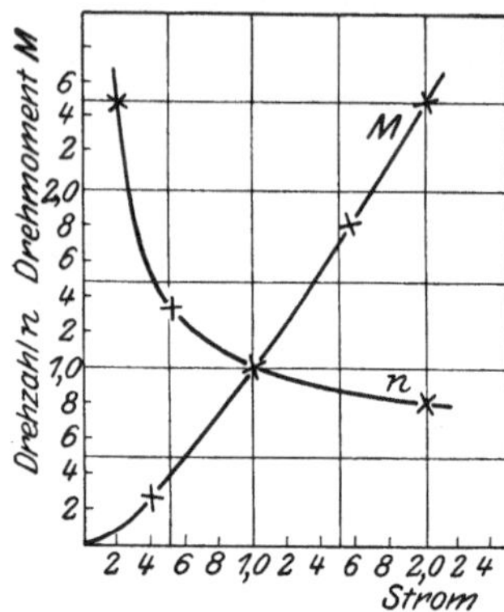

Abb. 237. Drehmoment- und Drehzahllinie eines Reihenschlußmotors.

In Abb. 237 ist die Veränderung der Drehzahl mit dem Strom durch die Kurve n dargestellt; häufig wird auch die Drehzahl abhängig vom Drehmoment aufgetragen (siehe Abb. 257).

Bei den Generatoren hatten wir durch Doppelschlußerregung konstante Spannung erhalten, in ähnlicher Weise könnte man bei einem Motor konstante Drehzahl dadurch erreichen, daß man durch einige Reihenschlußwindungen das Feld um den Betrag schwächt, um welchen die freie Spannung mit der Belastung sinkt. Da jedoch ein solcher Motor bei Überlastung Neigung zum Durchgehen hat und der geringe Drehzahlabfall des Nebenschlußmotors für die meisten Antriebe belanglos ist, wird diese Schaltung kaum angewendet. Dagegen bedarf man für verschiedene Antriebe eines Motors, dessen Feld bei Überlastung etwas stärker wird und der bei Entlastung seine Drehzahl nicht so stark wie der Reihenschlußmotor und nicht so wenig wie der Nebenschlußmotor erhöht. Diese Eigenschaften lassen sich dadurch erreichen, daß man die Reihenschlußwindungen in gleichem Sinn wie die Nebenschlußwindungen wirken läßt. Ein solcher **Doppelschlußmotor** (Abb. 238) liegt dann mit seinem Drehmoment zwischen den beiden anderen Motorarten; seine Drehzahl fällt stärker ab als diejenige des einfachen Nebenschlußmotors. Ist eine Verstärkung des Drehmomentes nur beim Anlauf, dagegen ein möglichst geringer Drehzahlabfall während des Betriebes erwünscht, so kann die Reihenschlußwicklung als letzte Stufe des Anlaßwiderstandes geschaltet werden.

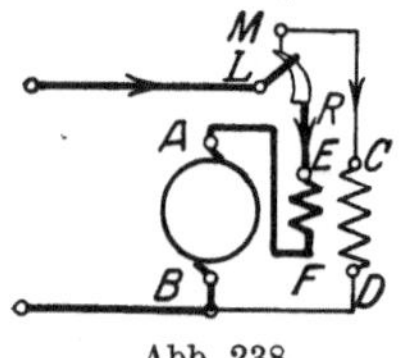

Abb. 238. Doppelschlußmotor.

Beispiel für einen Doppelschlußmotor: Die Erregung werde bei Nennstrom zu 80% von den Nebenschluß- und zu 20% von den Reihenschlußwindungen geliefert. Dann ist

bei dem Ankerstrom J_A	0	1	2
die Erregung	0,8	1,0	1,2
die Liniendichte	0,93	1,0	1,06
das Drehmoment M	0	1,0	2,12
die Drehzahl n	1,07	1,0	0,94,

wenn die inneren Widerstände des Hauptstromweges vernachlässigt werden.

48. Ankerfeld. Stromwendung.

Unsere bisherigen Betrachtungen hatten zu der Erkenntnis geführt, daß die Bürsten in der Neutralen stehen müssen, wenn eine Gegenwirkung der EMK bzw. des Drehmomentes einzelner Ankerdrähte sowie starker Kurzschlußstrom bei dem Durchgang der Spulen unter den Bürsten vermieden werden sollen. Dabei hatten wir bisher als neutrale Linie stets die Mitte zwischen zwei benachbarten Polen angesehen. Eine Betrachtung des Stromlaufes in dem Anker einer belasteten Maschine lehrt uns jedoch, daß dies nur für den stromlosen Anker richtig ist. Belasten wir die Maschine, so müssen auch die Ankerströme ein Feld liefern, und zwar erkennen wir aus allen Darstellungen der Ankerwicklung, daß bei neutraler Bürstenstellung die Pole des Ankerfeldes in die Neutrale des Grundfeldes fallen (Abb. 239); das Ankerfeld bildet ein Querfeld. Grundfeld und Ankerfeld müssen sich ähnlich wie die Felder in Abb. 71 zu einem resultierenden Feld vereinigen. Die Anwendung der bekannten Regeln zeigt nun, daß bei einem belasteten Generator in der Drehrichtung auf einen Nordpol des Grundfeldes ein Südpol des Ankers folgt, daher wird das Feld an der „ablaufenden" Polkante verstärkt, an der „anlaufenden" geschwächt. Für einen Motor ist bei gleicher Richtung der Ströme die Drehrichtung umgekehrt. Die Neutrale der Belastung ist

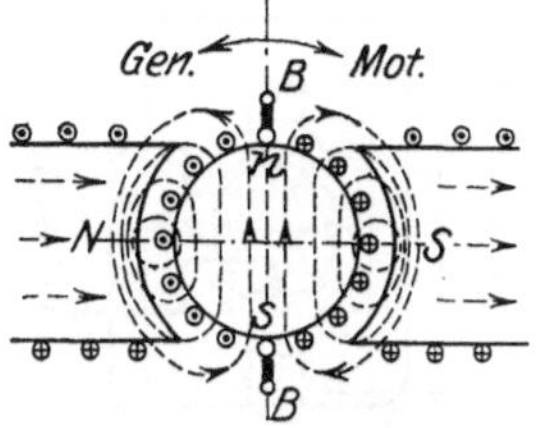

Abb. 239. Ankerfeld.

daher bei dem Generator in der Drehrichtung, bei dem Motor gegen die Drehrichtung verschoben. Sollen die Bürsten nun, wie wir zunächst noch annehmen wollen, auch bei der belasteten Maschine genau in der Neutralen stehen, so müssen sie um denselben Winkel verschoben werden. Nun werden aber stets alle Drähte, die zwischen zwei benachbarten Bürsten liegen, bei Belastung vom Strom in einer Richtung durchflossen; es kommen also einige Ankerdrähte entgegengesetzter Stromrichtung in den Bereich des andern Pols, sobald die Bürsten aus der Leerlaufneutralen verschoben werden. Das Ankerfeld ist daher nicht mehr um eine halbe Polteilung gegen das Grundfeld verschoben, sondern um einen Winkel, der um die Bürstenverschiebung α größer ist (Abb. 240). Von den Ankerwindungen erzeugen dann nur noch diejenigen, die beiderseits von der Polmitte auf dem Winkel 2β liegen, ein Querfeld. Diejenigen Drähte, die um den Betrag

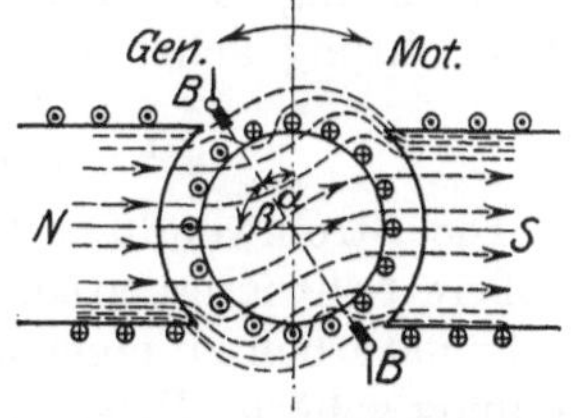

Abb. 240. Resultierendes Feld.

der Bürstenverschiebung α beiderseits der Leerlaufneutralen liegen, wirken mit ihrem Strom den Stromwindungen des Grundfeldes entgegen, man nennt jene Drähte daher Gegenwindungen. Sie bedeuten vor allem eine Schwächung des Grundfeldes, die bei genauer Berechnung der EMK einer belasteten Maschine zu berücksichtigen ist.

In der belasteten Maschine tritt nun noch eine Erscheinung auf, die für ihren empfindlichsten Teil, den Stromwender, von großer Bedeutung ist. Aus dem Schema oder dem Schaltbild einer Ankerwicklung, am besten aus Abb. 214, ist zu sehen, daß der Strom in jeder Ankerspule wechselt, wenn ihre Stege unter den Bürsten durchgehen; dabei wird die betreffende Spule über die Bürsten kurzgeschlossen. In dieser Wendezone muß also der Strom und mit ihm das Feld jeder Spule verschwinden und in entgegengesetzter Richtung wieder entstehen. Soll die Stromdichte unter den Bürsten während der ganzen Stromwendung gleichen Wert haben, so muß der durch die Bürstenfläche fließende Strom während des Kurzschlusses sich zeitlich in demselben Maße ändern wie die Größe der Bürstenfläche auf dem betreffenden Steg. Durch die Selbstinduktion jedoch, die in jeder Spule während der Änderung dieses Kurzschlußstromes auftritt, wird die Stromwendung so verzögert, daß beim Ablauf der Spule von der Bürstenkante die Stromstärke noch sehr groß ist; dadurch tritt Bürstenfeuer auf. Um dieses zu vermeiden, darf die Bürste nicht, wie bisher angenommen war, genau in der jeweiligen Belastungsneutralen stehen, sondern muß an einer solchen Stelle des Feldes liegen, daß die Stromwendung in der Spule von Anfang an beschleunigt wird. Man muß daher die Bürsten etwas mehr verschieben, als die Verschiebung der Neutralen durch das Ankerfeld beträgt (Abb. 240).

Von Nutzen ist das Querfeld bei einer Sonderart, dem Querfeldgenerator von Rosenberg (Abb. 241); dieser wird z. B. zur Beleuchtung von Eisenbahnwagen im Parallelbetrieb mit einer Batterie verwendet und soll von einer gewissen Drehzahl an eine von letzterer unabhängige Stromstärke liefern. In einem

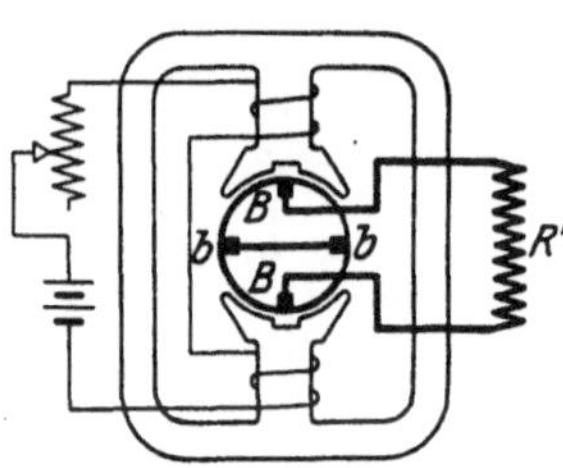

Abb. 241. Querfeldgenerator (nach Richter).

von der Batterie erregten schwachen Grundfeld läuft ein Anker mit einem Kommutator, der sowohl in der Neutralen als in der Polmitte je ein Bürstenpaar hat. Das erstere Paar b ist kurzgeschlossen, erzeugt also ein starkes Querfeld, sobald der Anker läuft. Da die unter den Polen stehenden Bürsten B in der Neutralen dieses Querfeldes liegen, so tritt zwischen ihnen eine Spannung auf. Schaltet man die Verbrauchskörper zwischen diese Bürsten, so liegt das Ankerfeld des Netzstromes in gleicher Lage wie das Grundfeld, hat aber nach der Handregel entgegengesetzte Richtung. Wenn der Netzstrom nun durch Erhöhung der Drehzahl steigen will, so würde also das resultierende Grundfeld und damit auch das Querfeld, das den Netzstrom induziert, kleiner werden. Der Netzstrom kann sich daher bei Zu- oder Abnahme der Drehzahl nicht wesentlich ändern. Ebenso ist die Drehrichtung ohne Einfluß auf die Richtung der Spannung an den Netzbürsten, denn bei Umkehrung der Drehrichtung kehrt auch das Querfeld seine Richtung um.

49. Wendepole. Kompensationswicklung.

Die Stromwendung bereitet dem funkenfreien Lauf der Maschinen um so größere Schwierigkeiten, als eigentlich zu jeder Stärke des Ankerstromes, noch mehr natürlich zu einer andern Strom- oder Drehrichtung, eine andere Bürstenstellung gehört. Dieses wird vermieden, wenn man auf dem Magnetkörper, zum mindesten in der Neutralen, dem Anker Windungen gegenüberstellt, die jeweils in entgegengesetzter Richtung und in entsprechender Stärke wie der Anker vom Hauptstrom durchflossen werden.

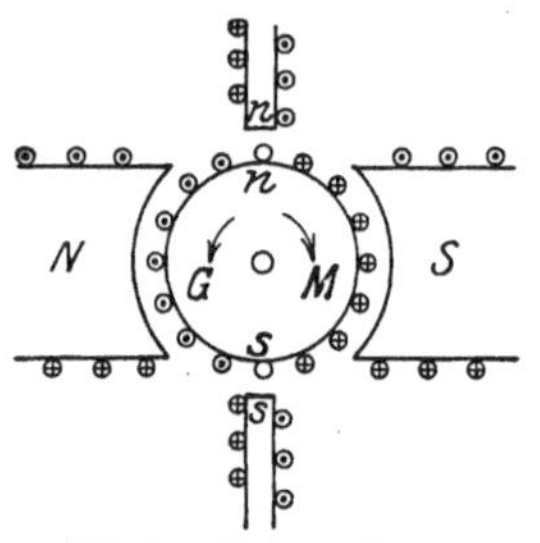

Abb. 242. Pole und Anker einer Wendepolmaschine.

Die Wendepole haben, was schon ihr Name andeutet, die Stromwendung zu erleichtern; es sind schmale Pole, die in der Mitte zwischen den Polen des Grundfeldes liegen (Abb. 242) und derart vom Ankerstrom erregt werden, daß sie das Ankerfeld in der Neutralen nicht nur aufheben, sondern ein schwaches Feld derjenigen Richtung liefern, wie es die Ankerspulen des Generators nach der Stromwendung unter dem nächsten Grundpol finden. Daraus folgt, daß in der Drehrichtung nach einem Nordpol des Grundfeldes bei einem Generator ein Südpol, bei einem Motor ein Nordpol des Wendefeldes kommen muß. Wie Nebenschluß- und Reihenschlußwicklung einer Doppelschlußmaschine,

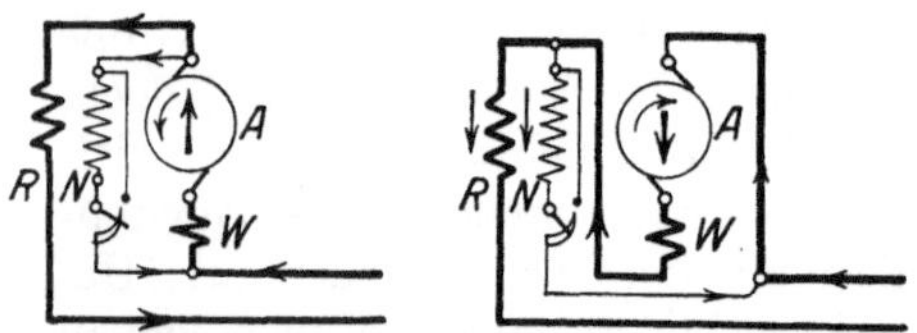

Abb. 243. Schaltung eines Wendepol-Doppelschlußgenerators für verschiedene Drehrichtung.

so gehören Anker- und Wendepolwicklung bei jeder Maschine zusammen, eine Umschaltung der Klemmen muß also stets so geschehen, daß der Strom innerhalb jeder dieser Gruppen zusammen umgekehrt wird. Abb. 243 zeigt, wie ein Doppelschlußgenerator mit Wendepolen für verschiedene Drehrichtung zu schalten ist.

Da richtig bemessene Wendepole in der Neutralen dasjenige Feld entstehen lassen, das zur funkenfreien Stromwendung erforderlich ist, so sollen die Bürsten bei Wendepolmaschinen stets genau in der Leerlaufneutralen stehen. Man benötigt die

Wendepole in erster Linie bei solchen Maschinen, bei denen die Größe bzw. Richtung des Erregerstromes gegenüber dem Ankerstrom starken Änderungen unterworfen ist, also z. B. bei Zusatzgeneratoren und bei Reguliermotoren, die ja zeitweise mit schwachem Erregerstrom bei vollem Ankerstrom arbeiten müssen, ferner bei Fahrzeugmotoren, die auf wechselnde Drehrichtung und auf Bremsung durch Generatorwirkung geschaltet werden, sowie bei Maschinen, die starken Belastungsstößen ausgesetzt sind. Die Verbesserung der Stromwendung bringt noch den Vorteil, daß die Belastbarkeit von Wendepolmaschinen nicht mehr durch die Funkenbildung, sondern nur durch die Erwärmung begrenzt ist, so daß Wendepole auch bei anderen Maschinen als den genannten günstig sind.

Da die früher erwähnte Verzerrung des Grundfeldes durch das Querfeld die Spannung zwischen benachbarten Stegen an einer Seite der Pole erhöht, ist es bei Maschinen, die starken Stromstößen unterworfen sind, ferner solchen mit schwieriger Stromwendung, z. B. Turbogeneratoren, von Nutzen, die Rückwirkung des Ankers möglichst vollständig aufzuheben. Dazu dient die Kompensationswicklung. Diese wird wie die Wendepolwicklung geschaltet und derart in axialen Nuten der Hauptpolschuhe untergebracht, daß den Ankerstromleitern über einen großen Teil des Ankerumfanges Drähte entgegengesetzter Stromrichtung auf dem Magnetkörper gegenüberliegen (Abb. 244). Statt des Magnetkörpers mit ausgeprägten Polen verwendet man besonders bei Turbogeneratoren zylindrische Eisenblechringe, in welche am

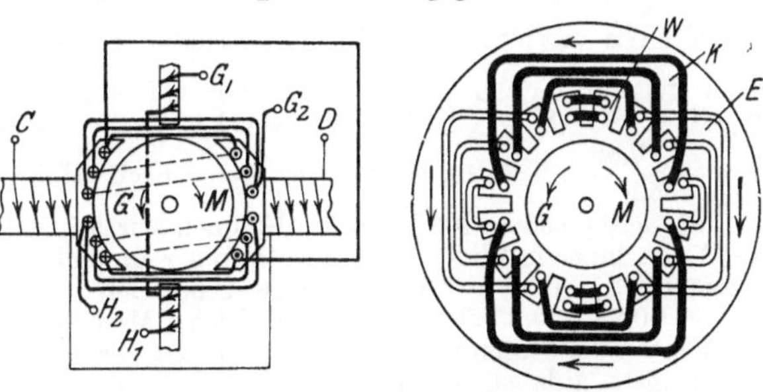

Abb. 244.   Abb. 245.
Kompensations- und Wendewicklung.

inneren Umfang Nuten eingestanzt sind. In diese werden Spulen eingebracht, die in gleicher Form wie die Wechselstrom-Ankerspulen (vgl. Abschnitt 59) hergestellt sind; Abb. 245 zeigt auf der Stirnseite des Magnetkörpers die Köpfe der Kompensations- und Wendewicklung K und W. In einer Anzahl von Nuten liegt noch die Erregerwicklung E für das Grundfeld, die häufig nicht im Nebenschluß, sondern fremd erregt wird.

50. Das Anlassen der Motoren.

Wir hatten bereits kurz erwähnt, daß der Anker eines stillstehenden Motors nicht an die volle Spannung gelegt werden darf — ausgenommen sind Motoren sehr geringer Leistung —, da sonst ein zu starker Stromstoß auftritt. Man schaltet daher in Reihe mit dem Anker einen Anlaßwiderstand von solchem Ohmwert ein, daß der Wert $\dfrac{U}{R}$ den gewünschten Anlaufspitzenstrom gibt. Übertrifft das im Motor entstehende Drehmoment die hemmenden Momente, so setzt sich der Anker in Bewegung und liefert eine mit der Drehzahl steigende Gegen-EMK. Durch diese wird der Strom nach der Gleichung $J = \dfrac{U-E}{R}$ der Zunahme der Drehzahl entsprechend allmählich auf denjenigen Wert herabgedrückt, der gerade noch zur Überwindung der hemmenden Momente ausreicht. Wären diese gleich Null, d. h. der Motor ohne Belastung und ohne Drehmomentsverluste, so würde der Strom proportional mit der Drehzahl abnehmen, bis der Zustand des idealen Leerlaufs erreicht, d. h. die EMK gleich der Netzspannung geworden ist. Wenn die Drehzahl nach erfolgter Beschleunigung nicht mehr merklich sinkt, der Strom also nahezu auf den oben erwähnten Mindestwert gefallen ist, so kann der Ohmwert des Anlaßwiderstandes auf einen solchen Wert verringert werden, daß der Spannungsüberschuß $U - E$ abermals den zugelassenen Spitzenstrom auftreten läßt. Dadurch wird abermals ein Überschuß an Drehmoment und somit eine weitere Beschleunigung des Motors zustande kommen, die EMK steigt und der Strom fällt wieder allmählich. Der Anlaßwiderstand ist also in bestimmten Stufen aus dem Hauptstromweg abzuschalten, bis schließlich die volle Spannung am Anker liegt und damit der Betriebszustand erreicht ist.

Beispiel: Wir nehmen einen Motor an, dessen Erregerwicklung von einem konstanten Strom durchflossen ist. Die Netzspannung sei $U = 110$ V, als Spitzenstrom sei ein solcher von $J_2 = 50$ A zugelassen, das Schalten der Anlasserstufen soll bei einem Schaltstrom $J_1 = 20$ A erfolgen. Der ganze Widerstand im Hauptstromweg des Motors, im wesentlichen also der Anlaßwiderstand, muß dann im Stillstand $R_A = \dfrac{110}{50} = 2,2 \ \Omega$ sein. Wird mit einem solchen eingeschaltet, so beschleunigt sich der Motor, der Strom sinkt. Bei 20 A ist der Spannungsverlust in den Widerständen $J_1 \cdot R_A = 20 \cdot 2,2 = 44$ V, die EMK daher $110 - 44 = 66$ V. Wir verringern nun den eingeschalteten Widerstand auf $R_B = \dfrac{44}{50} = 0,88 \ \Omega$; der Strom steigt in diesem Augenblick wieder auf 50 A und fällt allmählich, die EMK steigt auf $110 - 20 \cdot 0,88 = 92,4$ V. Wir verkleinern abermals den Widerstand, und zwar auf $R_C = \dfrac{20 \cdot 0,88}{50} \approx 0,35 \ \Omega$, so daß der Motor nach erfolgter Beschleunigung mit einer EMK von $110 - 20 \cdot 0,35 = 103$ V läuft. Nehmen wir an, daß der letzte Widerstandswert von $0,35 \ \Omega$ den inneren Widerstand des Motors r darstellt, so wäre ein Anlaßwiderstand von insgesamt $2,2 - 0,35 = 1,85 \ \Omega$ und zwar mit den zwei Stufen $r_A = 2,2 - 0,88 = 1,32 \ \Omega$, und $r_B = 0,88 - 0,35 = 0,53 \ \Omega$ erforderlich. Man erkennt, daß die Widerstände R_A, R_B und R_C sowie die Stufen r_A und r_B in demselben Verhältnis zueinander stehen wie der höchste und geringste Anlaßstrom, in unserem Fall im Verhältnis 2,5:1. Nehmen wir weiter an, daß der Motor bei abgeschaltetem Anlasser und dem Strom von 20 A, also bei $E = 103$ V, eine Drehzahl von $n_C = 1030$ Umdrehungen in der Minute hat, so wäre jeweils am Ende der Beschleunigung

auf der ersten Anlaßstufe, bei $E = 66$ V, die Drehzahl $n_A = 660$,
auf der zweiten Anlaßstufe, bei $E = 92,4$ V, die Drehzahl $n_B = 924$.

Die Zunahmen der Drehzahl von der ersten zur zweiten bzw. von der zweiten zur dritten Anlasserstellung, die in unserem Fall 264 bzw. 106 Umdrehungen betragen, stehen ebenfalls in dem genannten Verhältnis.

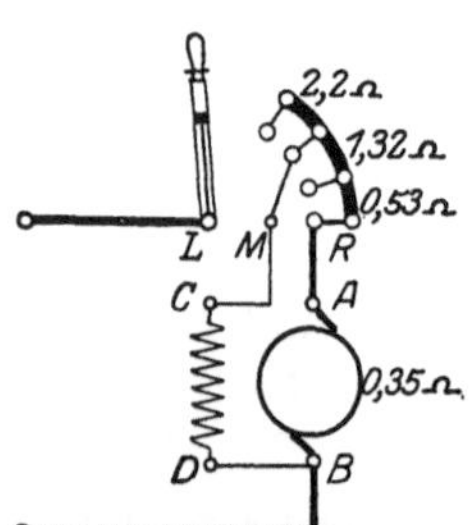

Abb. 246. Anlasser für einen Nebenschlußmotor.

Um den Einschaltstrom herabzusetzen, schaltet man meistens dem eigentlichen Anlaßwiderstand eine oder mehrere Vorstufen vor. Soll der Einschaltstrom in unserem Beispiel nur 25 A betragen, so wäre ein Gesamtwiderstand von 4,4 Ω, also eine Vorstufe von 2,2 Ω erforderlich (Abb. 246). Bei starker Belastung läuft dann der Motor auf dem ersten Kontakt noch nicht an, zumal die Nebenschlußwicklung meistens hinter den Vorstufen angeschlossen ist.

Um die Berechnung der Anlasserstufen in allgemeiner und übersichtlicher Form darzustellen, benutzen wir wieder die Vielfachwerte. Die folgenden Werte von Strom, Widerstand, Drehzahl usw. sind also keine benannten Größen. Wir setzen für die Netzspannung, die ideale Leerlaufdrehzahl sowie zunächst auch für den Strom, bei dem das Schalten der Anlasserstufen erfolgt, den Wert 1,0 ein.

Im vorstehenden Beispiel ist dann der Spitzenstrom $J_2 = 2,5$, der gesamte Widerstand für diesen Strom $R_A = \dfrac{1}{2,5} = 0,4$; dann ist bei dem Schaltstrom $J_1 = 1$ die Drehzahl $n_A = 1 - 1 \cdot 0,4 = 0,6$. Ferner berechnen sich $R_B = \dfrac{0,4}{2,5} = 0,16$ und $n_B = 0,84$ sowie

$R_C = r = \dfrac{0.16}{2,5} = 0{,}064$ und $n_C = 0{,}936$, schließlich die Anlasserstufen $r_A = 0{,}4 - 0{,}16$ $= 0{,}24$ und $r_B = 0{,}16 - 0{,}064 = 0{,}096$.

Die Verhältnisse beim Anlassen und die Abstufung der Widerstände lassen sich übersichtlich darstellen, wenn man die Vielfachwerte des Stromes abhängig von dem Widerstand bzw. von der Drehzahl in rechtwinkligen Koordinaten aufträgt (Abb. 247). Dieses Bild stellt angenähert auch den zeitlichen Verlauf des Anlaßvorganges dar. Verbinden wir für unser Beispiel den Punkt $J = 2{,}5$ bei $n = 0$ mit dem Punkt $n = 1{,}0$ bei $J = 0$, so zeigt uns diese Linie, wie der Strom mit steigender Drehzahl abnimmt. In dem Punkte $J = 1{,}0$ und $n = 0{,}6$ ist in unserem Fall die Beschleunigung beendet. Der Strom wird jetzt durch Abschalten der ersten Widerstandsstufe plötzlich wieder auf den Wert 2,5 erhöht und nimmt dann wieder in Richtung nach $J = 0$ ab. Wir zeichnen also von dem Punkt $J = 2{,}5$ und $n = 0{,}6$ einen neuen Strahl, der bei $n = 0{,}84$ die Linie des Schaltstromes $J = 1{,}0$ schneidet. Der dritte Strahl, der entsprechend gezeichnet wird, trifft diese Linie bei $n = 0{,}936$. Auf der Linie des Schaltstromes können wir von rechts nach links die Widerstandswerte der Stufen r_A und r_B sowie den inneren Widerstand r abgreifen. Der letzte Strahl gibt an, wie

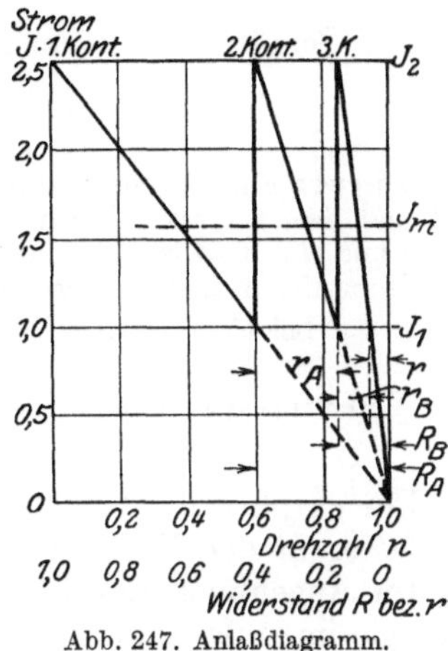

Abb. 247. Anlaßdiagramm.

sich infolge des inneren Widerstandes die Drehzahl des Motors bei voller Spannung mit der Belastung ändert.

Setzen wir an Stelle der Zahlenwerte des vorstehenden Beispiels die Bezeichnungen der Größen ein, so wird der gesamte Widerstand, der bei Stillstand den Spitzenstrom J_2 auftreten läßt.

$$R_A = \frac{U}{J_2}. \tag{150}$$

Der Betrag, auf den wir den Widerstand durch Abschalten der ersten Widerstandsstufe verringern, nachdem der Motor sich bis zu einer Gegen-EMK E beschleunigt hat, ist

$$R_B = \frac{U - E}{J_2} = \frac{U - (U - J_1 \cdot R_A)}{J_2} = \frac{J_1}{J_2} \cdot R_A. \tag{151}$$

Bezeichen wir das Verhältnis des Spitzenstromes zum Schaltstrom $\dfrac{J_2}{J_1}$ mit s, so ist $R_B = \dfrac{1}{s} \cdot R_A$. Entsprechend ist $R_C = \dfrac{1}{s} \cdot R_B = \dfrac{1}{s^2} \cdot R_A$ usw.

Bei der Berechnung eines Anlaßwiderstandes wird man, im Gegensatz zu dem vorstehend für die Erklärung eingeschlagenen Weg, von dem inneren Widerstand im Hauptstromkreis des Motors sowie von dem Verhältnis s oder der Stufenzahl m des Anlassers ausgehen. Der Gesamt-Ohmwert R_m aus m Anlasserstufen und dem inneren Widerstand r ist:

$$R_m = s^m \cdot r. \tag{152}$$

Wir wollen nun die Vielfachwerte auch auf die allgemeinen Bezeichnungen der Größen anwenden. Wir bezeichnen den Nennwert der Klemmenspannung mit $U/$, den Nennstrom mit $J/$, ferner das Verhältnis des Schaltstromes zu dem Nennstrom $\dfrac{J_1}{J}$ mit b. Dann ist

$$J_2 = s \cdot b \cdot J. \tag{153}$$

Folglich ist

$$R_{m}/ = \frac{U/}{J_2/} = \frac{1}{s \cdot b}. \tag{154}$$

Aus dieser und der Gleichung 152 folgt schließlich:

$$\frac{1}{s} = b \cdot R_{m}/ = \sqrt[m+1]{b \cdot r/}. \tag{155}$$

Ist der Schaltstrom beim Anlassen gleich dem Nennstrom, also $b = 1$, so ist

$$R_{m}/ = \sqrt[m+1]{r/}. \tag{156}$$

Beispiel: Ein Nebenschlußmotor, dessen Anlaßschaltstrom gleich dem Nennstrom sein soll und dessen innerer Verlust im Hauptstromweg bei Nennlast 4 % beträgt, für den also $b = 1$ und $r/ = 0,04$ ist, braucht einen gesamten Anlaßwiderstand, der ohne Berücksichtigung von Vorstufen folgende Werte hat:

bei einer Stufenzahl ... 1   2   3   4   5
ist $R_{m}/$ 0,2   0,34   0,45   0,52   0,58.

Das Verhältnis der Widerstände bzw. Ströme ist dann

$s =$ 5   2,9   2,2   1,9   1,7.

Ein graphisches Verfahren zur Bestimmung der Anlaßwiderstände ist vom Verfasser in der ETZ. 1922, S. 1111 veröffentlicht worden.

Im Augenblick des Einschaltens wird die gesamte dem Netz entnommene Energie im Anlaßwiderstand in Wärme umgesetzt, wenn wir von den Verlusten des Motors absehen; mit der Beschleunigung geht die Energie allmählich von dem Anlasser auf den Antrieb über. Der Mindeststrom, daher auch der um ein geringes höhere Schaltstrom J_1, ist durch das bei einer bestimmten Drehzahl im Motor zu erzeugende Drehmoment bestimmt. Der zeitliche Mittelwert von J_1 und J_2, der mittlere Anlaßstrom J_m, ist derjenige Strom, welcher während des Anlassens neben der Verlust- und Nutzleistung die Beschleunigung des Motors und der von ihm angetriebenen Massen liefert und die Belastung des Anlassers bedingt. Der Zusammenhang dieser drei Ströme läßt sich mit genügender Annäherung darstellen durch die Gleichung

$$J_m = \sqrt{J_1 \cdot J_2}. \tag{157}$$

Hat man den Schaltstrom J_1 aus der verlangten Nutzleistung und der Schätzung der Verluste, ferner den mittleren Anlaßstrom J_m aus jenem und dem für eine gewünschte Anlaßzeit t erforderlichen Beschleunigungsmoment M_B bestimmt oder sind diese beiden Stromwerte bekannt, so lassen sich demnach der Spitzenstrom J_2, der Ohmwert und die Stufenzahl des Anlassers berechnen.

51. Regelung der Drehzahl von Gleichstrommotoren.

Wir haben bereits erkannt, daß die Drehzahl eines Motors vor allem von der Ankerspannung und der Stärke des Feldes abhängt und wollen nun die wichtigsten Verfahren erörtern, durch welche eine Drehzahländerung willkürlich herbeigeführt werden kann. Soll eine Maschine mit veränderlicher Drehzahl angetrieben werden, so muß man zunächst klarstellen, ob und wie das erforderliche Drehmoment bzw. die Leistung sich mit der Drehzahl ändert, um die Veränderung der für den Motor und den Regler maßgebenden Größen bestimmen zu können. Werkzeugmaschinen brauchen bei erhöhter Drehzahl in der Regel geringere Leistung als bei der normalen. Bei anderen Antrieben, z. B. Papiermaschinen, soll die Leistung bei jeder Drehzahl dieselbe sein, das zu liefernde Drehmoment nimmt dann mit fallender Drehzahl im gleichen Verhältnis zu. Bei Pumpen, die auf bestimmte Förderhöhe drücken, ist das Nutzdrehmoment von der Drehzahl unabhängig, die Nutzleistung also der Drehzahl proportional. Bei Kreiselpumpen und Schleudergebläsen schließlich nimmt das benötigte Drehmoment etwa mit dem Quadrat der Drehzahl zu.

Die Verringerung der Drehzahl unter die Nenndrehzahl geschieht am einfachsten durch Einschaltung eines Ankerregulieranlassers. Dieser schwächt zunächst den Ankerstrom, so daß der Motor sich so lange verzögert, bis infolge der abnehmenden Gegen-EMK der Strom wieder auf diejenige Stärke gestiegen ist, die das nun erforderliche Drehmoment liefert. Angenähert entspricht die Verminderung der Drehzahl dem Anteil der Netzspannung, der im Regulieranlasser verbraucht wird. Zu einer Herabsetzung der Drehzahl um z. B. 40 % müssen angenähert 40 % der Netzspannung im Widerstand verbraucht werden. Zur Berechnung für beliebige Belastung ist die Gleichung $n = \dfrac{U - J \cdot R}{C_1 \cdot \mathfrak{B}}$ zu verwenden, wobei als R die Widerstände im Hauptstromweg innerhalb und außerhalb des Motors einzusetzen sind. Es ist ohne weiteres einzusehen, daß die Wirkung eines solchen Widerstandes sich mit der Belastung erheblich ändern muß. Ein weiterer Nachteil ist die Unwirtschaftlichkeit, da stets ein der Regulierung entsprechender Teil der Leistung im Widerstand nutzlos verbraucht wird. Bei dem Reihenschlußmotor kommen diese Nachteile nicht so stark zur Geltung, denn seine Drehzahl ändert sich auch ohne Vorschaltung von Widerstand mit der Belastung erheblich, außerdem wird dieser Motor besonders für aussetzenden Betrieb verwendet.

Werden für denselben Antrieb, z. B. ein Fahrzeug, zwei gleichgebaute Motoren verwendet, so schaltet man sie für volle Geschwindigkeit **parallel** zueinander an das Netz; soll die Geschwindigkeit nur halb so groß sein, so schaltet man beide Motoren **hintereinander**, so daß jeder die Hälfte der Netzspannung aufnimmt, wenn sie sich im gleichen Zustand, vor allem hinsichtlich ihrer Bürstenstellung, befinden (Abb. 248). Wenn das von den Motoren zu liefernde Moment dasselbe bleibt, so ist auch der Ankerstrom in beiden Fällen gleich; die EMK, Drehzahl und Leistung der Motoren werden daher bei der Hintereinanderschaltung angenähert halb so groß sein wie bei der Parallelschaltung.

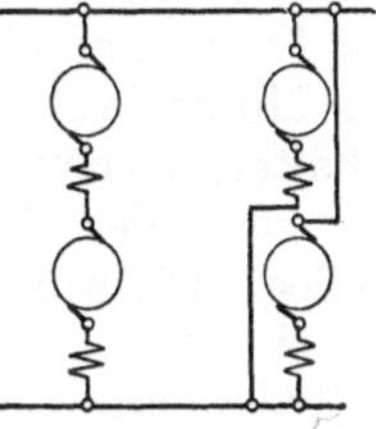

Abb. 248. Reihen- und Parallelschaltung.

In manchen Industriebetrieben, z. B. Zeugdruckereien, werden Motoren gebraucht, die zeitweise mit einem Bruchteil ihrer Nenndrehzahl laufen sollen. Eine verlustlose Regelung ist möglich, wenn man an jeden Motor eine Anzahl Leitungen von verschiedener Spannung heranführt und den Anker wahlweise an diese legt, während die Erregerwicklung dauernd an derselben Spannung liegt. Ist ein Fünfleiternetz vorhanden, das durch Generatoren oder Batterien mit den vier Spannungen 50, 150, 150 und 100 V gespeist wird, so erhält man von der höchsten Spannung von 450 V bis zu der niedrigsten von 50 V neun verschiedene Drehzahlen. Die geringste Drehzahl beträgt dann unter Berücksichtigung des Spannungsverlustes im Motor etwa 1/10 der höchsten.

Bei der **Leonardschaltung** erfolgt die Änderung der Ankerspannung dadurch, daß der Anker jedes zu regelnden Motors von einem eigenen fremderregten Generator, dem sogenannten Steuergenerator, gespeist wird (Abb. 249).

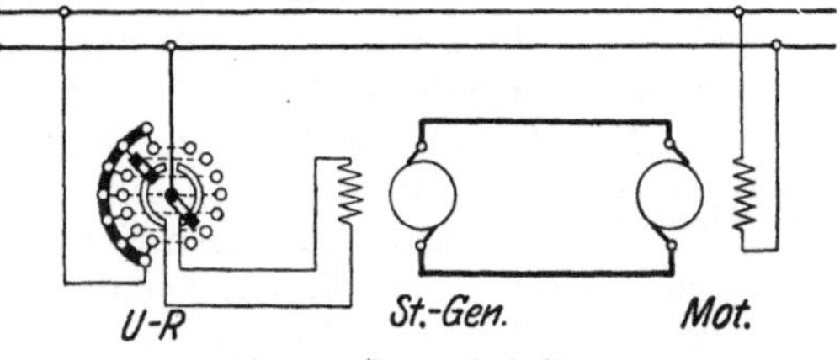

Abb. 249. Leonardschaltung.

Die Magnetwicklung des Motors wird mit konstantem Strom fremd erregt. Wird der Erregerstrom des Generators durch einen Umkehrregler $U\text{-}R$ in seiner Größe bzw. in seiner Richtung geändert, so ändert sich die Größe bzw. Richtung der Ankerspannung am Generator und am Motor und damit auch die Drehzahl bzw. Drehrichtung des letzteren. Die Leonardschaltung hat den Vorteil, daß die Regulierung von der Belastung nahezu unabhängig und praktisch verlustlos ist. Auch eignet sie sich besonders für Rückgewinnung und Ausgleich der Energie beim Bremsen (vgl. Abschnitt 52). Wegen der hohen Anschaffungskosten wird sie hauptsächlich für Regulierantriebe von großer Leistung oder besonderer Bedeutung, z. B. für Hauptschachtfördermaschinen, Umkehrwalzenstraßen, ferner für die Hauptlastwinden großer Hebezeuge verwendet.

Geringere Leistung des Steuergenerators beansprucht die Zu- und Gegenschaltung (Abb. 250). Bei dieser wird der Anker der Steuermaschine zwischen das Netz und den zu regelnden Motor geschaltet und der Anker des letzteren für höhere Spannung, z. B. das Doppelte der Netzspannung, gebaut. Die Magnetwicklungen der beiden Maschinen werden ebenso geschaltet wie bei der Leonardschaltung. Die Steuermaschine wird am besten durch einen am gleichen Netz hängenden Motor angetrieben. Wird nun die Steuermaschine so erregt, daß ihre Spannung der Netzspannung entgegengerichtet ist, so erhält der Motor den Unterschied der beiden Spannungen, läuft daher mit geringer Drehzahl. Durch Schwächen der Erregung der Steuermaschine wird die resultierende Spannung, also auch die Drehzahl des Motors vergrößert. Wird die Erregung der Steuermaschine ganz ausgeschaltet, so läuft der Motor ungefähr mit der Netzspannung. Wird sodann die Erregung der Steuermaschine mittels des Umkehrreglers $U\text{-}R$ umgeschaltet, so liegt ihre Ankerspannung hintereinander mit der Netzspannung, die Drehzahl des Motors ist dann entsprechend höher. Die Steuermaschine läuft in letzterem Fall als Generator; bei Gegenschaltung muß sie elektrische Leistung verbrauchen, sie treibt dann als Motor die mit ihr gekuppelte Maschine, die ihrerseits Leistung an das Netz zurückgibt.

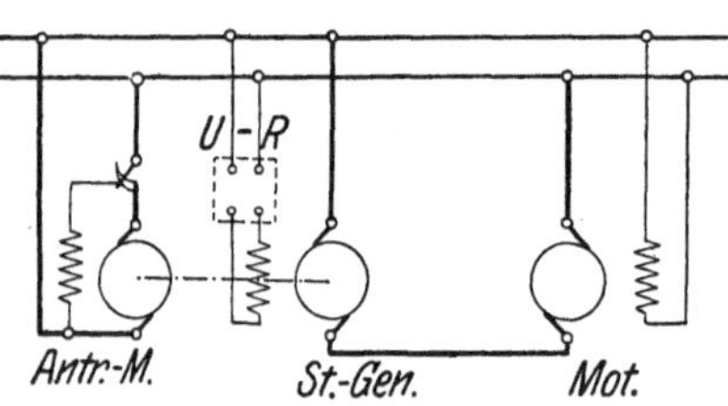

Abb. 250. Zu- und Gegenschaltung.

Während bei den bisher besprochenen Verfahren die Drehzahl des zu regelnden Motors durch Verminderung seiner Ankerspannung unter die Nenndrehzahl geregelt wurde, kann durch Schwächen des Erregerstromes eine willkürliche Erhöhung über die Nenndrehzahl erfolgen. An Reihenschlußmotoren ist für eine solche Regelung ein Widerstand parallel zu der Erregerwicklung, an den anderen Arten ein Widerstand in Reihe mit dieser zu schalten. Bei den letzteren erhalten die Motoren manchmal eine Hilfsverbundwicklung, die ihren Lauf stabiler macht. Der Feldregler für die Nebenschluß- oder fremderregte Wicklung darf diese nicht unterbrechen, er muß also im Gegensatz zu den Regulierwiderständen der entsprechenden Generatoren unausschaltbar sein. Häufig vereinigt man den Feldregler für einen Nebenschlußmotor derart mit dem Anlasser, daß durch Vorstellen des Hebels zunächst bei voller Erregung der Anlaßwiderstand abgeschaltet wird. Wenn dann der Motoranker volle Ankerspannung hat, wird durch Weiterrücken des Hebels der Erregerstrom stufenweise geschwächt (Abb. 251). Der Vorteil der Feldregelung liegt darin, daß keine so erheblichen Verluste wie bei der Ankerregulierung durch Widerstände auftreten, und daß

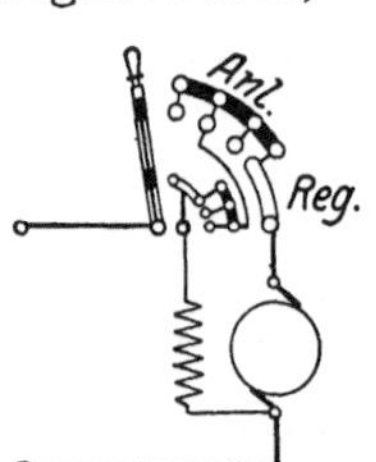

Abb. 251. Anlasser mit Feldregelung.

die Regelung von der Größe der Belastung praktisch unabhängig ist. Ein Nachteil ist der, daß mit der Schwächung des Feldes das lieferbare Drehmoment herabgesetzt wird, da der Ankerstrom nicht wesentlich über den Nennwert gesteigert werden darf. Der Motor kann daher bei der erhöhten Drehzahl eine nur wenig größere Leistung als bei der Nenndrehzahl abgeben.

Die Drehzahl steigt bei Feldschwächung nach der Gleichung $n = \dfrac{U - J \cdot R}{C_1 \cdot \mathfrak{B}}$ im umgekehrten Verhältnis zur Liniendichte, wenn Klemmenspannung und Spannungsverlust unverändert bleiben. Auch hier ist das Rechnungsverfahren mit Vielfachwerten von Vorteil. In den Grundgleichungen $E = C_1 \cdot \mathfrak{B} \cdot n$ und $M = C_2 \cdot \mathfrak{B} \cdot J_A$ werden dann die Konstanten C_1 und $C_2 = 1$. Es ist daher

$$n/ = \frac{E/}{\mathfrak{B}/} \quad \text{und} \quad M/ = \mathfrak{B}/ \cdot J_A/. \qquad \text{(158 und 159)}$$

Vernachlässigt man den Spannungsverlust in den Hauptstromwicklungen des Motors, so ist $E = U$, daher bei **Nennspannung**

$$\mathfrak{B}/ = \frac{1}{n/} \quad \text{sowie} \quad J_A/ = M/ \cdot n/. \qquad \text{(160 und 161)}$$

Zur Berechnung des Regelwiderstandes ist die allgemeine magnetische Kennlinie (Abb. 229) zu verwenden und aus ihr zu jeder Liniendichte $\mathfrak{B}$ der Wert des Erregerstromes J_E zu entnehmen. Die Veränderung der Drehzahl mit dem Erregerstrom wird dann durch dieselbe Kurve wie bei dem Reihenschlußmotor dargestellt (Abb. 237).

Bei einem fremd erregten oder einem **Nebenschlußmotor** liegt die Erregerwicklung im normalen Betriebszustand an der vollen Spannung, daher ist in Vielfachen ihr Ohmwert $R_E/ = 1$. Der Ohmwert des Regelwiderstandes ist allgemein $R_R = \dfrac{U}{J_E} - R_E$. In Vielfachwerten ist daher bei Nennspannung

$$R_R/ = \frac{1}{J_E/} - 1. \qquad (162)$$

Für einen **Reihenschlußmotor** berechnet sich der Regelwiderstand r_R, der parallel zur Erregerwicklung r_E zu schalten ist, allgemein zu $r_R = \dfrac{J_E \cdot r_E}{J_A - J_E}$. In Vielfachwerten ist daher, wenn der Ankerstrom den Nennwert hat, d. h. für $J_A/ = 1$:

$$\frac{r_R}{r_E} = \frac{J_E/}{1 - J_E/} = \frac{1}{\dfrac{1}{J_E/} - 1}. \qquad (163)$$

Bezeichnen wir noch für den Reihenschlußmotor das Verhältnis $\dfrac{J_A}{J_E}$ mit s', so ist

$$s' = \frac{r_E}{r_R} + 1. \qquad (164)$$

Soll ein Reihenschlußmotor bei voller Spannung und einem bestimmten Drehmoment $M/$ mittels Feldschwächung auf die Drehzahl $n/$ gebracht werden, so berechnet sich unter den früheren Vernachlässigungen aus Gl. 161:

$$s' = \frac{M/ \cdot n/}{J_E/}. \qquad (165)$$

Dabei ist $J_E/$ aus der Kurve zu entnehmen, die n abhängig von dem Erregerstrom darstellt (Abb. 237). Aus s' kann dann der Regelwiderstand nach Gl. 164 bestimmt werden.

Wird dagegen für ein bestimmtes Widerstandsverhältnis $\dfrac{r_R}{r_E}$ die Drehzahl gesucht, die der Reihenschlußmotor bei einem Moment $M/$ liefert, so folgt

$$n| = \frac{s'}{M|} \cdot J_{E|}. \tag{166}$$

Dazu ist $J_E|$ aus der Kurve (Abb. 237) für einen Ordinatenwert von $\frac{M|}{s'}$ zu entnehmen, da ja jetzt der Ankerstrom das s'-fache wie bei ungeschwächtem Feld betragen muß. Durch diese Gleichungen kann man für Reihenschlußmotoren die Veränderung der Drehzahl mit dem Drehmoment für beliebige Widerstände berechnen.

Beispiele: 1. Die Drehzahl eines Nebenschlußmotors soll um 15 % über den Nennwert, d. h. auf $n| = 1{,}15$, erhöht werden. Es muß also $\mathfrak{B}|$ auf $\frac{1}{1{,}15} = 0{,}87$ vermindert werden. Zu diesem Wert gehört nach der allgemeinen magnetischen Kennlinie ein Erregerstrom $J_E| = 0{,}70$, daher ist ein Regler von $R_R| = \frac{1}{0{,}70} - 1 = 0{,}43$ vorzuschalten. Der Ohmwert des Reglers muß also 43 % von demjenigen der Erregerwicklung betragen.

2. Bei einem Reihenschlußmotor muß für dieselbe Drehzahlerhöhung bei normalem Ankerstrom der Erregerstrom auf denselben Betrag geschwächt werden. Der Ohmwert des Parallelwiderstandes ist aus dem Verhältnis $\frac{r_R}{r_E} = \frac{1}{0{,}43} = 2{,}32$ zu berechnen.

Beide Arten von Motoren liefern dann mit normalem Ankerstrom ein theoretisches Drehmoment von $M| = \mathfrak{B}| \cdot J_A| = 0{,}87$.

Handelt es sich z. B. um Motoren von 110 V und 50 A Nennstrom und schätzen wir den Verlust in der Erregerwicklung im normalen Betriebszustand auf 4 % der Aufnahme, so ist:

1. Bei dem Nebenschlußmotor der normale Erregerstrom $J_E = 2$ A, daher $R_E = 55\ \Omega$. Zur Erhöhung der Drehzahl um 15 % ist also ein Regler von $R_R = 55 \cdot 0{,}43 \approx 24\ \Omega$ erforderlich.

2. In dem Reihenschlußmotor ist laut Annahme der Spannungsverlust in der Erregerwicklung bei Nennstrom $u_E = 4{,}4$ V, der Widerstand derselben $r_E = \frac{4{,}4}{50} = 0{,}088\ \Omega$; der Reglerwiderstand muß daher $r_R = \frac{0{,}088}{0{,}43} = 0{,}205\ \Omega$ haben. Bei Nennstrom im Anker und geschwächtem] Feld ist das Moment $M| = 0{,}87$, ferner ist $s' = 1{,}43$ und $\frac{M|}{s'} = 0{,}61$; dazu gehört ein Erregerstrom $J_E| = 0{,}7$; nach Gl. 172 ist $n| = \frac{1{,}43}{0{,}87} \cdot 0{,}7 = 1{,}15$, wie verlangt war. Der Erregerstrom ist dabei $J_E = 35$ A.

Der praktische Betrieb stellt häufig die Forderung, daß ein vorhandener Motor dauernd mit geringerer Netzspannung betrieben werden soll als seine Nennspannung ist, sei es, daß man einen solchen Motor notgedrungen verwenden muß oder daß man eine geringere Drehzahl zu erhalten wünscht. Wie ändert sich in einem solchen Fall das Verhalten des Motors? Für einen Reihenschlußmotor ist die Antwort aus dem bei der Reihenparallelschaltung solcher Motoren Gesagten zu entnehmen. Wird ein Nebenschlußmotor unverändert mit Anker- und Erregerwicklung an geringere Netzspannung gelegt, so wird einerseits durch die verminderte Ankerspannung die Drehzahl herabgesetzt, anderseits wird aber auch das Feld geschwächt; diese beiden Einflüsse wirken also gegeneinander. Infolge der Feldschwächung vermindert sich ferner das bei normalem Ankerstrom lieferbare Drehmoment, außerdem zeigen sich die früher besprochenen Nachteile der Ankerrückwirkung in stärkerem Maße als bei ungeschwächtem Grundfeld.

Beispiel: Legt man einen Nebenschlußmotor an ein Netz von der Hälfte seiner Nennspannung, so ist nach der allgemeinen Magnetisierungslinie die Liniendichte $\mathfrak{B}| = 0{,}75$, daher die Drehzahl $n| = \frac{0{,}50}{0{,}75} = 0{,}67$ und das Drehmoment bei normalem Ankerstrom $M| = 0{,}75$. Schalten wir aber die Erregerspulen, die in der Regel hintereinander liegen, in zwei parallele Zweige, so wird das Feld wieder voll erregt. Der Motor läuft dann mit der Hälfte seiner ursprünglichen Drehzahl und kann nahezu mit seinem Nenndrehmoment belastet werden.

52. Bremsung der Gleichstrommotoren.

Unter Bremsung verstehen wir hier wie im täglichen Leben die Beschränkung oder die Verminderung der Geschwindigkeit. Sie kann einerseits bei laufendem Motor vorgenommen werden, um z. B. ein Fahrzeug oder ein Hebezeug zu verzögern oder zum Stillstand zu bringen, man nennt sie dann Nachlaufbremsung. Offenbar muß dabei die Wirkung anfangs schwach sein, der Bremsstrom darf erst mit wachsender Verzögerung allmählich gesteigert werden. Anderseits wird z. B. bei Hebezeugen gefordert, daß das Senken der Last durch elektrische Bremswirkung beherrscht werden soll. Dieses sogenannte Senkbremsen geschieht aus dem Stillstand und in umgekehrter Drehrichtung des Motors. Die Bremswirkung muß dabei zunächst stark einsetzen, um das Durchgehen der Last zu verhindern; ist dann die Senkgeschwindigkeit gering, so kann durch Einschalten von Widerstand der Strom und dadurch die Bremswirkung verkleinert werden.

Eine Nachlaufbremsung läßt sich offenbar dadurch erzielen, daß man den Motor, am besten durch Vertauschen der Ankerklemmen mittels eines geeigneten Schaltgerätes, unter Vorschaltung von Anlaß- oder Bremswiderstand auf umgekehrte Drehrichtung schaltet. Solange der Motor noch in der anfänglichen Drehrichtung läuft, ist dann seine EMK mit der Netzspannung hintereinander geschaltet (Abb. 252). Die Gesamtspannung liefert

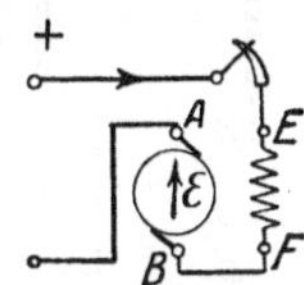

Abb. 252.
Bremsung durch Gegenstrom.

den Bremsstrom, das Drehmoment wirkt in umgekehrter Richtung wie vorher, die Drehzahl nimmt ab und kehrt schließlich ihre Richtung um, wenn nicht ausgeschaltet wird. Bei der Unterbrechung tritt dann erhebliches Schaltfeuer auf, da der Strom bei stillstehendem Motor, also bei voller Spannung ausgeschaltet wird.

Man zieht es daher vor, den Motor dadurch zu bremsen, daß man den Anker vom Netz trennt und ihn mit Selbst- oder Fremderregung als Generator auf Widerstände arbeiten läßt. Die zur Bremsung nötige Energie wird dann nicht mehr dem Netz, sondern den bewegten Massen, die gebremst werden sollen, entnommen. Bei einem Nebenschlußmotor brauchen wir zu diesem Zweck lediglich die Motorleitungen durch einen Umschalter vom Netz zu trennen und auf einen Bremswiderstand zu schalten (Abb. 253). Da die Erregerwicklung über den Anker und den Anlasser dauernd geschlossen ist, bleibt der Erregerstrom durch die EMK der Maschine in seiner

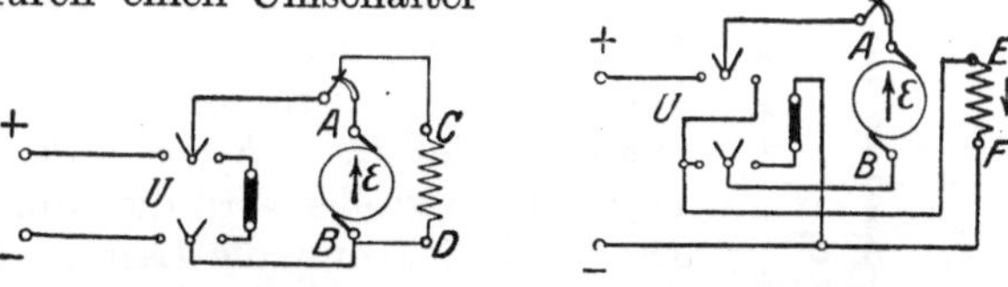

Abb. 253.
Bremsung durch Nebenschlußmotor.

Abb. 254.
Generatorwirkung bei einem Reihenschlußmotor.

bisherigen Richtung erhalten, solange diese noch mit genügender Drehzahl läuft. Sobald man den Bremsstromweg schließt, kann die verhältnismäßig hohe EMK sofort einen kräftigen Bremsstrom liefern. Dieser fließt nur im Anker in umgekehrter Richtung wie vorher der Motorstrom, die Maschine entwickelt daher als Generator ein Bremsmoment, das durch den Bremswiderstand geregelt werden kann und mit dem Abfall der Drehzahl allmählich abklingt.

Trennen wir dagegen einen Reihenschlußmotor vom Netz, so verschwindet mit dem Hauptstrom auch das Feld bis auf den Betrag der Remanenz. Soll die Maschine als selbsterregter Generator Bremsstrom liefern, muß sich daher das Feld erst wieder mit Hilfe der Remanenzspannung aufbauen. Dieses erfordert stets einige Zeit, kann auch infolge schlechten Kontaktes, ungenügender Remanenz oder Drehzahl ganz versagen. Würden wir nun wie bei dem Nebenschluß-

motor an Stelle des Netzes einfach den Bremsstromweg einschalten, so würde
der durch die Remanenz entstehende Strom nicht nur im Anker, sondern auch
in der Erregerwicklung umgekehrt wie vorher fließen, der remanente Magnetismus
würde dadurch aufgehoben und eine Bremswirkung nicht zustande kommen;
es muß daher gleichzeitig eine Umschaltung des Ankers oder der Erregerwicklung
stattfinden, z. B. nach Abb. 254.

Für den Betrieb einer Kranwinde durch einen Gleichstrommotor kommen
außer den Schaltungen für das Heben und allenfalls für die Nachlaufbremsung noch Schaltungen für das Senken der Last unter Bremsung, schließlich
für das Senken sehr kleiner Lasten, den so-
genannten Senkkraftbetrieb, zur Anwendung. Man verwendet aus bekannten Gründen
hierfür Reihenschlußmotoren (Abb. 255). In
der Senkbremsschaltung muß die Maschine als
Generator wirken, die Stromrichtung muß
daher in Anker und Erregung die gleiche wie
beim Heben sein. In der Senkkraftschaltung
arbeitet die Maschine als Motor im Senksinne.

Die einfache Senkbremsschaltung des
Reihenschlußmotors hat den Nachteil, daß
durch die Verzögerung der Selbsterregung ein
Freifallen der Last eintreten und die Last bei

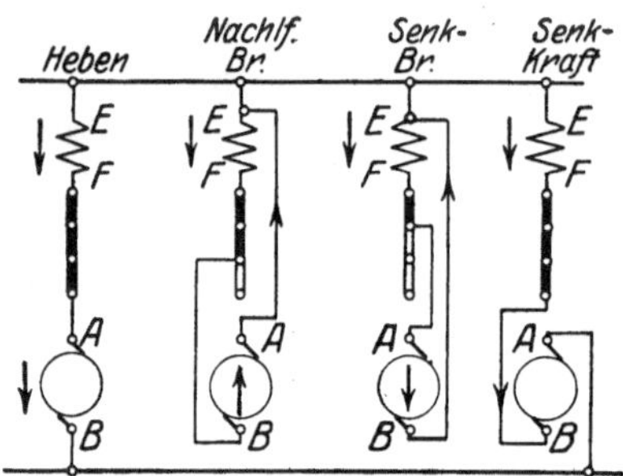

Abb. 255. Schaltungen für den Lastmotor
eines Krans.

Unachtsamkeit des Kranführers unzulässig hohe Geschwindigkeit annehmen
kann. Daher sind verschiedene Sicherheitsschaltungen im Gebrauch, bei denen
Fremderregung verwendet sowie die Geschwindigkeit selbsttätig beschränkt
wird. Wir wollen die Grundzüge der in Abb. 256 dargestellten Sicherheitssenkschaltung kurz erklären und ihre Arbeitsweise rechnerisch verfolgen.
Zum Zweck des Senkens wird die Erregerwicklung in Reihe
mit dem Anlaß- und Regelwiderstand an das Netz gelegt, also
fremd erregt. Der Anker wird parallel zur Erregerwicklung
und einem veränderlichen Teil des Vorwiderstandes geschaltet;
liegt er unmittelbar an der Magnetwicklung, d. h. an kleiner
Spannung, so erfolgt das Senken mit geringer Geschwindigkeit; je weiter wir den unteren Ankeranschluß längs des
Widerstandes $R_1 + R_2$ nach der unteren Netzleitung hin ver-
legen, desto größer wird die Ankerspannung und demnach die
Drehzahl. Ist nun die Last so gering, daß die Winde nicht
durchgezogen wird, so fließt Strom aus dem Netz teils durch
die Erregerwicklung, teils durch den Anker. Die Maschine muß
dann als Motor im Senksinne, wie früher für den Senkkraftbetrieb erwähnt wurde, arbeiten. Wenn nun die Geschwindig-

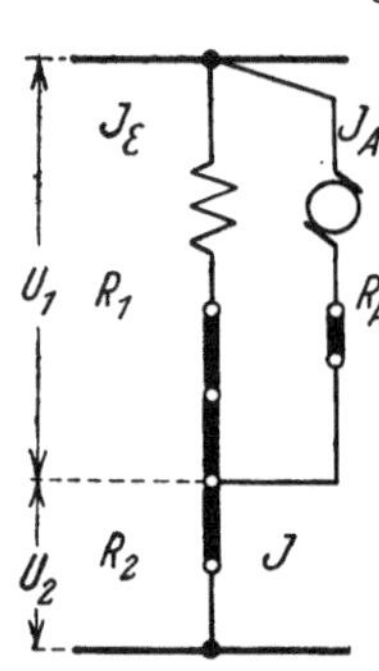

Abb. 256. Sicherheits-
senkschaltung.

keit der Last zunimmt, wird die EMK des Motors wachsen, der Ankerstrom daher
abnehmen. Bei einer bestimmten Geschwindigkeit wird der Ankerstrom und
damit das Drehmoment des Motors gerade Null sein, die Last sinkt frei herab.
Steigt die Geschwindigkeit der Last weiter, so wird die EMK des Ankers größer
als die Spannung, an welcher er liegt; er liefert dann als Generator Strom in
Richtung seiner EMK. Der Ankerstrom fließt umgekehrt wie vorher und vereinigt sich mit dem Erregerstrom, so daß das Feld selbsttätig verstärkt wird.
Das in der Maschine erzeugte Drehmoment hat jetzt umgekehrte Richtung wie
vorher, es wirkt bremsend, ohne daß eine Änderung der Schaltung erforderlich
war. Denken wir uns die Geschwindigkeit der Last noch weiter vergrößert, so
kann die vom Anker gelieferte Spannung größer als die Netzspannung werden.

Der Strom in dem mit R_2 bezeichneten Teil des Widerstandes und in den Netzleitungen fließt dann in umgekehrter Richtung, es erfolgt also eine Rückgabe von Energie an das Netz.

Mit Hilfe der Vielfachwerte und der allgemeinen Magnetisierungslinie lassen sich die Vorgänge bei diesen Schaltungen und Betriebszuständen in einfachster Weise, wenn auch nur in durchschnittlichen Werten, rechnerisch verfolgen (vgl. ETZ. 1922, S. 1111). Der Einfachheit halber ist das Zeichen für die Vielfachwerte / im folgenden Beispiel den Größen bzw. Werten nicht mehr beigefügt.

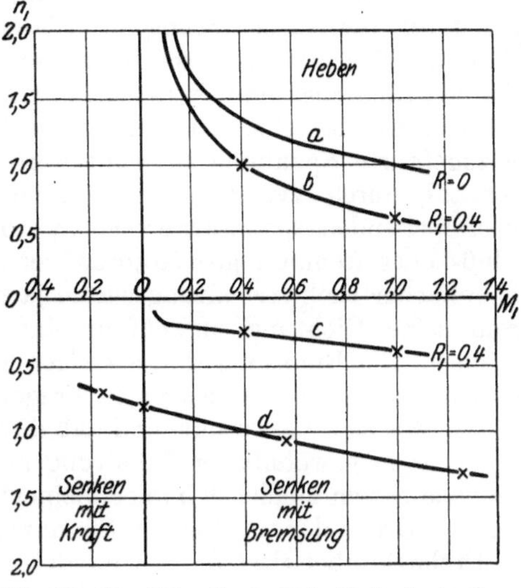

Abb. 257. Kennlinien für das Beispiel des Lastmotors.

Beispiel: Beim Heben betrage der gesamte Widerstand $R = 0,4$. Zu $M = 1,0$ gehört $J = 1$ und $\mathfrak{B} = 1$, daher ist $n = 0,6$. Zu $M = 0,4$ gehört nach unserer Kurve $J = 0,52$ und $\mathfrak{B} = 0,77$, daher wird $n = \dfrac{1 - 0,52 \cdot 0,4}{0,77} = 1,03$ (Abb. 257, Kurve b).

Bei der einfachen Senkbremsschaltung mit dem gleichen Gesamtwiderstand $R = 0,4$ ist bei einem theoretischen Drehmoment $M = 1,0$ die Drehzahl $n = 0,4$ und bei $M = 0,4$ die Drehzahl $n = \dfrac{0,52 \cdot 0,4}{0,77} = 0,27$. (Abb. 257, Kurve c).

Für die Sicherheitssenkschaltung nehmen wir an: für den Anker mit seinem Vorwiderstand $R_A = 0,1$, für die Erregerwicklung mit ihrem Vorwiderstand $R_1 = 1,2$; der zwischen diesen parallelen Stromwegen und der andern Netzleitung liegende Vorwiderstand sei $R_2 = 0,8$. Um die Kurve zu berechnen, nehmen wir bestimmte Erregerströme an und zwar

1. $\qquad J_E = 0,5;\qquad$ dann ist $\qquad U_1 = 0,5 \cdot 1,2 = 0,6 \qquad$ und

$$J = \frac{U - U_1}{R_2} = \frac{1 - 0,6}{0,8} = 0,5,$$

daher der Ankerstrom $J_A = J - J_E = 0$ und $M = 0$.

Zu $J_E = 0,5$ gehört nach unserer magnetischen Kennlinie $\mathfrak{B} = 0,75$, daher ist $n = \dfrac{E}{\mathfrak{B}}$

$$= \frac{0,6}{0,75} = 0,8.$$

2. Ist $J_E = 0,4$, so wird $U_1 = 0,48$, $J = \dfrac{0,52}{0,8} = 0,65$, also $J_A = J - J_E = 0,25$; der Motor läuft also im Senkkraftbetrieb.

Zu $J_E = 0,4$ gehört $\mathfrak{B} = 0,65$, daher ist $M = 0,65 \cdot 0,25 \approx 0,16$ und

$$n = \frac{U_1 - J_A \cdot R_A}{\mathfrak{B}} = \frac{0,48 - 0,25 \cdot 0,1}{0,65} = 0,70.$$

3. Ist $J_E = 0,75$, so wird $U_1 = 0,9$, $J = \dfrac{0,1}{0,8} = 0,125$; $J_A = 0,125 - 0,75 = -0,625$; der Motor muß jetzt als Generator arbeiten.

Zu $J_E = 0,75$ gehört $\mathfrak{B} = 0,9$, daher ist $M = 0,9 \cdot -0,625 = -0,56$ und

$$n = \frac{0,9 + 0,625 \cdot 0,1}{0,9} = 1,07.$$

4. Wollte man einen Erregerstrom $J_E = 1,0$ erreichen, so müßte $U_1 = 1,2$, d. h. größer als die Netzspannung sein. Der Strom im Widerstand R_2, daher auch in der Netzleitung, müßte dann in umgekehrter Richtung fließen. Der Rückstrom würde sein $J = -\dfrac{0,2}{0,8}$

$= -0,25$, der Ankerstrom wäre $J_A = -1,25$. Da $\mathfrak{B} = 1$ ist, so wäre das Generatordrehmoment $M = 1,25$, die Drehzahl $n = \dfrac{1,2 + 1,25 \cdot 0,1}{1} = 1,32$.

Die Kurve d der Abb. 257 ist durch die vorstehend berechneten Punkte gelegt.

Der Verlauf der so berechneten Kurven entspricht den durch Bremsversuche an den Motoren gewonnenen Kennlinien.

Sowohl bei der Umschaltung auf umgekehrte Drehrichtung als bei der Bremsung durch Generatorwirkung auf Widerstände wird die den bewegten Massen entzogene Energie im wesentlichen in nicht nutzbare Wärme umgewandelt. Wirtschaftlicher ist ein drittes Verfahren, das in der Rückgabe von Leistung an das Netz besteht. Zu diesem Zweck muß die EMK des Motors größer als die zugeführte Spannung gemacht werden. Dieses kann durch Steigerung der Drehzahl, durch Verstärkung des Feldes oder durch Verminderung der den Motor speisenden Spannung erreicht werden. In allen Fällen können nur Nebenschluß- oder fremderregte Motoren verwendet werden, denn bei einem Motor mit einfacher Reihenschaltung würde ja mit dem Ankerstrom auch der Erregerstrom seine Richtung umkehren, eine Bremswirkung daher nicht zustande kommen. Die Bremsung durch steigende Drehzahl kommt besonders bei elektrischen Fahr- und Hebezeugen in Frage. Nehmen wir z. B. an, daß ein Nebenschlußmotor eine Last senkt, und daß diese sich immer mehr beschleunigt. Liegt der Motor in gewöhnlicher Schaltung am Netz (Abb. 235), so wird der aufgenommene Strom zunächst immer kleiner; der Ankerstrom wird Null, sobald die EMK die Größe der zugeführten Spannung erreicht hat. Bei weiterer Steigerung der Drehzahl überwiegt die EMK, der Ankerstrom hat dann die umgekehrte Richtung wie im Motorbetrieb; der Erregerstrom dagegen behält, da er im Nebenschluß liegt, seine Richtung bei; der Motor gibt daher als Generator Leistung ins Netz zurück. Die dazu erforderliche Antriebsleistung wächst selbsttätig mit der Geschwindigkeit und muß von der sinkenden Last geliefert werden; die Senkgeschwindigkeit wird dadurch beschränkt.

Eine Herabsetzung der Geschwindigkeit unter Rückgabe von Leistung ist innerhalb gewisser Grenzen dadurch möglich, daß man den Motor z. B. bei direktem Antrieb von Hobelmaschinen mit geschwächtem Erregerstrom laufen läßt und zur Bremsung den vorgeschalteten Regelwiderstand kurzschließt. Dadurch wird die EMK plötzlich erhöht, der Ankerstrom vermindert und allenfalls umgekehrt; die Drehzahl sinkt auf denjenigen Betrag, der dem Gleichgewichtszustand des Motors bei verstärktem Feld entspricht.

Durch Verringerung der speisenden Spannung wird besonders bei der Leonardschaltung (Abb. 249) gebremst. Vermindert man die Erregung des Steuergenerators, während der Motor läuft, in genügendem Maße, so fließt der Hauptstrom in umgekehrter Richtung, die Bewegungsenergie der vom Motor bewegten Massen führt dann umgekehrt dem Steuergenerator Leistung zu und beschleunigt ihn. Wird letzterer von einem Elektromotor angetrieben, so gibt dieser Antriebsmotor Leistung ans Netz zurück. Durch den Wechsel zwischen der Leistungsentnahme aus dem Netz, die besonders beim Anlauf sehr groß ist, und der Leistungsrückgabe beim Bremsen des gesteuerten Motors treten bei schweren Antrieben außerordentlich große Stromschwankungen im Netz auf. Bei dem Ilgner-Umformer werden diese dadurch vermieden, daß man ein Schwungrad mit dem Steuergenerator und seinem Antriebsmotor kuppelt. Wenn die Drehzahl des letzteren mit der Belastung hinreichend sinkt, so unterstützt das Schwungrad bei großem Leistungsbedarf den Motor, indem es mit abnehmender Drehzahl einen entsprechenden Teil seiner Bewegungsenergie abgibt, während es bei Erhöhung seiner Drehzahl, also bei der vorhin erläuterten Stromrückgabe aus dem gesteuerten Motor, Energie in sich aufnimmt.

53. Parallelbetrieb von Gleichstromgeneratoren und -motoren.

Sollen Gleichstromquellen parallel geschaltet, d. h. mit ihren gleichnamigen Klemmen beiderseits mit denselben Verbrauchskörpern verbunden werden, so muß die allgemeine Bedingung erfüllt sein, daß ihre Spannungen der Richtung und der Größe nach gleich sind. Verbinden wir auf einer Seite gleichnamige Klemmen zweier Stromquellen, z. B. nach Abb. 258, so sind die Spannungen gegeneinander geschaltet; an dem offenen Schalter tritt keine Spannung auf. Sind dagegen ungleichnamige Klemmen verbunden, so sind die Teilspannungen hintereinander geschaltet, die Summenspannung würde dann durch das Schließen des Schalters auf die geringen inneren Widerstände kurzgeschlossen. Durch einen an den offenen Schalter gelegten Spannungsmesser oder eine Prüflampe kann demnach festgestellt werden, ob die Schaltung richtig ist. Für die Verteilung der Belastung auf parallel geschaltete Stromquellen und für die Größe des

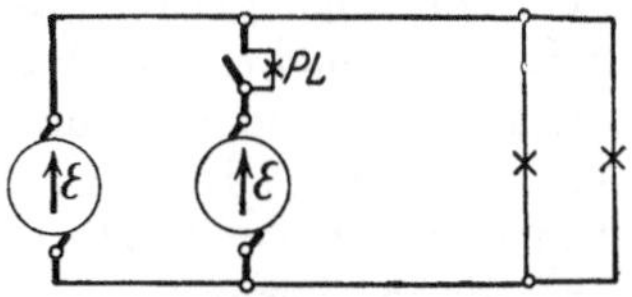

Abb. 258. Parallelschaltung zweier Stromquellen.

Ausgleichsstromes zwischen denselben gelten die im Abschnitt 9 entwickelten Beziehungen. Dabei ist besonders zu beachten, daß in dem inneren, durch die Stromquellen allein gebildeten Kreis die wirksame Spannung durch den Unterschied der Spannungen gegeben ist. Daher ist für einen guten Parallelbetrieb von Generatoren eine feine Regulierung des Erregerstromes und geringe Ungleichförmigkeit der Drehzahl nötig. Eine weitere Voraussetzung ist, daß die Generatoren sich bei jeder Belastung in stabilem Gleichgewicht befinden, d. h. daß eine Störung ihres Anteils an der gesamten Belastung sich nicht von selbst steigert. Soll sich ferner bei einer Änderung der Belastung die Verteilung derselben auf die einzelnen Generatoren nicht ändern, so muß sich deren EMK mit der Belastung in gleichem Maß ändern, die Belastungscharakteristik der Maschinen muß also gleichen Verlauf haben.

Wir betrachten nun den Parallelbetrieb von verschiedenen Generatorarten an Hand von Schaltskizzen, in welche nur die wesentlichsten Teile in einer für die Erläuterung möglichst übersichtlichen Anordnung eingezeichnet sind. Soll zu einem Nebenschlußgenerator I ein zweiter II parallel geschaltet werden (Abb. 259), so ist zunächst die Spannung des letzteren durch den Nebenschlußregler auf die Größe der Sammelschienenspannung zu bringen. Wenn der Schalter des zweiten Generators bei genauer Übereinstimmung der Spannungen eingelegt wird, so läuft dieser zunächst leer mit.

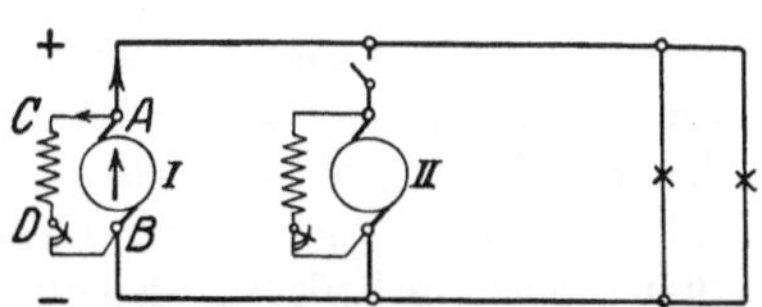

Abb. 259. Parallelschaltung zweier Nebenschlußgeneratoren.

Wird dann die EMK des Generators II durch Vergrößern seines Erregerstromes (oder seiner Drehzahl) erhöht, so muß Strom von der Plusklemme seines Ankers zu den Sammelschienen fließen, er muß also einen Teil der Belastung übernehmen. Da bei einem Nebenschlußgenerator die Spannung mit steigender Belastung fällt, so wird jede Erhöhung der EMK an einem Generator einen neuen Gleichgewichtszustand mit etwas erhöhter Klemmenspannung an allen parallel arbeitenden Maschinen herbeiführen. Was geschieht nun, wenn durch irgendeinen Einfluß die EMK des Generators I kleiner wird als die Sammelschienenspannung? Der Strom wird dann in der Plusleitung der Maschine umgekehrt wie bei dem Betrieb als Generator, d. h. von der Sammelschiene zu der Maschine, fließen. Dort verteilt er sich auf Erregerwicklung und Anker, fließt also in ersterer in gleicher Richtung, in letzterem entgegengesetzt wie vorher; das in der Maschine erzeugte Drehmoment kehrt sich daher um. Es hat nun die gleiche Richtung wie das Antriebsmoment, die Maschine läuft als Motor mit etwas erhöhter Drehzahl, aber in derselben Drehrichtung, daher ohne Betriebsstörung weiter.

Versucht man einen Parallelbetrieb von Reihenschlußgeneratoren zu erreichen, so müßte man zunächst den zweiten Generator dadurch auf Spannung bringen, daß man ihn durch Widerstände künstlich belastet; wenn gleiche Spannung erreicht ist, könnte man ihn zu dem ersten Generator parallel schalten. Tritt nun aber, z. B. durch Änderung der Drehzahl, an einem der Generatoren eine wenn auch geringe Erhöhung der EMK auf, so steigt mit dem Strom die EMK noch mehr, die Maschine würde ihre Spannung und Belastung weiter steigern, während die andere entlastet wird und dadurch in ihrer EMK immer mehr abnimmt. Die geringste Störung führt daher zu einem Kurzschluß, das Gleichgewicht ist labil, ein Parallelbetrieb von Reihenschlußgeneratoren ist nicht durchführbar.

Bei Doppelschlußgeneratoren (Abb. 260) tritt, wenn sie ohne besondere Hilfsmittel parallel arbeiten sollen, durch die Reihenschlußwindungen eine ähnliche Erscheinung auf. Wird z. B. nach dem Parallelschalten durch Verminderung der EMK des zweiten Generators ein Rückstrom hervorgerufen, so wirken die Reihenschlußwindungen gegen die Nebenschlußwicklung, die EMK wird dadurch noch mehr geschwächt, der Rückstrom gesteigert usw. Man erreicht einen stabilen Parallelbetrieb dadurch, daß man diejenigen Ankerklemmen der Generatoren, an denen die Reihenschlußwindungen angeschlossen sind, untereinander durch eine Ausgleichsleitung A-L verbindet. Deren Querschnitt wählt man in der Regel so groß, daß der Widerstand kleiner ist als derjenige des Nebenweges, der aus den beiden Reihenschlußwicklungen und ihren Verbindungsleitungen besteht. Nehmen wir an, daß die Spannungen, die Widerstände und die Belastung der Generatoren gleich sind, so verbindet die Ausgleichsleitung Punkte gleicher Spannung, sie ist daher stromlos. Vermindern wir nun die Spannung des Generators II, so fließt Strom durch die Ausgleichsleitung in der Richtung von Maschine II nach I, so daß der Strom in den Reihenschlußwindungen von I kleiner, in denen von II größer wird als der Ankerstrom dieser Maschinen. Durch den Ausgleichsstrom wird daher Generator I etwas weniger, Generator II etwas stärker erregt, die Störung also abgeschwächt. Wird Generator II bei geschlossener Ausgleichsleitung mit einer Spannung parallel geschaltet. die genau gleich der Sammelschienenspannung ist, so bietet sich dem von der Sammelschiene zu dem Anker I fließenden Strom ein zweiter Weg, nämlich durch die Reihenschlußwicklung von Generator II und die Ausgleichsleitung. Dieser Strom erhöht daher die Erregung von Generator II und zwingt ihn sofort zur Abgabe von Leistung. Um dieses zu vermeiden, muß die EMK des Doppelschlußgenerators vor dem Parallelschalten etwas höher als die Sammelschienenspannung sein.

Bei dem Parallelbetrieb von Stromquellen vereinigen sich diese in ihrer Abgabe, sie teilen sich in den von der Belastung geforderten Strom. Dabei kann die Antriebsleistung der Generatoren von einer gemeinsamen oder von getrennten Kraftmaschinen herrühren. Dementsprechend müssen wir unter dem Parallelbetrieb von Motoren einen solchen verstehen, bei dem die Abgabe gemeinsam ist, also ein „Abtrieb" von den Motoren auf eine gemeinsame Welle oder auf ein Fahrzeug stattfindet, so daß sie sich in das verlangte Drehmoment teilen. Auch

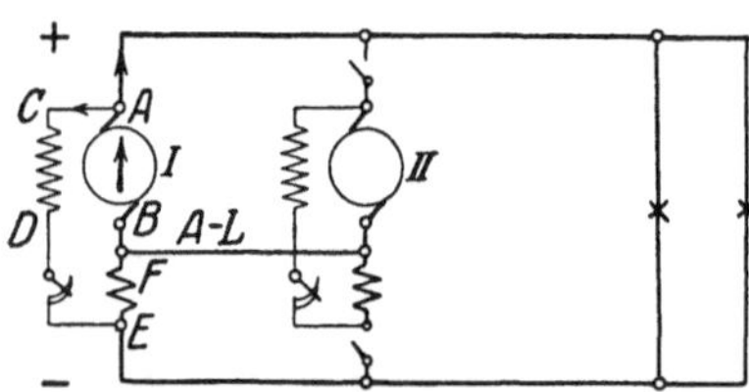

Abb. 260. Parallelschaltung zweier Doppelschlußgeneratoren.

hier können die Motoren in ihrer Aufnahme getrennt sein oder von derselben Stromquelle in Reihen- oder Parallelschaltung gespeist werden. In jedem Fall wird sich die gesamte Last nur dann auf die Motoren im Verhältnis ihrer Belastbarkeit verteilen, wenn die Charakteristiken gleich sind. Es müssen daher die Verhältniswerte der Spannungsverluste gleich sein, ferner muß die Bürstenstellung die gleiche sein. Andernfalls wird derjenige Motor, dessen Drehzahl mit der Belastung weniger abfällt, einen zu großen Teil der Last übernehmen.

54. Bestimmung des Wirkungsgrades von Gleichstrommaschinen.

Der Wirkungsgrad einer elektrischen Maschine (vgl. auch Abschnitt 13) kann dadurch bestimmt werden, daß man in betriebsmäßigem Zustande derselben die Abgabe und die Aufnahme bei verschiedener Belastung mißt (direkte Messung). Da es besonders bei größeren Maschinen schwierig ist, sie voll zu belasten und die mechanische Leistung genau zu messen, wird der Wirkungsgrad häufig aus den Verlusten ermittelt. Bei dieser indirekten Messung bestimmt man einerseits die im Leerlauf, anderseits die durch die Belastung entstehenden Verluste. Da ferner im betriebsmäßigen Zustand der Maschine noch zusätzliche Verluste auftreten, so berechnet man den Gesamtverlust als Summe aus diesen drei Hauptarten von Verlusten.

Die „Regeln für Bewertung und Prüfung elektrischer Maschinen" (REM) des VDE enthalten nähere Angaben über die verschiedenen Meßverfahren und die zu berücksichtigenden Verluste. Hier soll dasjenige Verfahren der indirekten Messung kurz erläutert werden, das am einfachsten auszuführen ist, das Motorverfahren.

Wie im Abschnitt 40 besprochen wurde, treten in einer Gleichstrommaschine hauptsächlich die folgenden Verluste auf: Reibung, Eisenverluste im Anker, Stromwärmeverluste in den Wicklungen, Bürstenverluste; dazu kommen noch die Zusatzverluste. Die beiden letztgenannten Verluste sollen laut REM nicht gemessen, sondern aus den dort angeführten Erfahrungswerten berechnet werden. Die Angaben der REM über die Zusatzverluste sind so zu verstehen, daß die dort angegebenen Prozentwerte sich auf den Nennwert beziehen und die Verluste sich bei anderen Belastungen mit der zweiten Potenz des Stromes ändern.

Die Stromwärmeverluste in den Wicklungen werden aus dem Strom und dem Widerstand, der auf eine Temperatur von 75° umzurechnen ist, berechnet. Zur Bestimmung der Reibungs- und Eisenverluste läßt man die Maschine mit der Spannung, welche der EMK bei Nennbetrieb entspricht und mit Nenndrehzahl als Motor leer laufen. Die Leistungsaufnahme des Ankers ist dann, abgesehen von den geringen Verlusten im Ankerstromweg, gleich der Summe der Reibungs- und Eisenverluste. Die Lager müssen dabei durch längeres Einlaufen die betriebsmäßige Temperatur angenommen haben. Will man noch die Reibungs- und Eisenverluste voneinander trennen, so ist der Leerlaufversuch mit verschiedener Ankerspannung und Erregung, aber gleicher Drehzahl, auszuführen; die Reibungsverluste ergeben sich dann durch graphische Extrapolation bis zur Ankerspannung Null. Für verschiedene Ankerströme können dann die gesamten Verluste, daher auch die Abgabe und der Wirkungsgrad berechnet werden.

Am einfachsten gestaltet sich die Bestimmung für einen Nebenschlußmotor, da dessen Reibungs-, Eisen- und Erregerverluste mit großer Annäherung bei jeder Belastung dieselben sind. Bei Maschinen, in denen im Betrieb eine erhebliche Änderung der Erregung oder der Drehzahl eintritt, so daß die genannten Verluste verschiedene Größe haben, sind mehrere Leerlaufversuche zu machen, die den verschiedenen Belastungszuständen entsprechen.

Beispiel: Der Wirkungsgrad eines Nebenschlußmotors für 220 V, Abgabe 5,5 kW = 7,5 PS ist zu bestimmen. Im warmen Zustand sei der Erregerstrom 1,00 A, der Widerstand von Anker (und Wendepolen) 0,50 Ω. Der Nennstrom des Motors sei auf 30 A geschätzt; bei Leerlauf mit Nenndrehzahl und 205 V Ankerspannung sei der Ankerstrom zu 1,32 A gemessen, der Leerverlust, d. h. die Reibungs- und Eisenverluste, sind also unter Vernachlässigung der geringen Stromwärmeverluste im Hauptstromweg gleich 205 · 1,32 = 270 W. Laut REM sind die Bürstenverluste mit 2 · 1 V, die Zusatzverluste bei Nennlast mit 1% der Aufnahme einzusetzen.

Demnach erhält man für verschiedene Stromaufnahmen folgende Leistungswerte in Watt:

Für Gesamtstrom	5 A	15 A	30 A	45 A
Leerverlust	270	270	270	270
Erregung	220	220	220	220
Wicklungsverlust in Anker (und Wendepolen) .	8	98	420	970
Bürstenverluste	8	28	58	88
Zusatzverluste	2	15	66	152
Gesamtverluste	508	631	1034	1700
Aufnahme N_{I}	1100	3300	6600	9900
Abgabe N_{II} rund	590	2670	5570	8200
Wirkungsgrad in %	54	81	84,5	83

55. Die Akkumulatoren.

Akkumulatoren oder Sammler sind Vorrichtungen, die als Gleichstromquelle verwendet werden können, wenn sie eine Zeitlang als Verbrauchskörper Energie aufgenommen haben; in ihnen findet durch Umwandlung elektrischer Energie in chemische Energie eine Aufspeicherung und dann wieder eine Erzeugung elektrischer Energie aus chemischer statt. Erhalten zwei vollständig gleiche Elektroden, die in einen Elektrolyten eingetaucht und in einen Gleichstromkreis eingeschaltet sind, durch Elektrolyse eine ungleiche Oberfläche, so tritt an ihnen eine Spannung auf, die einen bestimmten von der Stromstärke nahezu unabhängigen Wert hat. Sie ist auch nach Ausschaltung des Stromes noch vorhanden, solange die Oberfläche der eingetauchten Elektroden verschieden ist. Diese Spannung wird **EMK der Polarisation** genannt.

Die Akkumulatoren bestehen meistens aus **Bleiplatten in verdünnter Schwefelsäure**, ihr Wesen kann durch einige Versuche beobachtet werden. Wir füllen ein Glas mit verdünnter Schwefelsäure, tauchen zwei Bleiplatten ein und verbinden sie unter Vorschaltung eines passenden Widerstandes mit einer Gleichstromquelle von mindestens 3 V. Nach einiger Zeit können wir beobachten, daß die mit der Plusklemme verbundene Platte, die Anode, einen braunen Überzug aufweist, die eingetauchte Oberfläche der andern Platte, der Kathode, wird blank, später zeigen sich Gasblasen an derselben. Eine einfache, wenn auch nicht genau zutreffende Erklärung dieser chemischen Vorgänge finden wir, wenn wir zunächst die Flüssigkeit als leitendes Wasser betrachten. Durch die Elektrolyse wandert der Wasserstoff in der Flüssigkeit mit dem Strom, kommt also an die Kathode und verbindet sich mit dem Sauerstoff der Plattenoberfläche, d. h. er reduziert diese; findet er dort keinen Sauerstoff mehr, so tritt er in Form von Gasblasen aus der Zelle. Der Sauerstoff wandert in der Flüssigkeit gegen den Strom und oxydiert die Anode. Durch den Unterschied der Elektrodenoberfläche tritt eine EMK von rund 2 V zwischen den Bleiplatten auf, die Zelle ist zu einer Stromquelle oder einem **Sekundärelement** geworden, sie ist geladen. Schalten wir sie von der Ladestromquelle ab und auf einen Verbrauchskörper, so liefert die Zelle Strom, sie wird entladen. Durch Einschalten eines Drehspul-Strommessers können wir beobachten, daß der Entladestrom umgekehrt wie der Ladestrom fließt. Der Wasserstoff wandert bei der Entladung wieder mit dem Strom, also jetzt nach der mit der braunen Sauerstoffverbindung überzogenen Anode und entzieht ihr den Sauerstoff, die blanke Kathode dagegen wird durch den in umgekehrter Richtung wandernden Sauerstoff oxydiert. Der Unterschied in der Oberfläche der beiden Platten wird somit immer geringer, damit nähert sich auch die Fähigkeit zur Stromlieferung allmählich dem Ende, die Zelle muß von neuem geladen werden. Die Erforschung des chemischen Vorgangs zeigt, daß die negative Platte der geladenen Zelle aus reinem Blei besteht, die positive mit Bleisuperoxyd (PbO_2) überzogen ist. Während der Entladung vereinigt sich der Säurerest (SO_4) der Flüssigkeit mit der Kathode zu Bleisulfat ($PbSO_4$), der Wasserstoff (H_2) bildet mit PbO_2 und einem Molekül der Säure (H_2SO_4) ebenfalls Bleisulfat und zwei Moleküle Wasser. Das spezifische Gewicht der Flüssigkeit wird daher während der Entladung durch die Abgabe von Säure an die beiden Platten geringer. Während der Ladung entzieht der Wasserstoff der negativen Platte den Säurerest (SO_4), dieser bildet mit dem Bleisulfat der positiven Platte und den zwei Molekülen Wasser das Bleisuperoxyd sowie zwei Moleküle Schwefelsäure.

Die aktive Masse, das sind die bei der Umsetzung beteiligten Bestandteile, kann bei beiden Platten aus Bleisauerstoffverbindungen bestehen, die auf die Bleiplatten gebracht sind. Meistens enthält jede Zelle mehrere parallel geschaltete Platten, wobei stets eine positive Platte beiderseits von negativen umgeben ist (Abb. 261). Zur Ladung muß die Klemmenspannung wegen des Spannungsverlustes durch den inneren Widerstand und wegen der Veränderung der EMK durch die Ladung größer als die Ruhespannung von 2 V sein; die Zellenspannung (Abb. 262) wächst während der Ladung zunächst langsam von etwa 2,1 auf 2,3 V, dann rascher auf etwa 2,75 V. Während der Entladung ist die Klemmenspannung natürlich kleiner als die Ruhespannung, sie sinkt langsam von etwa 1,95

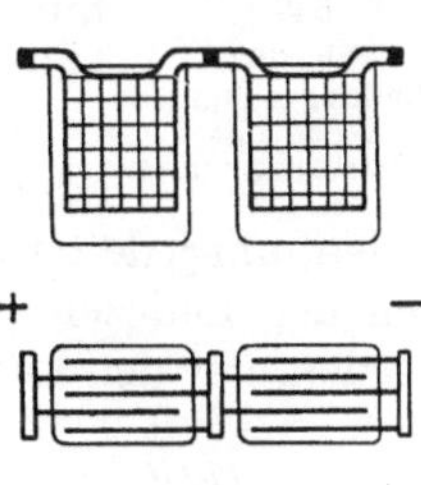

Abb. 261.
Akkumulatoren-Zellen.

auf 1,83 V. Wird weiter entladen, so fällt die Spannung und damit die lieferbare Energie rasch ab, außerdem leidet die Zelle Schaden. Da die Spannung im stromlosen Zustand auch nach starker Entladung nahezu 2 V betragen kann, so ist nur die Höhe der Klemmenspannung bei normalem Entladestrom das Kennzeichen dafür, ob die Zelle erschöpft ist.

Die Menge der aktiven Masse ist in erster Linie maßgebend für die Kapazität der Zelle, d. h. für die Strommenge in Amperestunden, die sie vom Zustand voller Ladung bis zu der eben erwähnten Grenze der Entladung liefern kann. Die Kapazität wird außerdem noch etwas durch die Stärke des Entladestromes beeinflußt. Je größer derselbe ist, desto weniger tiefgreifend und

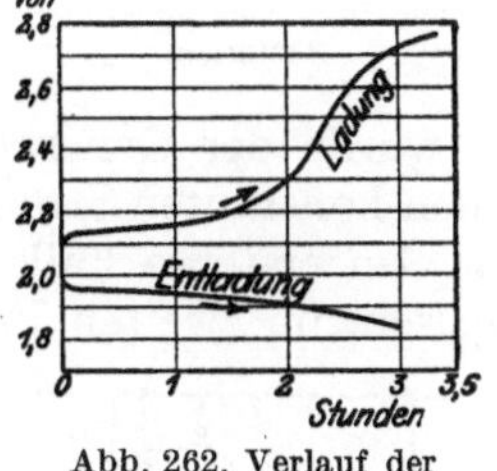

Abb. 262. Verlauf der
Klemmenspannung.

geregelt ist die Veränderung der Masse, desto geringer daher die Kapazität. Infolgedessen ist die Kapazität erst eindeutig festgelegt, wenn der zugehörige Entladestrom oder die Entladezeit angegeben wird.

Beispiel: Eine Zelle hat eine Kapazität von 30 Ah bei 3-stündiger Entladung, also bei 10 A Entladestrom. Mit 4 A kann sie aber 10 Stunden lang entladen werden, hat also dann 40 Ah Kapazität. Falls einstündige Entladung zulässig ist, beträgt die Kapazität nur 20 Ah.

Während bei dem Bleisammler die Überschreitung einer bestimmten Stromstärke und lange Ruhepausen von Nachteil sind, ist der alkalische Sammler, der jedoch bisher nur beschränkte Anwendung gefunden hat, gegen Überlastung und lange Ruhezeit unempfindlich.

Die Ladestrommenge muß für einen Sammler stets größer sein als die Entladestrommenge, weil durch das Gasen am Ende der Ladung und durch Ausgleichsvorgänge in den Zellen Verluste auftreten. Der dadurch bedingte Amperestundenwirkungsgrad beträgt bei dem Bleisammler 0,9 bis 0,95. Das Verhältnis der Entlade- zur Ladeenergie, der Wattstundenwirkungsgrad, ist außerdem durch den Unterschied der Klemmenspannung während der Entladung bzw. Ladung bedingt und hat einen Wert von 0,75 bei großer bis 0,85 bei geringer Stromstärke.

Batterie nennt man eine Anzahl von Zellen, die miteinander, in der Regel in Hintereinanderschaltung, verbunden sind. Kleine Batterien werden meistens durch Anschluß an ein Gleichstromnetz geladen. Dabei kann man als einfaches Hilfsmittel Glühlampen verwenden, um den Strom auf die zulässige Stärke zu beschränken, seine Größe zu beurteilen und zu erkennen, ob die Schaltung richtig ist. Da die Batterie zur Ladung gegen die Spannung der ladenden Stromquelle geschaltet werden muß, werden die Lampen in Abb. 263 bei richtiger Schaltung mit verminderter Spannung und zwar mit $110 - 3 \cdot 2 = 104$ V, bei falscher Schaltung mit 116 V d. h. heller brennen.

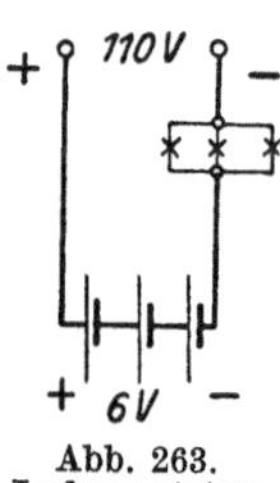

Abb. 263. Ladung einiger Zellen mit Netzspannung.

Batterien für Fahrzeuge bestehen in der Regel aus einer oder mehreren Gruppen von je 40 hintereinander geschalteten Zellen, um jede Gruppe mit 110 V vollständig laden zu können. Für den größten Teil der Ladezeit muß ein Widerstand zwischen Netz und Batterie geschaltet werden, der den Ladestrom auf das zulässige Maß beschränkt (Abb. 264). Treten in einer Gleichstromanlage starke Stromstöße auf, so kann man sie von den Generatoren dadurch fernhalten, daß man eine Pufferbatterie zu diesen parallel schaltet. Bliebe die EMK einer solchen Batterie vollständig unverändert und wäre ihr innerer Widerstand unendlich klein, so hätte ihre Klemmenspannung stets denselben Wert, einerlei ob ein Lade- oder ein Entladestrom fließt. Wäre dann die EMK des parallelgeschalteten Generators ebenfalls von der Belastung unabhängig, so würde der Generator nach der dritten Hauptgleichung (vgl. Abschn. 44) einen konstanten Strom liefern, einerlei ob das Netz stark oder schwach belastet ist. Im ersteren Falle würde dann die Batterie mit dem Generator das Netz speisen, im zweiten Fall würde sie Ladestrom erhalten. Ein solch idealer Ausgleich der Belastungsstöße tritt nicht ohne weiteres ein, sondern muß dadurch erreicht werden, daß die an den Batterieklemmen liegende Spannung bei großem Netzbedarf erniedrigt, bei geringer Netzbelastung erhöht wird. Dieses läßt sich z. B. durch eine im Batteriezweig liegende Zusatzmaschine Z erreichen (Abb. 265). Das Feld derselben wird im Doppelschluß einerseits

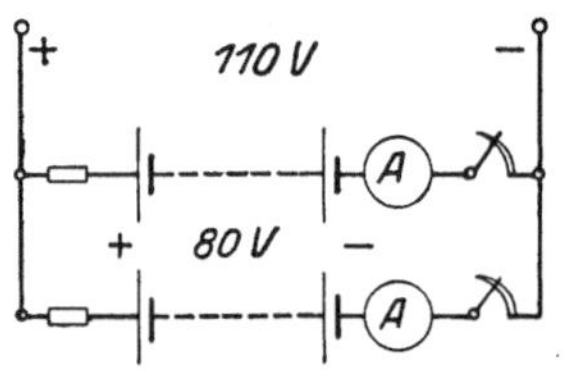

Abb. 264. Ladung zweier Batterien.

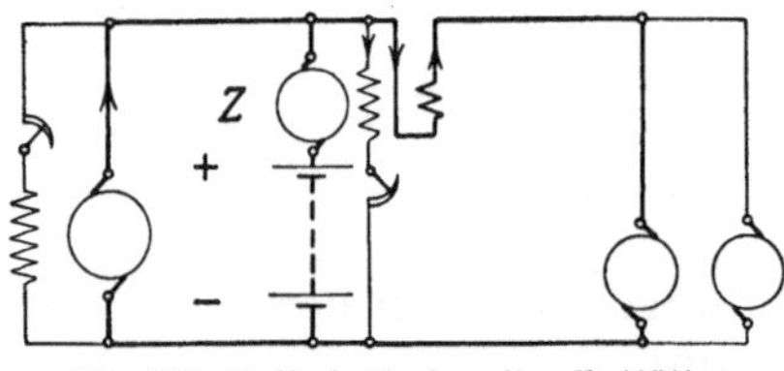

Abb. 265. Pufferbatterie mit selbsttätiger Zusatzmaschine.

durch eine an der Netzspannung liegende Wicklung, anderseits durch eine vom Netzstrom durchflossene und der ersteren entgegenwirkende Wicklung erzeugt. Bei mittlerer Netzbelastung sollen sich die beiden Erregungen aufheben, die Spannung der Zusatzmaschine also Null sein. Ist die Netzbelastung geringer, so überwiegt die an der Spannung liegende Erregerwicklung und muß im Anker der Zusatzmaschine eine EMK hervorrufen, die mit der Netzspannung hintereinander auf die Batterie wirkt, so daß diese geladen wird. Bei großem Netzstrom hat dagegen die Spannung der Zusatzmaschine durch das Überwiegen der Reihenschlußerregung die umgekehrte Richtung, erhöht also die Spannung des Batteriezweiges, die Batterie wird entladen.

Am häufigsten werden die Sammlerbatterien als Tagesausgleich und vor allem als zeitweiliger Ersatz der Generatoren in Licht- und Kraftanlagen verwendet. Der Generator braucht dann nur stundenweise und mit günstigster Belastung im Betrieb zu sein, um das Netz zu speisen und die Batterie zu laden. Diese kann in den Stunden größter Belastung den Generator unterstützen und in Zeiten geringer Belastung die Stromlieferung allein übernehmen.

Beispiel: Der tägliche Leistungsbedarf eines Gleichstromnetzes von 115 V Sammelschienenspannung sei durch folgende Werte bestimmt:

von 6—8 Uhr morgens: 10 kW, von 8—3 Uhr nachmittags: 20 kW, von 3—5 Uhr nachmittags: 30 kW, von 5—10 Uhr abends: 10 kW, von 10—6 Uhr morgens: 5 kW.

Der Generator soll von 6 Uhr morgens bis 8 Uhr abends im Betrieb sein, die Batterie soll die Belastungsspitze und den Nachtstrom liefern.

Zeichnet man das Belastungsdiagramm auf (Abb. 266), so ist die erforderliche Generatorleistung in erster Linie durch die Bedingung bestimmt, daß die Ladeenergie das 1,33-fache der Entladeenergie sein muß, wenn der Wattstundenwirkungsgrad 0,75 ist. Ferner ist es zweckmäßig, gegen Ende der Ladung nicht mit vollem Strom zu laden.

Nehmen wir von 6—5 Uhr eine Generatorleistung von 25 kW und von 5—8 Uhr eine solche von 20 kW an, so folgt aus dem Diagramm, daß die Batterie in der Zeit von 3—5 Uhr nachmittags und von 8 Uhr abends bis 6 Uhr morgens eine Energie von $2 \cdot 5 + 2 \cdot 10 + 8 \cdot 5 = 70$ kWh liefern und in der übrigen Zeit mit einer Energie von $2 \cdot 15 + 7 \cdot 5 + 3 \cdot 10$ $= 95$ kWh geladen werden muß.

Bei 115 V Entladespannung muß dann die Batterie eine

Kapazität von $\dfrac{70\,000}{115} = 610$ Ah bei 12-stündiger Entladung haben. Dieser würde eine Kapazität von 450 Ah bei 3-stündiger Entladung und ein höchstzulässiger Strom von 150 A entsprechen. Aus dem Diagramm berechnet sich ein größter

Ladestrom von $\dfrac{15\,000}{115} = 130$ A; gegen 8 Uhr abends wäre

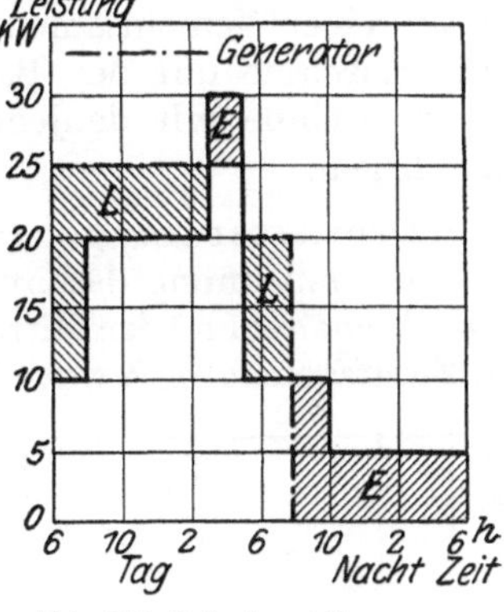

Abb. 266. Belastungsdiagramm.

der Ladestrom $\dfrac{10\,000}{170} \approx 60$ A, wenn die Spannung der Batterie am Ende der Ladung 170 V beträgt. Der Betrieb der Anlage kann demnach in der vorstehenden Art mit 25 kW Generatorleistung und einer Batterie der genannten Kapazität durchgeführt werden.

In solchen Anlagen soll die Sammelschienenspannung trotz der Veränderung der Zellenspannung während der Entladung oder Ladung unverändert bleiben, daher muß die Zahl der am Netz liegenden Zellen verändert werden können. Dies geschieht mittels eines **Zellenschalters** durch den Entladehebel E (Abb. 267). Soll z. B. die Sammelschienenspannung stets 115 V sein, so müssen am Ende der Entladung $115:1,83 \approx 63$ Zellen, am Ende der Ladung $115:2,75 \approx 42$ Zellen am Netz liegen; die Batterie muß also aus 42 Stamm- und 21 Schaltzellen bestehen. Da die Schaltzellen nicht so lange wie die Stammzellen an der Stromlieferung beteiligt sind, kommen sie bei der Ladung auch eher zum Gasen; man kann sie abschalten, wenn man den Zellenschalter mit einem zweiten

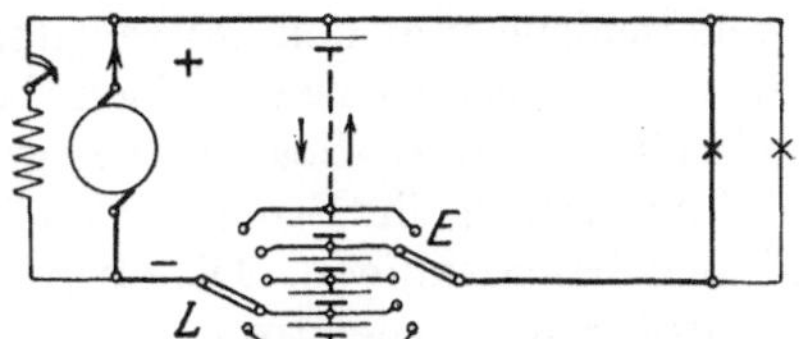

Abb. 267. Batterie mit Doppelzellenschalter und einem Ladegenerator.

Kontakthebel, dem Ladehebel L versieht, der die Verbindung mit der Lade-stromquelle herstellt. Um die Batterie voll laden zu können, ist eine Erhöhung der Ladespannung und zwar bei 63 Zellen auf etwa 170 V erforderlich. Zur Lieferung derselben kann man einen Generator für diese höhere Spannung vorsehen und seine Spannung durch Schwächen des Erregerstromes herab-setzen, wenn der Generator unmittelbar das Netz speisen soll oder die Ladung beginnt.

Besser ist der Betrieb mit zwei Generatoren (Abb. 268). Die Haupt-maschine wird dann stets auf die für das Netz erforderliche Spannung erregt und kann auch während der Ladung der Batterie unmittelbar mit dem Netz verbunden sein. Die zur Ladung der ganzen Batterie erforderliche Span-nungserhöhung liefert dabei eine fremd erregte Zusatzmaschine, die zwi-schen die beiden Hebel des Zellen-schalters so eingeschaltet wird, daß sie mit der Hauptmaschine hinterein-ander geschaltet ist. Es entstehen da-

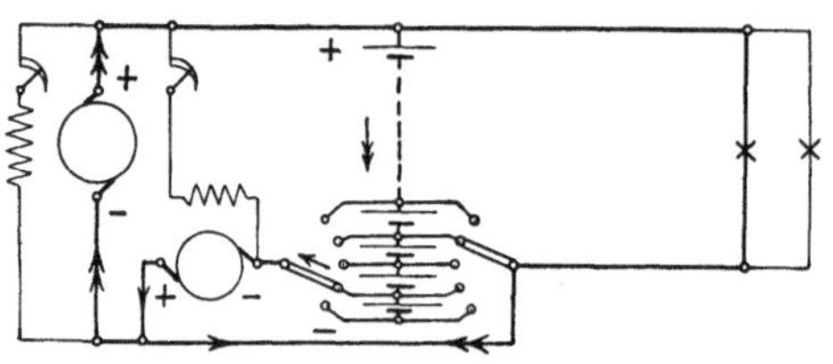

Abb. 268. Batterie mit Doppelzellenschalter, Lade- und Zusatzgenerator.

durch zwei hinsichtlich des Stromes voneinander unabhängige Ladestromkreise, die an einer gemeinsamen Leitung liegen. Den einen Stromkreis bildet die · Hauptmaschine mit der Batterie bis zu dem Entladehebel, den andern die Zusatzmaschine mit denjenigen Schaltzellen, die zwischen Entlade- und Lade-hebel liegen.

In Dreileiteranlagen (vgl. Abschn. 5) kann die von einem Generator gelieferte Außenleiterspannung dadurch geteilt werden, daß man eine Batterie demselben parallel schaltet und den Mittelleiter an die Mitte der Batterie anschließt (Abb. 269). Der Zusatzgenerator Z wird dann zweckmäßig mit zwei Ausgleichsmaschinen

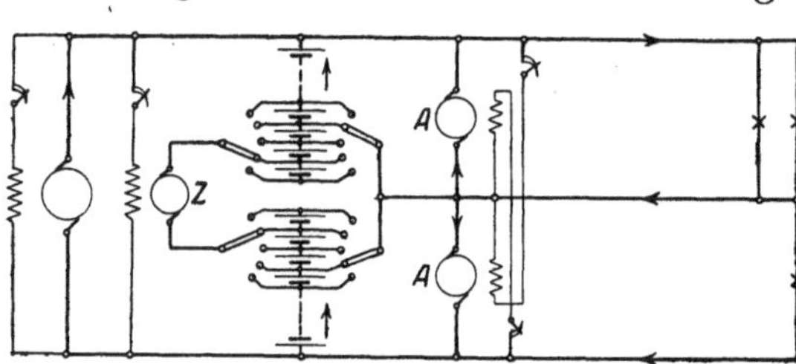

Abb. 269. Dreileiteranlage mit Batterie und Ausgleichsmaschinen.

A gekuppelt; diese dienen so-wohl als Antrieb für den Zusatz-generator als auch zum Aus-gleich ungleicher Belastung der Netzhälften. Schaltet man die Anker der Ausgleichsmaschinen an je eine Netzhälfte, ihre Er-regerwicklungen kreuzweise ver-tauscht an die Netzhälften, so tritt ein selbsttätiger Ausgleich ein. Ist z. B. die obere Netz-hälfte stärker belastet als die untere, so wird die Spannung zwischen der oberen Sammelschiene und dem Mittelleiter geringer sein als die andere Teilspannung. Waren die Ausgleichsmaschinen bei gleichmäßiger Belastung nur von ihrem Leerlaufstrom durchflossen, so wird jetzt die Ankerspannung der unteren Maschine steigen, ihr Erregerstrom fallen, sie wird daher mehr Strom aufnehmen und sich beschleunigen. Die obere Maschine hat jetzt geringere Ankerspannung und größeren Erregerstrom und erhält größere Drehzahl, sie wird daher als Generator Strom in die stärker belastete Netzhälfte liefern, während die untere Ausgleichsmaschine als Motor die Belastung ihrer Netzhälfte erhöht. Der vom Mittelleiter übertragene Ausgleichsstrom fließt dann sich verzweigend teils durch die eine, teils durch die andere Ausgleichsmaschine.

Transformatoren.

Die Übertragung elektrischer Energie auf größere Entfernung kann nur dann wirtschaftlich sein, wenn sowohl die der Beschaffung entsprechenden mittelbaren Kosten als die Leistungsverluste der Fernleitung im Verhältnis zu der übertragenen Energie nicht zu groß sind. Die Stromstärke in der Fernleitung soll daher möglichst gering sein, was aber bei gegebener Leistung nur durch entsprechende Erhöhung der Spannung zu erreichen ist. Die wirtschaftliche Herstellung und die Betriebssicherheit setzt nun der Spannung der Generatoren eine Grenze, ferner darf die Verbrauchsspannung mit Rücksicht auf die Herstellung der Verbrauchskörper sowie mit Rücksicht auf die Sicherheit ein gewisses Maß nicht überschreiten. In Wechselstromanlagen geben die Transformatoren die Möglichkeit, in einfacher Weise eine Umspannung vorzunehmen, nämlich die Leistung an der Erzeugungsstelle auf diejenige hohe Spannung zu bringen, die zur Übertragung günstig ist, sodann an den Verbrauchsstellen diese Spannung auf die Größe herabzusetzen, die für den betreffenden Verbrauchskörper zweckmäßig ist. Will man für den Transformator einen Vergleich heranziehen, so findet man in der Mechanik eine ähnliche Vorrichtung in den Hebeln oder der Übersetzung durch Räder, in der Maschinentechnik in dem Föttinger-„Transformator".

Der elektrische Transformator besteht im einfachsten Fall aus zwei Spulen, der primären und der sekundären, welche durch das gemeinsame Feld miteinander „gekoppelt" sind (Abb. 270). Seine Wirkung beruht auf der Fremdinduktion (vgl. Abschnitt 23). In der Primärspule wird die aus dem Netz aufgenommene Energie in magnetische, in der Sekundärspule wird diese wieder in elektrische

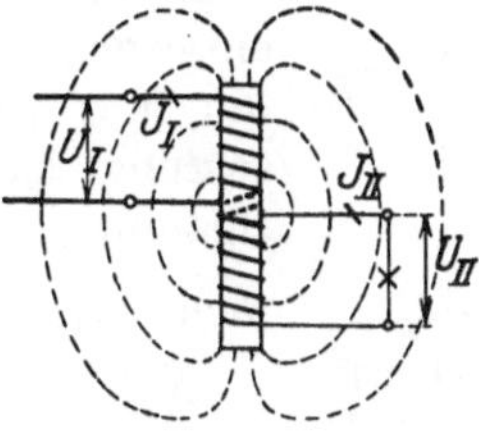

Abb. 270. Transformator.

Energie umgewandelt. Um dabei möglichst wenig Spannung und Leistung zu verlieren, werden die beiden Wicklungen durch einen guten magnetischen Schluß aus isolierten Eisenblechen magnetisch eng miteinander verbunden. Die grundlegenden Erscheinungen bei der Umwandlung elektrischer in magnetische Energie haben wir bereits im Abschnitt 33 kennengelernt.

56. Verhalten des Transformators.

Ist die Sekundärwicklung nicht geschlossen, befindet sich also, wie man in Anlehnung an den Sprachgebrauch bei Maschinen sagt, der Transformator im Leerlauf, so verhält er sich wie eine an bestimmte Spannung angeschlossene Wechselstromspule. Sehen wir von den Verlusten zunächst ganz ab, so nimmt der Transformator bei Leerlauf als rein induktiver Widerstand einen Blindstrom auf; dieser muß ein Feld von solcher Stärke erzeugen, daß die in der Primärspule induzierte Gegen-EMK der Klemmenspannung gleich ist. Die gesamte Linienzahl des Feldes ist dann nach Gl. 67 ($E = 4{,}44 \cdot \overline{\Phi} \cdot w \cdot f \cdot 10^{-8}$) durch die zugeführte Spannung, die Frequenz und die Windungszahl der Primärwicklung eindeutig bestimmt, wird also durch die Güte des Linienschlusses nicht beeinflußt.

Der Magnetisierungsstrom ist nach Gl. 69 $\left(J = 0{,}56 \cdot \dfrac{\overline{\Phi} \cdot \Re}{w}\right)$ der Linienzahl und dem magnetischen Widerstand direkt, der Windungszahl umgekehrt proportional.

Für die EMK, die durch Fremdinduktion in der Sekundärspule erzeugt wird, gilt ebenfalls die Induktionsgleichung; die Frequenz ist selbstredend in beiden Spulen gleich. Bezeichnen wir alle Primärgrößen mit I, alle Sekundärgrößen mit II, so ist

$$\frac{E_I}{E_{II}} = \frac{\Phi_I \cdot w_I}{\Phi_{II} \cdot w_{II}} \tag{167}$$

Wenn die Sekundärspule alle primär erzeugten Linien umfaßt, so daß $\Phi_{II} = \Phi_I$ ist, so ist

$$\frac{E_I}{E_{II}} = \frac{w_I}{w_{II}}, \tag{168}$$

d. h. die elektromotorischen Kräfte verhalten sich wie die Windungszahlen.

Infolge der Streuung ist jedoch Φ_{II} stets etwas kleiner als Φ_I, daher auch die sekundäre EMK etwas kleiner als dem Windungsverhältnis entspricht. Übersetzung ist — nach den Regeln des VDE für Bewertung und Prüfung von Transformatoren — das Verhältnis der Oberspannung zu der Unterspannung bei Leerlauf. Da die Streuung bei gutem Eisenschluß sehr gering und der Magnetisierungsstrom bei den üblichen Sättigungen ebenfalls verhältnismäßig klein ist, tritt bei Leerlauf kein merklicher Spannungsverlust auf; praktisch ist daher bei den meisten Transformatoren der Starkstromtechnik die Übersetzung gleich dem Verhältnis der Windungszahlen.

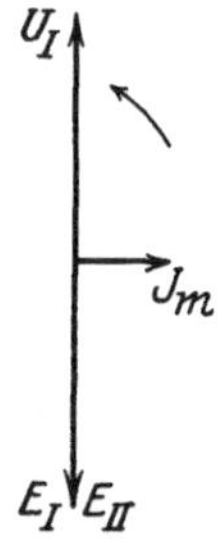

Aus Abschnitt 23 folgern wir, daß die in beiden Wicklungen induzierten Spannungen zeitlich um 90% hinter den Strom bzw. das Feld verschoben sind; die primäre Klemmenspannung U_I muß dann beim verlustlosen Transformator der Gegen-EMK E_I der Primärspule entgegengesetzt gleich sein, sie muß dem Magnetisierungsstrom J_m um 90% voreilen. Um die Vektordiagramme auch bei großer Übersetzung leicht zeichnen zu können, rechnet man die sekundären Spannungs- und Stromwerte auf die Übersetzung 1 um, zeichnet also nicht E_{II}, sondern den Wert $E_{II} \cdot \dfrac{w_I}{w_{II}}$ in gleichem Maßstabe wie E_I auf.

Abb. 271.
Diagramm
bei verlust-
losem
Leerlauf.

Abb. 271 zeigt das Diagramm für verlustlosen Leerlauf. In diesem wie in den folgenden Diagrammen sind die Größen der Deutlichkeit halber nicht in den tatsächlich auftretenden Verhältnissen gezeichnet.

Schalten wir in die Primärseite eines unbelasteten Transformators einen Wattstundenzähler ein, so können wir beobachten, daß er langsam läuft, da durch das Wechselfeld im Eisenkörper, allenfalls in benachbarten kurzgeschlossenen Metallmassen Verluste entstehen. Infolge dieser „Eisen"-Verluste ist der Leerlaufstrom J_0 tatsächlich kein Blindstrom, sondern setzt sich aus dem wattlosen Magnetisierungsstrom J_m und dem Eisenverluststrom J_v zusammen (Abb. 272). Größe und Phase des Leerlaufstromes sind durch Messung von Spannung, Strom und Wirkleistung bei Leerlauf mit Nennspannung zu bestimmen.

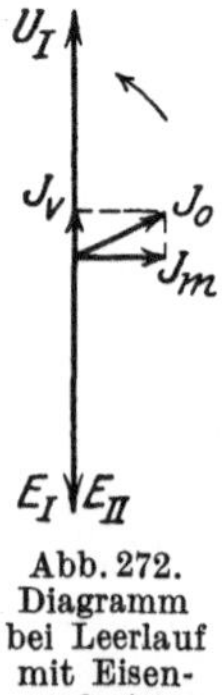

Belasten wir den Transformator, entnehmen also seiner Sekundärwicklung eine Leistung $U_{II} \cdot J_{II}$ beliebiger Phase, so muß er eine Leistung $U_I \cdot J_I$ aufnehmen, die bei Vernachlässigung der Verluste und des Magnetisierungsstromes nach Größe und Phasenverschiebung der Sekundärleistung gleich ist. Bei vollständig verlustlosem Transformator stehen daher die Ströme im umgekehrten Verhältnis der Spannungen, es ist also

Abb. 272.
Diagramm
bei Leerlauf
mit Eisen-
verlusten.

$$\frac{J_I}{J_{II}} = \frac{w_{II}}{w_I}. \tag{169}$$

Wie läßt es sich nun aus den inneren Vorgängen erklären, daß der Transformator selbsttätig einen Strom aufnimmt, der jeweils dem Belastungsstrom entspricht? Wir wissen, daß die EMK der Selbstinduktion in der Primärwicklung der angelegten Spannung, daher auch dem aufgenommenen Strom entgegenwirkt, während in der als Stromquelle dienenden Sekundärwicklung der Strom durch die EMK erzeugt wird, also gleiche Richtung wie diese hat. Der Sekundärstrom wirkt demnach dem Primärstrom entgegen. Belasten wir einen Transformator, so schwächt der Sekundärstrom zunächst das gemeinsame Feld und dadurch auch die induzierten Spannungen. Da nun der Primärstrom wie in dem Gleichstrommotor durch den geringen Unterschied zwischen der Klemmenspannung und der Gegen-EMK bedingt ist, so wird schon eine geringe Schwächung der letzteren sofort von einer erheblichen Erhöhung der Stromaufnahme aus dem Netz beantwortet. Diese Erhöhung dauert so lange, bis das Feld und damit die Gegen-EMK des Transformators wieder den für das Gleichgewicht erforderlichen Wert erreicht hat. Der verlustlose Transformator hat daher genau, der praktisch ausgeführte in großer Annäherung die gleiche Liniendichte und den gleichen Magnetisierungsstrom, einerlei ob er belastet ist oder nicht. Die Belastung hat im wesentlichen zur Folge, daß die Primärwicklung außer dem gleichbleibenden Leerstrom J_o noch eine zweite Stromkomponente, den Arbeitsstrom $J_I{}'$ aufnimmt; letzterer entspricht in seiner Größe dem Belastungsstrom J_{II} und hat entgegengesetzte Phase. Der Primärstrom J_I ist daher die Resultierende der beiden Komponenten J_o und $J_I{}'$, die Größe des Feldes entspricht aber nur der Blindkomponente J_m des Leerstromes. Abb. 273 zeigt das Diagramm für induktionsfreie Belastung, ohne Berücksichtigung anderer als der Eisenverluste.

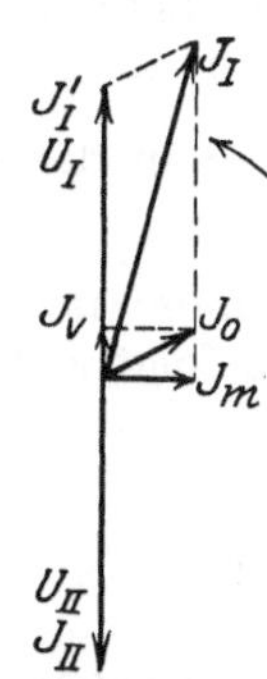

Abb. 273. Diagramm mit Eisenverlusten bei induktionsfreier Belastung.

Wir müssen nun noch den Einfluß der Streuung sowie des Echtwiderstandes der Wicklungen in Betracht ziehen. Auch bei vollständigem Eisenschluß hat der Nutzweg der Feldlinien stets einen gewissen magnetischen Widerstand, so daß schon bei unbelastetem Transformator ein Teil der Feldlinien sich auf den parallel zum Eisenkörper liegenden Streuwegen durch die Luft schließen wird, wie es in Abb. 274a andeutet. Denken wir uns sodann die Primärspule stromlos, dagegen die Sekundärspule von einem Strom durchflossen, der die umgekehrte Richtung wie der Primärstrom in Abb. 274a hat, so entstehen Streu-

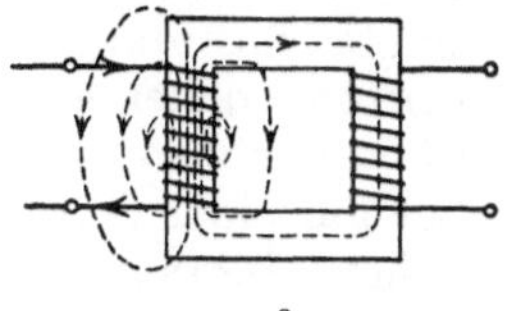
a

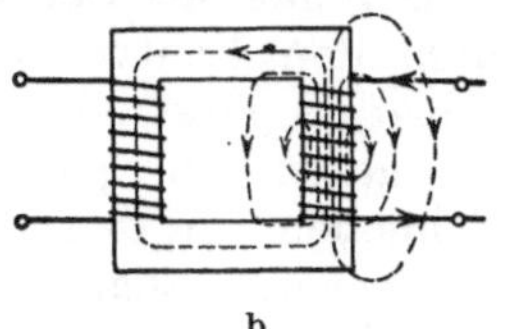
b

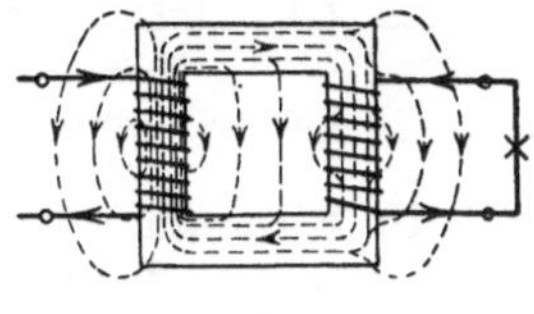
c

Abb. 274. Streulinien des Transformators.

linien, die mit der Sekundärspule verkettet sind (Abb. 274b). Ist der Transformator belastet, so lagern sich diese beiden Zustände übereinander (Abb. 274c). Das Feld der Primärspule muß natürlich überwiegen, einige der von ihr ausgehenden Linien schneiden die Sekundärspule nicht, sondern schließen sich durch den Luftraum im Bereiche der Primär- und der Sekundärspule. Es läßt sich nun nachweisen, daß der Spannungsverlust, der dieser Streuung entspricht, dem Strom in den Wicklungen proportional und um 90° gegen ihn verschoben ist. Bei einem gut gebauten Transformator ist der Magnetisierungsstrom im Verhältnis zum Nennstrom sehr gering, der Primärstrom und der Sekundärstrom sind um fast 180° gegeneinander verschoben. Die Streuung wirkt wie ein induktiver Widerstand, sie verursacht zwar einen Verlust an Spannung, jedoch keinen wesentlichen Verlust an Leistung.

Durch zwei einfache Leerlaufmessungen kann die Windungszahl einer Spule mittels einer solchen von bekannter Windungszahl und gleichzeitig die angenäherte Größe der Streuung zwischen beiden ermittelt werden. Man versieht die beiden Spulen mit einem gemeinsamen Eisenschluß, legt nach Abb. 274a und b erst die Spule a, dann die Spule b an die ihnen entsprechende Wechselspannung und mißt jeweils die Primärspannung U sowie die Sekundärspannung E. Bezeichnet man mit v_a bzw. v_b das Verhältnis der nutzbaren zu der insgesamt erzeugten Linienzahl und mit c eine Konstante, so ist nach Gl. 67 in der ersten Schaltung

$$U_a = c \cdot \Phi_a \cdot w_a \quad \text{und} \quad E_b = c \cdot v_a \cdot \Phi_a \cdot w_b \tag{170}$$

und in der zweiten Schaltung

$$U_b = c \cdot \Phi_b \cdot w_b \quad \text{und} \quad E_a = c \cdot v_b \cdot \Phi_b \cdot w_a.$$

Nimmt man an, daß beide Spulen gleiche Streuung haben, so daß $v_a = v_b$ ist, so folgt aus obigen Gleichungen durch Division bzw. Multiplikation

$$w_b = w_a \sqrt{\frac{U_b \cdot E_b}{U_a \cdot E_a}} \tag{171}$$

und

$$v_a = v_b = \sqrt{\frac{E_a \cdot E_b}{U_a \cdot U_b}} \tag{172}$$

Beispiel: Es wird gemessen

in der ersten Schaltung $\quad U_a = 100\,\text{V}, \quad E_b = 190\,\text{V},$

in der zweiten Schaltung $\quad U_b = 200\,\text{V}, \quad E_a = 95\,\text{V}.$

Dann ist

$$w_b = w_a \sqrt{\frac{200 \cdot 190}{100 \cdot 95}} = 2\,w_a,$$

sowie

$$v_a = v_b = \sqrt{\frac{95 \cdot 190}{100 \cdot 200}} = 0{,}95.$$

Die Streuung ist demnach beiderseits je 5%.

Wie in jedem Leiter, so erzeugt der Strom in den Wicklungen Wärme, es entstehen die sog. Wicklungsverluste. Der Widerstand, der aus den Wick-

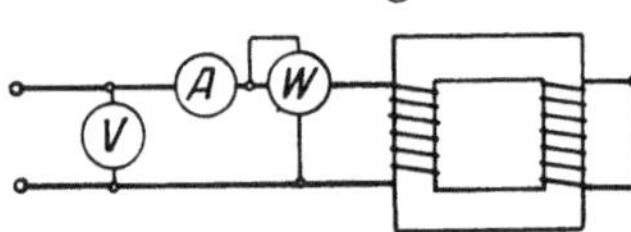

Abb. 275. Kurzschlußmessung.

lungsverlusten bei Wechselstrom berechnet wird, der Echtwiderstand, kann infolge der Hautwirkung etwas höher als der Gleichwiderstand sein. Der durch den Echtwiderstand bedingte Spannungsverlust ist phasengleich mit dem Strom, daher um 90% gegen den Spannungsverlust verschoben, der durch die Streuung entsteht. Schließen wir den Transformator auf einer Seite kurz und führen der andern eine geringe Spannung von solchem Betrag zu, daß der Nennstrom auftritt, so wird diese „Kurzschlußspannung" ganz durch die inneren Widerstände aufgezehrt. Das Feld und daher die Eisenverluste sind trotz des starken Stromes sehr gering, da infolge des sekundären Kurzschlusses nur eine sehr geringe EMK zu induzieren ist. Schalten wir auf der Primärseite außer Spannungs- und Strommesser noch einen Leistungsmesser ein (Abb. 275), so können wir die Wicklungsverluste sowie die Komponenten der Kurzschlußspannung u_K, nämlich die Spannung für den Echtwiderstand u_R und diejenige für den induktiven Widerstand u_L, also das Kurzschlußdreieck bestimmen. Zeichnet man zu dem Kurzschlußdiagramm noch die Richtung des Primär- und des Sekundärstromes sowie die zu liefernde Sekundärspannung U_{II} ein, so erhält man die erforderliche Primärspannung U_I nach Größe und Richtung als geometrische Summe von $U_I' = -U_{II}$

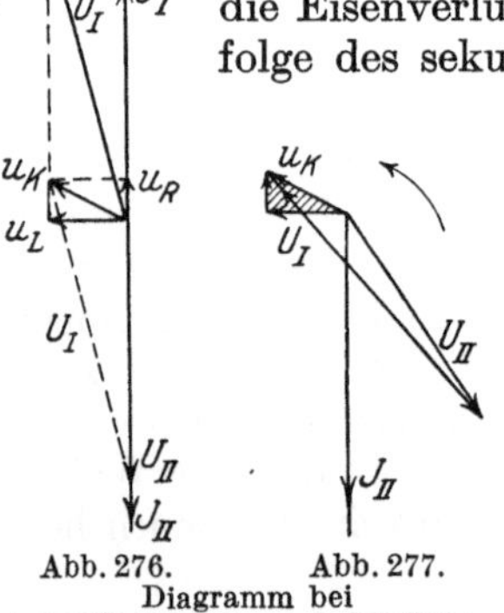

Abb. 276.   Abb. 277.
Diagramm bei
induktionsfreier   induktiver
Belastung.

und u_K. Abb. 276 zeigt das Diagramm für induktionsfreie Belastung, Abb. 277 dasjenige für induktive Belastung in verkürzter Darstellung. Wir entnehmen aus den Diagrammen, daß die Sekundärspannung bei Belastung mit phasengleichem oder nacheilendem Strom etwas kleiner ist, bei stark voreilendem Strom etwas größer sein wird als der Übersetzung entspricht. Wenn die Spannungsänderung auch nicht groß ist, so ist sie doch zu berücksichtigen, unter anderem auch, wenn derselbe Transformator einmal zur Erniedrigung, ein andermal zur Erhöhung der Spannung benutzt werden soll.

Beispiel: Ein Transformator sei so gebaut, daß er bei Zuführung von 6000 V im Leerlauf 400 V liefert, die Übersetzung ist also 15:1. Bei einer bestimmten Belastungsart sei die Spannungsänderung von Nennlast auf Leerlauf 5%, die sekundäre Klemmenspannung ist dann bei Nennlast $\frac{400}{1,05} = 381$ V. Führen wir nun umgekehrt der Unterspannungsseite des Transformators 380 V zu, so wird die Oberspannungsseite, die jetzt Sekundärwicklung ist, bei Leerlauf $380 \cdot 15 = 5700$ V liefern; bei Nennlast wird die sekundäre Klemmenspannung nur $\frac{5700}{1,05} = 5430$ V sein.

Wie eine Maschine, so ist auch ein Transformator so zu bemessen, daß bei der Nennleistung keine unzulässige Erwärmung auftritt. Da die Eisenverluste eines gegebenen Transformators von der Spannung, die Wicklungsverluste von dem Strom abhängen, so ist die Phase des Belastungsstromes, d. h. der Leistungsfaktor des Netzes, nicht von Einfluß auf die Erwärmung. Die Belastbarkeit eines Transformators ist daher nicht als Wirkleistung in kW, sondern als Scheinleistung in kVA anzugeben. Steht ein Transformator dauernd unter Spannung, ist aber nur zeitweise belastet, so ist zwischen dem Augenblickswirkungsgrad und dem sogenannten Jahreswirkungsgrad zu unterscheiden. Ersterer berechnet sich aus der in dem betreffenden Augenblick vorhandenen Leistung, letzterer aus der Energie, die der Transformator während einer gewissen Zeit abgibt, sowie aus seinen Energie-Verlusten. Die aufgenommene Energie ist nicht nur um den Betrag der gesamten Verluste während der Belastung, sondern noch um die Energieverluste während der Zeit des Leerlaufs größer als die abgegebene Energie. Der Wirkungsgrad wird am besten durch Messung der Einzelverluste ermittelt. Die Eisenverluste sind von der Belastung unabhängig, daher gleich der bei Leerlauf gemessenen Aufnahme an Wirkleistung, wenn der Wicklungsverlust des Leerlaufs zu vernachlässigen ist. Die Wicklungsverluste werden durch die Kurzschlußmessung gefunden und sind auf den warmen Zustand umzurechnen.

Beispiel: Ein Einphasentransformator für 500/125 V und 10 kVA möge im Leerlauf einen Primärstrom von 1,0 A und einen Verlust von 150 W haben. Bei Kurzschluß der Sekundärwicklung betragen die primär gemessenen Werte 30 V, 20,8 A und 250 W. Wir können z. B. dann folgende Werte berechnen:

a) Bei Nennspannung sind die Eisenverluste = 150 W; ist die Stromstärke des obigen Kurzschlußversuches gleich dem Nennstrom, so hat der Transformator bei Nennlast 250 W Wicklungsverluste. Dann ist bei induktionsfreier Belastung mit 10 kW die Aufnahme an Wirkleistung $10000 + 150 + 250 = 10,4$ kW, daher der Augenblickswirkungsgrad $\eta = \frac{10000}{10\,400} = 0,96$. Bei Vollbelastung mit einem Leistungsfaktor $\cos\varphi = 0,60$ dagegen wäre die Wirkabgabe $N_{II} = 6,00$ kW, die Wirkaufnahme $N_I = 6,40$ kW, daher $\eta = \frac{6,00}{6,40} = 0,94$. Nehmen wir an, daß der Transformator 4 Stunden induktionsfrei vollbelastet und 20 Stunden unbelastet unter Spannung ist, so ist die abgegebene Energie $4 \cdot 10 = 40,0$ kWh, die aufgenommene Energie $4 \cdot 10,4 + 20 \cdot 0,15 = 44,6$ kWh, der Jahreswirkungsgrad daher $\frac{40,0}{44,6} \approx 0,90$.

b) Der primäre Wirkstrom ist bei Nennlast $\frac{10\,400}{500} = 20,8$ A, bei Leerlauf ist er $J_v = \frac{150}{500} = 0,3$ A; der Blindstrom für die Magnetisierung ist dann $J_m = \sqrt{J_o{}^2 - J_v{}^2}$

$= \sqrt{1{,}0^2 - 0{,}3^2} = 0{,}95$ A. Der gesamte Primärstrom ist die Resultierende aus dem Wirkstrom von 20,8 A und dem Magnetisierungsstrom, daher ebenfalls rund 20,8 A. Aus den Kurzschlußwerten berechnet sich, auf die Primärseite bezogen, der Spannungsverlust in den Echtwiderständen zu $u_R = \dfrac{250}{20{,}8} = 12{,}0$ V und in den induktiven Widerständen zu $u_L = \sqrt{u_K{}^2 - u_R{}^2} = \sqrt{30^2 - 12^2} = 27{,}5$ V.

57. Bau und Arten von Transformatoren.

Der Eisenkörper eines Transformators wird aus Blechscheiben aufgebaut, die voneinander durch Papier oder Lack isoliert sind. Sollen die Leerverluste

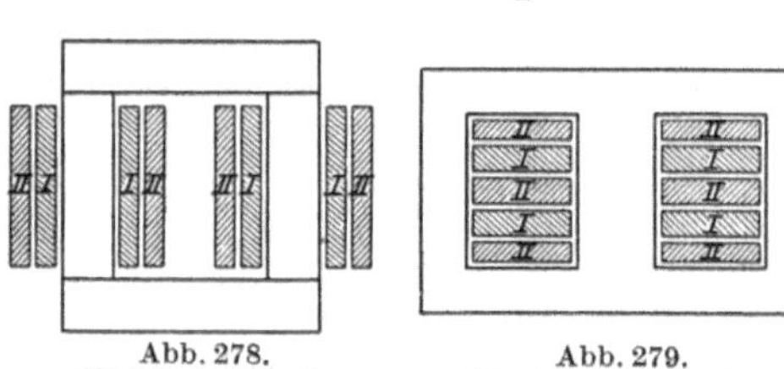

Abb. 278.　　　　　　　　　　Abb. 279.
Kerntransformator　　　　　Manteltransformator
(nach Fraenckel).

besonders gering sein, so verwendet man Bleche aus Legierungen von hohem elektrischen Widerstand und geringer Hysteresis. Um den magnetischen Schluß in den einzelnen Schichten möglichst vollkommen zu machen, verwendet man entweder Pakete, die mit bearbeiteten Paßflächen aneinander gepreßt werden, oder die Bleche werden einzeln derart in und um die Spulen gelegt, daß die Fugen in den Schichten gegeneinander versetzt sind. Für den magnetischen Fluß sind in einem Kerntransformator (Abb. 278) nur ein Weg, in einem Manteltransformator (Abb. 279) deren zwei vorhanden. Die Primär- und die Sekundärspulen werden entweder konzentrisch ineinander geschoben, wobei die Unterspannung innen liegt, oder sie werden in einzelnen Scheiben in axialer Richtung abwechselnd aufeinander gelegt. Die gewaltigen mechanischen Kräfte, die bei einem Kurzschluß durch den Überstrom auftreten, erfordern gegenseitige Abstützung und Verankerung der Wicklungen und des Eisenkörpers.

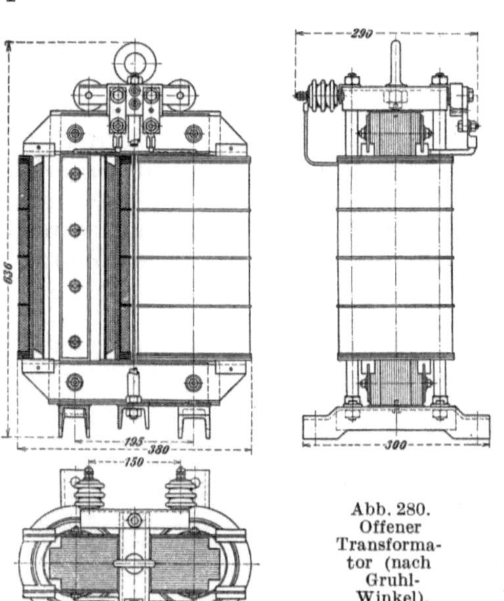

Abb. 280.
Offener
Transforma-
tor (nach
Gruhl-
Winkel).

Die Verlustwärme wird von den offenen Transformatoren (Abb. 280) an die durchstreichende Luft abgegeben. Wird der Transformatorkörper in einen Kasten mit feuchtigkeitsfreiem Öl versenkt, so wird dadurch die Isolierfähigkeit und die Wärmekapazität erhöht, andrerseits muß aber durch Vergrößerung der Kastenoberfläche mittels Rippen, durch natürlichen oder künstlichen Ölumlauf und allenfalls durch Wasserkühlung eine ausreichende Wärmeabführung erzielt werden.

Da die meisten elektrischen Kraftübertragungen mit Drehstrom arbeiten, werden auch die Transformatoren am häufigsten für diese Stromart gebraucht. Man kann dafür je drei Einphasentransformatoren verwenden, die man auf jeder der beiden Seiten entweder in Stern oder in Dreieck schaltet. Je nachdem hat dann die Transformatorengruppe eine verschiedene Übersetzung. Meistens jedoch verwendet man einen **Drehstromtransformator**; ein solcher besitzt einen für die drei Phasen gemeinsamen Eisenkörper mit drei Schenkeln, welche die Wicklungen tragen. Außer der Stern- und der Dreieck- schaltung wird noch die **Zickzackschaltung** angewendet (Abb. 281), bei der die Spulen jedes Stranges je zur Hälfte auf zwei Eisenkernen sitzen. Die sekundäre Sternspannung setzt sich dann aus zwei um 120° el. verschobenen Teilspan- nungen zusammen, die Stern- und die verkettete Spannung sind daher nur das 0,866fache der betreffenden Spannungen bei einfacher Sternschaltung. Der Vorteil der Zickzackschal- tung liegt darin, daß eine ungleiche Belastung sich im Trans- formator ausgleicht, so daß der Unterschied der Spannungen

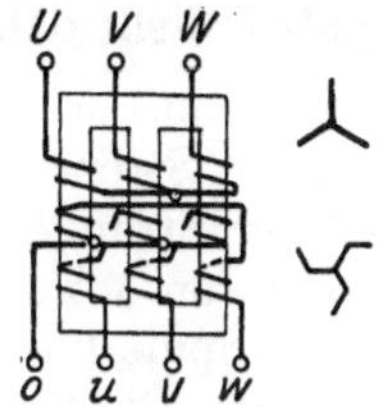

Abb. 281. Stern- und Zickzackschaltung.

nicht so groß ist wie bei Sternschaltung, ohne daß die volle Leitungsspan- nung von jedem Strang aufzunehmen ist, wie es bei Dreieckschaltung der Fall ist. Bei Transformatoren kleiner Leistung, aber hoher Spannung, z. B. Meßwandlern, ferner als Behelf kommt noch die **V-Schaltung** (spr. Vau-) zur Anwendung, die sich als Dreieckschaltung mit fehlender dritter Seite darstellt (Abb. 282). Ebenso wie durch zwei gerade Linien von bestimmter Länge und Lage drei Flächenpunkte festgelegt sind, so

Abb. 282. Vau-Schaltung.

ist auch ein Drehstromsystem durch zwei nach Art der Dreieckschaltung ver- kettete Wicklungen bestimmt, deren Spannungen gleiche Größe und 120° Phasenverschiebung haben. Läßt man die dritte Phase einer Dreieckschaltung weg, so bleiben daher die Spannungen erhalten; jede der beiden Wicklungen führt dann den vollen Leitungsstrom.

Von Interesse ist auch die **Scottsche Schaltung**, durch welche Dreh- strom in Zweiphasenstrom umgewandelt werden kann (Abb. 283). Die Primär- wicklungen zweier Einphasentransformatoren, von denen die zweite das 0,866fache der Windungszahl der ersten Wicklung hat, sind derart an die Dreh- stromleitungen geschaltet, daß die erste zwischen zweien derselben, die zweite zwischen der dritten Leitung und dem Mittelpunkt der ersten Wicklung liegt, die Wicklungen bilden also Grundlinie und Höhe eines gleichseitigen Dreiecks; die beiden Se- kundärwicklungen haben untereinander gleiche Windungszahl.

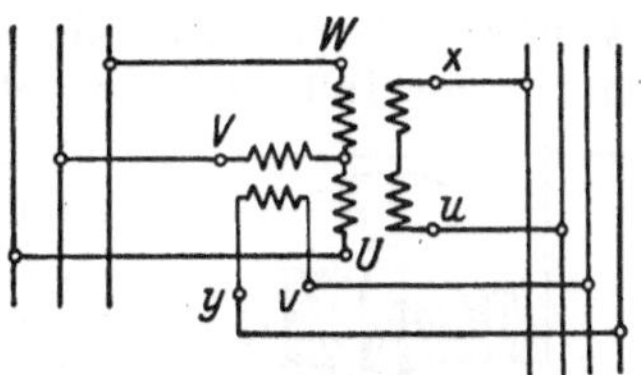

Abb. 283. Scottsche Schaltung.

Bei den bisher erläuterten Arten von Transformatoren hängen die Primär- und die Sekundärwicklung nur durch das gemeinsame Feld zusammen; wir können als Vergleich an einen doppelarmigen Hebel denken. Mit einem ein- armigen Hebel kann man die **Spartransforma- toren** vergleichen, bei denen die beiden Wick- lungen auch elektrisch miteinander verbunden sind. Das Wesen eines Spartransformators zur Herab- setzung der Spannung, z. B. für eine Bogenlampe, läßt sich am einfachsten an Hand eines Beispieles erkennen (Abb. 284). Wir schalten zwei Wechsel- stromspulen *I* und *II* für 80 bzw. 40 V mit gemein-

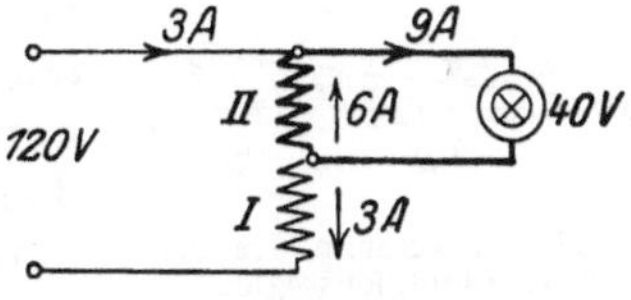

Abb. 284. Spartransformator.

samem Eisenschluß hintereinander, so daß an die äußeren Klemmen eine Spannung von 120 V gelegt werden kann; sodann schalten wir an die Spule *II* einen Ver- brauchskörper, der bei 40 V einen Strom von 9 A auftreten läßt. Sehen wir von Verlusten sowie von dem Magnetisierungsstrom ab, so muß bei Abgabe von $40 \cdot 9 = 360$ VA diese Leistung dem Netz entnommen werden. Durch die Spule I fließt daher ein Strom von $\frac{360}{120} = 3$ A. Da aber die Lampe 9 A führen soll, so muß nach der ersten Kirchhoffschen Regel an den Verzweigungspunkten noch ein Strom von 6 A zu- bzw. abfließen. Aus der Abbildung ist zu erkennen, daß der Strom von 6 A in der Spule II entgegengesetzte Richtung hat wie der Strom von 3 A in der Spule I. Es wird somit eine Leistung von 80 V und 3 A in der Spule I verbraucht und eine solche von 40 V und 6 A von der Spule II geliefert. Die transformierte Leistung beträgt demnach nur 240 VA, der andere Teil des Verbrauches, nämlich $360-240 = 120$ VA, fließt dem Verbrauchskörper unmittelbar aus dem Netz zu. Die Spannung für den Verbrauchskörper wird also hier an einem Teil der in Reihe geschalteten Spulen abgenommen, ähnlich wie bei der Spannungsteilung mit Widerständen (vgl. Abb. 43); bei der Teilung durch Transformatoren tritt jedoch kein wesentlicher Verlust von Wirkleistung auf. Versieht man die ganze Wicklung mit mehreren Anschlußstellen, so kann die Sekundärspannung stufenweise geändert werden, der Transformator ist dann in Verbindung mit einem geeigneten Schaltgerät zum Anlassen und Regeln von Motoren verwendbar.

Ein Spartransformator kann nicht nur zur Herabsetzung, sondern als **Zusatztransformator** auch zur Erhöhung der Spannung dienen (Abb. 285).

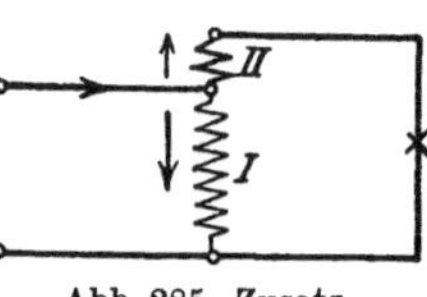

Abb. 285. Zusatz-Transformator.

Zu diesem Zweck legen wir die vorhandene Spannung an die Primärspule I und schalten hintereinander mit jener eine Sekundärspule II von solcher Windungszahl, daß in ihr die erforderliche Zusatzspannung induziert wird. Die Sekundärspule liegt in der Leitung zu den Verbrauchskörpern; der vom Transformator aus dem Netz aufgenommene Strom ist die Summe der beiden Spulenströme.

Eine stufenlose Erniedrigung und Erhöhung der Spannung gestattet der **Drehtransformator** oder **Induktionsregler** (Abb. 286), dessen Bauart derjenigen der Induktionsmaschinen (vgl. Abschnitt 65) ähnlich ist. Das wesent-

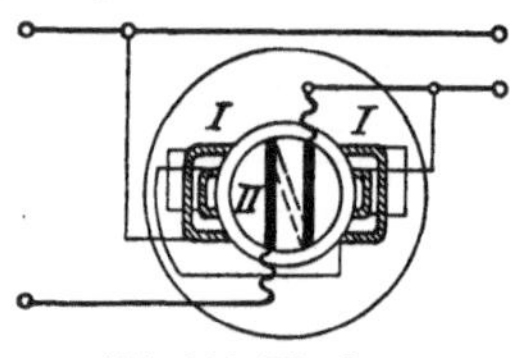

Abb. 286. Einphasen-Induktionsregler.

lichste Merkmal eines solchen Gerätes ist, daß die eine der Wicklungen, z. B. die Sekundärspule II, auf einem zylindrischen Eisenkörper liegt und mit diesem um 180° el. gedreht werden kann. Die Spulenachse der Sekundärwicklung kann also mit der Achse der Primärwicklung I, die ähnlich wie die Wicklung der Abb. 319 in axialen Nuten des Eisenringes liegt, verschiedene Winkel einschließen. Steht die Sekundärwicklung mit ihrer Achse senkrecht zum Primärfeld, so tritt an ihren Klemmen keine Spannung auf. Verstellen wir die Spule II nach links oder rechts, so werden von ihr immer mehr Linien umfaßt, an den Klemmen tritt dann eine Spannung

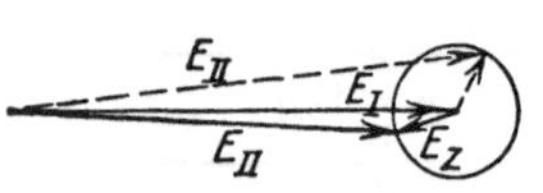

Abb. 287. Diagramm des Drehstrom-Induktionsreglers.

auf, die je nach der Richtung der Verstellung die gleiche oder entgegengesetzte Richtung wie die Primärspannung hat. Schaltet man daher die Sekundärspule mit dem Verbrauchskörper in Reihe, so wird die Netzspannung wie bei der Zu- und Gegenschaltung in dem einen Fall erhöht, im andern verringert. Ein solcher Transformator ermöglicht das Regeln einer Spannung ohne Schaltkontakte und in stufenloser Änderung. Setzt man die verstellbare Sekundärwicklung in ein **Drehfeld**, so ist zwar die Größe der in ihr induzierten Spannung von der Stellung unabhängig, dagegen ändert sich mit letzterer die Phase der Zusatzspannung E_z (Abb. 287). Diese setzt sich daher unter jeweils verschiedenem Winkel mit der ankommenden Spannung E_I zusammen, so daß die Größe und um ein weniges auch die Phase der resultierenden Spannung E_{II} sich verändern. Soll die Änderung der Phase vermieden werden, so kuppelt man zwei Drehtransformatoren und schaltet sie gegenläufig, so daß die Zusatzspannung des einen um ebensoviel voreilt als die andere nacheilt. Die geometrische Summe der beiden Zusatzspannungen ist dann immer in Phase mit der Netzspannung.

Wie die Hebel der Mechanik, so bieten sich die Transformatoren als ein sehr vielseitiges Mittel dar, um durch mannigfaltige Schaltungen die verschiedensten Spannungen und Ströme zu erzielen. Dabei sind natürlich die Grenzen einzuhalten, welche die Durchschlagsfestigkeit für die Spannung und die Belastbarkeit für den Strom ziehen.

Beispiel: Wir nehmen an, daß eine Einphasenspannung von 120 V und zwei Einphasentransformatoren von 120/240 V und 5 kVA, d. h. von etwa 42 A primärem und 21 A sekundärem Nennstrom zur Verfügung stehen. Von den Schaltungen, die sich ausführen lassen, seien unter Vernachlässigung der Verluste folgende erwähnt:

a) Unterspannungswicklungen parallel als Primärspulen an 120 V, Oberspannungswicklungen in Reihe mit geerdetem Mittelpunkt (Abb. 288); es kann abgenommen werden: 480 bzw. 2 · 240 V Spannung mit 21 A.

b) Oberspannungswicklungen in Reihe an 120 V, Unterspannungswicklungen parallel (Abb. 289). Man erhält 30 V und kann bis zu 84 A belasten.

c) Legen wir die beiden Wicklungen eines Transformators in Hintereinanderschaltung an 120 V (Abb. 290), so kann an der Unterspannungswicklung eine Spannung von 40 V

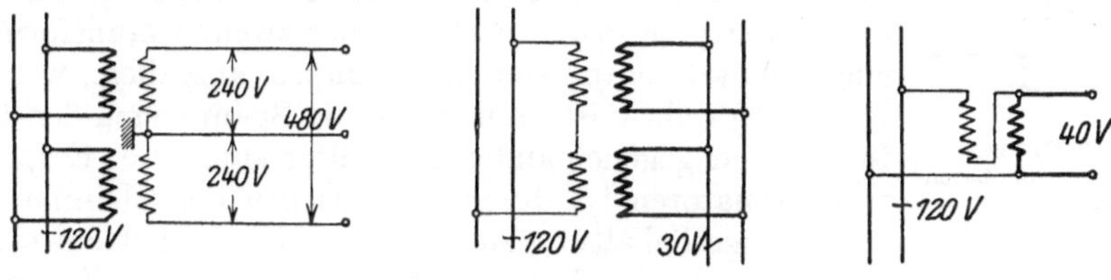

Abb. 288.　　　　　　　　Abb. 289.　　　　　　　　Abb. 290.

Schaltungsmöglichkeiten von Einphasentransformatoren.

abgenommen werden. Schalten wir an diese eine Belastung von 63 A, so führen beide Wicklungen ihren Nennstrom. Die Spannung von 40 V kann durch den zweiten Transformator noch weiter geändert werden.

Eine besondere Art von Transformatoren bilden die **Meßwandler**, die hauptsächlich zum betriebssicheren und gefahrlosen Anschluß von Meßgeräten, Zählern, Wächtern (Relais), Phasenlampen und ähnlichen Einrichtungen in Hochspannungsanlagen dienen. Es sind entweder **Spannungswandler**, d. h. solche, die primär an der Spannung der betreffenden Stromquelle liegen, oder **Stromwandler**, die wie ein Strommesser in eine Leitung einzuschalten sind. Sie müssen so gebaut sein, daß die Übersetzung innerhalb gewisser Grenzen nicht nur von der Frequenz und der Höhe des primären Wertes, sondern auch von der Belastung unabhängig ist. Wenn nämlich mehrere Geräte durch solche Transformatoren zu speisen sind, so muß es möglich sein, einzelne dieser Verbrauchskörper zu- oder abzuschalten, ohne daß dadurch die Genauigkeit der Messung merklich verändert wird. Abb. 291 zeigt die Schaltung solcher Meßwandler zur Speisung von

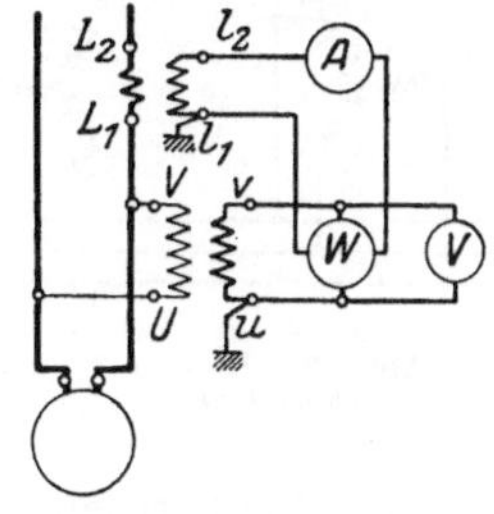

Abb. 291. Schaltung von Meßwandlern.

Meßgeräten; die Spannungsspulen der Verbrauchskörper werden untereinander parallel, die Stromspulen in Reihe an die betreffenden Wandler gelegt. Bei

Stromwandlern ist zu beachten, daß der Primärstrom von dem Sekundärstrom unabhängig ist, da die Primärwicklung im Hauptstromweg liegt. Wird daher der Sekundärkreis unterbrochen, während die Primärwicklung von erheblichem Strom durchflossen ist, so fällt die Gegenwirkung des Sekundärstromes weg; der Magnetisierungsstrom ist dann durch den Primärstrom allein gegeben. Dadurch erreichen die Eisenverluste so hohe Werte, daß eine übermäßige Erwärmung entsteht, bei großer Übersetzung wird auch eine gefährlich hohe Sekundärspannung auftreten. Daher darf die Sekundärseite eines Stromwandlers nicht gesichert werden; sie ist kurzzuschließen, wenn während des Betriebes z. B. ein Meßgerät ausgebaut werden soll.

58. Parallelbetrieb von Transformatoren.

Sollen zwei Transformatoren primär und sekundär parallel geschaltet werden — nur dann liegt ein Parallelbetrieb vor —, so müssen die Spannungen beiderseits dieselbe Größe haben, ferner muß die Richtung der Spannungen, d. h. die Polarität der Klemmen, übereinstimmen. Um letzteres festzustellen, legt man Prüflampen auf der Sekundärseite zwischen die Sammelschienen und die Klemmen des neu einzuschaltenden Transformators (Abb. 292). Ist dieser primär noch nicht eingeschaltet, so liegen die Lampen und die spannungslose Sekundärwicklung des Transformators in Reihe an den Sammelschienen, die Lampen brennen also mit halber Spannung. Wird die Primärwicklung des zweiten Transformators eingeschaltet, so müssen die Lampen ausgehen, wenn die Schaltung richtig ist, d. h. wenn die Spannungen der Transformatoren gegeneinander geschaltet sind. Bei Einphasentransformatoren ist durch Vertauschen der Klemmen stets die richtige Schaltung zu erreichen, bei Drehstromtransformatoren dagegen ist eine Parallelschaltung nicht mit beliebigen Zusammenstellungen der früher erwähnten drei Schaltungsarten möglich. In den „Regeln für die Bewertung und Prüfung von Transformatoren" des VDE sind diejenigen Schaltungsarten in je eine Gruppe eingeordnet, bei denen die Parallelschaltung durch Verbindung der gleichnamigen Klemmen vorzunehmen ist. Bei Transformatoren verschiedener Schaltungsgruppen ist es im allgemeinen nicht möglich, die drei Sekundärspannungen durch Vertauschen der Zuleitungen zur Übereinstimmung zu bringen. Wenn z. B. zwei Transformatoren beiderseits in Stern geschaltet sind, bei einem derselben aber die Sternverbindungen entgegengesetzt liegen wie bei dem andern, so können sie niemals parallel arbeiten. Nur bei einigen Schaltungen aus verschiedenen Gruppen ist es möglich, die erforderliche Übereinstimmung der Phasen durch Vertauschen der Zuleitungen zu erreichen. Wir betrachten z. B. das Schaltbild zweier Transformatoren, von denen der eine in △◁ (Schaltung C_1), der andere in △▷ (Schaltung D_1) geschaltet ist (Abb. 293a und b). Verbinden wir am zweiten Transformator primär V mit T und W mit S, so wird dadurch primär die „Phase" 2 umgekehrt und 1 mit 3 vertauscht (Abb. 293c). Dadurch werden auf der Sekundärseite die Sternspannungen u und w

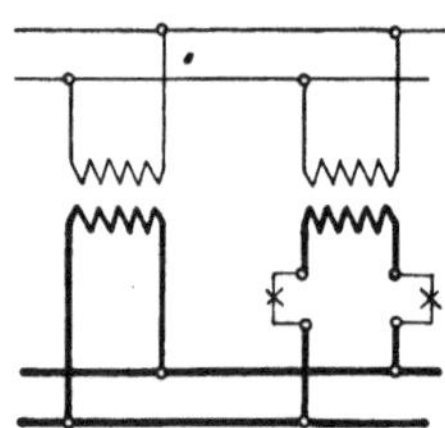

Abb. 292. Parallelschaltung von Einphasen-Transformatoren.

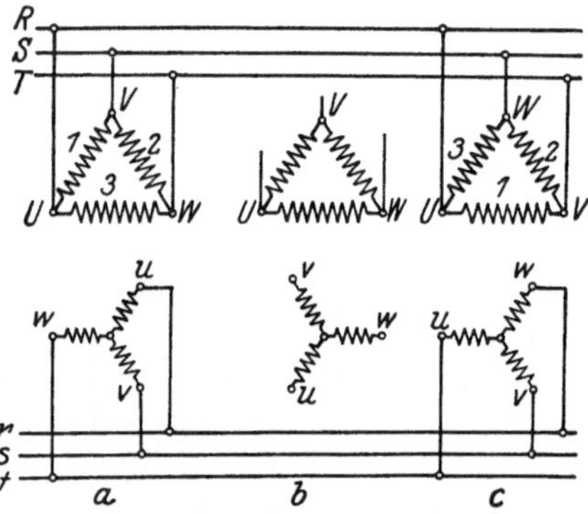

Abb. 293. Drehstromtransformatoren in verschiedener Dreieckschaltung.

um 60° rechts- bzw. linksdrehend und die Sternspannung v um 180° gedreht. Der Stern des zweiten Transformators (Abb. 293c) hat dann dieselbe Lage wie derjenige des ersten (Abb. 293a), die Parallelschaltung kann vorgenommen werden, wenn am zweiten Transformator w mit r und u mit t, sowie v mit s verbunden wird.

Zur Beantwortung der Frage, wie sich nach der Einschaltung der **Parallelbetrieb** der Transformatoren gestaltet, ist zu beachten, daß eine willkürliche Verteilung der Belastung nicht möglich ist, da im Gegensatz zu den Generatoren weder das Feld noch die Kraftzufuhr von außen geregelt werden kann. Wir können zur Erläuterung die Parallelschaltung von Elementen (vgl. Abschn. 9) heranziehen, bei denen sich der Belastungsstrom, gleiche EMK vorausgesetzt, im umgekehrten Verhältnis der inneren Widerstände auf die Elemente verteilt. Demnach werden die Transformatoren bei beliebiger Größe und Phase der Belastung den Gesamtstrom nur dann genau im Verhältnis ihrer Belastbarkeit untereinander verteilen, wenn die Spannungsverluste durch den Echt- und den Blindwiderstand einander gleich sind, die Kurzschlußdreiecke sich also decken. Hat ein neu aufzustellender Transformator eine kleinere Kurzschlußspannung als ein bereits vorhandener, so würde er einen verhältnismäßig zu großen Teil des Verbrauchsstromes übernehmen; man muß daher den Spannungsverlust des neuen Transformators dadurch erhöhen, daß man primär oder sekundär zwischen Transformator und Sammelschienen so viel Widerstand einschaltet, bis der Belastungsstrom sich in der gewünschten Weise auf die Transformatoren verteilt.

Wechselstrom-Synchronmaschinen.

59. Bau und Ankerwicklung.

Da im Anker der üblichen Gleichstrommaschinen Spannung wechselnder Richtung induziert wird (vgl. Abschn. 17 u. 44), so kann jede solche Maschine auch als Wechselstrommaschine verwendet werden, wenn man die Ankerwicklung mit Schleifringen statt mit einem Stromwender verbindet. Die gesamte Abgabe muß dann über Schleifringe und Bürsten übertragen werden, was besonders bei hoher Spannung Schwierigkeiten macht. Daher zieht man bei Wechselstrommaschinen die umgekehrte Bauart vor, man ordnet den Anker feststehend an, den Magnetkörper läßt man mit der Welle umlaufen und führt der Magnetwicklung die verhältnismäßig geringe Erregerleistung durch Schleifringe zu. Die

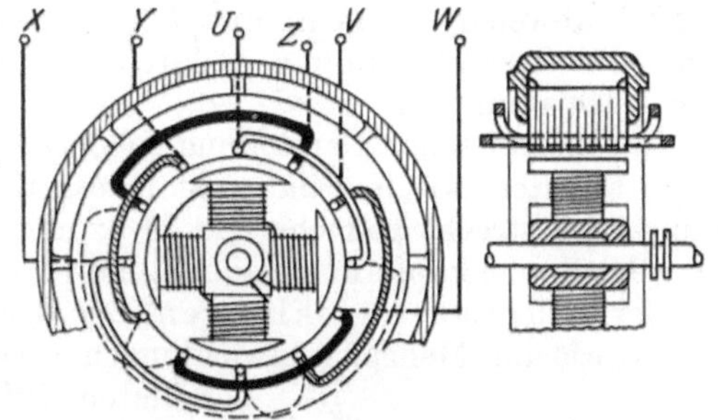

Abb. 294. Dreiphasen-Synchronmaschine.

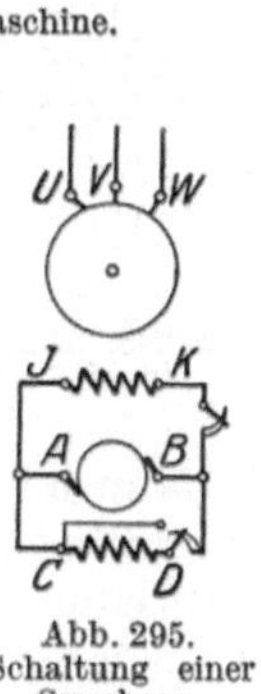

meisten Maschinen sind dabei so gebaut, daß der Magnetkörper als sog. **Polrad** im Inneren des ringförmigen Ankereisens umläuft; dieses ist nach innen zu mit axialen Nuten zur Aufnahme der Wicklung versehen (Abb. 294). Das Gehäuse hat dann im Gegensatz zu dem Joch der Gleichstrommaschine lediglich eine mechanische Aufgabe. Der Magnetkörper, der bei Maschinen sehr hoher Drehzahl nicht ausgeprägte Pole hat, sondern ähnlich wie der Anker einer Gleichstrommaschine eine zylindrische Walze mit Nuten ist, wird entweder durch eine eigene Erregermaschine oder fremd aus einer sonstigen Gleichstromquelle erregt (Abb. 295).

Für die **Ankerwicklung** gilt derselbe Grundsatz wie bei den

Abb. 295.
Schaltung einer
Synchronmaschine.

Gleichstrommaschinen: Man muß die Drähte so miteinander verbinden, daß sie einander in der Lieferung der gesamten Spannung oder des gesamten Stromes möglichst wirksam unterstützen. Die größte Wirkung wird erreicht, wenn man die Weite der Spulen und die Größe des Verbindungsschrittes zwischen diesen gleich der Polteilung macht (Abb. 294). Verschiedene Rücksichten zwingen aber auch hier, von diesem idealen Schritt abzuweichen, d. h. die Spulenweite und den Verbindungsschritt bald etwas größer, bald etwas kleiner als die Polteilung zu machen.

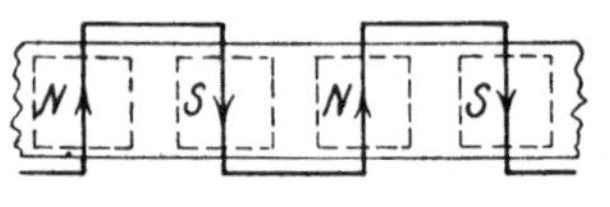

Abb. 296. Einphasenwicklung mit einem Draht je Pol.

Die einfachste Ankerwicklung für einphasigen Wechselstrom erhalten wir, wenn wir Drähte derart in Nuten des Ankereisens legen, daß jeder Draht von dem nächsten um eine Polteilung entfernt ist und die Drahtenden abwechselnd auf der einen und der andern Stirnseite des Ankers in Reihe schalten, wie es in Abb. 296 als Grundriß in Abwicklung dargestellt ist. Um höhere Spannung zu erhalten, kann man, statt von dem zweiten Draht sofort weiter zu gehen, wie bei der Gleichstromwicklung in die Nute des ersten zurückkehren und in solcher Weise Spulen von größerer Windungszahl wickeln (Abb. 297).

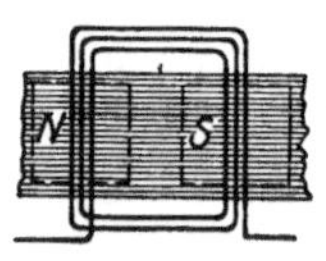

Abb. 297. Ankerspule mit mehreren Windungen.

Die zusammengehörigen Spulen einer Ankerwicklung werden in der Regel hintereinander geschaltet, Parallelschaltung von Spulen bzw. von Drähten einer Spule wird angewendet, wenn sie zur Anpassung an eine bestimmte Spannung oder eine vorhandene Drahtstärke notwendig ist. Sobald der Magnetkörper umläuft, haben dann die in aufeinanderfolgenden Spulenseiten induzierten Spannungen entgegengesetzte Phase, so daß an den Klemmen in jedem Augenblick die arithmetische Summe aller einzelnen Spannungen auftritt. Eine solche einfache Wicklung hat den Nachteil, daß die Ankerfläche nur wenig ausgenutzt wird und daß die Kurvenform der erzeugten Spannung genau derjenigen des Feldes entspricht. Abb. 212 zeigt, daß diese von der Sinusform erheblich abweicht. Man nimmt daher verkürzte und verlängerte Schritte, wenn auch die Gesamtspannung dadurch kleiner wird als die arithmetische Summe der Teilspannungen.

In schematischer Darstellung sollen nachstehend die wichtigsten Wicklungsarten erläutert werden, dabei ist jedesmal der Anker abgerollt, d. h. in gerader Linie ausgestreckt gedacht und in axialer Ansicht dargestellt, so daß die Pole und die Spulenköpfe in gerader Linie nebeneinander liegen.

Bei Einphasenwicklungen, zu deren Herstellung die gleichen Ankerbleche wie für Mehrphasenwicklungen verwendet werden, läßt man ein Drittel der Nuten jeder Polteilung unbewickelt; die Verwendung dieser Nuten würde bei der starken Verkürzung des Schrittes keinen Vorteil mehr bieten. Z. B. wird dies mit einer zweifachen Spule, der sog. Zweilochwicklung, derart ausgeführt, daß man in Nut 2 beginnend den ersten Teil der Spule in die Nuten 2 und 4 legt, dann zur Nut 1 zurückgeht und nun den anderen Teil der Spule in die Nuten 1 und 5 wickelt (Abb. 298). Das Ende dieser ersten Spule

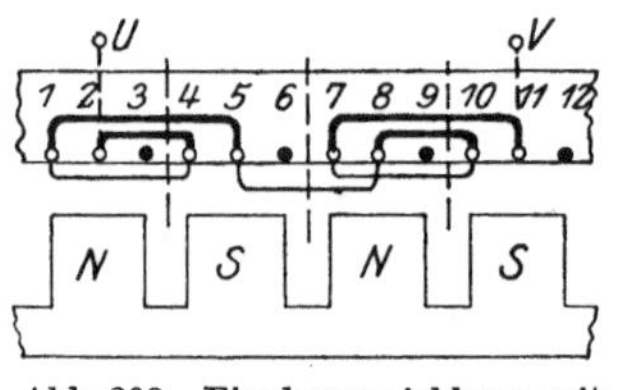

Abb. 298. Einphasenwicklung mit einer Spule je Polpaar.

ist dann mit dem Anfang der nächsten durch eine Verbindung von Nut 5 nach 8 hintereinander zu schalten. Dieselbe Spannung läßt sich offenbar mit geringerer Drahtlänge erreichen, wenn man von Nut 4 nicht rückwärts nach Nut 1, sondern vorwärts nach Nut 7 geht; letztere liegt ja dem Pol gegenüber in gleicher Lage wie Nut 1. Man wickelt sodann eine zweite Spule in die Nuten 7 und 5 und legt schließlich eine Verbindung von *5* nach *8* (Abb. 299). Man erhält so auf jedes Polpaar zwei Einlochspulen statt einer Zweilochspule.

Für den idealen Fall des sinusförmigen Feldes, wobei die Spannung in jedem Draht zeitlich nach dem Sinusgesetz verläuft, kann die Gesamtspannung durch ein Vektordiagramm bestimmt werden (Abb. 300). Der Vektor *2* stelle nach Größe und Richtung die in Nut *2* induzierte Spannung z. B. 10 V dar. Würden wir von *2* mit einem Schritt von der Größe der Polteilung, also um 180° el. nach Nut *5* gehen, so würde sich die Spannung der letz-

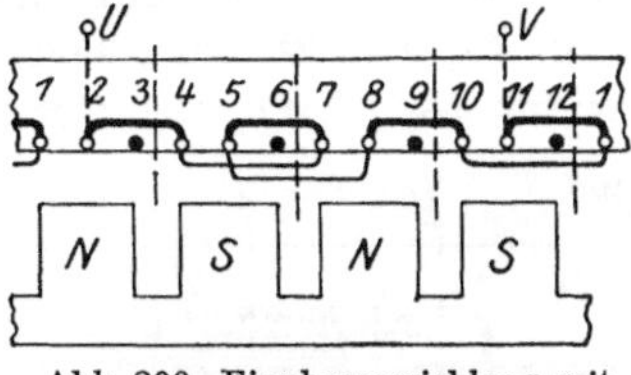

Abb. 299. Einphasenwicklung mit zwei Spulen je Polpaar.

teren in gleicher Richtung zu ersterer addieren, da die Drähte gegeneinander geschaltet sind; die Summe wäre also = 20 V. Da wir jedoch in Abb. 298 und 299 die Spule in die Nuten *2* und *4* gewickelt, also einen Schritt von zwei Drittel Polteilung ausgeführt haben, so liegen die Spannungen *2* und *4* unter einem Winkel von 120°. Die Summe derselben ergibt sich dann aus der Geometrie der Figur zu $2 \cdot 10 \cdot {}^{1}/_{2} \sqrt{3} = 17{,}3$ V. Gehen wir (Abb. 298) von Nut *4* nach *1*, also um eine Polteilung zurück, so hat die Spannung *1* die gleiche Richtung wie *4*; dasselbe gilt in Abb. 299 für Nut *7*. Die Spannung *5* schließt sich wie eingezeichnet an, da wir um 240° nach vorwärts bzw. um 120° nach rückwärts gehen, sie muß dieselbe Richtung wie die Spannung *2* haben. Mit der Wicklung nach Abb. 298 oder 299 erreichen wir daher eine Spannung, die im Verhältnis 1:0,866 kleiner ist als bei Anwendung von Schritten, die stets gleich der Polteilung sind.

Abb. 300. Diagramm zu Abb. 298.

Eine Dreiphasenankerwicklung muß auf jedes Polpaar drei Spulen, deren mittlere Weite gleich einer Polteilung ist, in gleichmäßiger Verteilung erhalten. Die Spulen der drei Stränge sind also um je zwei Drittel Polteilung gegeneinander zu versetzen. Um die Kreuzung der Spulen ausführen zu können, muß man entweder die Köpfe jeder Spule schräg führen oder dieselben gruppenweise in verschiedene Ebenen legen (vgl. Abb. 294). Als Beispiel zeigt Abb. 301 die Ankerwicklung für eine sechspolige Maschine mit 3 Nuten je Polteilung, also insgesamt 18 Nuten. Die Spulenweite ist gleich der Polteilung mit einem Nutenschritt = 3 auszuführen, die Stränge müssen einen Abstand von 2 Nuten voneinander haben. Demnach ist die erste Spule des ersten Stranges in die Nuten *1* und *4*, die des zweiten in *3* und *6*, die des dritten in *5* und *8* zu wickeln. Um die

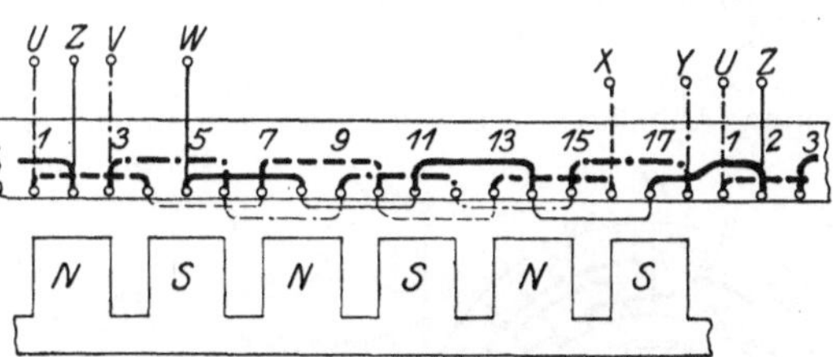

Abb. 301. Dreiphasenspulenwicklung.

Kreuzung auszuführen, liegen je 4 Spulenköpfe in einer Ebene, der Kopf der neunten Spule, die in den Nuten *17* und *2* liegt, muß zum Teil in der einen, zum Teil in der andern Ebene liegen. Bei Maschinen mit mehreren Polpaaren sind die gleichnamigen Pole gleichwertig, daher kann z. B. der Anfang eines Stranges an beliebigen Stellen liegen, die um eine doppelte Polteilung voneinander abstehen. So könnte in Abb. 301 der zweite Strang statt in Nut *3* auch in Nut *9* oder *15* beginnen. Die sechs Klemmen *U, V, W* und *X, Y, Z* können in Stern oder Dreieck geschaltet werden. Bei größeren Maschinen, deren Anker geteilt hergestellt wird, ist es erwünscht, daß die Teilfugen nicht durch Spulen überbrückt werden müssen. Man kann dies dadurch erreichen, daß man drei verschiedene Formen von Spulenköpfen, für jeden Strang eine andere, ausführt. Die Fuge kann dabei so gelegt werden, daß sie zwischen Nuten desselben Stranges durchgeht. In Abb. 302 ist dieser Fall an einer vierpoligen Wicklung mit 24 Nuten dargestellt. Der erste Strang besteht aus zwei Zweilochspulen in den Nuten *2, 7, 1, 8* sowie in *14, 19, 13, 20,* der zweite aus ebensolchen Spulen in den Nuten *6, 23, 5, 24* sowie in *18, 11, 17, 12.* Der dritte Strang dagegen besteht aus vier Einlochspulen

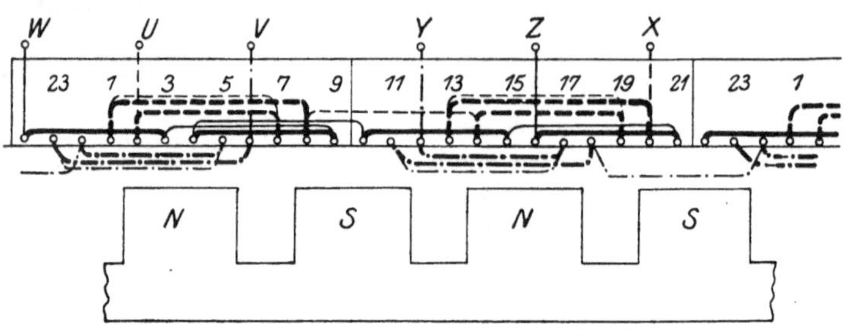

Abb. 302. Dreiphasenwicklung für geteilten Anker.

in den Nuten *22* und *3, 9* und *4, 10* und *15* sowie *21* und *16.* Der Anker ist zwischen den Nuten *9* und *10* sowie *21* und *22* geteilt.

Bei Maschinen, die im Verhältnis zur Leistung geringe Spannung, daher große Stromstärke haben, führt man die Wicklung mit nur einer Windung für jede Spule als sogenannte Stabwicklung aus. Die Köpfe der Stäbe werden wie bei einer Gleichstromwicklung ausgeführt, jedoch an die Stirnseiten gelegt. Abb. 303 zeigt eine solche, wobei die auf der Rückseite des Ankers liegenden Stirnverbindungen gestrichelt gezeichnet sind.

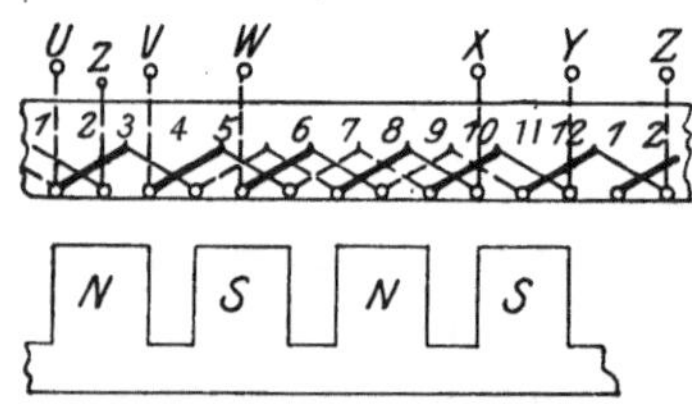

Abb. 303. Dreiphasenstabwicklung.]

Um vorhandene Blechschnitte zu verwenden oder die Spannungskurve noch mehr der Sinusform zu nähern, werden auch Wicklungen ausgeführt, die in der Anordnung innerhalb der Stränge nicht symmetrisch sind; so können in den Strängen Einloch- und Mehrlochspulen in Reihe liegen oder einzelne Nuten freigelassen werden. Um festzustellen, ob eine solche ungleichmäßige Wicklung symmetrische Spannungen von gleicher Höhe liefert und um deren Wert zu bestimmen, zeichnet man ein zweipoliges Ersatzbild der Wicklung und daraus das Vektordiagramm.

Als Beispiel behandeln wir eine sechspolige Dreiphasenwicklung für einen Anker mit 27 Nuten (Abb. 304). Auf jeden Strang kommen demnach 9 Nuten und 3 Spulen. In jedem Strang soll eine Nut freigelassen (20, 23 u. 26) und zwei einfache und eine zweifache Spule ausgeführt werden. Die Polteilung beträgt $4^1/_2$, es werden verkürzte Spulenteile mit dem Schritt 3 und verlängerte mit dem Schritt 5 gewickelt. Wir beginnen den ersten Strang bei Nut *1* und legen die erste Spule in die Nuten *1, 6, 2* und *5,* die zweite in *10* und *15,* die dritte in *19* und *24.*

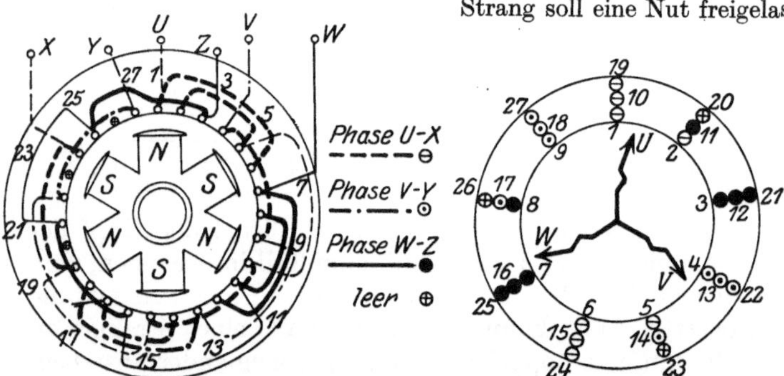

Abb. 304. Dreiphasenwicklung mit ungleichen Spulen und Ersatzbild.

Der zweite Strang beginnt bei *4,* der dritte bei *7* usw. Das Ersatzbild zeichnen wir so, als ob der Anker nur 2 Pole und 9 Nuten hätte und in jeder Nut 3 Spulenseiten bzw. 2 solche und ein freier Platz liegen würden. Man erkennt schon aus dem Ersatzbild, ob die drei Stränge symmetrisch liegen. Unter Berücksichtigung der Spannungsrichtung in jedem Draht läßt sich dann das Vektordiagramm leicht einzeichnen und die Summenspannung bestimmen.

60. Verhalten der Synchrongeneratoren.

Im Leerlauf verhält sich der Synchrongenerator wie ein fremd erregter Gleichstromgenerator, nur ist zu beachten, daß die richtige Drehzahl genau eingehalten werden muß, da sich mit der Frequenz des abgegebenen Stromes die Drehzahl der angeschlossenen Motoren ändert. Zwischen Leerlauf und Belastung ändert sich die Klemmenspannung je nach der Größe und der Phasenverschiebung des Belastungsstromes und zwar durch dreierlei Einflüsse. Zunächst ist der Echtwiderstand der Ankerwicklung zu überwinden, ferner kommt der induktive Widerstand der Ankerspulen zur Wirkung. Letzterer verkörpert den Einfluß derjenigen Linien des Ankerfeldes, die sich nicht mit den Linien des Grundfeldes vereinigen, also der Ankerstreulinien. Diese schließen sich teils um die Spulenköpfe an den Stirnseiten des Ankers, teils um die Ankerleiter in den Nuten, indem sie längs der Zähne und über den Luftschlitz am Kopf der Nut verlaufen. Schließlich wird wie bei den Gleichstrommaschinen das Grundfeld der Erregerwicklung durch das Ankerfeld beeinflußt. Ist die Belastung induktionsfrei, so wird in jedem Ankerdraht der Scheitelwert des Stromes gleichzeitig mit demjenigen der Spannung auftreten, d. h. zu einer Zeit, in welcher der betreffende Ankerdraht sich in der Polmitte befindet. Das Ankerfeld ist dann ein reines Querfeld, wie bei einer Gleichstrommaschine mit unverschobenen Bürsten. In Abb. 305 sind

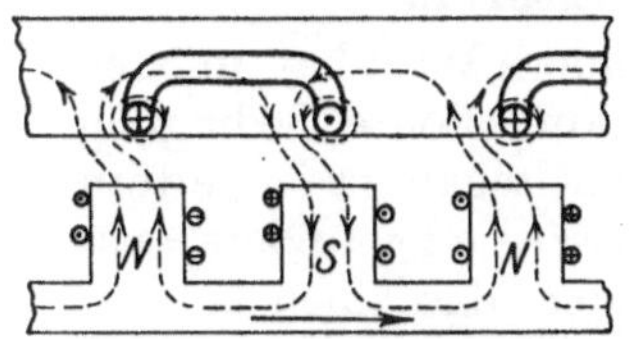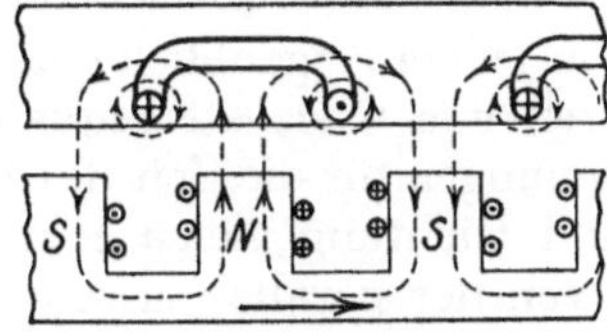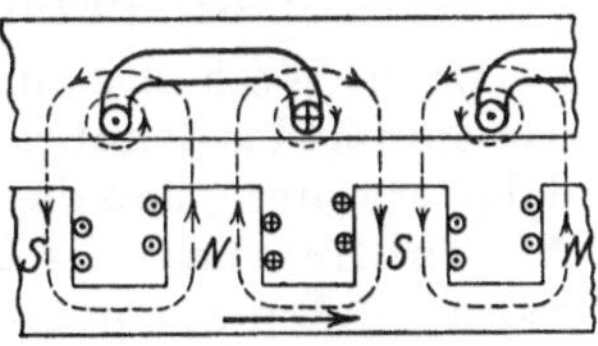

Abb. 305.   Abb. 306.   Abb. 307.

Feld des Generators bei verschiedener Phase des Belastungsstromes.

einzelne Linien des Ankerstreufeldes und des resultierenden Feldes angedeutet. Der Verlauf des letzteren gibt gleichzeitig ein Bild der Kraft, die bei dem mit Wirkstrom belasteten Generator zwischen Magnetkörper und Anker auftritt und sich dem Drehmoment der Antriebsmaschine entgegenstemmt. Ist die Belastung rein induktiv, so erreicht der Ankerstrom seinen Scheitelwert erst nach der Spannung und zwar in einem Zeitpunkt, wo die Pole bereits um eine halbe Polteilung weiter, die betrachteten Ankerdrähte also in der neutralen Zone sind (Abb. 306). In diesem Fall sind die Stromwindungen des Ankers denen der Pole entgegengesetzt, sind also Gegenwindungen; die Wirkung ist dieselbe wie bei einem belasteten konstant erregten Gleichstromgenerator, dessen Bürsten in der Drehrichtung verschoben sind. Die Klemmenspannung eines Wechselstromgenerators ist daher bei induktiver Belastung unter sonst gleichen Umständen erheblich geringer als bei induktionsfreier Belastung, um so mehr, als dann auch der Spannungsverbrauch zur Überwindung des induktiven Widerstandes der Phase nach stärker zur Wirkung kommt. Obgleich eine induktive Belastung unmittelbar keine Wirkleistung beansprucht, wie auch der Verlauf des resultierenden Feldes erkennen läßt, ist sie doch schädlich. Sie verursacht nicht nur, im Vergleich zu einem induktionsfreien Strom gleicher Wirkleistung, erhöhte Verluste in den Ankerdrähten und Netzleitungen, sondern erfordert auch eine bedeutende Verstärkung des Erregerstromes. Verursacht die Belastung schließlich ein Voreilen des Stromes vor der Spannung, ist sie also kapazitiv, so tritt die entgegengesetzte Veränderung des Feldes auf. Die Stromwindungen des Ankers sind denen der Pole gleichgerichtet, verstärken das Grundfeld, so daß mit steigender Belastung eine Spannungserhöhung auftritt (Abb. 307). Unter Umständen kann man sogar bei einem mit stark voreilendem Strom belasteten Generator den Erregerstrom allmählich bis auf Null verringern, das Feld wird dann ausschließlich durch den Ankerstrom erzeugt.

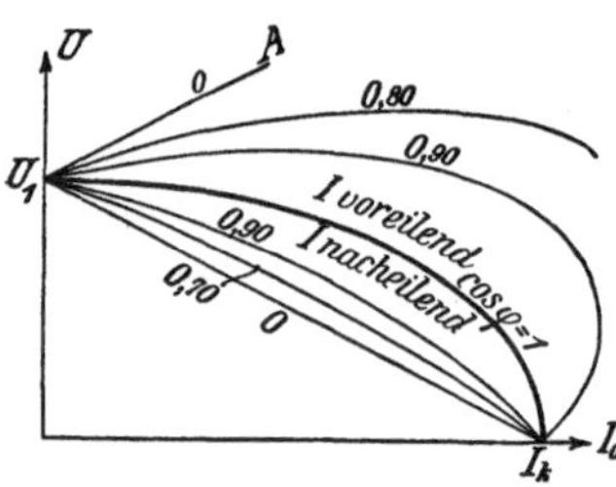

Abb. 308. Spannungsänderung eines Generators (nach Gruhl-Winkel).

Die Spannungsänderung eines Synchrongenerators ist demnach durch die erwähnten drei Einflüsse der Ankerwicklung erheblicher als bei einem Gleichstromgenerator (Abb. 308). Würde man beim Entwurf des Generators auf möglichste geringe Spannungsänderung abzielen, so würde ein Kurzschluß sehr große Stromstärke zur Folge haben. Der Kurzschlußstrom ist nicht so sehr wegen der Wärmewirkung, die ja immer an die Zeit gebunden ist, als durch die schon bei kürzesten Stromstößen zwischen den Ankerleitern auftretenden Kraftwirkungen gefährlich. Man nimmt daher bei Wechselstromgeneratoren erhebliche Spannungsänderung in Kauf und verwendet selbsttätige Regler, welche die Klemmenspannung auch bei rascher Änderung der Belastung in engen Grenzen konstant halten.

61. Parallelbetrieb von Synchrongeneratoren.

Da die Wechselspannung in jedem Augenblick einen andern Wert hat, müssen wir die für das Parallelschalten von Gleichstromquellen aufgestellte Bedingung dahin erweitern, daß die Spannungen für die Zeit des Parallelschaltens in jedem Augenblick nach Größe und Richtung gleich sein müssen, oder anders ausgedrückt: Die Spannungskurven der parallel zu schaltenden Maschinen müssen einander möglichst vollständig decken. Zerlegen wir diese Bedingung, so muß zunächst die Kurvenform der Maschinen übereinstimmen, eine Forderung, die schon aus anderen Gründen bei dem Bau einer Maschine nach Möglichkeit erfüllt wird. In der Regelung der Maschinen vor dem Einschalten sind drei Teilbedingungen zu erfüllen, nämlich: Übereinstimmung in dem Effektivwert der Spannungen, die durch Spannungsmesser zu prüfen ist, dann Übereinstimmung

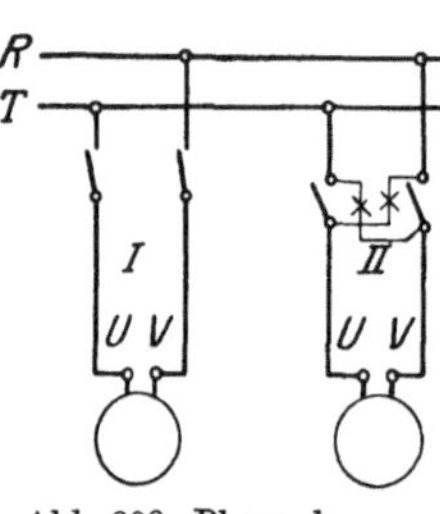

Abb. 309. Phasenlampen in Hellschaltung.

der Frequenz und schließlich der Phasen. Die beiden letzten Bedingungen werden durch verschiedene Arten von Synchronismus- oder Phasenanzeiger, am einfachsten durch Prüflampen, festgestellt. Verwendet man zwei solche „Phasenlampen", so werden bei kreuzweisem Anschluß, der sog. Hellschaltung (Abb. 309), die Spannungen der Generatoren auf die Lampen hintereinander geschaltet, die Lampen brennen demnach hell, sobald die Bedingungen für das Einschalten erfüllt sind. Die Dunkelschaltung, bei welcher die Lampen zwischen je zwei gleichnamigen Klemmen liegen, ist weniger empfindlich, aber vielseitiger verwendbar. Meistens werden daher Lampen in Dunkelschaltung und dabei noch ein Spannungszeiger (Synchronvoltmeter) gebraucht. In Hochspannungsanlagen werden sie an die Sekundärseite von Spannungswandlern gelegt.

Wie die Anzeigevorrichtung wirkt, wenn eine der oben erwähnten Bedingungen nicht erfüllt ist, kann mittels des Kurven- oder des Vektordiagramms verfolgt werden. Wenn die Spannungskurven sich vollständig decken, so fallen die Endpunkte der Vektoren zusammen. Es herrscht dann zwischen den gleichnamigen Klemmen der Wicklungen keine Spannung. Sind die Frequenzen um ein Geringes verschieden, so werden die Spannungsvektoren der einen Maschine die der andern

allmählich überholen, die Lampen werden daher langsam aufleuchten und wieder
dunkel werden. In Abb. 310 stellen die Kurven A und B die Spannungen der
beiden Generatoren dar, deren Frequenzen
verschieden sind. Die Kurve C ist die Summe
jener beiden, gibt also für Hellschaltung den
zeitlichen Verlauf der an den Prüflampen
wirkenden Spannung an. Je geringer der
Unterschied der Frequenzen ist, desto langsamer ändert sich die Summenkurve. Wenn
dagegen die Frequenz genau stimmt, die

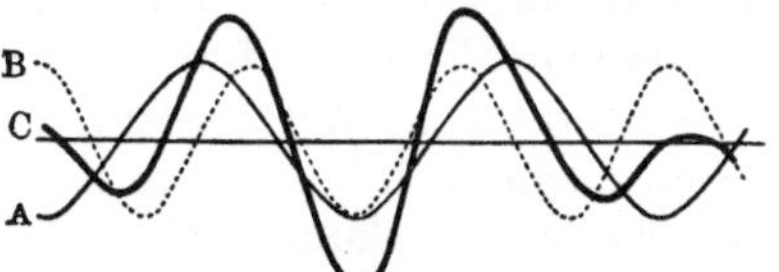

Abb. 310. Zusammensetzung zweier
Spannungen ungleicher Frequenz.

Phasen der Generatorspannungen aber verschieden sind, so werden die Lampen
mehr oder weniger hell sein. Man muß dann durch eine kurzzeitige geringe
Änderung der Drehzahl die Übereinstimmung der Fre-
quenz stören, falls dies nicht nach einiger Zeit von selbst
eintreten sollte. In Drehstromanlagen ist es am vorteil-
haftesten, die gemischte Schaltung zu verwenden, d. h.
drei Lampen, von denen zwei auf hell geschaltet sind,
die dritte auf dunkel (Abb. 311); dadurch kann man
auch erkennen, ob die einzuschaltende Maschine zu
schnell oder zu langsam läuft. Die Lampen leuchten
in solchem Fall bei richtiger Verbindung der Stränge
in der Folge 1—2—3 oder in der Folge 1—3—2 auf.
Diese Erscheinung ist leicht zu verstehen, wenn man

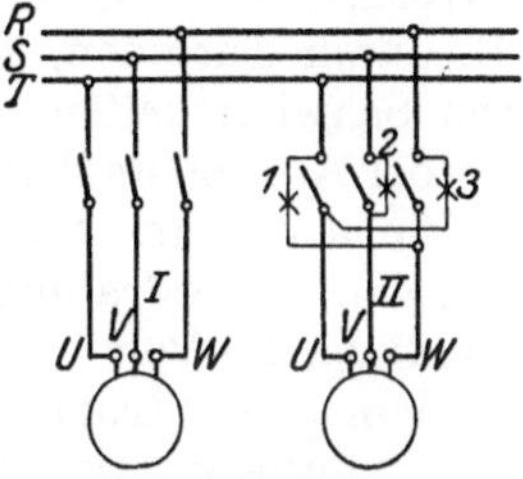

Abb. 311. Phasenlampen in
gemischter Schaltung.

die drei um 120° gegeneinander verschobenen Spannungsvektoren der einen
Maschine gegen die anderen drei in verschiedene Lagen verdreht aufzeichnet.
Dabei nimmt man am besten Sternschaltung an (Abb. 312).
Häufig ist man nicht in der Lage, die Art der Phasenlampen-
schaltung zu verfolgen, besonders wenn die Lampen mittels
Spannungswandlern angeschlossen sind. Um festzustellen, was
das Anzeigegerät bei Übereinstimmung der Spannungen angibt, braucht man nur die Hauptleitungen der neu einzuschaltenden Maschinen zwischen den Klemmen des Schalters, mit
dem parallel geschaltet werden soll, und den Maschinen-
klemmen zu unterbrechen und dann den Schalter zu schließen.

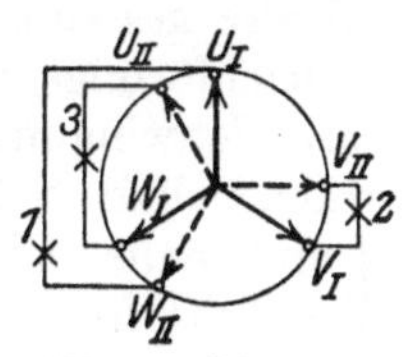

Abb. 312. Diagramm
zu Abb. 311.

Es müssen dann
diejenigen Anzeichen auftreten, die für die Parallelschaltung zu erfüllen sind,
da auf beiden Seiten des Schalters dieselbe Spannung vorhanden ist.

Aus den Darlegungen des folgenden Abschnittes über den Synchronmotor
werden wir erkennen, daß eine Maschine im allgemeinen nach der Parallelschaltung von selbst im Tritt bleibt, d. h. mit gleicher Frequenz und richtiger Phase
weiter läuft. Der neu eingeschaltete Generator soll sich nun an der Abgabe von
Leistung in das Netz beteiligen. Ändern wir die Erregung an einer der parallel
laufenden Synchronmaschinen, so wird zwar eine Änderung der Ankerstrom-
stärke, aber keine Änderung im Ausschlag des Leistungszeigers, den man bei
solchen Maschinen einbaut, erfolgen; es wird also Blindstrom entstehen. Wie
erklären wir uns diese Erscheinung? Wie bei Gleichstromquellen (vgl. Abschn. 9
und 53) muß zwischen Wechselstromgeneratoren ein Ausgleichsstrom auftreten, wenn wir die EMK eines Teiles erniedrigen oder erhöhen. Während aber
dort jede Änderung des Stromes auch zwangläufig eine Änderung der Leistung
bedeutet, ist hier auch Blindstrom möglich; würden wir die Erregung des Generators II ganz ausschalten, so läge seine Ankerwicklung als induktiver Widerstand an den Sammelschienen, Generator I müßte dann infolge dieser induktiven
Belastung stärker erregt werden, wenn die Spannung gehalten werden soll. Im

Parallelbetrieb wird demnach durch Untererregung eines Generators der andere induktiv belastet; ferner folgt daraus, daß einer dem andern die Aufgabe zuschieben kann, die Erregung für das Netz in Form von Blindstrom zu liefern, ohne daß ein Einfluß auf die Verteilung der abgegebenen Wirkleistung stattfindet. Soll Generator *II* Wirkleistung abgeben, so muß er gegenüber Generator *I* vorzueilen suchen, d. h. man muß seine Antriebsmaschine so regeln, als sollte sie schneller laufen, damit sich ihre Kraftzufuhr, sei es Dampf, Wasser oder elektrischer Strom, erhöht. Bei gegebenem Netzbedarf wird dadurch der andere Generator entlastet, seine Antriebsmaschine wird sich auf geringere Kraftzufuhr einstellen. Im Gegensatz zu den Gleichstromgeneratoren ist demnach im Parallelbetrieb von Wechselstromgeneratoren eine Regelung der Antriebsmaschine nötig, sowohl vor wie nach dem Parallelschalten.

Werden die Wechselstromgeneratoren mit gleichmäßigem Drehmoment, z. B. durch Turbinen, angetrieben, so bereitet der Parallelbetrieb keine besonderen Schwierigkeiten. Dagegen können Störungen durch Pendeln auftreten, wenn der Antrieb ungleichförmig ist, d. h. durch Kolbenmaschinen, besonders Gasmaschinen erfolgt. Durch die Kraftwirkung zwischen den Polen und den stromführenden Ankerdrähten entsteht, wie wir gesehen haben, eine Anziehung bzw. Abstoßung, das Polrad sucht je nach der Belastung eine bestimmte Stellung gegenüber dem Ankerstrom einzunehmen und wird mit einer gewissen Kraft in diese Stellung gezogen. Sobald es aus dieser Gleichgewichtslage herausgebracht wird, schwingt es wie irgendeine andere pendelnde Masse um diese Nullage und zwar mit einer Eigenschwingungszahl, die durch die Stärke des Feldes und die Größe des Trägheitsmomentes bestimmt ist. Wenn der Antrieb ungleichförmig ist, läuft das Polrad während einer Umdrehung bald schneller, bald langsamer, es wird also gezwungen, Schwingungen um diejenige Stellung auszuführen, die es bei gleichförmigem Antrieb einnehmen müßte. Stimmt nun die sekundliche Zahl dieser Schwingungen gerade mit der Eigenschwingungszahl überein, so verstärken sich die Schwingungen durch Resonanz; es treten starke Ausgleichsströme auf und schließlich können die Schwingungen so groß werden, daß die Maschine außer Tritt fällt. Solches starke Pendeln sucht man zunächst durch passende Bemessung des Trägheitsmomentes zu verhindern, ferner kann es dadurch gedämpft werden, daß man in den Polschuhen Kupferstäbe anbringt, in denen durch das Pendeln Wirbelströme auftreten; diese dämpfen die Schwingungen, wie wir es bei den Meßgeräten kennen gelernt haben.

62. Synchronmotoren.

Stellt man nach dem Parallelschalten eines Synchrongenerators die Antriebskraft ab, so läuft er mit derjenigen Drehzahl, die der Frequenz des Netzes und der eigenen Polzahl entspricht (vgl. Abschn. 30) als Motor weiter. Die Erklärung dieser Erscheinung ist für eine Mehrphasenmaschine ohne weiteres dadurch gegeben, daß die Magnete des Polrades von dem Drehfeld mitgenommen werden; für den Einphasenmotor müssen wir dazu etwas weiter ausholen. Bei der Besprechung des Gleichstrommotors hatten wir gesehen, daß das zwischen den Polen und einer Ankerspule auftretende Drehmoment seine Richtung behält, falls der Strom in dem Augenblick wechselt, wo die Spule in der Neutralen steht. Dieselbe Bedingung muß auch hier gelten. Bei einem Gleichstrommotor erfolgt das Wechseln des Ankerstromes durch den mit dem Anker verbundenen Stromwender, daher immer im richtigen Augenblick, einerlei wie groß die Drehzahl des Ankers ist. Bei einem Synchronmotor dagegen ist die Frequenz des Ankerstromes durch die Frequenz des Netzes festgelegt. Das Drehmoment zwischen Pol und Anker wird nur dann stets dieselbe Richtung, sei es nach rechts oder links haben, wenn der Stromwechsel in der neutralen Zone erfolgt, die Drehung also genau im Takte dieses Wechsels fortschreitet. Diese Überlegung sowie die Anwendung der Abb. 306 auf den Motor zeigt uns, daß auch im Einphasenmotor ein Drehmoment von stets gleicher Richtung wirkt, sobald er synchron läuft.

Es ist klar, daß ein Synchronmotor nicht durch einfaches Einschalten sofort auf volle Drehzahl gebracht werden kann. Er muß entweder mit dem Generator, d. h. mit allmählich steigender Frequenz langsam anlaufen oder muß wie ein Generator auf die richtige Drehzahl gebracht und parallel geschaltet werden; ein drittes Anlaßverfahren ist bei Mehrphasenmotoren noch möglich, falls sie mit einer Dämpferwicklung versehen sind. Legt man den Anker bei kurzgeschlossener oder schwach erregter Magnetwicklung im Stillstand an verminderte Spannung, so werden Wirbelströme in den Dämpferstäben induziert. Im Abschnitt 30 hatten wir entwickelt, daß dann der bewegliche Teil durch das Drehfeld mitgenommen wird und zwar bis auf eine Drehzahl, die etwas kleiner als die synchrone ist. Wenn man nun die Ankerspannung in einigen Stufen erhöht und schließlich die Magnete voll erregt, so gleitet das Polrad aus dem asynchronen Anlauf in den synchronen Lauf hinein.

Wie der Name sagt, hat der Synchronmotor eine bestimmte Drehzahl, er behält sie auch bei Belastung genau bei. Das Polrad wird in dem Augenblick des Eingreifens der Last etwas zurückgehalten, dadurch wird die Gegen-EMK des Motors vermindert und in der Phase gegen die Klemmenspannung verschoben. Durch den Unterschied der Spannungen entsteht dann der Strom, der das geforderte Drehmoment liefert und das etwas zurückgestellte Polrad wieder mit synchroner Geschwindigkeit antreibt. Beleuchtet man das Polrad mit einer Lampe, die von derselben Stromquelle wie der Anker gespeist wird, so scheint es stillzustehen; im Augenblick der Belastung ist dann deutlich das kurze Zurückbleiben des Polrades zu beobachten. Bei starker Überlastung bleibt der Motor plötzlich stehen, der Ankerstrom steigt dabei stark an; in der Erregerwicklung kann dann durch Transformation eine gefährlich hohe Spannung auftreten. Dieses Außertrittfallen des Synchronmotors erklärt sich dadurch, daß bei starker Überlastung das Zurückhalten des Polrades so lange dauert, daß der Ankerstrom seine Richtung gewechselt hat, ehe die Pole in der richtigen Stellung gegenüber den Ankerspulen sind. Dann kehrt das Drehmoment seine Richtung um, das Polrad kommt nach einigen Pendelungen zum Stillstand.

Durch Änderung der Erregung wird bei dem Motor wie bei dem Generator ein Blindstrom hervorgerufen, der Gesamtstrom also erhöht. Bei Untererregung muß er induktiv sein, da bei ausgeschalteter Erregung die Ankerspulen als Verbrauchskörper am Netz liegen; bei Übererregung steigt der Ankerstrom ebenfalls, eilt aber wie bei einem Kondensator der Spannung voraus. Ein übererregter Synchronmotor gibt daher durch die Voreilung seines Stromes J_S die Möglichkeit, die durch den Strom J_{As} von Asynchronmotoren verursachte Nacheilung auszugleichen und die Stärke des Gesamtstromes J auf denjenigen kleinsten Wert zu bringen, der durch die Wirkbelastung bedingt ist. Der Synchronmotor wird zu diesem Zweck am Verbrauchsort aufgestellt und übernimmt als reine Blindstrommaschine oder unter Abgabe von mechanischer Leistung die Lieferung des Erregerwechselstromes für die induktiven Verbrauchskörper des Netzes, der sonst durch die Fernleitung von den Generatoren her übertragen werden muß.

Abb. 313 gibt das Vektordiagramm für den Fall, daß die Synchronmaschine übererregt ohne Wirkleistung mitläuft, so daß ihr Strom J_S der Netzspannung um 90° voreilt.

Beispiel: In einer Drehstromanschlußanlage von 380 V sind Asynchronmotoren aufgestellt, welche eine induktive Belastung der Leitung von 50 A mit einem Leistungsfaktor

$\cos \varphi = 0{,}80$ ergeben. Durch einen übererregten Synchronmotor soll die Phasenverschiebung ganz ausgeglichen werden, so daß der Strom in der Fernleitung nur noch 40 A beträgt.

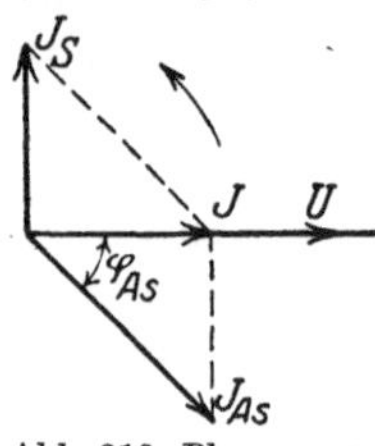

Der Leitungsstrom J läßt sich in einen Wirkstrom $J_w = J \cdot \cos \varphi = 40$ A und einen Blindstrom $J_b = J \cdot \sin \varphi = 30$ A zerlegen. Wenn der Synchronmotor leer mit läuft und seine Verluste vernachlässigt werden, muß er nach Abb. 313 einen um 90° voreilenden Strom $J_S = 30$ A aufnehmen. Falls der Synchronmotor gleichzeitig mit der Blindleistung für die Erregung auch noch einen Teil der mechanischen Leistung liefert und zwar z. B. so viel, daß die Asynchronmotoren nur noch 35 A bei $\cos \varphi = 0{,}80$ brauchen, so ist der Wirkstrom derselben 28 A, der Blindstrom 21 A. Bei Annahme gleicher Verluste wie oben hat dann der Synchronmotor einen Wirkstrom von $40 - 28 = 12$ A und einen voreilenden Blindstrom von 21 A, demnach einen Gesamtstrom von $\sqrt{12^2 + 21^2} = 24{,}2$ A aufzunehmen, der mit einem $\cos \varphi$

Abb. 313. Phasenausgleich durch übererregten Synchronmotor.

$= \dfrac{12}{24{,}2} \approx 0{,}5$ voreilt. Im zweiten Fall ist demnach sowohl die Größe der Asynchronmotoren als auch diejenige des Synchronmotors kleiner als im ersten Fall.

63. Einankerumformer.

In den Abschnitten 17 bzw. 41 hatten wir gesehen, daß von einem im Magnetfeld umlaufenden Anker sowohl Wechselspannung durch Schleifringe als auch Gleichspannung durch einen Stromwender abgenommen werden kann. Daher muß es möglich sein, eine solche Maschine als Generator für Gleich- und Wechselstrom zu verwenden oder der Ankerwicklung eine dieser Stromarten wie einem Motor zuzuführen und die andere wie bei einem Generator abzunehmen, d. h. die Maschine als Umformer zu benutzen; letzteres geschieht besonders zur Umwandlung von Drehstrom in Gleichstrom.

In der Bauart unterscheidet sich ein Einankerumformer nur dadurch von einer Gleichstrommaschine, daß er außer dem Stromwender noch eine Anzahl von Schleifringen besitzt. Die Drehzahl der Doppelgeneratoren und Umformer ist durch die bekannte Beziehung zu der Polzahl und Frequenz auf bestimmte Werte festgelegt. Da die Umformung in einem einzigen Anker und in der Regel auch in derselben Ankerwicklung vor sich geht, so folgt daraus die wichtigste Eigenschaft des Einankerumformers, daß die Wechsel- und die Gleichspannung in einem bestimmten Verhältnis zueinander stehen. Denken wir uns eine zweipolige Gleichstrommaschine in verlustlosem Leerlauf mit genau neutraler Stellung der Stromwenderbürsten, so tritt an diesen die höchste Spannung auf, die in der Ankerwicklung induziert wird. Verbinden wir nun zwei um eine Polteilung voneinander abstehende Punkte der Wicklung,

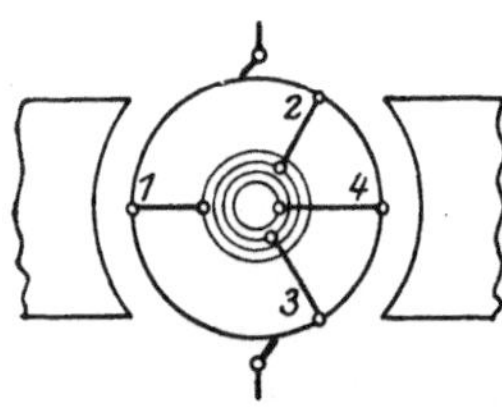

z. B. die Punkte *1* und *4* in Abb. 314, mit je einem Schleifring, so tritt an diesen eine Wechselspannung auf. Ihr Scheitelwert muß offenbar in dem Augenblick, in welchem die Punkte *1* und *4* durch die Neutrale gehen, ebenso groß wie die Gleichspannung sein. Bei sinusförmigem Verlauf der Wechselspannung ist daher der Effektivwert der Einphasenspannung das 0,707-fache der

Abb. 314. Einankerumformer für Einphasen- u. Drehstrom.

Gleichspannung. Schließen wir drei um je zwei Drittel der Polteilung voneinander abstehende Punkte der Ankerwicklung *1*, *2* und *3* an je einen Schleifring an, so haben wir die Ankerwicklung sozusagen in Dreieck an die Schleifringe geschaltet. Zwischen diesen tritt dann Dreiphasenspannung auf; ihre Größe ergibt sich als Resultierende aus den Spannungen von je einem Drittel aller Ankerdrähte. Der Scheitelwert der Spannung tritt offenbar dann auf, wenn sich die größte Zahl von Drähten unter einem Pol befindet, in Abb. 314 also zwischen den Anschlüssen *2* und *3*. Verbindet man schließlich sechs um je ein Drittel der Polteilung voneinander abstehende Punkte mit je einem Schleifring, so treten zwischen ihnen sechs um je 60° verschobene Spannungen von untereinander gleicher Größe auf, sie liefern Sechsphasenspannung. Hat der Umformer mehrere Polpaare, so wird eine entsprechende Zahl gleichliegender Drähte an denselben Schleifring angeschlossen; die Wicklung wird dadurch in jedem Strang in eine Anzahl von Zweigen parallel geschaltet.

Wie groß die Spannungen zwischen den Schleifringen im Verhältnis zur Gleichspannung sind, kann für den idealen Fall einer unendlich großen Zahl von Wicklungselementen und verlustloser Umformung durch ein einfaches Diagramm ermittelt werden. Einen Kreis kann man nämlich als Vektordiagramm einer unendlich großen Zahl von Wicklungselementen der ganzen Ankerwicklung betrachten; aus dem Verhältnis der Sehnen zu dem Durchmesser ist dann das Verhältnis der Gleichspannung zu den Scheitelwerten der verschiedenen Wechselspannungen zu entnehmen (Abb. 315). Der Scheitelwert der Dreiphasenspannung ist das 0,866-fache, der Scheitelwert der Sechsphasenspannung das 0,5-fache der Gleichspannung. Im idealen Fall entspricht daher einer

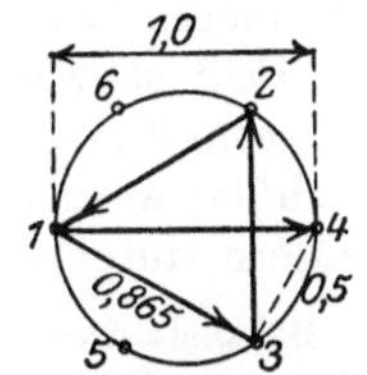

Abb. 315. Diagramm zu Abb. 314.

Gleichspannung von 100 V eine Einphasenspannung von rd. 71 V, eine Dreiphasenspannung von $0,707 \cdot 86,6 \approx 61$ V und eine Sechsphasenspannung von $0,707 \cdot 50 \approx 35$ V Effektivwert.

Die Wege, die der Strom zwischen den Schleifringen und den Stromwenderbürsten in der Ankerwicklung des Umformers zurücklegt, sind offenbar verschieden je nach der Stellung, die gerade die Anschlußpunkte der Schleifringe den Gleichstrombürsten gegenüber einnehmen. Die genauere Betrachtung zeigt, daß bei einem Mehrphasenumformer der Effektivwert des Stromes in den Ankerdrähten kleiner ist als bei Betrieb der Maschine als Gleichstrommotor oder -Generator mit derselben Stromstärke in den Gleichstromleitungen. Die Maschine hat demnach als Mehrphasenumformer geringere Ankerwicklungsverluste, daher eine größere Belastbarkeit als die Gleichstrommaschine derselben Größe und Drehzahl.

Da die Wechselspannung in einem bestimmten Verhältnis zur Gleichspannung steht, werden die Einankerumformer meistens in Verbindung mit einem Transformator gebraucht. Am häufigsten ist der Fall, daß Drehstrom von hoher Spannung, wie ihn die Überlandnetze liefern, in Gleichstrom umgeformt werden soll. Man führt dann den Umformer sechsphasig aus und schließt die unverketteten drei Sekundärwicklungen des Transformators an je zwei gegenüberliegende Punkte, d. h. an diejenigen Schleifringpaare des

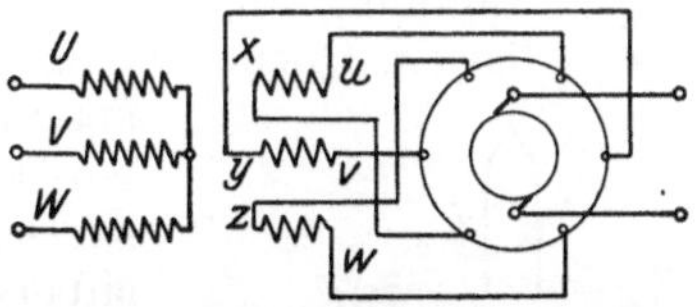

Abb. 316. Umformer mit Dreiphasen-Transformator.

Umformers an, zwischen denen das 0,7-fache der Gleichspannung auftritt. Abb. 316 stellt diese Schaltung dar, jedoch sind der Deutlichkeit halber die Schleifringe nicht eingezeichnet.

Die Betriebseigenschaften des Umformers folgen daraus, daß er bei Umwandlung von Wechselstrom in Gleichstrom gewissermaßen einen Synchronmotor und einen Gleichstromgenerator in sich vereinigt. Bei dem seltener vorkommenden Betrieb als Gleichstrom-Wechselstromumformer haben wir eine Vereinigung von Gleichstrommotor und Wechselstromgenerator vor uns, ebenso in dem Fall, daß ein Umformer ersterer Art von der Gleichstromseite aus angelassen wird. Das Ingangsetzen des Umformers geschieht daher wie das eines Synchronmotors bzw. eines Gleichstrommotors. Verändert man an einem Wechselstrom-Gleichstromumformer die Erregung, so entsteht wie in einem Synchronmotor ein Blindstrom. Ist im Wechselstromkreis eine merkliche Induktivität vorhanden, so wird der Spannungsverbrauch derselben bei voreilendem Strom eine Erhöhung, bei nacheilendem Strom eine Verminderung der Klemmenspannung des Umformers verursachen; die Spannung auf der Gleichstromseite läßt sich daher in geringem Maße durch die Erregung verändern. Für größere Spannungsregelung muß ein regelbarer Transformator oder eine Zusatzmaschine verwendet werden. Bei dem Betrieb als Gleichstrom-Wechselstromumformer dagegen wird durch die Änderung der Erregung nur die Drehzahl, also die Frequenz verändert. Bei dieser Betriebsart ist zu beachten, daß eine induktive Belastung das Feld schwächt, daher die Drehzahl erhöht. Gegen das Durchgehen kann in diesem Fall der Umformer durch einen selbsttätigen Schaltapparat oder dadurch geschützt werden, daß man seine Magnetwicklung nicht mit konstanter Spannung, sondern durch eine von ihm angetriebene Erregermaschine speist.

Beispiel: Der Umformer der Abb. 316 soll Gleichstrom von 550 V und 500 A liefern. Den Schleifringen, deren Anschlüsse um je eine Polteilung gegeneinander versetzt sind, wäre bei verlustloser Umsetzung eine Spannung von $0{,}707 \cdot 550 \approx 390$ V zuzuführen. Bei Annahme eines Wirkungsgrades von 95% und der angegebenen Belastung verlangt der Umformer eine Aufnahme von 290 kW, den sechs Schleifringen ist daher unverketteter Dreiphasenstrom von $\dfrac{290\,000}{3 \cdot 390} \approx 250$ A zuzuführen, wenn die Erregung so eingestellt wird, daß der aufgenommene Strom den Leistungsfaktor $\cos \varphi = 1$ hat.

64. Quecksilberdampfgleichrichter.

An Stelle der Umformer werden in der Starkstromtechnik zur Umwandlung von Wechselstrom in Gleichstrom auch **Quecksilberdampfgleichrichter** verwendet werden. Sie beruhen auf der Erscheinung, daß der Durchgang eines Stromes durch einen luftverdünnten Raum vor einer kalten Anode zu einer heißen Kathode verhältnismäßig geringen Aufwand an Spannung erfordert, während der umgekehrte Weg sich durch das Auftreten eines sehr hohen Spannungsabfalls selbsttätig sperrt (Abb. 317). Man spricht daher in Anlehnung an das Rückschlagventil einer Rohrleitung von einer Ventilwirkung des Gleichrichters. Kleinere Gleichrichter bestehen aus einem Glasgefäß, aus dem die Luft bis zu starker Verdünnung ausgepumpt ist, die Anode A ist aus Eisen, die Kathode K ist ein Quecksilberspiegel. Legt man die Elektroden an eine Wechselspannung und leitet durch irgendeine Zündung, z. B. ein kurzes Schließen und Wiederöffnen des Stromkreises in dem Gefäß eine Verdampfung des Quecksilbers ein, so wird der Strom so lange fließen, als der heiße Quecksilberspiegel Kathode ist. Wollte man durch eine solche Vorrichtung dauernd Einphasenstrom in Gleichstrom verwandeln, so würde jeder zweite Wechsel durch die Ventilwirkung abgeschnitten, der Gleichrichter müßte darauf stets neu gezündet werden. Durch eine Dreileiterschaltung des Gefäßes und eines Transformators (Abb. 318) ist es möglich, beide Wechsel jeder Periode auszunutzen. Es arbeitet dann abwechselnd die eine oder die andere Eisenelektrode als Anode mit der Quecksilberkathode zusammen; der Strom kann dadurch in stets gleicher Richtung von der Kathode durch die Verbrauchskörper, z. B. eine Batterie, nach dem Mittelpunkt des Spartransformators fließen. Er würde aber trotzdem nach jedem Wechsel abreißen, sobald der Augenblickswert der Spannung einen bestimm-

Abb. 317. Ventilröhre.

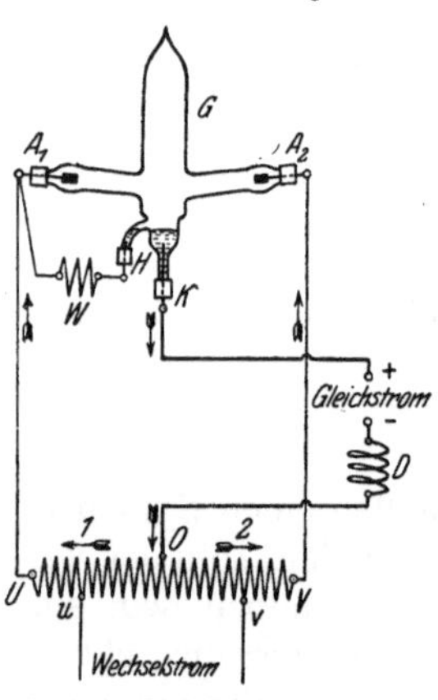

Abb. 318. Gleichrichter für Einphasenstrom (nach Kosack).

ten Betrag unterschreitet. Schaltet man jedoch eine Drosselspule D in den Verbrauchsweg ein, so führt die in ihr aufgespeicherte Energie nach Art eines Schwungrades bei einem Kurbeltrieb über den Totpunkt hinweg, der Gleichrichter liefert dann ähnlich wie der Stromwender eines Gleichstromgenerators einen Wellenstrom (vgl. Abb. 215). Wird der Gleichrichter mit drei oder sechs Anoden ausgeführt und an eine dreiphasige Wechselstromquelle angeschlossen, so erübrigt sich die Anwendung von Drosselspulen für den vorgenannten Zweck, da ja dann in jedem Augenblick irgendeine der drei Phasen genügende Spannung hat, um den Lichtbogen aufrecht zu halten (vgl. Abb. 102). Zur Lieferung von Gleichstrom bis zu einigen Hundert Ampere baut man Gleichrichter, bei denen ein Glaskörper den Arbeitsraum umschließt. Die Zündung wird durch Neigen des Glaskörpers herbeigeführt, der Leerlauf, d. h. das Weiterarbeiten bei unterbrochenem Nutzstrom, wird durch selbsttätige Ein- und Ausschaltung eines eigenen Belastungswiderstandes ermöglicht. Großgleichrichter werden von einem Transformator gespeist, dessen Sekundärwicklung in Doppelstern geschaltet ist, der Arbeitsraum besteht aus einem zylindrischen Eisengefäß, das mit einer Vakuumpumpe verbunden ist, die Elektroden sind mittels Dichtungen eingeführt; außer den Arbeitsanoden ist eine bewegliche Anode für die Zündung, ferner eine Anode für Fremderregung vorhanden. Letztere unterhält auch bei abgeschaltetem Netz eine geringe Verdampfung und ermöglicht dadurch die unmittelbare Arbeitsbereitschaft.

Kennzeichnend für die Gleichrichter ist vor allem die Eigenschaft, daß der in ihnen auftretende Spannungsverlust einen festen Wert von etwa 20 V hat; der Wirkungsgrad ist daher unabhängig von der Stärke des Stromes, dagegen um so größer, je höher die Betriebsspannung ist.

Asynchronmaschinen.

Die bisher besprochenen Motoren haben die Eigentümlichkeit, daß ihre Ständer- und Läuferwicklungen von außen gespeist werden. Wir kommen in den nächsten Abschnitten zu Motorarten, die nur mit einem dieser Teile an das Netz angeschlossen sind; dem andern Teil wird der Strom nicht von außen zugeführt, sondern er wird durch Induktion der Ruhe oder der Bewegung hervorgerufen. Daher nennt man diese Maschinen auch Induktionsmaschinen. Die Theorie derselben zeigt in vielen Stücken Verwandtschaft mit derjenigen der Transformatoren, was auch in der Bezeichnung der Teile zum Ausdruck kommt. Während man die Hauptteile derjenigen Maschinen, die ein Gleichfeld besitzen, Feld und Anker nennt, ist hier diese allerdings oft gebrauchte Bezeichnung fehl am Ort, man muß vielmehr die Teile ihrem Wesen nach als Primäranker und Sekundäranker bezeichnen. Ersterer wird fast immer als Ständer (Stator), letzterer als Läufer (Rotor) ausgeführt.

Die Asynchronmaschinen können wie alle anderen elektrischen Maschinen, allerdings nur unter gewissen Bedingungen, sowohl als Motor wie als Generator betrieben werden. Ihr Verhalten unterscheidet sich von den Synchronmaschinen dadurch, daß ihre Drehzahl nicht an den Synchronismus gebunden ist, daher der Name Asynchronmaschinen. Von den Transformatoren unterscheiden sie sich hauptsächlich dadurch, daß ihre Eigenschaften erheblich durch die Streuung beeinflußt werden und daß die Frequenz des Sekundärstromes nur dann der primären gleich ist, wenn der Läufer stillsteht. Die Asynchronmaschinen werden sowohl ohne als auch mit Kommutator gebaut; bei letzteren gibt es Arten, bei denen auch dem Läufer von außen Strom zugeführt wird. Der Kürze halber werden im folgenden, wie allgemein üblich ist, die Maschinen ohne Kommutator als Asynchronmaschinen, die anderen als Kommutatormaschinen bezeichnet.

65. Bau und Schaltung der Drehstrom-Asynchronmotoren.

Als Ständer dieser Motoren kann ohne weiteres der Anker einer Synchronmaschine verwendet werden. Der Läufer ist ein Ring oder ein Zylinder aus Eisenblechen, durch sehr schmalen Luftspalt von dem Ständer getrennt und mit Nuten zur Aufnahme der Wicklung versehen. Diese ist unmittelbar in sich oder mittels Schleifringen über einen Anlaßwiderstand geschlossen; daher kann die Läuferspannung beliebig sein, sie wird nur nach praktischen Gesichtspunkten gewählt. Bei Stillstand und offenem Läuferkreis steht diese, die Anlaßspannung E_a, zur Primärspannung wie bei einem Transformator nahezu im Verhältnis der hintereinander geschalteten Windungen der beiden Teile. Die Stromstärke im Läuferkreis, einerlei ob der Motor elektrische Leistung an den Anlasser oder mechanische Leistung an seine Welle abgibt, ist noch durch die Leistungsverluste und die Streuung, d. h. durch den Wirkungsgrad η und den Leistungsfaktor $\cos\varphi$ des Motors bedingt. Zur Berechnung des Sekundärstromes kann man diesem Einfluß dadurch Rechnung tragen, daß man die Wurzel aus dem Produkt von η und $\cos\varphi$ einsetzt. Demnach berechnet sich aus der Abgabe N_{II} in Watt:

$$\text{der Primärstrom}\quad J_I = \frac{N_{II}}{\eta\cdot\cos\varphi\cdot 1{,}73\cdot U_I} \tag{173}$$

$$\text{und der Sekundärstrom}\quad J_{II} = \frac{N_{II}}{\sqrt{\eta\cdot\cos\varphi}\cdot 173\cdot E_a}. \tag{174}$$

Nach der Ausführung der Läuferwicklung unterscheidet man Kurzschlußläufer und Schleifringläufer. Der Kurzschlußläufer hat meistens Käfig-

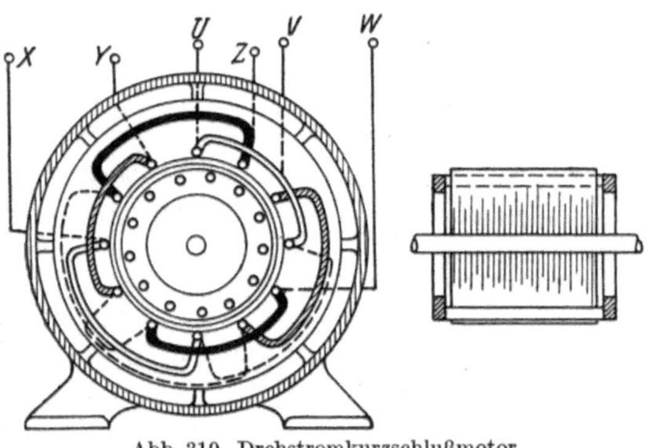

Abb. 319. Drehstromkurzschlußmotor.

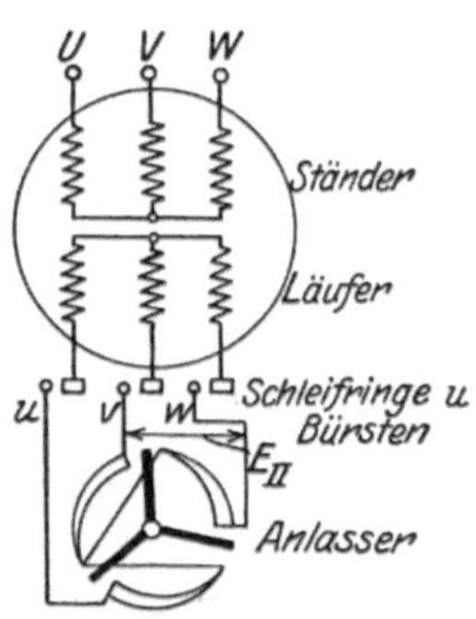

Abb. 320 Schaltung eines Drehstromschleifringmotors.

wicklung; diese besteht aus Kupferstäben, die einzeln in den Nuten liegen und an den beiden Stirnseiten sämtlich durch je einen Kurzschlußring verbunden

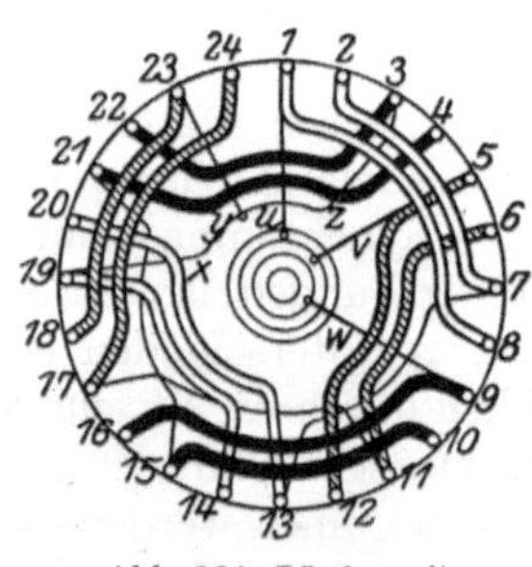

Abb. 321. Läufer mit Spulenwicklung.

sind (Abb. 319). Soll ein Motor ohne starke Stromstöße und mit großem Drehmoment anlaufen oder soll die Drehzahl im Betrieb herabgesetzt werden können, so muß Widerstand in den Läuferkreis geschaltet werden; der Läufer wird dann in der Regel mit Schleifringen ausgeführt (Abb. 320). Bei Schleifringmotoren kleiner und mittlerer Leistung ist die Läuferwicklung eine Spulenwicklung, die der Ständerwicklung gleicht. Abb. 321 zeigt als Beispiel die Spulenwicklung eines vierpoligen Läufers mit 24 Nuten. Die Drähte des ersten Stranges werden in die Nuten 1, 8, 2, 7 und 13, 20, 14, 19 gelegt. Der zweite Strang beginnt in Nut 5 oder in der um eine doppelte Polteilung entfernten Nut 17, der dritte Strang beginnt in Nut 9. Für die Verkettung ist Sternschaltung vorzuziehen; schaltet man eine nicht ganz symmetrische Wicklung in Dreieck, so treten Ausgleichsströme in ihr auf. Um eine gegebene Nutenzahl bei verschiedener Polzahl verwenden zu können, wird die Wicklung gelegentlich auch mit wechselnder Lochzahl oder mit geteilten Nuten ausgeführt, allenfalls auch als verkettete Zweiphasenwicklung. In letzterem Fall sind die drei Schleifringe nicht gleichwertig, sondern es liegen z. B. zwischen Ring *1* und *2* sowie *2* und *3* je ein Strang der Wicklung, zwischen *1* und *3* daher beide Stränge in Verkettung. Für Motoren mittlerer und großer Leistung muß man geringe Windungszahl und große Wicklungsquerschnitte anwenden, um hohe Spannung an den Schleifringen zu vermeiden. Am besten läßt sich das durch Stabwicklung erreichen; bei dieser legt man meistens nach Art der Gleichstromwicklung in jede Nute zwei Stäbe übereinander. Die Stäbe jedes Stranges werden durch Mantelverbindungen — in Abb. 322 sind diese zwecks besserer Darstellung umgeklappt — derart verbunden, daß ihre Spannungen hintereinander ge-

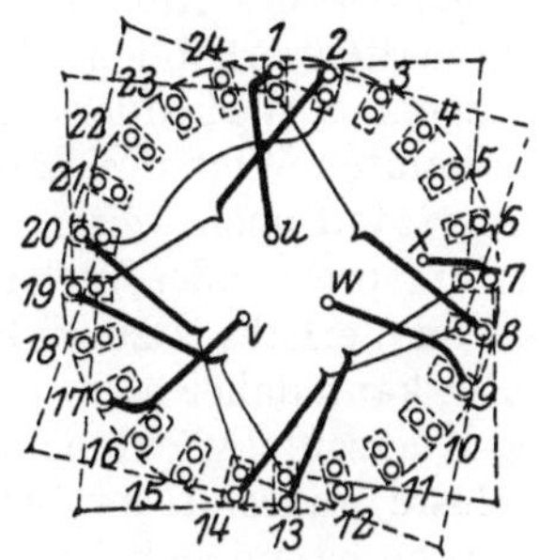
Abb. 322. Läufer mit Stabwicklung.

schaltet sind. Alle Wicklungsschritte, mit Ausnahme von einem bei jedem Umgang, können genau gleich der Polteilung sein. Die Ausführung einer solchen Stabwicklung soll an einem einfachen Beispiel erläutert werden.

Beispiel: Wir nehmen eine vierpolige Maschine mit 24 Läufernuten an (Abb. 322). Auf jeden Strang fallen also insgesamt 8 Nuten und 16 Stäbe, der Polteilung entspricht ein Nutenschritt = 6. Benennen wir die Wicklungselemente nach der Nummer der Nut unter Beifügung des Zeichens ᵒ = oben bzw. ᵘ = unten, so wären die Mantelverbindungen für den ersten Strang abwechselnd auf der Vorder- und Rückseite von 1ᵒ nach 7ᵘ, dann nach 13ᵒ, weiter nach 19ᵘ zu legen. Um dieWicklung fortführen zu können, muß jetzt ein verlängerter Schritt von 19ᵘ nach 2ᵒ ausgeführt werden, dann folgen die Verbindungen 2ᵒ nach 8ᵘ, nach 14ᵒ und nach 20ᵘ. Nunmehr wird die andere Hälfte des ersten Stranges in entgegengesetztem Drehsinn verbunden, indem zunächst eine sogenannte Umkehrverbindung, nämlich ein Schritt von 20ᵘ nach 2ᵘ ausgeführt wird. Mit den Schritten 2ᵘ nach 20ᵒ, nach 14ᵘ, nach 8ᵒ, sodann einem verlängerten nach 1ᵘ und schließlich 1ᵘ nach 19ᵒ, nach 13ᵘ und nach 7ᵒ ist der erste Strang zu Ende geführt. Um Kreuzungen der Umkehrverbindungen zu vermeiden, beginnt man den zweiten Strang nicht um zwei Drittel der Polteilung von dem Anfang der ersten entfernt, sondern an der entsprechenden Stelle unter dem andern gleichnamigen Pol, also bei 17ᵒ. Der Anfang des dritten Stranges ist um vier Drittel der Polteilung von dem der ersten versetzt, liegt also bei 9ᵒ. Die Anfänge bzw. Enden der drei Stränge werden schließlich wie bei Spulenwicklung verkettet und mit den Schleifringen verbunden.

Wie vollzieht sich nun der Anlauf eines Drehstrom-Asynchronmotors? Nur selten ist es möglich, ihn mit dem Generator anlaufen zu lassen; im Läufer, der in diesem Fall die einfache Käfigwicklung haben kann, wird dann mit dem allmählichen Wachsen der Primärspannung und der Frequenz ein allmählich steigender Strom induziert. In den meisten Fällen muß jedoch der Motor auf das unveränderte Netz geschaltet werden. Er wirkt dann im ersten Augenblick wie ein Transformator, dessen Sekundärwicklung über einen mehr oder weniger kleinen Widerstand geschlossen ist und der infolge des Luftspaltes große Streuung hat. Der Anlaufstrom des Motors ist folglich von der Größe der Ständerspannung und dem Scheinwiderstand der Wicklungen abhängig. Ein Kurzschlußmotor wird daher im Augenblick des Einschaltens auf volle Ständerspannung einen großen, jedoch nacheilend verschobenen Strom aufnehmen. Das auf den Läufer ausgeübte Drehmoment ist nach der bekannten Grundgleichung $M = C_2 \cdot \mathfrak{B} \cdot J$ von der Größe des resultierenden Feldes und des Stromes im Läufer, jedoch auch noch von der Phasenverschiebung zwischen diesen beiden abhängig. Betrachtet man Abb. 168 und zeichnet noch den Verlauf des resultierenden Feldes für den

Fall, daß der Läuferstrom nicht gleichzeitig, sondern mit großer zeitlicher Verschiebung gegenüber dem Drehfeld auftritt, so erkennt man ohne weiteres, daß ein nennenswertes Drehmoment nicht auftreten kann. Zu demselben Ergebnis kommen wir, wenn wir den Motor beim Anlauf als Transformator betrachten und die Energieverhältnisse ins Auge fassen; der Motor kann nur dann vom ersten Augenblick des Anlaufs an mechanische Energie abgeben, wenn er schon beim Einschalten erhebliche Wirkleistung aufnimmt, wenn also der Sekundärkreis genügenden Wirkwiderstand besitzt. Jeder Asynchronmotor hat daher bei einem bestimmten Wert des Läuferwiderstandes sein größtes Anzugsmoment; wird der Widerstand noch weiter verkleinert, so wird das erzeugte Drehmoment geringer. Ein entsprechendes Verhalten würde ein Gleichstrommotor zeigen, dessen Ankerfeld im Verhältnis zum Grundfeld sehr stark ist. Ein gewöhnlicher Kurzschlußmotor kann daher nicht mit großer Belastung anlaufen. Ein größerer Widerstand der Kurzschlußwicklung würde zwar das Anlaufmoment vergrößern, jedoch die Verluste während des Betriebes in unzulässiger Weise erhöhen. Für alle Fälle, in denen es möglich ist, einen Asynchronmotor bis in die Nähe der synchronen Drehzahl anzuwerfen, kann er auch bei großer Nennleistung mit Kurzschlußläufer ausgeführt werden. Der Motor wird dann einfach durch einen Schalter ans Netz gelegt; im Augenblick der Kontaktgebung kann dabei allerdings ein starker Stromstoß auftreten, der die Kontaktkanten des Schalters zerfrißt; daher muß entweder der Schalter sehr rasch eingeworfen oder ein Widerstand für den ersten Augenblick vorgeschaltet werden.

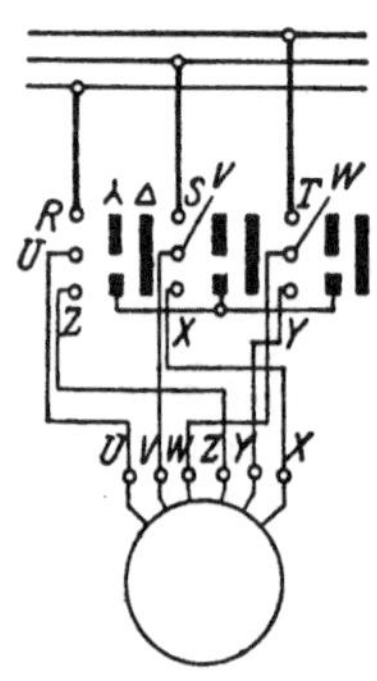

Abb. 323. Sterndreieckschaltung.

Ist nur geringes Anlaufmoment nötig, so kann der Einschaltstrom des Kurzschlußmotors dadurch vermindert werden, daß man die Primärspannung herabsetzt. Dieses geschieht durch einen Primäranlaßwiderstand, durch einen Anlaßtransformator oder auch dadurch, daß man die unverkettete Primärwicklung für den Anlauf in Stern, für den Betrieb in Dreieck schaltet (Abb. 323). Diese Anlaßverfahren wirken in gleicher Weise, wie wenn bei einem Nebenschlußmotor der Anlaßwiderstand nicht allein vor den Anker, sondern in die für Anker- und Erregerwicklung gemeinsame Zuleitung eingeschaltet wird. Wird durch Sternschaltung die Spannung jedes Stranges von z. B. 380 V auf 220 V herabgesetzt, so wird das Feld und damit auch der Sekundärstrom auf ungefähr das 0,58-fache des Nennwertes gebracht. Das Drehmoment hat dann nur ein Drittel des Wertes, den es bei vollem Feld d. h. bei Dreieckschaltung hat.

Diese Nachteile vermeiden verschiedene Sonderausführungen, von denen zwei kurz erläutert seien. Der Doppelkurzschlußmotor besteht aus der Vereinigung zweier Motoren, die getrennte Ständer haben, deren Läufer jedoch gemeinsame Stäbe besitzen (Abb. 324). Die inneren Kurzschlußringe AA sind aus Widerstandslegierung hergestellt und bilden den Anlaßwiderstand. Für den Anlauf werden nun die beiden Ständer so geschaltet, daß in den Hälften jedes Läuferstabes entgegengesetzt gerichtete Spannungen induziert werden; die Läuferströme müssen dann über die Widerstandsringe fließen, so daß der Motor mit gutem Drehmoment anläuft. In der Betriebsstellung sind dagegen die Ständer vollständig gleichartig geschaltet, die Spannungen haben daher in jedem Läuferstab untereinander gleiche Richtung;

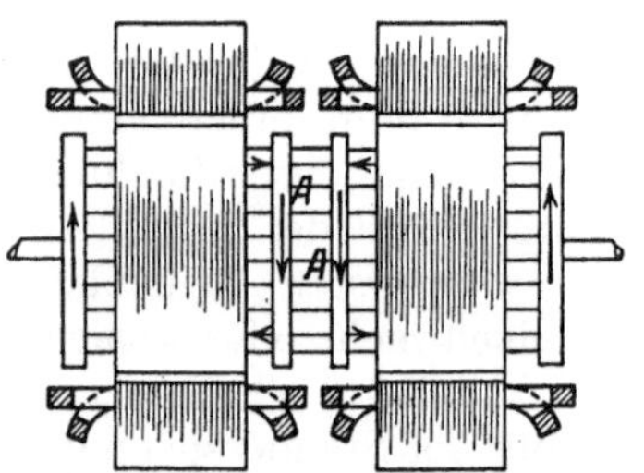

Abb. 324. Doppelkurzschlußmotor.

die Widerstandsringe liegen dann zwischen Punkten gleicher Spannung und sind stromlos. Der Übergang von der ersten zur letzten Stellung wird dadurch abgestuft, daß einerseits durch Reihen- bzw. Parallelschaltung sowie durch Stern- bzw. Dreieckschaltung der Ständerstränge verschiedene Stärke des Feldes erreicht wird; anderseits wird die Umschaltung der Richtung des Primärfeldes in den drei Strängen nacheinander ausgeführt, so daß die Läuferstäbe gruppenweise von der Gegen- zur Hintereinanderschaltung kommen.

Der Doppelnutmotor hat zwei Käfigwicklungen im Läufer, die eine hat hohen Wirkwiderstand, die andere große Induktivität, da sie tief im Läufereisen liegt. Da in letzterer beim Einschalten des Motors infolge der großen Frequenz nur wenig Strom fließen kann, verleiht die erstere Wicklung dem Motor ein gutes Anzugsmoment. Während des Anlaufs fällt mit dem Schlupf der induktive Widerstand der zweiten Wicklung, so daß diese immer mehr Strom im Verhältnis zu der Wicklung mit dem unveränderten Wirkwiderstand führt.

Bei Schleifringläufern tritt, wenn der Motor im Stillstand bei offenem Läuferkreis mit dem Ständer ans Netz gelegt wird, an den Schleifringen durch Transformation die Anlaßspannung E_a auf. Der bei eingeschaltetem Anlasser vor dem Anlauf entstehende Läuferstrom ist hauptsächlich von dieser Spannung und dem Widerstand abhängig. Der Anlaßvorgang entspricht demjenigen des Gleichstrommotors. Die Stufen des Anlaßwiderstandes werden meistens in allen Strängen gleichzeitig abgeschaltet; sie können auch nacheinander abgeschaltet werden (u—v—w-Schaltung), um bei bestimmter Zahl der Widerstandsstufen die Zahl der Anlaßstufen zu vergrößern. Zur Berechnung des Anlassers, dessen Stränge am einfachsten in Stern geschaltet werden, müssen die Anlaßspannung und der Läuferstrom bekannt sein. Der Gesamtwiderstand jedes Stranges des Sekundärkreises berechnet sich für Sternschaltung und den Nennstrom J_{II} zu

$$R_{II} = \frac{E_a}{1{,}73 \cdot J_{II}}. \tag{175}$$

Die Anlaßstufen können genau so wie für den Nebenschlußmotor berechnet werden.

Beispiel: Ein Drehstrommotor für 380 V Primärspannung und 4 kW = 5,5 PS Nennabgabe möge einen Wirkungsgrad $\eta = 0{,}85$ und einen Leistungsfaktor $\cos \varphi = 0{,}84$ haben, seine Anlaßspannung sei 100 V.

Bei der Nennleistung von 4000 W ist dann die Aufnahme an Wirkleistung $N_I = \dfrac{4000}{0{,}85}$

$= 4700$ W und die Aufnahme an Scheinleistung $N_s = \dfrac{4700}{0{,}84} = 5600$ VA; der Primärstrom

ist $J_I = \dfrac{5600}{1{,}73 \cdot 380} = 8{,}5$ A, der Sekundärstrom $J_{II} = \dfrac{4000}{\sqrt{0{,}85 \cdot 0{,}84} \cdot 1{,}73 \cdot 100} = 27{,}3$ A.

Der Anlaßwiderstand jedes Stranges für Nennstrom wäre dann $R_{II} = \dfrac{100}{1{,}73 \cdot 27{,}3} = 2{,}1\ \Omega$.

Die Anlasserstufen sollen nach dem Verfahren des Abschn. 50 berechnet werden. Wenn wir den Verlust im Läufer einschließlich Bürsten und Anlasserleitungen zu 9% und das Schaltverhältnis b zu 1,1 annehmen, so ist $b \cdot r = 0{,}10$. Soll der Anlasser drei Widerstandsstufen erhalten, so wird nach Gl. 155 $b \cdot R_{mf} = 0{,}56$, also ist $R_{mf} = 0{,}51$; die Stromspitze wird gleich dem 1,8-fachen des Schaltstromes. Die Berechnung liefert dann die Stufen: 0,23, 0,12 und 0,07.

Für obigen Motor wäre dann bei $0{,}09 \cdot 2{,}1 = 0{,}19\ \Omega$ innerem Widerstand jedes Läuferstranges bei Sternschaltung der Anlasser mit den Stufen: $2{,}1 \cdot 0{,}23 = 0{,}48\ \Omega$, ferner $0{,}25\ \Omega$ und $0{,}14\ \Omega$ auszuführen. Die Stromspitze berechnet sich dann zu $1{,}1 \cdot 1{,}8 \cdot 27{,}3 \approx 54$ A, der Schaltstrom zu $1{,}1 \cdot 27{,}3 \approx 30$ A im Läufer.

66. Verhalten der Drehstrom-Asynchronmotoren.

Der Motor hat in seinen Betriebseigenschaften mancherlei Ähnlichkeit mit dem Gleichstrom-Nebenschlußmotor. Vernachlässigt man den Einfluß des Primärwiderstandes und der Streuung, so ist bei konstanter Primärspannung die Liniendichte $\mathfrak{B}$ konstant, das Drehmoment ist dann proportional der Wirkkomponente des jeweiligen Sekundärstromes J_{II}, also

$$M = C \cdot J_{II} \cdot \cos \varphi_{II}. \qquad (176)$$

Die Drehzahl muß sich, wie in Abschnitt 30 bereits erwähnt wurde, immer auf einen solchen Wert einstellen, daß der durch die Belastung bedingte Strom im Sekundäranker auftreten kann. Dieser hängt bei gegebenem Läuferwiderstand von der jeweils im Läufer induzierten Spannung ab, also von dem Unterschied zwischen der Drehzahl des Feldes n_I und der Drehzahl des Läufers n. Als Schlupf s bezeichnet man den Verhältniswert

$$s = \frac{n_I - n}{n_I} \qquad (177)$$

Der Schlupf wird in Vielfachen oder in Prozenten angegeben. Der Motor muß demnach mit desto größerem Schlupf laufen, je größer der Widerstand des Läuferkreises und das verlangte Drehmoment sind. Die Sekundärspannung $E_{II} = 1{,}73 \cdot J_{II} \cdot R_{II}$ ist bei Stillstand gleich der Anlaßspannung E_a, bei Synchronismus ist sie gleich Null. In entsprechender Weise ändert sich die sekundäre Frequenz. Daher können wir unter den oben erwähnten Vernachlässigungen die Drehzahl aus Gl. 177 entwickeln zu

$$n = n_I \,(1-s) = C_3 \cdot (E_a - J_I \cdot R_{II}) \qquad (178)$$

oder in Vielfachen

$$n/ = 1 - J_{II/} \cdot R_{II/}. \qquad (179)$$

Da der Verlust in der Läuferwicklung nur einige Prozent beträgt, so wird die Drehzahl des Motors von Leerlauf bis zu einer gewissen Überlastung nur um einige Prozente fallen.

Das Verhalten des Drehstrommotors wird nun durch die Streuung wesentlich beeinflußt. Diese setzt sich zusammen aus denjenigen Streulinien, die sich um die Wicklungsköpfe und aus denen, die sich um die Nuten des Ständers über die Zahnköpfe des Ständers und des Läufers schließen. Bei einem Transformator mit gutem Eisenschluß und eng anliegenden Spulen sind der magnetische Widerstand und die Streuung sehr gering, daher ist auch der Blindstrom für die Magnetisierung sehr klein und als konstant zu betrachten. Dementsprechend tritt ein außerordentlich hoher Strom auf, wenn ein Transformator bei voller Spannung kurzgeschlossen wird. Ganz anders liegen die Verhältnisse bei dem Motor. Infolge des Luftspaltes zwischen Ständer und Läufer und der hohen Sättigung der Zähne ist der magnetische Widerstand der Wege, in denen die nutzbaren Linien sich schließen, verhältnismäßig groß, der Motor hat eine erhebliche Streuung. Infolgedessen beträgt der Leerlaufstrom, der zum größten Teil aus dem Blindstrom der Magnetisierung besteht, etwa ein Drittel der Nennstromstärke. Belasten wir nun den Motor, so wird die Streuung größer, ferner wächst mit dem Schlupf die Frequenz des Läuferstromes und damit der induktive Widerstand; die Blindkomponente des Primärstromes wird daher im Gegensatz zum Transformator mit der Belastung erheblich größer. Zeichnen wir in einem Vektordiagramm den Primärstrom bei verschiedener Belastung nach Größe und Phase auf, so liegt der Endpunkt des Stromes nicht wie bei dem Transformator auf einer praktisch geraden Linie, sondern auf einer stark nach unten abbiegenden Kurve und zwar auf einem Kreisbogen (Abb. 325); der Kurzschlußstrom erreicht bei voller Spannung nur das Vier- bis Fünffache des Nennstroms. Für einen verlustlosen Motor ist der Leerlaufstrom durch die Strecke OL, der Kurzschlußstrom durch OK' gegeben, der Vektor ON soll der Nennstrom des Motors sein. Berücksichtigen wir den Widerstand der Sekundärwicklung, so liegt der Endpunkt des Kurzschlußstromes, der bei festgebremstem Motor und voller Primärspannung auftritt, etwa bei K_1. Auch der Leerlaufstrom ist tatsächlich kein reiner Blindstrom, sondern hat infolge der Eisenverluste des Ständers und der Reibungsverluste eine Wirkkomponente; sein Endpunkt liegt daher im genaueren Diagramm auf dem Kreis etwas über dem Punkt L. Durch die Größe und Phase des Leerlaufstromes sowie des Kurzschlußstromes ist das von Heyland angegebene Kreisdiagramm bestimmt.

Die Senkrechte in L und die Gerade LK_1 schließen den Drehzahlbereich von Synchronismus bis Stillstand ein. Es läßt sich nachweisen, daß der Schlupf auf einer Horizontalen abgegriffen werden kann, die mit 100 gleichen Teilen in beliebigem Abstand

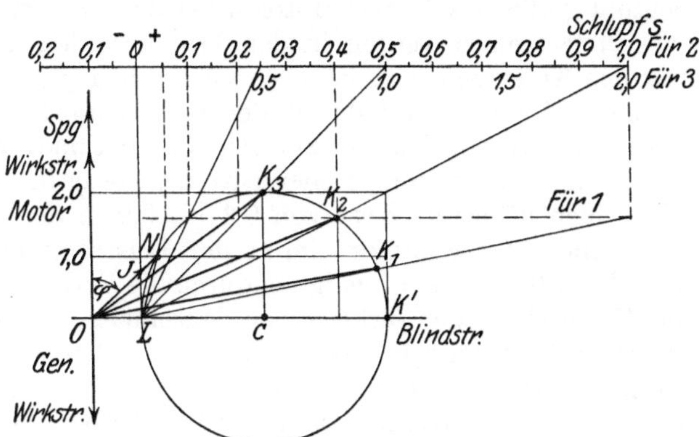

Abb. 325. Vereinfachtes Diagramm des Asynchronmotors.

zwischen diese beiden Strahlen gelegt wird. Das Stromdiagramm zeigt ferner, daß auch das Drehmoment des Motors, das ja nur durch Wirkstrom entstehen kann, einen eng begrenzten Höchstwert hat; dieser entspricht bei Vernachlässigung des Primärwiderstandes der größten Wirkkomponente des Stromes, also der Strecke CK_3. Bei den meisten Drehstrommotoren beträgt dieser Höchstwert, der Kippmoment genannt wird, das 2- bis 2,5-fache des Nenndrehmomentes. Man findet, daß das Kippmoment bei einem bestimmten Motor denselben Wert hat, einerlei wie groß der Widerstand des Läuferkreises ist. Von dem Widerstand hängt nur die Drehzahl ab, bei welcher das Kippmoment erreicht wird. Geben wir der Wirkkomponente des Nennstromes die im vereinfachten Diagramm ein Maß für das Drehmoment ist, den Vielfachwert 1,0, so können wir für irgendeinen Sekundärwiderstand zu jedem Wert der Stromstärke den Schlupf und das Drehmoment abgreifen. Ist z. B. OK_1 der Kurzschlußstrom, bei dem also der Schlupf $s = 1,0$ ist, so finden wir zu dem Nennstrom ON durch die Linie LN den Schlupf 0,05, zu dem Strom OK_3 durch die Linie LK_3 den Schlupf 0,2 usw.

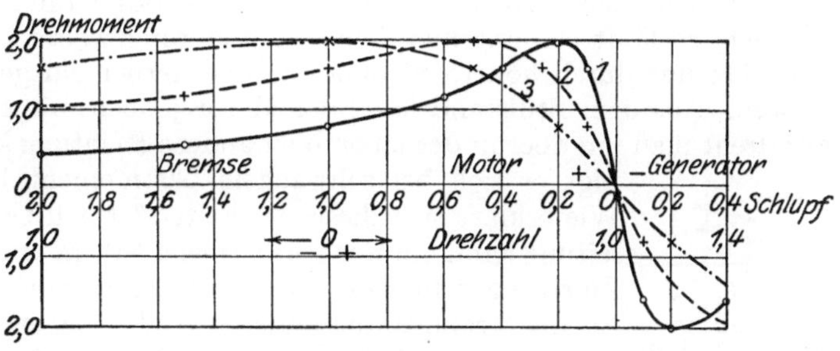

Abb. 326. Verlauf des Drehmomentes.

Tragen wir dann (Abb. 326) das Drehmoment in Abhängigkeit vor dem Schlupf auf, so erhalten wir in dieser Kennlinie ein Bild für den Verlauf des Drehmomentes, das der Motor bei dem angenommenen Läuferwiderstand entwickeln kann. Nehmen wir einen größeren Sekundärwiderstand an als dem Punkt K_1 entspricht, so ist der Kurzschlußstrom kleiner, sein Endpunkt liegt weiter nach links auf dem Kreise, z. B. in K_2. Eine neue 100-teilige Horizontale liefert dann wie vorher die Werte des Schlupfes. Diese müssen bei gleichem Drehmoment natürlich größer sein als bei dem zuerst angenommenen Sekundärwiderstand, wir erhalten die Kennlinie *2*. Kurve *3* endlich gibt den Verlauf des Drehmomentes für den günstigsten Anlaufwiderstand, d. h. denjenigen Widerstand, der bei Stillstand das Kippmoment liefert. Wird der Läufer entgegen dem Drehfeld, z. B. durch eine sinkende Last, gedreht, so wird der Schlupf größer als *1*. Der Motor wirkt dann als Bremse, die Energie der Last und des Netzstromes werden in den Widerständen in Wärme umgesetzt.

Aus dem Kreisdiagramm ist noch zu ersehen, wie sich der Winkel φ zwischen Spannung und Strom und damit der Leistungsfaktor des Motors, also das Verhältnis der Wirkaufnahme zur Scheinaufnahme, mit der Belastung ändert. Den Leerlaufverlusten entsprechend ist der cos φ bei Leerlauf $= 0{,}1$ bis $0{,}2$, er erreicht seinen höchsten Wert von $0{,}7$ bis $0{,}9$ in der Gegend des Nennstromes; mit wachsender Überlastung nimmt der Leistungsfaktor wieder ab, bei Kurzschluß d. h. Stillstand ist er lediglich durch die Verluste und die Streuung bedingt.

Die Eigenschaft der elektrischen Maschinen, sowohl als Generator wie als Motor arbeiten zu können, besitzt auch unser Drehstrommotor, allerdings kann er sich nicht selbst erregen. Schaltet man aber den Motor an ein Drehstromnetz und erhöht durch Kraftzufuhr seine Drehzahl über die synchrone, so verwandelt er sich in einen **Asynchrongenerator**. Das Feld wird dabei nach wie vor durch den aus dem Netz entnommenen Blindstrom erzeugt, der Wirkstrom und das Drehmoment kehren jedoch ihre Richtung um (vgl. Abb. 325 und 326). Der Motor gibt also jetzt infolge des übersynchronen Antriebs als Generator Wirkleistung in das Netz ab, während er gleichzeitig von ihm den Magnetisierungsstrom aufnimmt. Diese Eigenschaft kann, wie wir sehen werden, zur Bremsung dienen, auch verwendet man gelegentlich solche Asynchrongeneratoren wegen der Einfachheit der Anlage und ihres Betriebes zur Ausnutzung entlegener Wasserkräfte; man schaltet sie dabei parallel zu einem Netz, das von Synchrongeneratoren gespeist wird. Es ist klar — und darin liegt ein wesentlicher Nachteil dieser Betriebsart —, daß ein solcher Asynchrongenerator nicht mit dem Leistungsfaktor *1* arbeiten kann, er muß immer den bedeutenden Blindstrom für seine Magnetisierung dem Netz entnehmen.

67. Der Einphasen-Asynchronmotor.

Wird bei einem Drehstrommotor während des Laufes eine Zuleitung unterbrochen, so läuft er ohne merkliche Veränderung weiter; die Störung wird sich zunächst nur durch höhere Stromaufnahme, ferner ein geringeres Kippmoment äußern. Aus dem Stillstand läuft der Motor jedoch mit zwei Zuleitungen nicht an; dreht man ihn aber in der einen oder andern Richtung kräftig an, so beschleunigt er sich bei schwachem Lastmoment bis zur Nenndrehzahl. Wie erklärt sich dieses Verhalten? Nach Unterbrechung einer Zuleitung kann nur noch einphasiger Strom durch die beiden anderen Zuleitungen fließen; ist der Motor in Stern geschaltet, so ist ein Strang stromlos, die anderen beiden liegen in Reihe an der Netzspannung, bei Dreieckschaltung liegt ein Strang allein, die anderen beiden in Reihe zueinander an den beiden Zuleitungen. Um nun eine einfache, wenn auch nicht erschöpfende Erläuterung des oben erwähnten Verhaltens zu finden, stellen wir uns vor, daß der Ständer des Motors nur eine Spule besitzt, der Läufer bestehe aus zwei kurzgeschlossenen Spulen *A* und *E*, die senkrecht zueinander

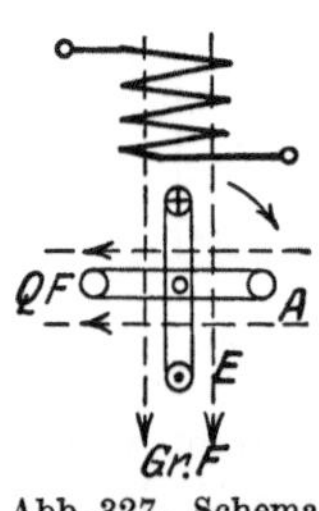

Abb. 327. Schema eines Einphasen-Asynchronmotors.

mit der Welle verbunden sind (Abb. 327). Das Wechselfeld des Ständerstromes durchsetzt dann die Spule *A* und ruft in ihr wie bei einem Transformator durch Induktion der Ruhe einen Strom J_A hervor, während Spule *E* in der gezeichneten

Lage nicht induziert ist. Drehen wir den Läufer durch eine äußere Kraft an, so schneidet die Spule E die Linien des Feldes. In ihr entsteht dann durch Induktion der Bewegung ein Strom J_E, der seinerseits ein in unserer Abbildung horizontal gerichtetes Feld, also ein Querfeld erzeugt. Ist das Primärfeld nach unten gerichtet und drehen wir den Läufer nach rechts, so ist bekanntlich das Querfeld nach links gerichtet. Da es sich ungehindert ausbilden kann, ist der Strom J_E induktiv, d. h. gegen seine EMK und damit auch gegen das erzeugende Primärfeld zeitlich nach rückwärts verschoben. Die beiden räumlich versetzten und zeitlich verschobenen Felder geben ein Drehfeld, das den Läufer mitnimmt (vgl. Abschnitt 30). Allerdings ist es nur ein elliptisches Drehfeld, da die Phasenverschiebung kleiner als 90° ist und das Querfeld der Drehzahl entsprechend erst allmählich anwächst. Denkt man an die Folgerungen zurück, die wir in Abschnitt 60 gezogen hatten, so liegt auf den ersten Blick der Einwand nahe, daß das Feld des Stromes J_E wie dort das Feld des induktiven Ankerstromes nicht quer sondern entgegengesetzt zu den Linien des Grundfeldes, also hier senkrecht nach oben verlaufen müßte. Bei unserem Motor würde aber ein solches Gegenfeld durch das Grundfeld nahezu aufgehoben, und damit wäre auch die Induktivität fast ganz verschwunden. Diese ist ja nicht durch eine äußere Belastung wie bei dem Generator, sondern in dem Feld selbst begründet. Mathematische Ableitungen, die auch die sonstigen induzierenden Wirkungen der Felder auf die Spulen berücksichtigen und Versuche beweisen, daß das von den bewegten Leitern gelieferte Feld tatsächlich ein Querfeld ist, und daß das Drehmoment im wesentlichen durch die Einwirkung dieses Feldes auf den Strom J_A entsteht. Bei dem Einphasenmotor muß also der Läufer, sobald er sich im Wechselfeld dreht, sowohl ein Erregerfeld als den Arbeitsstrom stellen. Soll ein Einphasenmotor von selbst anlaufen, so erhält sein Ständer eine zweite Wicklung, die räumlich gegen die Hauptwicklung versetzt ist und die durch Kunstphase (vgl. Abb. 164) einen zeitlich verschobenen Strom führt. Die Motoren werden daher entweder mit einer einphasigen Betriebswicklung und einer um eine halbe Polteilung dazu versetzten Anlaufwicklung versehen, oder man verwendet einen Drehstrommotor z. B. mit in Stern geschalteter Ständerwicklung, deren dritter Strang für den Anlauf in Reihe mit einem induktionsfreien Widerstand oder einer Drosselspule parallel zu einem der beiden anderen Stränge geschaltet wird (Abb. 328). Dadurch wird der Strom im Strang W weniger bzw. stärker phasenverschoben als der Strom im Strang V. Die Drehrichtung des Anlauffeldes und damit des Motors kann durch Vertauschen der Klemmen einer der beiden Primärwicklungen umgekehrt werden. Der Läufer wird genau wie bei einem Drehstrommotor mit Käfigwicklung oder mit Schleifringwicklung ausgeführt. Das Anlaufmoment

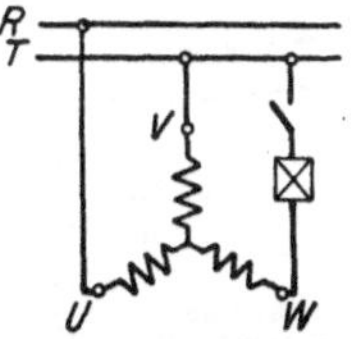

Abb. 328. Verwendung eines Drehstrommotors als Einphasenmotor.

ist gering, da mit den üblichen Hilfsmitteln zur Verschiebung der Ströme kein kreisförmiges Drehfeld erzielt wird. Die sonstigen Eigenschaften dieses Motors sind denjenigen des Drehstrommotors ähnlich; der Wirkungsgrad, der Leistungsfaktor und die Überlastbarkeit sind geringer als bei den entsprechenden Drehstrommotoren. Dieses folgt teils daraus, daß der Ständer durch die Betriebswicklung nicht voll ausgenützt wird, teils aus dem Umstand, daß auch bei Synchronismus ein Strom im Läufer induziert wird, und daß das Drehfeld nur durch Mitwirkung des Läufers zustandekommt. Bei einem Mehrphasenmotor hat ja das Drehfeld unabhängig von dem Schlupf eine bestimmte Stärke und Drehzahl, bei dem Einphasenmotor dagegen wird durch eine starke Bremsung das Querfeld und damit auch das Drehmoment erheblich geschwächt. Auch der Einphasenmotor verwandelt sich in einen Generator, wenn er übersynchron angetrieben wird.

68. Die Wechselstrom-Kommutatormotoren.

Der Versuch nach Abb. 19 sowie das Vertauschen der Netzleitungen bei einem Gleichstrommotor lehrt uns, daß die Drehrichtung ungeändert bleibt, wenn der Strom im feststehenden und im drehbaren Teil gleichzeitig seine Richtung wechselt; dasselbe folgt aus der Handregel für die Kraftwirkung des Stromes (Abschnitt 15). Daher muß es möglich sein, einen Kommutatormotor mit Wechselstrom statt mit Gleichstrom zu betreiben; allerdings müssen die Motoren dann in verschiedener Hinsicht anders eingerichtet sein. Da in den massiven Teilen des Magnetkörpers starke Wirbelströme entstehen würden, muß auch der Ständer aus isolierten Eisenblechen bestehen, und zwar baut man ihn ähnlich wie den Ständer für einen Asynchronmotor; der Läufer dagegen sieht dem Anker einer Gleichstrommaschine ähnlich. Besondere Vorkehrungen sind nötig, um ein übermäßiges Feuern der Bürsten zu vermeiden. Das Wechselfeld ruft ja in den Spulen, die in der Neutralen von den Bürsten kurzgeschlossen werden, durch Induktion der Ruhe Kurzschlußströme hervor. Wendewicklungen im Ständereisen, geringe Leiterzahl zwischen benachbarten Stegen (Schleifenwicklung), Widerstände zwischen der Läuferwicklung und den Stegen, geringe Bürstenbreite und nicht zuletzt besondere Zusammensetzung der Bürsten müssen dazu dienen, das Bürstenfeuer in erträglichen Grenzen zu halten. Da das durch den Läuferstrom erzeugte Querfeld einen niedrigen Leistungsfaktor zur Folge hätte, muß es durch eine Kompensationswicklung aufgehoben werden.

Trotzdem die Kommutatormotoren teurer und empfindlicher als die gewöhnlichen Asynchronmotoren sind, ist ihre Anwendung für verschiedene Sonderzwecke geboten, in erster Linie für solche, die einen Motor mit Reihenschlußcharakter oder mit wirtschaftlicher und von der Belastung unabhängiger Regelung der Drehzahl verlangen.

Wir betrachten zunächst die Einphasenmotoren.

Bei dem Reihenschluß- oder Serienmotor (Abb. 329) trägt der Ständer die Erregerwicklung E sowie die Kompensationswicklung K, die mit dem Läufer L,

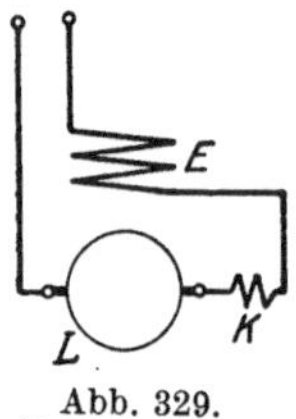

Abb. 329.
Reihenschluß-
motor.

d. h. der Arbeitswicklung, in Reihe geschaltet sind. Der Läufer verbraucht im Stillstand oder Leerlauf im wesentlichen eine Blindleistung, bei Belastung nimmt er eine entsprechende Wirkleistung auf. Bei hoher Spannung ist ein Kommutator nicht betriebssicher, daher wird eine solche durch Zwischenschaltung eines Transformators auf einen passenden Wert herabgesetzt; durch Veränderung der Sekundärspannung, also mittels eines Regeltransformators, kann der Motor angelassen und in seiner Drehzahl nahezu verlustlos geregelt werden.

Da eine Wechselstromleistung nicht nur durch elektrische Verbindung, sondern auch durch Vermittlung eines Magnetfeldes übertragen werden kann,

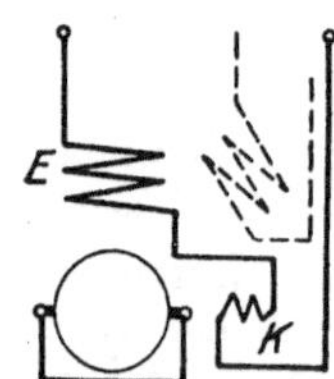

Abb. 330.
„Reihenschluß"-
motor mit kurzge-
schlossenem Läufer.

so ist es möglich, den Läufer über die Bürsten kurzzuschließen (Abb. 330). Der Läuferstrom wird dann durch die Wicklung K induziert; diese entnimmt daher dem Netz die von der Belastung geforderte Wirkleistung und überträgt sie durch Transformation auf den Läufer. Ein solcher Motor wird als Repulsionsmotor bezeichnet, die Ableitung aus dem Reihenschlußmotor zeigt, daß er ebenfalls Reihenschlußcharakter haben muß. Nebenbei können wir bemerken, daß der Repulsionsmotor ein Drehfeld besitzt, denn das in der Achse der Wicklung K liegende Feld ist infolge der Rückwirkung des Läufers zeitlich gegen das Feld der Wicklung E verschoben. Denken wir uns sodann die Wicklungen E und K zu einer einzigen zusammengefaßt, die zwischen den beiden liegt, wie in der

Abb. 330 gestrichelt angedeutet ist, so sind wir damit zu der häufigsten Form dieses Motors gelangt. Als Vorteil des Repulsionsmotors ist neben der Einfachheit von Bedienung und Schaltung zu erkennen, daß der Läufer bei beliebiger Netzspannung für eine ihm günstige Spannung gewickelt werden kann. Um einen Einblick in die Wirkungsweise dieses Motors zu bekommen, zeichnen wir den Läufer mit einer Ringwicklung und nehmen zunächst an, daß die Bürsten in der Neutralen stehen (Abb. 331a). Das von dem Primärstrom erzeugte Wechselfeld ruft dann durch Induktion der Ruhe in der Läuferwicklung Spannungen hervor, die in den beiden Hälften rechts und links von der Mittelsenkrechten gegeneinander gerichtet sind. Es kann daher bei Stillstand des Motors kein Strom in der Läuferwicklung zustande kommen, wenn die untereinander kurzgeschlossenen Bürsten in der Neutralen liegen; sie berühren ja in diesem Fall Punkte gleicher Spannung (vgl. Abschnitt 43). Verschieben wir nun die Bürsten etwas aus der Neutralen, so sind in den zwischen ihnen liegenden Wicklungsteilen einzelne Drahtspannungen gegen eine

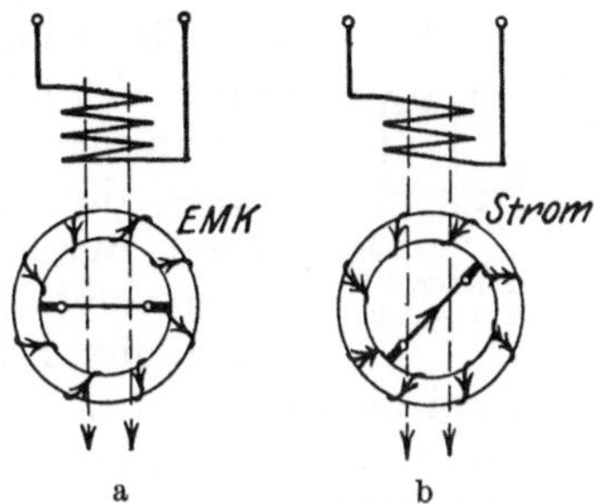

Abb. 331. Repulsionsmotor.

größere Zahl anderer geschaltet; die Bürsten liegen nicht mehr zwischen Punkten gleicher Spannung, so daß Strom durch Anker und Bürstenverbindung fließt. Bei der in Abb. 331b eingezeichneten Verschiebung der Bürsten wird nach der Handregel ein rechtsdrehendes Moment erzeugt. Wenn wir die Bürsten in der andern Richtung aus der Neutralen verschieben, so fließt in den nahe der Polmitte liegenden Drähten, die ja hauptsächlich das Drehmoment liefern, der Strom in umgekehrter Richtung, der Motor läuft dann links herum. Je mehr wir die Bürsten verschieben, desto größer wird bei größerer Spulenzahl als in Abb. 331 gezeichnet ist, die Zahl der hintereinander und desto kleiner die Zahl der gegengeschalteten Drahtspannungen, desto größer daher der Strom und zunächst auch die Drehzahl; stehen die Bürsten in der Polmitte, so ist der induzierte Strom zwar sehr stark, in jeder Läuferhälfte wirken aber die Drähte in bezug auf das Drehmoment einander entgegen. Eine Abart dieses Motors ist der Déri-Motor, der bei zwei Polen vier Bürsten besitzt, von denen je eine feste und eine verschiebbare untereinander kurz geschlossen sind (Abb. 332). Stehen die Bürsten jedes solchen Paares auf denselben Stegen, so ist die Läuferwicklung stromlos. Verschiebt man nun beiderseits eine Bürste aus der Polmitte, z. B. linksdrehend, so umfaßt jedes kurzgeschlossene Bürstenpaar eine Anzahl von Windungen; in diesen fließt dann Strom, der ähnlich wie bei dem einfachen Repulsionsmotor mit dem Feld ein Drehmoment liefert. Der Dérimotor hat gegenüber dem einfachen Repulsionsmotor den Vorteil, daß seine Drehzahl feiner und auf geringere Werte geregelt werden kann, ferner sind die durch Transformation entstehenden Kurzschlußströme kleiner, da die über die Bürsten kurzgeschlossenen Spulen nahe an der Polmitte liegen. Hier möge

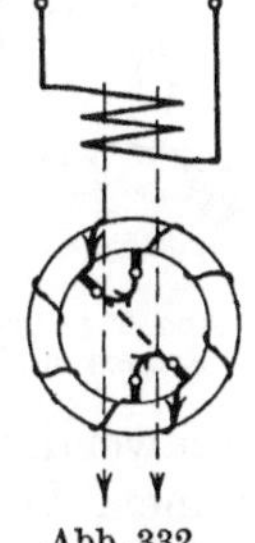

Abb. 332. Dérimotor.

noch eine Ausführung erwähnt werden. welche die Vorzüge des Repulsionsmotors mit denen des Einphasenmotors ohne Kommutator vereinigt. Schließt man nämlich bei einem Repulsionsmotor nach dem Anlauf bestimmte Punkte der Läuferwicklung kurz, so wird damit der Motor in die Schaltung der Abb. 327 gebracht, er läuft daher mit nahezu unveränderlicher Geschwindigkeit weiter. Eine solche Bauart und zwar mit Fliehkraftkurzschließer wird z. B. für Aufzugsmotoren in Einphasennetzen

benutzt, da sie gutes Anzugsmoment mit nahezu gleichbleibender Betriebs-
drehzahl verbindet.

Kehren wir zu der Schaltung der Abb. 329 zurück, so führt uns ein anderer
Weg zu einer dritten Art von Einphasen-Kommutatormotoren. Die Aufgabe,
durch den Läufer ein Wechselfeld zu senden, läßt sich auch dem Läufer selbst

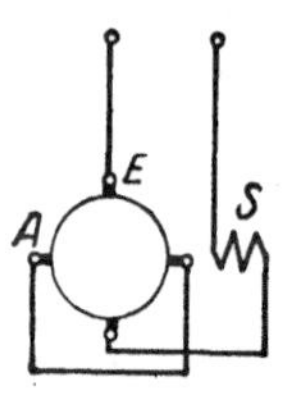

übertragen, indem man senkrecht zu den kurzgeschlossenen
Bürsten zwei andere auf den Stromwender setzt und diese in
Reihe mit der zweiten Ständerwicklung K an das Netz legt. Dann
wird die Erregerwicklung des Ständers ersetzt durch diejenigen
Drähte der Läuferwicklung, die jeweils in der Horizontalen oder
nahe an ihr liegen. Als Arbeitswicklung dienen dagegen diejenigen
Drähte, die in oder nahe an der Senkrechten liegen, ihr Strom
kommt durch Induktion von der Ständerwicklung über die
kurzgeschlossenen Bürsten zustande. Abb. 333 stellt diesen

Abb. 333. Reihen-
schlußmotor mit
Läufererregung.

Motor mit Läufererregung und zwar im Reihenschluß dar.
Auch bei diesem Motor ist es vorteilhaft, die Erregerbürsten nicht unmittelbar,
sondern über einen regelbaren Transformator zu speisen; er behält den Reihenschlußcharakter, wenn die Primärwicklung des Transformators in Reihe mit der
Ständerwicklung des Motors an das Netz gelegt ist. Der Motor mit Läufererregung zeichnet sich durch hohen Leistungsfaktor aus. Er wird nicht durch
Bürstenverschiebung, sondern durch Änderung der Spannung geregelt.

Einen Einblick in den Zusammenhang zwischen den Einphasen-Asynchron-
motoren mit und ohne Kommutator erhalten wir, wenn wir die Schaltung der
Abb. 333 noch dadurch ändern, daß wir auch die Erregerbürsten kurz schließen
und die Ständerwicklung allein ans Netz legen. Man würde dadurch einen
Kommutatormotor erhalten, der wie der Motor der Abb. 327 kreuzweise kurzgeschlossene Läuferspulen hat und nicht von selbst anlaufen kann.

Kommutatormotoren lassen sich in ähnlicher Weise wie für Einphasenstrom
auch für Drehstrom bauen. Abb. 334 zeigt die Schaltung eines Motors, bei dem
die Enden der drei Ständerstränge mit drei Bürstenbolzen verbunden sind, die

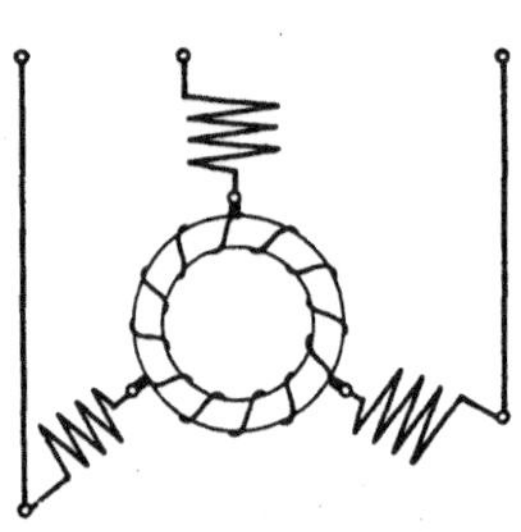

auf dem Kommutator unter je 120 elektrischen Graden
gegeneinander versetzt stehen. Die in sich geschlossene
Läuferwicklung ist damit in Dreieck geschaltet, in jeder
Zuleitung liegt ein Ständerstrang, wir haben also einen
Reihenschlußmotor vor uns. Legt man seine Klemmen an eine Drehstromquelle, so wird sowohl der Ständer
als der Läufer ein Drehfeld liefern. Das Feld des Läufers,
einerlei ob dieser sich dreht oder stillsteht, läuft dabei
mit der synchronen Drehzahl um, ähnlich wie bei einer
Gleichstrommaschine das Ankerfeld unabhängig von der
Drehzahl seine Lage im Raume beibehält, da durch den

Abb. 334. Drehstrom-
Reihenschlußmotor.

Stromwender stets andere Drähte immer in dieselbe Lage zwischen die Bürsten
kommen. Stehen die Bürsten in der Mitte der Ständerspulen, so haben bei entsprechender Schaltung Ständer- und Läuferfeld stets untereinander gleiche Richtung; es läuft dann im Motor ein Drehfeld um, das als Summe der beiden Felder die
größtmögliche Stärke hat. Wenn wir nun die drei Bürsten zusammen gegen den
Drehsinn des Feldes verstellen, so verschieben wir damit das Läuferfeld nach
rückwärts, es wird von dem Ständerfeld nachgezogen, der Läufer beginnt
sich daher entgegengesetzt zur Bürstenverstellung zu drehen. Wir finden
hier also ähnliche Erscheinungen wie bei dem Drehstrom-Synchronmotor, bei
dem ja das von dem Drehfeld auf das Polrad ausgeübte Drehmoment bis zu einer
gewissen Grenze desto größer wird, je mehr das Polrad durch Belastung zurück-

gehalten wird. Hier wie dort wird die Drehrichtung durch Vertauschen zweier Zuleitungen geändert. Wie ferner der Synchronmotor durch Verstärkung des Antriebes, also durch ein Vorschieben des Polrades vor das Drehfeld, in einen Generator verwandelt wird, d. h. elektrische Leistung abgibt, so erfolgt dies auch hier, wenn man die Bürsten und damit das Läuferfeld in der Drehrichtung verstellt, also dem Ständerfeld vorausschiebt. Dagegen ist unser Motor nicht an den Synchronismus gebunden, seine Drehzahl nimmt infolge der Reihen- schaltung von Ständer und Läufer mit der Belastung stark ab und kann durch Bürstenverschiebung geregelt werden. Meistens wird dieser Motor mit einem Zwischen- transformator ausgerüstet, dessen Primärwicklung in Reihe mit der Ständerwicklung liegt und dessen Sekundär- wicklung in Doppelsternschaltung den Läufer speist (Abb. 335). Dadurch kann letzterer für die günstigste Spannung gewickelt werden, ferner wird die Strom- wendung durch die Verdoppelung der Bürsten verbessert. Die Drehzahlregelung ist günstiger, wenn man nur je drei Bürsten jedes Polpaares verschiebt.

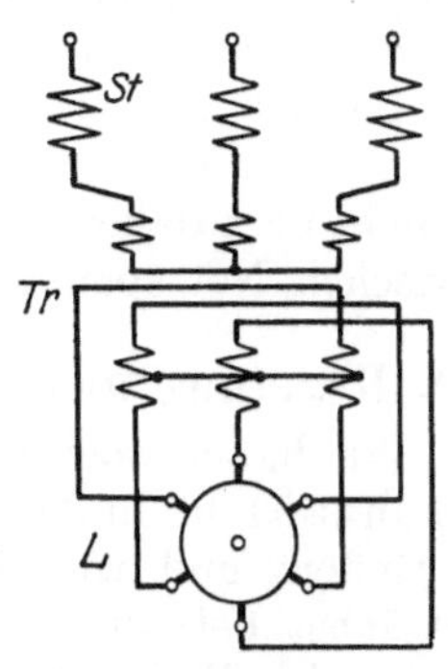
Abb. 335. Reihenschluß- motor mit Zwischentrans- formator.

Einen Drehstrom-Nebenschlußmotor erhält man, wenn nach Abb. 336 der Läufer parallel zu einem mehr oder weniger großen Teil der Ständerwicklung geschaltet wird. Letztere ist mit einer Anzahl von Anzapfungen versehen, die Ver- kettung der Stränge liegt nicht am Ende, sondern innerhalb der Anzapfungen. Im Läufer wird demnach einerseits eine Spannung durch das Ständerfeld indu- ziert, anderseits wird ihm eine nach Größe und Sinn veränderliche Spannung über die Bürsten elektrisch zugeführt. Beim Anlauf (Stellung 1) ist die elektrisch zugeführte Spannung der induzierten entgegengesetzt und etwas kleiner als diese, so daß der Läuferstrom der Differenz der beiden Spannungen entspricht. In Stellung 2 der Abbildung sind die Bürsten kurzgeschlossen, in Stellung 3 hat die zugeführte Spannung entgegengesetzte Richtung wie in 1, im Läufer ist nun die Summe dieser beiden Spannungen wirksam, so daß der Motor schneller laufen muß.

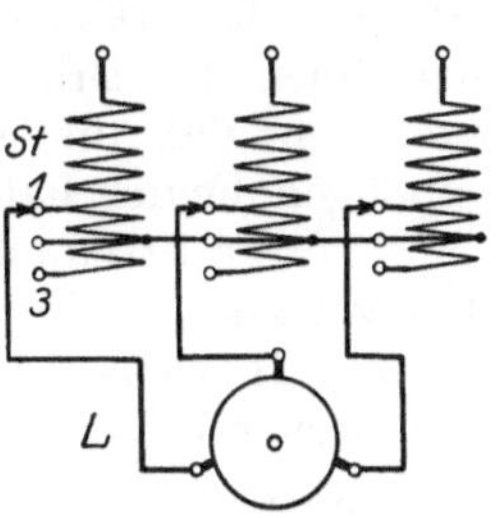
Abb. 336. Drehstrom- Nebenschlußmotor.

Wie in früheren Abschnitten erwähnt wurde, können Ständer und Läufer ihre Rolle hinsichtlich des Anschlusses an das Netz vertauschen. Macht man hier davon Gebrauch, so erhält man den Vorteil, daß an Stelle eines Regulier- transformators mit Schaltgerät der bereits vor- handene Kommutator mittels verschiebbarer Bürsten zur Spannungsänderung dient, nimmt allerdings den Nachteil in Kauf, daß die Leistung dem Motor über Schleifringe zugeführt werden muß. Abb. 337 zeigt das Schaltbild eines läufer- gespeisten Nebenschlußmotors. Der Läufer hat in der Regel zwei Wicklungen, die eine ist als Arbeitswicklung mit drei Schleifringen, die andere mit dem Kommutator verbunden, die Ständerwicklung liegt unverkettet an den Kommutatorbürsten. Der eine Satz von drei Bürsten steht im allgemeinen fest, der andere kann verschoben werden, wodurch sich die dem Ständer zugeführte Spannung und damit die Drehzahl der Größe nach ändert. Bemerkenswert ist das Verhalten des

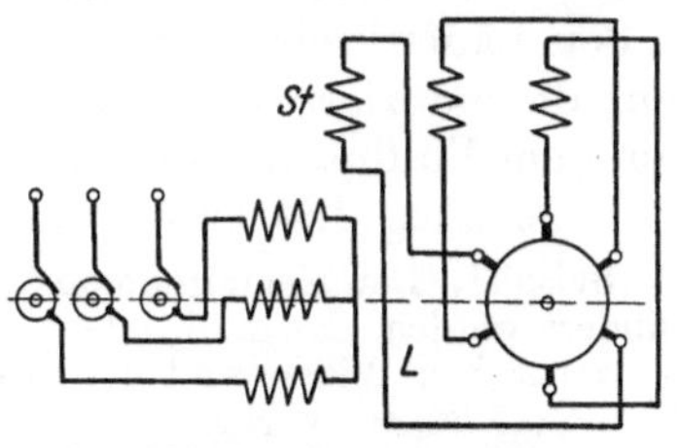
Abb. 337. Läufergespeister Nebenschlußmotor.

Nebenschlußmotors bei Spannungsschwankungen. Im Gegensatz zu dem Reihenschlußmotor ist die Drehzahl bei beliebiger Einstellung nahezu unabhängig von der Netzspannung, der Motor verhält sich also wie ein gewöhnlicher Drehstromasynchronmotor mit geringem Läuferwiderstand.

Bei den Drehstrom-Kommutatormotoren ist die an den Kommutatorbürsten auftretende Spannung in ihrer Phase von der Lage der Bürsten abhängig. Verschiebt man daher sämtliche Bürsten, so ändert sich die **Phasenverschiebung** zwischen Netzspannung und -Strom (vgl. Abschnitt 72).

69. Regelung und Bremsung der Asynchron- und Kommutatormotoren.

Wir haben noch die für den Betrieb wichtige Frage zu beantworten, wie die Drehzahl der in den Abschnitten 65 bis 68 besprochenen Motorarten willkürlich verändert und wie ihre Drehzahl beschränkt oder vermindert werden kann. Zunächst betrachten wir den gewöhnlichen Drehstrommotor. Bei der Besprechung des Drehfeldes hatten wir gesehen, daß die Polzahl des Drehfeldes und damit dessen Drehzahl verändert werden kann, wenn wir die Stromrichtung in den einzelnen Drähten bzw. Spulen jedes Stranges ändern (vgl. Abb. 160 und 162). Demnach muß auch bei einem Kurzschlußmotor, der z. B. 6 Ständerspulen hat, der also in der üblichen Schaltung vierpolig ist und bei 50 Perioden eine synchrone Drehzahl von 1500 Umdrehungen in der Minute hat, die Polzahl auf die Hälfte verringert, die Drehzahl also auf das Doppelte gesteigert werden können. Durch Aufzeichnen der Drähte mit ihrer Stromrichtung kann man sich leicht davon überzeugen, daß die Mehrzahl der Linien dann tatsächlich den Verlauf eines zweipoligen Feldes hat. Da das Verfahren auf Kurzschlußmotoren beschränkt ist und starke Streuung verursacht, werden solche **polumschaltbare** Motoren selten gebaut.

Durch **Herabsetzen der Ständerspannung** kann die Drehzahl etwas vermindert werden, da mit der Ständerspannung die Liniendichte und mit dieser der Läuferstrom sinkt, so daß der Motor stärker schlüpfen muß. Wenn der Läuferwiderstand unverändert bleibt und die Liniendichte in gleichem Maß wie die Spannung abnimmt, so fällt jedoch das Drehmoment des Motors mit der zweiten Potenz der Spannung. Dieses Verfahren der Drehzahlregelung kann daher nur in Frage kommen, wenn das verlangte Drehmoment, wie z. B. bei Ventilatorantrieb, schon bei geringem Drehzahlabfall sehr erheblich abnimmt.

Das **Einschalten von Widerstand in den Läuferkreis** hat wie die Ankerregulierung eines Gleichstromnebenschlußmotors den Nachteil, daß es unwirtschaftlich ist, und daß die Wirkung von der Belastung abhängt, trotzdem wird es aber seiner Einfachheit halber am häufigsten angewendet. Schalten wir, während der Motor mit einem bestimmten Drehmoment belastet ist, Widerstand in den Läuferkreis, so tritt in diesem ein größerer Spannungsverlust auf, daher muß die induzierte Spannung, also der Schlupf, größer werden. Sehen wir wieder von dem Einfluß des Primärwiderstandes und der Streuung ab, so gilt auch hier die Gleichung 184 bzw. 185.

Beispiel: Bei Nenndrehmoment, d. h. bei $J_{III} = 1$, soll die Drehzahl um 40 % vermindert werden. Es muß daher R_{III} das 0,4fache des Nennwertes betragen. Wenn ferner bei demselben Widerstand das Drehmoment nur die Hälfte des Nennwertes beträgt, d. h. $J_{III} = 0,5$ ist, so beträgt die Drehzahl $n_I = 1,0 - 0,5 \cdot 0,4 = 0,8$. Der Motor des Beispiels Abschn. 65 hatte sekundär die Nennwerte $J_{II} = 27,3$ A und $R_{II} = 2,1\ \Omega$. Für eine Drehzahlverminderung um 40 % bei Nenndrehmoment muß daher jeder Strang des Sekundärkreises einen Widerstand von 0,84 Ω haben.

Eine fast verlustlose Regelung der Drehzahl von Asynchronmotoren gestattet die **Kaskadenschaltung.** Wie die Sekundärwicklung eines Transformators bei mehrfacher Transformation die Primärwicklung eines zweiten speist, so wird hier ein zweiter Motor, der sogenannte Hintermotor, an die Schleifringe des zu regelnden Motors angeschlossen und meistens unmittelbar mit ihm gekuppelt (Abb. 338). Der Vordermotor wird dann durch die Gegen-EMK des Hintermotors, wie bei dem vorigen Verfahren durch den Spannungsverlust im Regulieranlasser gezwungen, seine Drehzahl herabzusetzen. Die Motoren stellen sich in Kaskadenschaltung auf diejenige Drehzahl ein, die sich aus der Summe ihrer Polzahlen berechnet. Die Belastbarkeit jedes Motors geht natürlich infolge der geringeren Drehzahl zurück und zwar proportional mit der Verminderung der letzteren. Soll der Hinter-

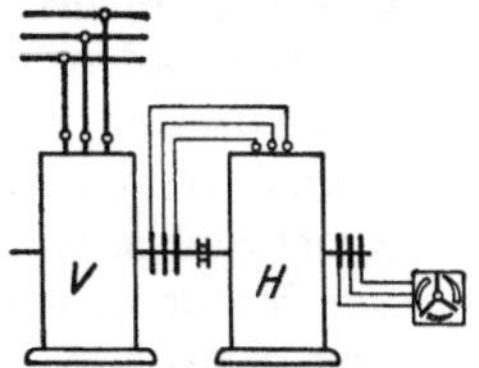

Abb. 338. Kaskadenschaltung mit Asynchronmotor.

motor nicht nur in Kaskade, sondern auch allein betrieben werden, so muß ein Transformator eingeschaltet werden, falls nicht die Sekundärspannung des Vordermotors in Kaskadenschaltung gerade den Wert der Netzspannung hat.

Beispiel: Der Vordermotor hat vier Pole, der Hintermotor sechs Pole; dann ist bei 50 Perioden die synchrone Drehzahl des ersteren 1500, des letzteren 1000 Umdrehungen in der Minute. Stellen wir uns nun vor, daß die Drehzahl des Vordermotors irgendwie um 60%, also auf 600 Umdrehungen herabgedrückt sei, so hat seine Sekundärspannung eine Frequenz von $0,6 \cdot 50 = 30$, ihre Höhe ist das 0,6fache der bei Stillstand auftretenden Läuferspannung. Ist der Ständer des Hintermotors für diese Spannung gebaut und wird er mit der Frequenz 30 gespeist, so ist seine synchrone Drehzahl das 0,6fache der früheren, beträgt also auch 600. Bei Kaskadenschaltung und unmittelbarer Kupplung werden demnach beide Motoren im Leerlauf die Drehzahl 600 haben.

Eine gleitende Regelung wird erreicht, wenn man den Schleifringen des Vordermotors eine Gegenspannung aufdrückt, die durch eine Kommutatormaschine erzeugt wird. Abb. 339 stellt

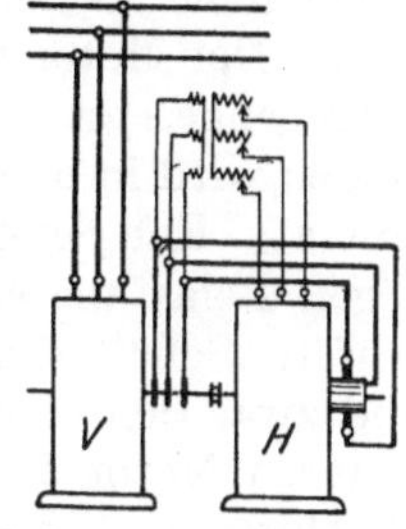

Abb. 339. Kaskadenschaltung mit Kommutatormotor.

die Kaskadenschaltung eines Asynchronmotors mit einem Drehstromkommutatormotor dar; der Ständer und der Läufer des letzteren werden in Nebenschlußschaltung von den Schleifringen des Vordermotors gespeist. Durch Veränderung der Windungszahl des Transformators, der vor dem Ständer des Hintermotors liegt, kann dessen Gegenspannung und damit die Drehzahl der Maschinengruppe in beliebig feinen Stufen geändert werden. Bei der Schaltung nach Abb. 340 geschieht die Regelung durch Umformung in Gleichstrom. Die Schleifringe des Vordermotors V sind mit denen eines fremderregten Umformers U verbunden; dieser

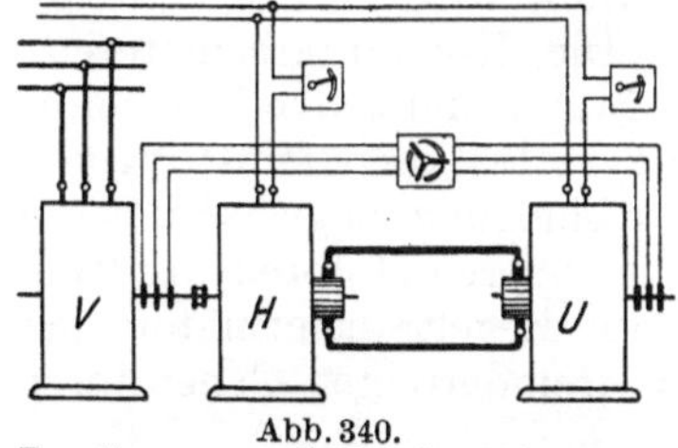

Abb. 340.
Reguliergruppe mit Einankerumformer.

speist einen fremderregten Gleichstrommotor H, der mit dem Vordermotor gekuppelt ist. Durch Regelung der Gleichstromerregung des Hintermotors wird die Gegenspannung des Umformers und dadurch die Drehzahl der Motoren geändert; eine Regelung der Umformererregung beeinflußt den Leistungsfaktor des Drehstroms.

Hier können wir eine Ergänzung zu den Umformern einschalten. Denken wir uns den Gleichstrommotor der Abb. 340 abgetrennt und zu irgendwelchem Antrieb verwendet, dagegen den Drehstrommotor unmittelbar mit dem Umformer gekuppelt und lediglich zu dessen Antrieb dienend, so haben wir einen Kaskadenumformer (Abb. 341) vor uns. Dieser wird an Stelle eines Motorgenerators oder

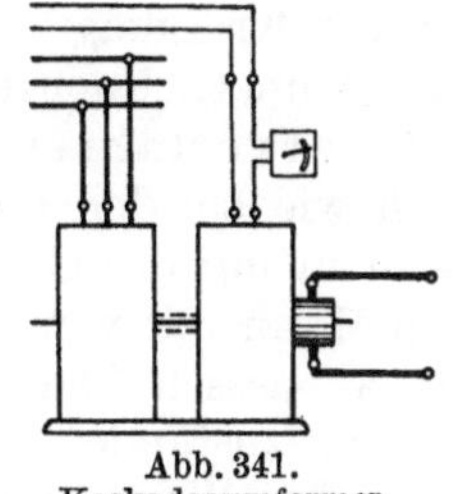

Abb. 341.
Kaskadenumformer.

eines Einankerumformers zur Umwandlung von Drehstrom in Gleichstrom benutzt. Die Umwandlung geschieht dabei teils auf mechanischem, teils auf rein elektrischem Wege, die Drehzahl der beiden Maschinen entspricht der Summe ihrer Polzahlen und ist an den Synchronismus gebunden, da ja der Umformer mit Gleichstrom erregt wird.

Zur Bremsung eines Drehstrommotors in der üblichen Schaltung kommen zwei Verfahren in Frage. Wenn der Motor im Bewegungssinn eingeschaltet eine Last in der Senkrichtung antriebt, so steigert sich seine Geschwindigkeit. Sobald der Synchronismus überschritten, der Schlupf also negativ wird, verwandelt sich der Motor in einen asynchronen Generator, er gibt desto mehr elektrische Leistung an das Netz zurück, je höher seine Geschwindigkeit wird (vgl. Abschn. 30). Dadurch wird wie bei einem Gleichstromnebenschlußmotor die Geschwindigkeit begrenzt. Der Zusammenhang zwischen Drehmoment und Schlupf ist dabei ähnlich wie bei dem Betrieb als Motor (vgl. Abb. 326). Die andere Art der Bremsung geschieht durch Gegenstrom; der Ständer wird wie für das Heben eingeschaltet. Wenn die sinkende Last dieses rückwirkende Drehmoment überwiegt, so dreht sich der Läufer umgekehrt wie das Drehfeld, der Schlupf ist dann größer als 1. Der Motor nimmt dabei mechanische Leistung von dem Antrieb und eine entgegengesetzt wirkende elektrische Leistung aus dem Netz auf, die Summe dieser beiden wird in dem Widerstand des Regelanlassers und im Motor in Wärme umgesetzt. Ein Senkbremsen mit kleiner Drehzahl und geringer Empfindlichkeit gegen Belastungsschwankungen ist möglich, wenn die Lastwinde zwei Motoren erhält. Schaltet man zum Senken beide Motoren mit großem Widerstand ein und zwar den einen auf Senken, den anderen auf Heben, so wird die Last den ersteren Motor auf kleineren, den anderen auf größeren Schlupf bringen. Das abnehmende Drehmoment des ersteren und das zunehmende des anderen gibt zusammen mit der Last eine Gleichgewichtslage. Die Drehzahl ist dabei je nach der Widerstandsverteilung verschieden.

Bei dem Einphasen-Asynchronmotor ist eine Regelung der Drehzahl nur in geringem Maße möglich, da ja das Drehfeld durch die Drehzahl wesentlich beeinflußt wird.

Die Kommutatormotoren, deren Stromwender einen größeren Kostenaufwand und große Empfindlichkeit bedingt, haben ihre Lebensberechtigung in der verlustlosen feinstufigen Regelungsfähigkeit. Motoren, die durch Bürstenverschiebung angelassen werden, werden durch diese geregelt und gebremst. Die anderen Motoren werden durch Änderung der zugeführten Spannung mittels eines Regeltransformators geregelt, durch Gegenstrom oder durch Schaltung als fremderregter Generator gebremst.

70. Bestimmung des Wirkungsgrades von Asynchronmaschinen.

Die allgemeinen Ausführungen der Abschnitte 40 und 54 gelten auch hier. Das umfassendste und beste Bild über die Eigenschaften einer Asynchronmaschine gewinnt man, wenn man aus dem Leerlauf- und dem Kurzschlußversuch das genaue Kreisdiagramm, wie es in Sonderwerken über Maschinen dargestellt ist, aufzeichnet. Nachstehend soll die Bestimmung des Wirkungsgrades nach dem „Motorverfahren" der REM erläutert werden; sie gestaltet sich nicht so einfach wie bei den Gleichstrommaschinen. Die Stromaufnahme ändert sich hier ja nicht nur der Größe, sondern auch der Phase nach; man muß daher entweder den Motor mit verschiedenen Belastungen laufen lassen und jeweils den Ständerstrom, dessen Phase sowie den Schlupf messen oder diese Werte bei zwei Belastungszuständen, am einfachsten bei Leerlauf und bei etwas Überlast messen und die Werte für andere Belastungen durch das vereinfachte Kreisdiagramm (vgl. Abb. 325) bestimmen. Die Verluste einer Asynchronmaschine bestehen im wesentlichen aus Reibung, Eisenverlusten im Ständer, Wicklungsverlusten im Ständer, Stromwärmeverlusten im Läuferkreis und Zusatzverlusten. Letztere sind der zweiten Potenz des Stromes proportional und den REM zu entnehmen. Leerlaufversuche mit verschiedener Spannung liefern nach Abzug der Stromwärmeverluste des Leerlaufstromes, die bei den Asynchronmaschinen nicht zu vernachlässigen sind, die Reibungs- sowie die Eisenverluste. Die Wicklungsverluste im Ständer werden aus der Widerstandsmessung berechnet. Die Verluste im Läufer werden aus dem Schlupf und der auf den Läufer übertragenen Leistung berechnet. Sie sind bei einem Drehstrommotor dem Produkt dieser letzteren beiden Größen, bei einem Einphasenmotor dem doppelten dieses Produktes gleich.

Beispiel: Der Wirkungsgrad eines Drehstromasynchronmotors für 220/380 V, Abgabe 5,5 kW = 7,5 PS sei zu bestimmen. Bei Leerlauf mit 220 V wird ein Strom von 6 A und eine Leistungsaufnahme von 330 W gemessen. Der Nennstrom wird auf 20 A geschätzt, bei Belastung des Motors auf diesen Strom wird eine Leistungsaufnahme von 6460 W und ein Schlupf von 4 % gemessen. Der Leistungsfaktor $\cos \varphi$ ist demnach bei Leerlauf = 0,145, bei dem angenommenen Nennstrom = 0,85. Im warmen Zustand ist der Widerstand jedes Ständerstranges 0,9 Ω, diese sind in Dreieck geschaltet; daher ist der Stromwärmeverlust des Ständers bei Leerlauf rund 32 W. Aus den Leerlaufversuchen mit verschiedener Spannung werden durch Extrapolation auf die Spannung Null die Reibungsverluste zu 140 W bestimmt, die vom Ständer bei 220 V aufgenommenen Eisenverluste sind dann 330 — 32 — 140 = 158 W. Aus den Messungen von Strom, Leistungsaufnahme und Schlupf bei Leerlauf und bei angenäherter Nennlast wird das Kreisdiagramm (Abb. 325) zur Bestimmung des Schlupfes und des Leistungsfaktors bei irgendwelchen anderen Stromwerten gezeichnet.

Die Zusatzverluste bei Nennlast sind laut REM mit $\frac{1}{2}$ % der Scheinaufnahme, also hier mit $\dfrac{1,73 \cdot 220 \cdot 20}{200} = 38$ W einzusetzen.

In der folgenden Zahlentafel sind einige Werte des Primärstromes angegeben, sodann die zugehörigen Leistungen und Verluste in Watt eingetragen.

Stromaufnahme J	8	13	20	30 A
Leistungsfaktor $\cos \varphi$ . . .	0,60	0,85	0,85	0,82
Schlupf s in %	1,0	2,3	4,0	6,5
Leistungsaufnahme N_I . .	1825	4030	6460	9350 W
Ständer-Eisenverluste . .	158	158	158	158
Ständer-Wicklungsverluste	58	152	360	810
ges. Ständerverluste . . .	216	310	518	968
auf den Läufer übertragene Leistung $N_{I/II}$ rund	1610	3720	5940	8380
Läuferverluste $s \cdot N_{I/II}$ . .	16	86	238	545
Reibungsverluste	140	140	140	140
Zusatzverluste	5	16	38	85
Gesamtverluste	377	552	934	1738
Leistungsabgabe N_{II} rund	1450	3480	5526	7610
Wirkungsgrad in % . . .	79,5	86,5	85,5	81,5

71. Der Kommutator als Frequenzwandler.

Bekanntlich wird im Anker einer Gleichstrommaschine eine Wechselspannung induziert, deren Frequenz der jeweiligen Drehzahl entspricht; an den Bürsten des Kommutators tritt dagegen stets gleichgerichtete Spannung auf. Fassen wir den Gleichstrom als Wechselstrom von der Frequenz $f = 0$ auf, so können wir den Kommutator als Frequenzwandler bezeichnen. Im Hauptstromkreis einer Gleichstrommaschine haben wir dann zweierlei Frequenzen, nämlich im äußeren Stromweg die Frequenz Null, im Anker dagegen die der Drehzahl entsprechende Frequenz.

Um einen Einblick in die Sachlage bei Wechselstrom-Kommutatoren zu erhalten, stützen wir uns auf den Abschnitt über das Drehfeld und machen uns zunächst klar, daß man die Umdrehungszahl des Läufers auch als Frequenz angeben kann, denn letztere ist ja bei gegebener Polzahl der Drehzahl proportional. In diesem Sinn ist der im folgenden gebrachte Ausdruck „Drehungsfrequenz" zu verstehen. Lassen wir nun den Magnetkörper eines Gleichstromgenerators ebenfalls umlaufen und zwar in beliebigem Sinn und mit irgend einer Drehzahl, setzen wir also den Anker in ein „Drehfeld", so tritt im allgemeinen an den Kommutatorbürsten eine Wechselspannung auf; wir werden sehen, daß diese eine Frequenz hat, die derjenigen des Drehfeldes im Raume stets gleich ist, daß also kurz gesagt: Bürstenfrequenz = Drehfeldfrequenz ist.

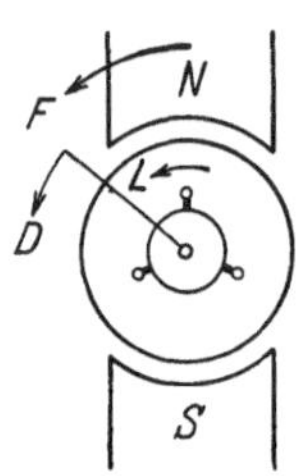

Abb. 342. Gleichsinniger Umlauf von Feld u. Anker.

Wir nehmen nun ein zweipoliges — zunächst durch Umlauf eines Gleichfeldes gegebenes — Drehfeld an sowie drei um je zwei Drittel Polteilung gegeneinander versetzte feststehende Kommutatorbürsten und ermitteln die Frequenz der Spannung bzw. des Stromes im Läufer relativ zu diesem.

Zunächst betrachten wir den Fall, daß der Läufer in gleichem Sinne wie das „Drehfeld" mit geringerer Geschwindigkeit, also untersynchron umläuft (Abb. 342), so daß er in gleichem Sinne mit Schlupffrequenz geschnitten wird. Die im Läufer induzierte Spannung hat daher relativ zu diesem die Schlupffrequenz, während die Frequenz der Bürstenspannung gleich der Summe aus Läuferfrequenz L und Drehungsfrequenz D, also gleich der Feldfrequenz F ist.

Beispiel: Hat das sich drehende Feld die Frequenz 50 und ist die Drehungsfrequenz des Läufers 40, so hat die Läuferspannung die Frequenz 10, während an den Kommutatorbürsten eine Spannung von der Frequenz 50 auftritt.

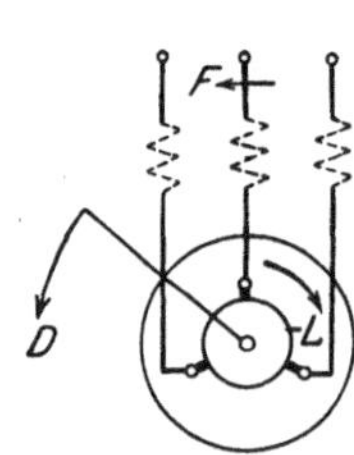

Abb. 343.
Gleichsinniger übersynchroner Umlauf im Drehfeld.

Bei Synchronismus ist die Läuferfrequenz = 0, bei übersynchroner Drehzahl hat das Feld gegen den Läufer entgegengesetzte Richtung wie im Raume. Das Läuferfeld wird also relativ zu diesem sich rechtsum drehen, wenn die übersynchrone Drehung des Läufers und die Drehung des Feldes im Raume linksum erfolgt.

Beispiel: Drehen sich die Pole mit der Frequenz 10 und der Läufer in demselben Sinn mit der Frequenz 60, so hat das Feld im Läufer die Frequenz 50 mit entgegengesetztem Drehsinn.

Das Drehfeld denken wir uns nunmehr nicht mehr durch umlaufende Gleichpole, sondern durch die magnetische Wirkung des Läuferstromes oder durch eine Ständerwicklung erzeugt, die mit den Kommutatorbürsten verbunden ist. Abb. 343 stellt dann den zuletzt behandelten Fall dar. Bezeichnen wir für übersynchrone Drehung im Sinne des Feldes die Läuferfrequenz als negativ, so gilt für gleichsinnigen Umlauf von Feld und Läufer stets die Beziehung für die Frequenzen:

$$\text{Läufer} = \text{Feld} - \text{Drehung.}$$

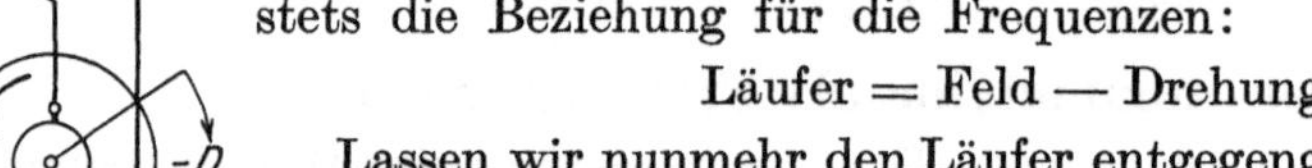

Abb. 344.
Entgegengesetzter Umlauf im Drehfeld.

Lassen wir nunmehr den Läufer entgegengesetzt wie das Drehfeld im Raume umlaufen, so hat das Feld relativ zum Läufer stets die gleiche Richtung wie im Raume, seine Geschwindigkeit ist die Summe der Geschwindigkeiten von Feld und Drehung (Abb. 344). Obige Gleichung für die Frequenzen bleibt daher bestehen, sobald wir die Drehungsfrequenz für den entgegengesetzt zu dem Feld im Raume umlaufenden Läufer als negative Größe einsetzen.

Beispiel: Hat das Drehfeld im Raume die Frequenz 10 und dreht sich der Läufer entgegengesetzt mit der Frequenz 40, so ist die Frequenz der Läuferspannung 50. Verbindet man drei Schleifringe mit der Läuferwicklung, so tritt dann an diesen die Frequenz 50, an den drei Kommutatorbürsten dagegen die Frequenz 10 auf.

Einen Frequenzwandler im vollsten Sinne des Wortes erhalten wir, wenn wir das Drehfeld dadurch erzeugen, daß wir den Läufer über Schleifringe und einen Transformator an ein Drehstromnetz legen und ihn entgegengesetzt zu seinem Feld antreiben (Abb. 345). An den Kommutatorbürsten tritt dann eine Spannung auf, deren Frequenz stets gleich dem Schlupf ist.

Im Gegensatz zu der Selbsterregung nach Abb. 343 bezeichnet man einen Frequenzwandler nach Abb. 345 als einen solchen mit Läuferfremderregung.

Unter dem Gesichtspunkt der Frequenzwandlung erscheinen nun auch die Kommutatormotoren in einem neuen Licht. Während z. B. die Motoren nach

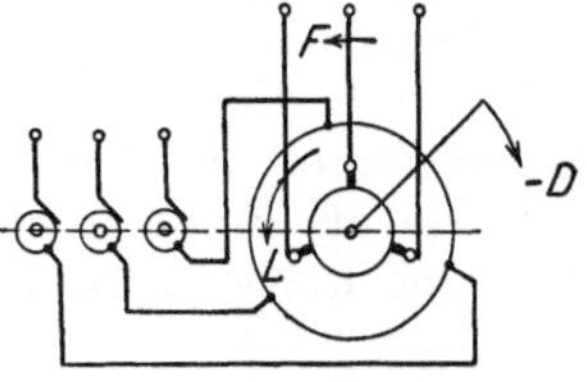

Abb. 345. Frequenzwandler.

Abb. 334 bzw. 336 die Frequenzwandlung mit Reihenschluß- bzw. Nebenschlußerregung zeigen, schlägt der Motor nach Abb. 337 eine Brücke zu den Synchronmaschinen und Einankerumformern; bei synchronem Lauf hat ja die Spannung an den Kommutatorbürsten die Frequenz Null, das Feld steht im Raume still, die Ständerwicklung erhält Gleichstrom.

72. Wechselstrom-Erregermaschinen, kompensierte Motoren.

Am Ende des Abschnittes 62 hatten wir bereits darauf hingewiesen, daß es von Vorteil ist, den nacheilenden Blindstrom, den die gewöhnlichen Asynchronmotoren zur Erregung gebrauchen, dadurch zu kompensieren, daß man möglichst nahe an ihnen Vorrichtungen aufstellt, die voreilenden Blindstrom aufnehmen; solche Maschinen oder Geräte müssen mit anderen Worten eine EMK erzeugen, die dem Strom vorauseilt. Sie können dadurch die für die Erzeugung des Feldes in den gewöhnlichen Asynchronmaschinen nötige Blindleistung liefern, sie wirken als Erregerstromquellen.

Diese Aufgabe kann außer von Kondensatoren oder von Synchronmotoren auch von Kommutatormaschinen erfüllt werden. Die für die Erregung eines Asynchronmotors erforderliche Blindleistung ist nun erheblich kleiner, wenn man den Erregerwechselstrom nicht dem Primäranker mit Netzfrequenz, sondern dem Sekundäranker mit Schlupffrequenz zuführt, da ja nach Gleichung 67 die einer gewissen Linienzahl entsprechende EMK der Frequenz proportional ist. Aus der Fülle der Arten, durch welche diese Phasenregelung des Netzstromes mittels **Erregermaschinen** zum Anbau an die gewöhnlichen Asynchronmotoren oder mittels **phasenkompensierter Motoren** erreicht wird, sollen zwei Beispiele herausgegriffen werden.

An die Schleifringe eines Drehstromasynchronmotors sei an Stelle des üblichen Anlassers ein solcher mit offener Schaltung und in Reihe mit diesem eine Erregermaschine angeschlossen (Abb. 346). Diese besteht im einfachsten Fall lediglich aus einem Läufer nach Art eines Gleichstromankers mit einer tiefer als sonst in das Eisen eingebetteten Wicklung und einem Kommutator. Sobald der Motor mit Belastung im Betrieb ist, erzeugt sein mit Schlupffrequenz an die Erregermaschine kommender Sekundärstrom in dieser ein Drehfeld. Bei Stillstand der Erregermaschine wird daher in ihr eine

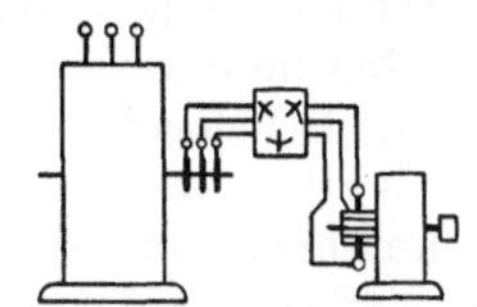

Abb. 346. Drehstrommotor mit Reihenerregermaschine.

nacheilende EMK gemäß Abschnitt 23 induziert. Wird die Maschine in dem Sinne, den das Drehfeld im Raume hat, angetrieben, so ist bei Synchronismus die gesamte EMK = 0, bei Übersynchronismus hat die EMK die umgekehrte Richtung wie vorher, die Erregermaschine nimmt nun wie eine Kapazität einen der Klemmenspannung voreilenden Strom aus der Sekundärwicklung des Motors auf. Je nach der Drehzahl der Erregermaschine wird daher der zugehörige Asynchronmotor nacheilenden, phasengleichen oder voreilenden Strom dem Netz entnehmen. Da das Feld einer solchen Erregermaschine nur durch den Sekundärstrom des Motors entsteht, nimmt ihre Wirkung mit der Belastung ab. Soll der Blindstrom des Asynchronmotors auch bei Leerlauf kompensiert werden, so muß man die Erregermaschine mit ihm kuppeln und über Schleifringe und einen Transformator ans Netz legen; sie hat dann Fremderregung und wirkt nach Abb. 345 als Frequenzwandler. Die an den Kommutatorbürsten auftretende Spannung hat stets Schlupffrequenz, ihre Phase ist aber je nach der Stellung der Bürsten verschieden, so daß der Gesamtstrom auf eine in gewissen Grenzen beliebige Phasenverschiebung z. B. auf Phasengleichheit oder auf Voreilung eingestellt werden kann.

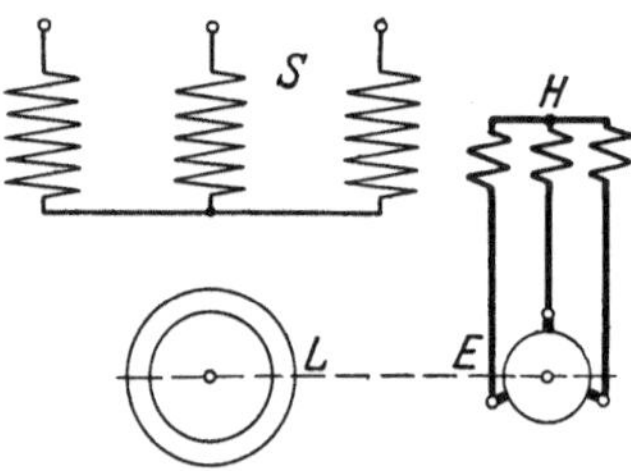

Abb. 347. Kompensierter Motor.

Als Beispiel eines kompensierten Asynchronmotors sei die Schaltung Abb. 347 erwähnt. In die Ständernuten ist außer der üblichen Wicklung S eine Hilfswicklung H eingelegt, die Läufernuten erhalten außer der Kurzschlußwicklung L, durch welche die Wirkleistung übertragen wird, eine an einen Kommutator angeschlossene Erregerwicklung E. Dreht sich der Läufer mit Schlupf im Sinne des Feldes, so wird die in der Erregerwicklung auftretende Schlupffrequenz durch den Kommutator in Netzfrequenz verwandelt. Die Phase der Bürstenspannungen hängt von der Stellung der Bürsten ab, so daß bei entsprechender Einstellung derselben die ursprüngliche Nacheilung des Ständerstromes durch die Voreilung des Stromes im Kreise EH ausgeglichen oder überwogen wird.

73. Anwendung der verschiedenen Motorarten.

Trotzdem alle Überlandwerke als Drehstromanlagen ausgeführt werden und der gewöhnliche Drehstrom-Asynchronmotor der billigste sowie im Betrieb unempfindlichste und vielseitigste aller Motoren ist, werden zahlreiche Kraftanlagen, allenfalls unter Anschluß an ein Drehstromnetz mittels Umformern oder Gleichrichtern, für Gleichstrom ausgeführt. Dies geschieht einerseits wegen der Möglichkeit der Energiespeicherung in Akkumulatoren, anderseits wegen der günstigen Eigenschaften, welche der Gleichstrommotor besonders in Hinsicht auf die Drehzahlregelung besitzt.

Der Gleichstrom-Nebenschlußmotor hat den Hauptvorzug einer von der Belastung fast unabhängigen Drehzahl, er wird daher zum Antrieb aller Arten von Vorgelegen, von Pumpen, Aufzügen, Werkzeugmaschinen u. dgl. verwendet. Neuere Werkzeugmaschinen werden zu unmittelbarem Einzelantrieb mit Regelmotoren ausgerüstet, das sind Motoren mit niedriger Nenndrehzahl, die durch Feldschwächung auf eine mehrfach höhere Drehzahl geregelt werden. Der Reihenschlußmotor hat den Vorzug der größeren Überlastbarkeit im Drehmoment und der selbsttätigen Drehzahländerung, er ist daher besonders geeignet zum Antrieb von Fahrzeugen, von Kranen, ferner von Rollgängen und Hebetischen in Walzwerken u. dgl. Der Doppelschlußmotor hat die eben genannten Eigenschaften in geringerem Maße, nimmt aber auch bei Entlastung keine unzulässig hohe Drehzahl an. Er wird für durchlaufende Walzenstraßen, sowie für den Einzelantrieb von Scheren, Stanzen und sonstigen Maschinen verwendet, an denen ein Schwungrad starke Belastungsänderungen ausgleichen soll. Fremd erregte Gleichstrommotoren werden in verschiedenen Sonderschaltungen verwendet und zwar in Leonardschaltung zum Antrieb von Hauptschacht-Fördermaschinen, Umkehrwalzenstraßen, Lastwinden größter Abmessungen u. dgl. Die Zu- und Gegenschaltung wird zum Antrieb von Papiermaschinen, die Fünfleiterschaltung in Zeugdruckereien gebraucht.

Von den Wechselstrommotoren diente früher der Synchronmotor fast nur zum Antrieb von Gleichstromgeneratoren; seit einiger Zeit wird er wegen seiner Fähigkeit, voreilenden Strom aufzunehmen, in Überland- und in industriellen Werken mehr und mehr angewendet, sei es als reine Blindstrommaschine, sei es unter Abgabe mechanischer Leistung an einen Antrieb, der ganz starre Drehzahl verträgt und keine großen Überlastungen verursacht.

Die eingangs erwähnten Eigenschaften der gewöhnlichen Drehstrom-Asynchronmotoren, nämlich geringer Preis und große Unempfindlichkeit, kommen dem einfachen Kurzschlußmotor am meisten zu, er hat aber den Nachteil des geringen Anlaufmomentes. Im Gegensatz zu ihm hat der Schleifringmotor außerdem noch den Vorteil der Regelbarkeit, ist jedoch darin dem Gleichstrommotor unterlegen. Durchlaufende Walzenstraßen und große Lüfter, deren Drehzahl geregelt werden soll, werden in Drehstromanlagen durch Asynchronmotoren in Kaskadenschaltung mit eben solchen oder mit Kommutatormotoren angetrieben. Die Wechselstrom-Kommutatormotoren werden in erster Linie zum Antrieb von Vollbahnen, Kranen, Lüftern, Spinn- und Druckmaschinen gebraucht. Ihre Nachteile liegen vor allem im hohen Preis und in der Schwierigkeit funkenfreier Stromwendung.

Festwerte bei 20° C.

Stoff	Spezifischer Widerstand ϱ	Leit- fähigkeit k	Temperatur- koeffizient α	Spezifische Wärme c
Aluminium	0,030	33	0,0039	0,21
Blei	0,21	4,8	0,0039	0,03
Gußeisen	0,80	1,25	0,0012	0,11
Kupfer	0,018	56	0,0039	0,094
Silber	0,017	59	0,0034	0,056
Schmiedeeisen	0,13	7,7	0,005	0,11
Stahl	0,25	4	0,005	0,11
Zink	0,063	16	0,0037	0,094
Messing	0,077	13	0,0015	0,092
Neusilber WM 30	0,30	3,3	nahezu 0	0,095
Kupfer-Nickel-Legierung WM 50	0,50	2,0	nahezu 0	0,095
Eisen-Nickel-Legierung WM 100 .	1,0	1,0	0,0010	

Stoff	Dielektrizitäts- konstante ε	Spezifische Wärme c
Glas	6	
Hartgummi	2,3	
Hartpapier	4,5	
Mikanit	5	
Mineralöl	2,2	0,4
Porzellan	5,5	0,2

Formelzeichen.

A Arbeit.
C Kapazität, Konstante.
D Durchflutung, Durchmesser.
E erzeugte Spannung, Beleuchtungsstärke.
F Fläche.
G Gewicht.
J Stromstärke, Lichtstärke.
J' Ausgleichsstrom.
L Induktivität.

M Moment.
N Leistung in Watt.
N' Leistung in PS.
O Oberfläche.
P Kraft.
Q Wärmemenge.
R Widerstand, Radius.
T Dauer einer Periode, Zeitkonstante.
U verbrauchte Spannung.

a Ausnutzungsfaktor bei Spulen.
a halbe Zahl der parallelen Stromwege.
b Verhältnis der Ströme $\dfrac{J_1}{J}$ beim Anlassen.
c spezifische Wärme.
d Drahtdurchmesser.
e Augenblickswert der erzeugten Spannung, erzeugte Teilspannung.
f Frequenz.
g Beschleunigung der Schwerkraft.
i Teilstrom.
i Augenblickswert der Stromstärke.
k elektrische Leitfähigkeit.
l Länge.
l' mittlere Länge einer Windung.
m Anzahl von Teilen bei Reihenschaltung.
m Stufenzahl des Anlassers.

n Anzahl von Teilen bei Parallelschaltung.
n Drehzahl in der Minute.
p Polpaarzahl.
p, p', p'' Verhältniszahl des Verlustes.
q Querschnitt.
r Teilwiderstand, Abstand.
s Schlupf.
s Verhältnis von Spitzen- und Schaltstrom eines Anlassers.
s' Verhältnis von Anker- und Erregerstrom bei einem Reihenschlußmotor.
s Weg, Zahl der Wicklungselemente.
t Temperatur, Zeit.
u Spannungsverlust, Teilspannung.
v Geschwindigkeit.
w Windungszahl.
y Wicklungsschritt.
z Anzahl von Widerstandselementen.

$\mathfrak{B}$ Induktion.

$\mathfrak{F}$ Querschnitt des magnetischen Linienweges.

Φ Linienzahl, Lichtstrom.

Σ Summe.

α Temperaturkoeffizient des Widerstandes.

α Winkel, Faktor der Liniendichte.

ε Dielektrizitätskonstante.

η Wirkungsgrad, Nutzfaktor.

ϑ Temperatur bei Zusammentreffen mit
der Zeit.

$\mathfrak{H}$ Feldstärke.

$\mathfrak{L}$ Länge des magnetischen Linienweges.

$\mathfrak{R}$ magnetischer Widerstand.

μ magnetische Leitfähigkeit.

ϱ spezifischer Widerstand.

φ Winkel der Phasenverschiebung.

ω Kreisfrequenz, Raumwinkel.

ω Winkelgeschwindigkeit.

$\approx$ rund, angenähert gleich.

Fußzeichen.

A Amperemeter, Anfang, Anker.

B Beschleunigung.

C kapazitiv.

E Ende, Erregung.

K Kommutator, Kurzschluß.

L induktiv.

a Anlaß.

b Belastung, Blind.

i Inneres.

k Klemmen.

l Leitung.

m Magnetisierung, Mittel.

o Leer, räumlich.

s Schein.

v Verlust.

w Wirk.

N negativ.

O Null.

P positiv.

R induktionsfrei, Regler.

S Sekundär, Synchron.

V Voltmeter.

1 Anfangszustand bei Widerstandsänderung.

2 Endzustand bei Widerstandsänderung.

1 Schaltstrom beim Anlassen.

2 Spitzenstrom beim Anlassen.

I primär.

II sekundär.

$\curlywedge$ Stern.

$\triangle$ Dreieck.

$/$ Vielfachwert.

Kopfzeichen.

$-$ Scheitelwert.

Sachverzeichnis.

Buchdruckerei
Otto Regel G. m. b. H.,
Leipzig.

Vorlesungen über die wissenschaftlichen Grundlagen der Elektrotechnik. Von Prof. Dr. techn. Milan Vidmar, Ljubljana. Mit 352 Abbildungen im Text. X, 451 Seiten. 1928. RM 15.—; gebunden RM 16.50

Kurzes Lehrbuch der Elektrotechnik. Von Prof. Dr. A. Thomälen, Karlsruhe. Neunte, verbesserte Auflage. Mit 555 Textbildern. VIII, 396 Seiten. 1922. Gebunden RM 9.—

Die wissenschaftlichen Grundlagen der Elektrotechnik. Von Prof. Dr. Gustav Benischke. Sechste, vermehrte Auflage. Mit 633 Abbildungen im Text. XVI, 682 Seiten. 1922. Gebunden RM 18.—

Die Grundlagen der Hochfrequenztechnik. Eine Einführung in die Theorie von Dr.-Ing. Franz Ollendorff, Charlottenburg. Mit 379 Abbildungen im Text und 3 Tafeln. XVI, 640 Seiten. 1926. Gebunden RM 36.—

Hochfrequenzmeßtechnik. Ihre wissenschaftlichen und praktischen Grundlagen. Von Dr.-Ing. August Hund, Beratender Ingenieur. Zweite, vermehrte und verbesserte Auflage. Mit 287 Textabbildungen. XIX, 526 Seiten. 1928. Gebunden RM 39.—

Hilfsbuch für die Elektrotechnik. Unter Mitwirkung namhafter Fachgenossen bearbeitet und herausgegeben von Dr. Karl Strecker. Zehnte, umgearbeitete Auflage.
Starkstromausgabe. Mit 560 Abbildungen. XII, 739 Seiten. 1925. Gebunden RM 20.—
Schwachstromausgabe (Fernmeldetechnik). Mit 1057 Abbildungen. XXII, 1137 Seiten. 1928. Gebunden RM 42.—

Vorlesungen über Elektrizität. Von Prof. A. Eichenwald, Dipl.-Ing. (Petersburg), Dr. phil. nat. (Straßburg), Dr. phys. (Moskau). Mit 640 Abbildungen. VIII, 664 Seiten. 1928. RM 36.—; gebunden RM 37.50

Einführung in die Elektrizitätslehre. Von Prof. Dr. R. W. Pohl, Göttingen. Mit 393 Abbildungen. VII, 256 Seiten. 1927. Gebunden RM 13.80

Aufgaben und Lösungen aus der Gleich- und Wechselstromtechnik. Ein Übungsbuch für den Unterricht an technischen Hoch- und Fachschulen sowie zum Selbststudium. Von Prof. H. Vieweger. Neunte, erweiterte Auflage. Mit 250 Textabbildungen und 2 Tafeln. VIII, 360 Seiten. 1926. RM 9.90; gebunden RM 11.40

Wirkungsweise elektrischer Maschinen. Von Prof. Dr. techn. Milan Vidmar, Ljubljana. Mit 203 Abbildungen im Text. VI, 223 Seiten. 1928.
RM 12.—; gebunden RM 13.50

Die Gleichstrom-Querfeldmaschine. Von Dr. Ing. E. Rosenberg. Mit 102 Textabbildungen. V, 98 Seiten. 1928. Erscheint Anfang September 1928.

Arnold-la Cour, Die Gleichstrommaschine. Ihre Theorie, Untersuchung, Konstruktion, Berechnung und Arbeitsweise. Dritte, vollständig umgearbeitete Auflage. Herausgegeben von J. L. la Cour. In 2 Bänden.

I. Band: Theorie und Untersuchung. Mit 570 Textfiguren. XII, 728 Seiten. 1919. Unveränderter Neudruck 1923. Gebunden RM 30.—

II. Band: Konstruktion, Berechnung und Arbeitsweise. Mit 550 Textfiguren und 18 Tafeln. XI, 714 Seiten. 1927. Gebunden RM 30.—

Elektromaschinenbau. Berechnung elektrischer Maschinen in Theorie und Praxis. Von Dr.-Ing. P. B. Arthur Linker, Privatdozent, Hannover. Mit 128 Textfiguren und 14 Anlagen. VIII, 304 Seiten. 1925. Gebunden RM 24.—

Elektrische Maschinen. Von Prof. Rudolf Richter, Direktor des Elektrotechnischen Instituts Karlsruhe. In zwei Bänden.

I. Band: Allgemeine Berechnungselemente. Die Gleichstrommaschinen Mit 453 Textabbildungen. X, 630 Seiten. 1924. Gebunden RM 27.—

II. Band: In Vorbereitung.

Ankerwicklungen für Gleich- und Wechselstrommaschinen. Ein Lehrbuch von Prof. Rudolf Richter, Direktor des Elektrotechnischen Instituts Karlsruhe. Mit 377 Textabbildungen. XI, 423 Seiten. 1920. Berichtigter Neudruck 1922.
Gebunden RM 14.—

Der Transformator im Betrieb. Von Prof. Dr. techn. Milan Vidmar, Ljubljana. Mit 126 Abbildungen im Text. VIII, 310 Seiten. 1927. Gebunden RM 19.—

Die Transformatoren. Von Prof. Dr. techn. Milan Vidmar, Ljubljana. Zweite, verbesserte und vermehrte Auflage. Mit 320 Abbildungen im Text und auf einer Tafel. XVIII, 752 Seiten. 1925. Gebunden RM 36.—

Der Quecksilberdampf-Gleichrichter. Von Ing. Kurt Emil Müller.

Erster Band: Theoretische Grundlagen. Mit 49 Textabbildungen und 4 Zahlentafeln. IX, 217 Seiten. 1925. Gebunden RM 15.—

Zweiter Band: Konstruktive Grundlagen. Mit etwa 336 Textabbildungen und 2 Tafeln. Etwa 310 Seiten. Erscheint Anfang September 1928.